中国科学院页岩气与地质工程重点实验室成果

多通道瞬变电磁探测技术

底青云　薛国强　王中兴　张一鸣　王　顺
雷　达　付长民　安志国　王　若　武　杰　著

科学出版社
北　京

内 容 简 介

本书介绍了一种新的瞬变电磁方法——多通道瞬变电磁(MTEM),主要内容包括该方法的基本原理、仪器装备研发、资料处理解释及实际应用等。多通道瞬变电磁核心技术包括大功率接地源编码发射、多道观测、解码接收和类地震资料处理等。该方法具有大深度、高精度探测的优势,为探测石油、金属矿提供了一种全新装备技术。

本书可供从事地球物理电磁法行业的大中专院校师生、科研单位研究人员及相关部门工作人员参考。

图书在版编目(CIP)数据

多通道瞬变电磁探测技术 / 底青云等著. —北京:科学出版社,2019. 11
ISBN 978-7-03-062900-5

Ⅰ. ①多… Ⅱ. ①底… Ⅲ. ①瞬变电磁法-探测装置 Ⅳ. ①P631. 3

中国版本图书馆 CIP 数据核字(2019)第 240394 号

责任编辑:张井飞 韩 鹏 姜德君 / 责任校对:张小霞
责任印制:肖 兴 / 封面设计:铭轩堂

科学出版社 出版
北京东黄城根北街 16 号
邮政编码:100717
http://www.sciencep.com

三河市春园印刷有限公司 印刷
科学出版社发行 各地新华书店经销

*

2019 年 11 月第 一 版 开本:787×1092 1/16
2019 年 11 月第一次印刷 印张:20
字数:475 000

定价:268.00 元

(如有印装质量问题,我社负责调换)

前　　言

传统瞬变电磁法是利用回线或者接地导线向地下发射一次场,在一次场断电后,测量由地下介质感应产生的随时间变化的二次场,来达到寻找地质目标体的一种地球物理勘探方法。该方法发射波信号频带宽、频谱信息丰富,一次激发便可覆盖探测所需的频段,大大提高了工作效率。但是,常规瞬变电磁法信号弱,易受干扰,探测深度一般只有 500m,资料处理也主要限于单道处理,还不能很好地适应第二深度空间探矿的需求。

经过多次试验和研究,英国爱丁堡大学的 Wright 等提出了多道瞬变电磁法(multi-channel transient electromagnetic method,MTEM)的概念和探测油气目标体的相关技术。它借鉴油气勘探中的地震技术,采用电性源多次发射,阵列式多道接收多次覆盖的全波场信息,可以对数据进行类地震处理,在同等发射强度的条件下大幅度提高探测精度和深度,该方法探测深度达到 2000m 以上。这种方法与传统的瞬变电磁法不同,主要表现为:①采用接地源形式;②编码发射;③多道观测,在测量感应电压的同时,测量发送电流;④通过对接收电压与发送电流进行反卷积,得到大地脉冲响应,进行类地震资料处理。

在国家重大科研装备研制项目“深部资源探测核心装备研发”的资助下,中国科学院地质与地球物理研究所承担,中国科学院电子学研究所、中国科学技术大学、北京工业大学、中国地质大学(北京)等相关单位参加,共同完成了“多通道大功率电法勘探仪”(MTEM)子项目。主要研究内容包括发射机系统研制、电磁数据采集与主控单元子系统研制、MTEM 数据传输系统与传感器研制、资料处理及偏移成像软件研制,以及系统整体设计及集成优化与方法试验。

参加该项目的人员主要有:底青云、张一鸣、王顺、武杰、王中兴、薛国强、王若、雷达、邓明、武欣、张晓娟、李海、王旭红、高俊侠、赵影、张启升、邹立星、吴凯、陈凯、王猛、高强、李士东、胡金、沈绍祥、耿智、刘富波、方广有、张群英、王建英、冯永强、张启卯、胡金、黄江杰、徐志伍、赵海华、王志宇、齐有政、张建国、叶魏涛、林桐、田楷云、孙刘洋、张乐、董庆运、刘雪松、赵永敢、周猛、蒋小昌、刘佳楠、吕俊杰、周敏、郭慧泉、姚添添、韩昭、裴仁忠、张文秀、易晶晶、吴龙鑫、陈彬彬、王东森、曹馨、张莹、李貅、胡建平、戚志鹏、周建美、殷长春、闫述、安志国、付长民、王伟、王妙月、王自力、陈文轩、许诚、杨全民、刘汉北、杨永友、史儒慧、张天信、孙云涛、郑健、杨玉洁、张嘉林、鲁小飞、郭力颖、钟华森、真齐辉和郭兵等。

本书的编写工作得益于众多合作者的支持和研究生的帮助。本书前言和第 1 章由薛国强和底青云完成;第 2 章由底青云和薛国强完成;第 3 章由张一鸣、真齐辉、武欣和王旭红等完成;第 4 章由王顺、王中兴和张天信完成;第 5 章由武杰完成;第 6 章由安志国、薛国强、王若、付长民完成;第 7 章由王若、薛国强、李海、钟华森完成;第 8 章由薛国强、李海、钟华森、李貅完成;第 9 章由底青云、薛国强和雷达完成;第 10 章由底青云和薛国强完成。全书由底青云和薛国强统稿。已毕业的研究生栾晓东、涂小磊、王显祥、张文伟等参与了部分研究和编写工作,在此一并表示感谢。

由于作者水平有限,不妥之处在所难免,敬请专家和读者批评指正。

底青云

2018 年 10 月 25 日

目　　录

第1章 绪　　论

1.1 常规瞬变电磁法

瞬变电磁法是一种时间域的可控源电磁法(牛之琏,2007),它通过不接地回线或者接地线源发送一次场,接收一次场关断期间的二次场响应,通过响应信息的提取和分析,达到探测地下地质体的目的(薛国强等,2007)。

1.1.1 回线源瞬变电磁法

瞬变电磁法在20世纪30年代最早由苏联科学家提出。但是,利用电流脉冲激发供电偶极形成时间域电磁场是1933年由美国科学家提出的。到了20世纪50~60年代,苏联科学家成功地完成了瞬变电磁法的一维正演、反演,建立了瞬变电磁法的解释理论和野外工作方法之后,瞬变电磁法才开始得到实际应用(图1.1)。70年代以后,该方法在苏联和美国等国家得到快速发展。

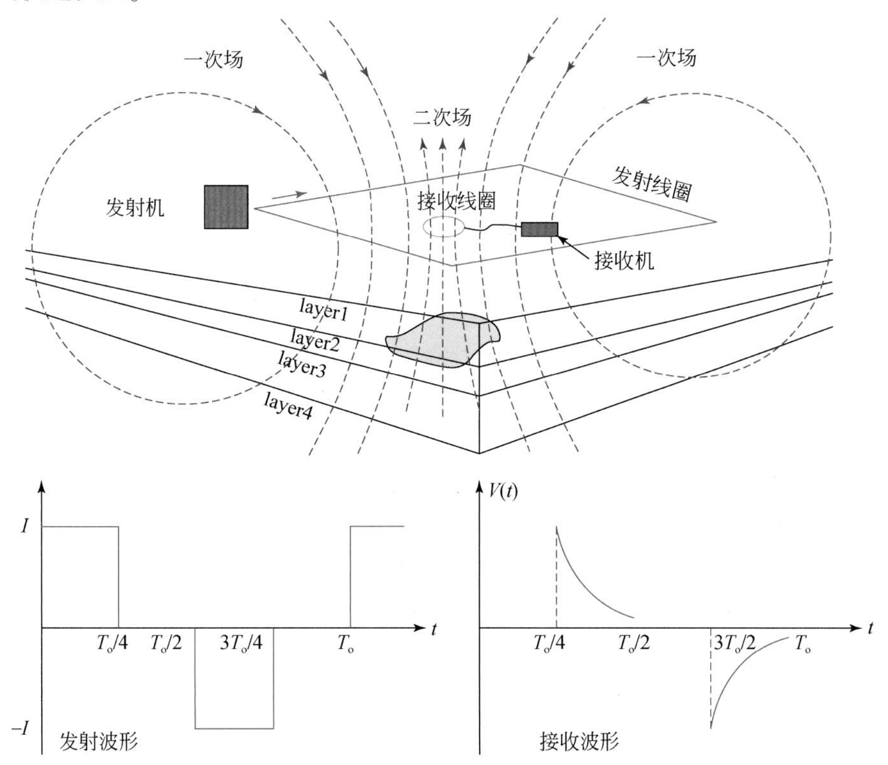

图1.1　回线源瞬变电磁法(TEM)工作原理

我国于20世纪70年代初开始研究TEM,长春地质学院、中南工业大学、西安地质学院和中国有色金属工业总公司矿产地质研究院等单位先后研制了电磁系统,并进行了理论和方法技术研究,主要采用中心回线法和重叠回线法进行工作,取得了一批有价值的研究和应用成果。这一时期的代表作有朴化荣著的《电磁测深法原理》,牛之链著的《时间域电磁法原理》及方文藻等著的《瞬变电磁测深法原理》。在最近几年的瞬变电磁法应用实践中,还出现了蒋邦远著的《实用近区磁源瞬变电磁法勘探》,李貅著的《瞬变电磁测深的理论与应用》。近几年,瞬变电磁法的理论与应用研究越来越活跃,特别是在工程勘查领域的应用。

瞬变电磁法在矿产资源探测、工程勘查以及油气资源探测中得到广泛的应用(于景邨,2007;岳建华等,2007;姜志海,2008;陈卫营和薛国强,2013;Xue et al.,2014;Zhou et al.,2015)。在金属矿产资源勘查方面,回线源瞬变电磁技术被用于低阻的金、铜、镍、铅、锌等矿的探测。在煤矿行业,瞬变电磁法在寻找煤矿采空区、煤矿巷道掘进头的连续跟踪超前探测与防治煤水等方面得到了广泛的应用(杨海燕和岳建华,2015)。在工程勘查中,瞬变电磁应用范围比较广,包括公路、铁路、水利、码头、城市建设、桥梁选址等领域。

但矩形回线的对称性使场有相互抵消作用,能量在地层中衰减较快,探测深度较浅,且边长较大时不易敷设;另外,磁性回线源仅有水平电场分量,易于在低阻层中激发感应电流,横向分辨能力较好,对探测低阻层十分有利,纵向分辨能力较差。但在探测高阻层时,利用大地表面上回线源装置形式往往不能取得好的效果。另外,由于本身场的结构特性,回线源瞬变磁数据的分层效果不够理想。

接地导线源不仅具有水平分量电场,而且具有垂直分量电场,水平分量激发的感应电流有利于低阻体的探测,垂直分量在地层电性界面感应的电荷有利于高阻体的探测。直角坐标下电磁场的6个分量全部与地层电性结构有关,为深部大型矿床(藏)信息探测与提取提供了更多的可能性。

1.1.2　电性源长偏移瞬变电磁法

电性源长偏移瞬变电磁作为瞬变电磁法的一种特殊工作装置,它的出现由来已久,发展也经过了跌宕起伏的一个过程。作为瞬变电磁法的最初形式,最早把它用于研究层状地球结构的是一种叫作“Eltran”的方法。它是由美国科学家提出的一项专利发展起来的。其具体操作过程是给两端接地的导线供一直流电 I,然后在 $t=0$ 时刻突然中断电流,从而在地下介质产生一衰减的瞬变电磁场,然后由另一条导线接收由地下介质引起的电磁信号。接收线可与发射线同线,也可以是与发射线平行的独立线。

原理上,不同电导率地层的界面反射的能量可以用接收机作为瞬变信号记录下来,这与地震反射法检测声信号反射的情况非常相似。所以有许多人希望完全像预测地震那样用电磁方法(EM)来探测地下界面之间反射的电磁信号。这一想法曾引起许多石油公司的极大兴趣,并发表了大量关于野外试验结果的文章。相对于大量的野外试验,理论分析工作则相当有限,因此人们一直无法实现理想的勘探效果,导致20世纪50～60年代电磁法在石油勘探中的应用相对较少。

直到70年代,瞬变电磁法在西方国家才迎来了又一次的蓬勃发展。这一时期研究者改变了研究的思路,主要以可控源(controlled source)测量的概念为基础。其他研究机构也以各自不同的思路展开工作。但研究的内容以理解和探讨时间域电磁法的理论以及观测方法为主。通过模拟试验和理论分析研究一些简单规则体(如球体、柱体、薄板等)在自由空间或导电围岩环境下的瞬变响应。其研究目标是地热勘探和地壳构造的调查。因此,长偏移距瞬变电磁法在此期间得到了长足的发展和应用。

为获得较高的信噪比和接收机灵敏度,除采用大功率发射机、低噪声低漂移前置放大器的接收机和信号处理技术(纳比吉安,1992;牛之琏,2007;邵敏等,2008)以外,还需要采用较长的发射线(图1.2)。按照观测时长,发射电极长度一般为1000~2000m,为了满足偶极子条件,往往采用长偏移距装置,形成长偏移瞬变电磁法(long offset transient electromagnetic method,LOTEM)(Strack,1992;Vladimir et al.,1992),收发距离为3~6倍的探测深度。以电偶极子为模型的地形和地表局部不均匀性影响(Hördt and Muller,2000;唐新功等,2004;Horad and Scholl,2004)和全区视电阻率算法(翁爱华和王雪秋,2003;陈清礼等,2009)以及正演模拟和反演方法(Haber et al.,2004;Commer and Newman,2004;Martin,2009;Babajanov et al.,2011)的研究为LOTEM的发展、提高探测精度起到了积极的推动作用。但是在深部探测中应用的LOTEM,因收发距离较大,信号强度急剧下降、信噪比降低,在很大程度上抵消了LOTEM的深部探测能力、降低了探测精度。

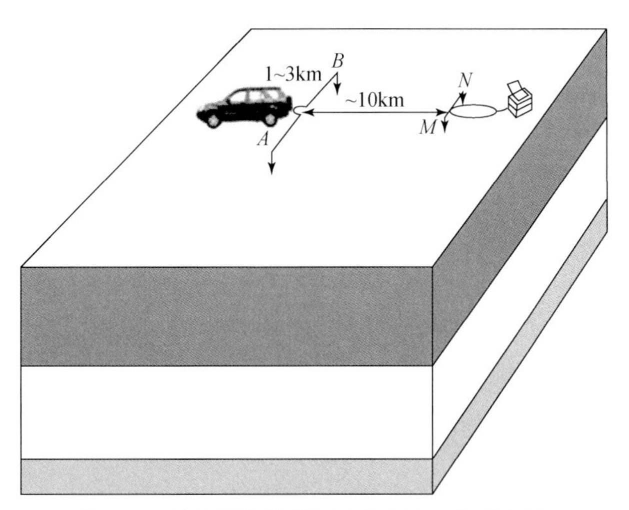

图1.2 电性源长偏移瞬变电磁法工作示意图

1.1.3 电性源短偏移瞬变电磁法

实际上,当选择了适当的发射波形时,接地导线源同样可以像回线源的同点观测方式那样,实现近源观测。20世纪50年代以后,苏联学者建立了近区建场法。它相对于远区建场法具有更大的探测深度及更好的探测精度,70年代有试验性的石油勘探成果报道(牛之琏,2007)。由于电偶极子的理论公式不能完全适应近区TEM的数据解释,电性源短偏移瞬变电磁法在很长时间内未被广泛应用。近年来,时间域瞬变场的这一装置和方法再次引起关注,并显示出了良好的应用前景。例如,Alumbaugh 2002 年提出采用近源瞬变电磁法对高阻目标体进行探测;Nestor 和 Alumbaugh(2011)认为近区探测具有可行性;Ziolkowski 等(2010)申报了接地源近场瞬变电磁法发明专利。电性源瞬变电磁法的装备和软件开发获得越来越多的投入。我国学者也提出了电磁法近区探测的可行性(何继善,2010;薛国强等,2013a,2013b)。上述研究成果给瞬变电磁应用的推进和发展带来曙光。

对于深部目标探测来说,接地导线源瞬变电磁法可以在近场观测并获得较大的探测深度,比 CSAMT 和 LOTEM 具有相对更高的探测精度,是非常有意义的研究。薛国强等(2013a)把这种电性源近场瞬变电磁探测定义为短偏移瞬变电磁法(shortoffset TEM,SOTEM),与 LOTEM 不同,SOTEM 装置是指场点到源点距离与探测深度大致相当或者略小于探测深度的观测装置。另外,很明显,在崎岖山区,长导线的布设比大回线有更高的灵活性和方便性。开展该装置下的技术突破性研究对于深部矿体的精细探测具有重要意义。

图 1.3 为 SOTEM 工作装置示意图。对其说明如下:①工作装置形式与一般情况下的激发极化法扫面基本类似,布置好发射线源 *AB* 后,在 *AB* 两侧一定位置范围内进行面积性旁线测量勘探。观测网度要求与瞬变电磁法的规范相同。使用的仪器可以是 V8、GDP-32、PROTEM 等。既可以用探头接收磁场信号,也可以用电极接收电场信号,施工方法与一般瞬变电磁法相同。②观测点原则上可以在近场区、中场区、远场区,但是近场区和中场区信号相对较强,建议工作时观测点一般放在近场区和中场区。因为,响应的最大值不在场源 *AB* 下方,而是在偏移一定的距离位置处。③在旁线扫面测量时,可以采取逐行移动、单点测量的方式,也可以采取多道同时测量、单点移动的排列形式,可以实现空间单次覆盖,也可以实现时间域多次覆盖。

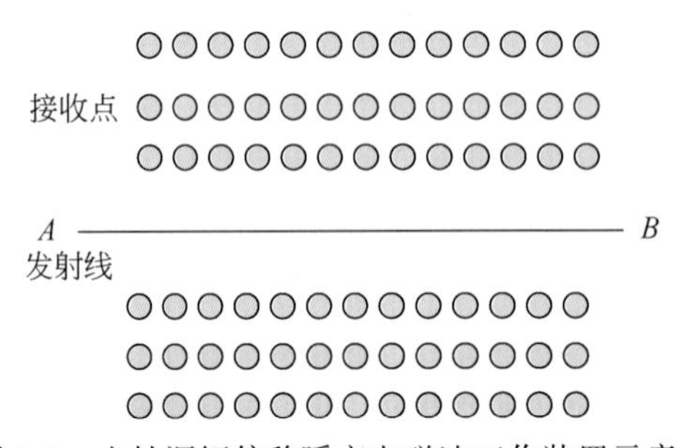

图 1.3 电性源短偏移瞬变电磁法工作装置示意图

1.2 多道瞬变电磁法

1.2.1 多道瞬变电磁法工作原理

2010 年,国际著名地球物理学家 Zhdanov 在 *Geophysics* 创刊 75 周年的纪念稿中指出:未来电磁地球物理仪器及方法的发展方向将体现出多分量发射、多通道接收、拟反射地震式数据采集等特点(Zhdanov,2010)。事实上,对 Zhdanov 这一观点的形成具有重要支撑的是2000年逐渐兴起的多道瞬变电磁法(multi-channel transient electromagnetic method,MTEM)。

MTEM 是以高阻油气资源为目标体的探测技术。经过多年的研究和发展,Wright 等(2001,2002)、Wright(2003)、Hobbs 等(2002,2006)、Ziolkowski 等(2005,2007,2011)提出了MTEM。MTEM 可以看作 LOTEM 的一种发展,其装置形式与反射地震勘探所采用的装置形式类似,采用电流偶极子源发射,用阵列式的接收电极进行响应数据的接收。该技术的核心为在多偏移距情形下同时进行响应数据的采集,以此为基础可以发展参数测深和剖面等解释技术的组合。源电流为矩形波,或者是伪随机二进制序列。在采集源信号后,通过解卷积的形式获得大地脉冲响应,并在此基础上进行数据的解释工作。该方法在油气资源探测中取得了一定的效果,目前的研究重心为海上油气储集层的探测(薛国强等,2015a,2015b)。

MTEM 的数据采集形式如图 1.4 所示。它采用的是电偶极源发射,阵列式电偶极子接收。数据采集有如下特点:在多偏移距下同时进行接收,偏移距的范围为目标体深度的0.5~4倍;仅测量电场轴向分量;在发射偶极子处同时接收源信号。MTEM 采用多个接收机阵列式采集数据,可以获得相同源不同偏移距的源-接收机对的响应数据,这些数据可以整理成共偏移距道集或共中心点道集,从而发展不同形式的解释方法。

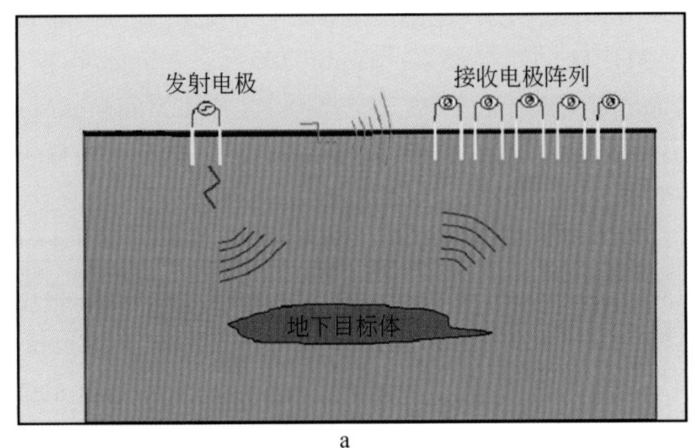

a

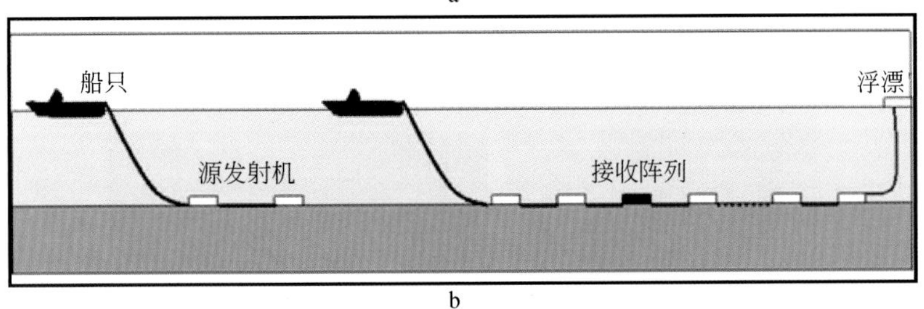

b

图 1.4 MTEM 的数据采集形式

a. 陆地装置简图;b. 海上装置简图

在进行多道采集时,电压响应极值存在如下近似式:

$$V \approx 10^6 \cdot \Delta x_s \cdot \Delta x_r \cdot I \cdot \frac{\rho^2}{f_s r^5} \tag{1.1}$$

式中，Δx_s、Δx_r 分别为源电极距和接收电极距；I 为源电流；f_s 为源转换频率；r 为偏移距；ρ 为电阻率。随着偏移距的增加，接收得到的电压信号将急剧衰减。故在多偏移距接收时，若要进一步扩大偏移距范围，应该在偏移距较大时对接收信号强度进行补偿。通常可采取减小源转换率、增大源电流等方式。

1.2.2　多道瞬变电磁法发展历史

MTEM 的发展主要经历了早期的方法探索、中期的试验修正、后期的系统化集成，以及各国电磁专家的理论研究与装备研发四个发展阶段。早期研究是在 OG/0305/92/NL-UK 项目的支持下进行的（Wright et. al. ，2002），主要参与方包括：英国爱丁堡大学、德国科隆大学、法国 CGG 公司及德国 DMT 公司。该项目的最初设想是通过提取同一地点不同时间获取的电磁探测数据间的差异估计地下天然气储层的分布情况。基于此目标，DMT 公司提供了必要的观测设备，CGG 公司选定了试验区域并进行了前期工作，科隆大学负责 EM 数据的野外获取，爱丁堡大学负责数据分析与信息提取。

1996 年 4 月和 1998 年 8 月，该项目在法国的 St. Illier 市分别进行了两次试验（Hördt and Muller，2000）。基于 St. Illier 市试验的数据，David Wright 在 Anton Ziolkowski 的指导下完成了博士论文，并提出了 MTEM 的雏形要素（Wright，2003）：一方面，根据当时发表的文献，对 MTEM 名称的解释为 Multicomponent TEM，这与后来的名称 Multi-transient TEM 所反映出的方法思想尚有区别；另一方面，在这次试验后 David Wright 提出 MTEM 要求在观测大地响应的同时进行系统响应观测，这一观点后来成为 MTEM 的标志之一。David Wright 提出此项要求的原因在于其认为由于每次发射时的大地阻抗环境都会变化，因此单一的系统响应无法适用于每一组观测数据。在 Duncan（1978）的研究中，选择在靠近发射电极一极处布设电场观测装置的形式进行观测系统响应，早期 MTEM 也沿用此方法。随着技术的发展，MTEM 在后来的工作中利用宽带霍尔传感器进行系统响应观测（Ziolkowski et al.，2006）。

MTEM 公司自主研制了部分 MTEM 配套的仪器设备。其中陆地和海上的仪器设备存在明显差别。陆地接收单元如图 1.5a 所示，每个接收单元配有电池。海上接收单元如图 1.5b 所示，不同于陆地接收单元，其没有装备电池，由探测船通过电缆对其供电。

a

b

图 1.5　陆地接收单元（a）和海上接收单元（b）

2004年,爱丁堡大学主导了一次位于法国南部的方法试验(Ziolkowski et al.,2007),MTEM也在该次试验中基本定型。

MTEM不同于以往的时间域电磁方法,其要求在进行响应观测的同时对发射电流也进行观测,通过对两者进行反卷积处理提取大地冲激响应。此外,有别于St. Illier市的试验,David Wright等研究认为只需要进行轴向源电流与轴向电场观测(in-line观测模式),其他场量、分量观测并不能提供额外信息。如图1.4所示,发射电极与接收电极轴向式布设。发射机依然使用美国Zonge公司的GGT-30,发射占空比为100%的双极性方波,发射极间距100m。接收系统为爱丁堡大学自主研发系统,具有GPS同步及在线质量控制功能,接收极间距同为100m。在这次试验后期,第一次对基于伪随机二进制序列(pseudo random binary sequence,PRBS)编码的发射波形进行了测试。

Wright等对法国西南部一个地下储气层进行单一测线的MTEM调查,勘查目的是寻找地下500m深度储气层所对应的电阻率值。在数据获取中,采用100m间距的偶极电流源和20个100m间距的接收电位电极在5km测线上。同时观测输入的阶跃电流和接收的电压值。然后,通过接收电压值和输入阶跃电流的卷积运算得到大地脉冲响应。根据观测的大地脉冲响应的幅值和峰值走时信息来反映地下高阻层的水平位置和大致深度。对脉冲响应进行积分得到阶跃响应,并通过阶跃响应可以将直流渐近值评估后用在二维偶极-偶极直流电阻率快速反演中,以此发现储气层顶部轮廓。对单一共中心点道集数据的阶跃响应进行一系列的一维全波形反演。通过对比发现了相对高阻的储气层的顶底部的位置。由此得出结论:MTEM可以用在碳氢化合物的勘探和生产中。

2007年,挪威Petroleum Geo-Services(PGS)公司完成了对MTEM公司的收购,并于2008年组织了一次海洋MTEM试验(Ziolkowski et al.,2009)。这次试验标志着MTEM由陆地走向海洋,并成为一种在全球市场上与可控源海洋电磁法(CSEM)展开竞争的电磁方法。在陆地探测中,以2004年法国西南部进行的演示试验为例(Ziolkowski et al.,2007),本次试验的目的是确定目标储气层的位置和深度,并估算其厚度和电阻率。本次试验共采集了522个试验点的数据,通过资料处理和解释,取得了较好的效果。

在海洋探测中,以2006年和2008年进行的重复性试验为例(Ziolkowski et al.,2010)。本次试验的目的为在深度200m左右的水域,测试多道瞬变电磁技术对海底以下高阻目标体的探测能力。对数据进行常规奥克姆(OCCAM)一维反演,得到一维反演模型。反演结果的高阻区域的深度比实际储气层深度浅。将反演模型用地震勘探界面约束后,得到的反演结果如图1.6所示。通过对不同偏移距下的脉冲响应进行拟合,得到的地电模型能够很好地反映高阻目标层。反演结果与地震资料和测井资料吻合。

从以上分析可知,MTEM系统能够清晰地反映高阻目标体的边界,探测深度大于常规回线源瞬变电磁法。但是,由于受到目前解释技术的限制,MTEM数据解释的分辨率尚不够高。

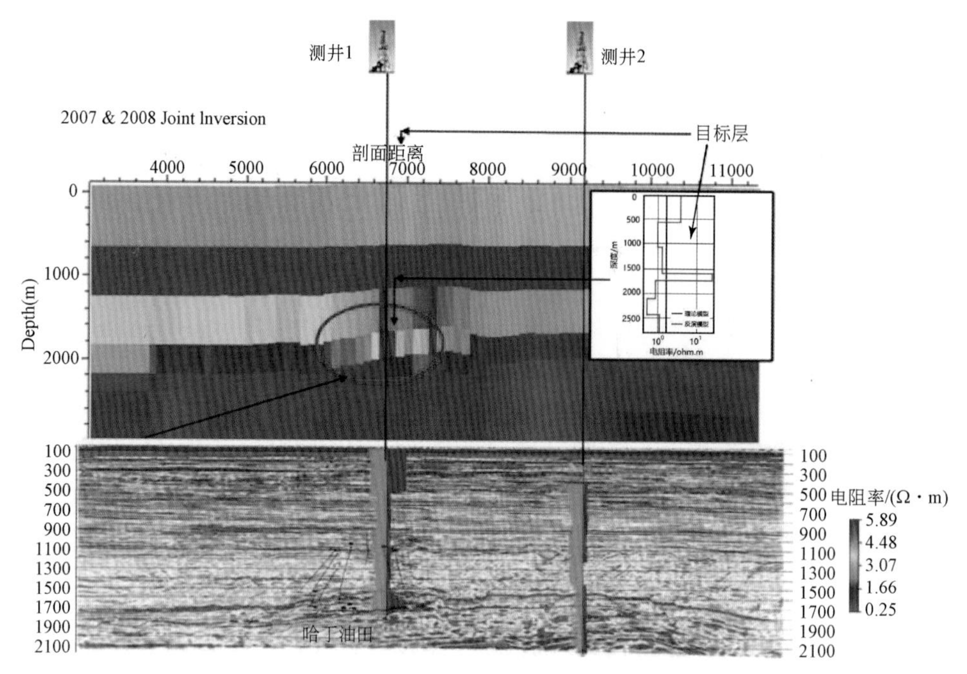

图 1.6　反演结果二维剖面与地震剖面

左上图为约束 OCCAM 一维反演剖面，下图为深度偏移地震剖面，右上图为实测数据与模型计算数据的拟合情况示意图

1.3　多道瞬变电磁法装备简介

1.3.1　常规瞬变电磁法装备简介

过去勘探队伍和设备主要集中于地质队、科研院所等，仪器主要为国产仪器。当时的国产商品化的仪器主要产自西安、廊坊、长沙等地。现在受市场化作用的影响，国产仪器受到的冲击力较大，许多大项目还是需要依靠进口仪器来完成。进口仪器主要有加拿大 Geonics 公司生产的 PROTEM 系统（PROTEM37，47，57，67）、加拿大 Phoenix 公司生产的 V6、V8 系统；美国 Zonge 公司生产的 GDP-32 系统；澳大利亚生产的 SIROTEM 仪器和苏联生产的 MPPO 仪器。前三款在国内应用较多，后两款应用较少。进口仪器最大特点是接收机全智能化，形成多功能的工作站。目前，国际上商业用的固定翼时间域航空电磁系统主要有澳大利亚生产的 TEMPEST，加拿大生产的 GEOTEMR、GEOTEMDEEPTM、MEGATEM，澳大利亚生产的 QUESTEMR 450，南非生产的 SPECTREM 等系统，国内应用很少。

在我国，20 世纪 70 年代初期开始着手研究瞬变电磁仪器系统，最早研制并投入生产的是地矿部物化探研究所，其生产的仪器型号为 WDC-1、WDC-2，后又研制了 IGGETEM20 瞬变电磁系统；1988 年西安物化探研究所采用脉冲压缩技术成功研制了大功率的 LC-1 系统并投入生产，后来又研制了 EMRS-1、EMRS-2 瞬变电磁仪。20 世纪 90 年代早中期，长沙高新区智通新技术研究所与中南工业大学合作生产出 SD-1 型、SD-2 型仪器；长沙白云仪器开发有限公司在此基础上研制了 MSD-1、BYF5M SD-1 瞬变电磁系统；石油天然气总公司与西安石油仪器厂开始研制用于深部探测的大功率高精度瞬变电磁仪器；北京矿产地质研究所王庆乙教授研制了 TEMS3S 瞬变电磁仪器；吉林大学林君教授研制了 ATEM2 瞬变电磁仪器；重庆奔腾数控技术研究所研制了 WTEM 系统。限于我国电子技术工艺水平，虽然一些厂家生产用于深部勘探的大功率仪器和用于浅部探测的小功率仪器，但在生产工艺、元器件焊接技术和性能稳定上都与进口仪器有很大的差距。目前国内没有生产航空电磁法仪器的厂家。接收磁探头方面：GDP-32 配有接收磁芯磁探头，V6、V8 系列仪器配有专用的空心接收线圈，都不太方便。受市场和进口仪器的影响，国产仪器急需向高性能、高分辨率方向发展。有针对性地引入地震勘探仪器及方法中已采用的先进技术，发展多通道电磁法、阵列式观测，实现多次空间迭加和多次覆盖。将电子工业中的新型技术有针对性地引入仪器设备中，如卫星定位、同步、大功率管控制技术、微波通信技术；设备器件耐高温高寒技术；进一步实现仪器的系列化、多功能化；发展成熟的先进的数据处理技术，开发可视化软件，研制高温超导磁探头，提高磁场探测的灵敏度。

1.3.2 多道瞬变电磁法装备简介

2011 年，中国科学院地质与地球物理研究所开始关注多道瞬变电磁法的发展和应用进展。随后，在国家重大科研装备研制项目“深部资源探测核心装备研发”的资助下，联合中国科学院电子学研究所、中国科学技术大学、北京工业大学、中国地质大学(北京)等相关单位，于 2013 年 1 月至 2016 年 12 月共同研发“多通道大功率电法勘探仪”(MTEM)，经过四年的联合攻关，完成了能够稳定发射高阶数、高电压强电流编码信号的大功率发射机系统的研制；完成了动态范围大、灵敏度高、同步精度高、功耗低、体积小、重量轻的接收系统的研制；完成了具有极差小、稳定时间长、易维护等优良特性的新型石墨烯电场传感器及具有大动态范围、高精度磁通门传感器的研制；完成了实时连接前端采集站和后端主机的 200 道数据传输与控制系统的研制；完成了集预处理、正反演、偏移成像、可视化数据管理、资料解释于一体的 MTEM 系统的研制；完成了各部件室内和室外检测、系统集成与优化以及方法试验的研究。通过多次室内测试和野外试验，各部分硬件系统的性能指标均达到且部分优于设计指标，软件能够有效地适用于理论模型数据处理和野外资料解释。

在河北固安、张家口北部、任丘油田、曹四夭钼矿测区和内蒙古兴安盟等测区，对 MTEM 系统进行了集成优化和野外试验，通过不断地调试，改进仪器的整体系统和处理软件，并经过了满负荷长时间运行的考验，实现了大偏移距、高采样率、多次覆盖的电磁法数据采集，探测深度达到 4000m，试验结果与已知地质资料对比，取得较好的探测效果，为 MTEM 的后续研究和 MTEM 系统升级奠定了坚实的基础。

在 MTEM 系统研发过程中，国内学者取得了一系列原创性研究成果。在正演模拟方面，齐彦福等(2015)针对多道瞬变电磁法发射源 m 序列，采用方波响应移位迭加与卷积技术进行了一维全时正演模拟研究；王若等(2016)等基于有限元数值模拟方法，对二维模型下含噪声和有限带宽下的伪随机码响应数据进行了模拟和分析；Fayemi 和 Di(2016)采用各向异性完全匹配层和有限差分技术对国内某二维页岩气模型进行了 MTEM 正演模拟,并验证了 MTEM 可有效应用于非常规页岩气探测;涂晓磊等(2015)采用有限差分法对 MTEM 响应进行了三维正演模拟,并针对 MTEM 响应特征,对三维有限差分法的初始条件、边界条件等进行了改进;王显祥等(2016)基于三维积分方程法,对油藏模型进行了 MTEM 数值模拟并对其探测可行性进行了分析。在数据处理方面,武欣等(2015)提出基于互相关技术的大地脉冲响应的精细辨识技术,压制了发射波形自相关旁瓣效应的影响;Li 等(2016)基于 Hilbert Huang 变换,对经验模态函数进行了区间阈值分解,有效地压制了伪随机码信号中的随机干扰;Yuan 等(2018)对 m 码的抗噪特性进行了定量分析,并提出系统辨识技术提取大地脉冲响应,Yuan 等(2017)在系统辨识技术基础上,通过进一步优化伪随机码的截断策略压制了信号中的工业噪声,提高了大地脉冲响应的信噪比。在数据成像方面,李海等(2016)采用加权联合反演策略,对多道瞬变电磁法共中心点道集进行反演,充分挖掘了不同偏移距响应对地下不同深度敏感度的差异;Fayemi 和 Di(2017a)提出采用瞬时频率和相位对共中心点道集内数据进行近似成像;Fayemi 和 Di(2017b)采用粒子群优化算法对多道瞬变电磁法进行一维和二维反演。钟华森等(2016)采用相关迭加技术,实现了 MTEM 数据的快速波场变换;Li 等(2017)在推导均匀半空间波场变换解析解的基础上,提出利用 q 变换域的虚拟子波峰值时刻随时间的变化关系进行 MTEM 成像。

1.4 研究展望

国外 MTEM 的探测目标主要是高阻的油气资源,探测区域也逐渐从陆地转到海上。针对国外 MTEM 的使用经验,在国内矿产资源领域,MTEM 方面可以进行如下调整。

首先,由于探测目标体由高阻油气层转向低阻的矿产资源,因此在正演模拟、探测分量以及反演解释等方面都应该有相应的改变,根据国外研究资料,MTEM 可以在油气资源勘探领域区分含油和含水体,地震勘探很难解决这一问题。其次,装置形式的改变。MTEM 观测的为轴向的电场分量,而 LOTEM 观测的为近似赤道向的电磁分量,且两种方法都有各自的解释技术,应进一步发展一种新的观测技术,实现数据的三维采集。最后,精细解释技术的发展。一种为 Zhdanov 提出的正则化三维反演方法,采用积分方程进行正演计算,用正则化共轭梯度法进行迭代反演计算。另一种为拟地震偏移成像的方法,其通过波场变换后,对电磁数据进行类地震偏移成像解释。

参考文献

陈卫营,薛国强 . 2013. 瞬变电磁法多装置探测技术在煤矿采空区调查中的应用 . 地球物理学进展,(5):2709-2717.

陈卫营,薛国强 . 2014. 接地导线源电磁场全域有效趋肤深度 . 地球物理学报,57(7):2314-2320.

陈卫营,薛国强,崔江伟,等 . 2016. SOTEM 响应特性分析与最佳观测区域研究 . 地球物理学报,59(2):739-748.

何继善 . 2010. 广域电磁法和伪随机信号电法 . 北京:高等教育出版社 .

何青松,石艳玲,宋群会,等 . 2013. 用大功率长偏移距瞬变电磁测深圈定深层碳酸盐岩储层 . 地质与勘探,49(4):731-736.

姜志海．2008. 巷道掘进工作面瞬变电磁超前探测机理与技术研究．中国矿业大学博士学位论文．
李海，薛国强，钟华森，等．2016. 多道瞬变电磁法共中心点道集数据联合反演．地球物理学报，59(12)：4439-4447.
牛之琏．2007. 时间域电磁法原理．长沙：中南大学出版社．
齐彦福，殷长春，王若，等．2015. 多通道瞬变电磁 m 序列全时正演模拟与反演．地球物理学报，58(7)：2566-2577.
涂小磊，底青云，王亚璐．2015. 多通道瞬变电磁有限差分正演模拟．地球物理学进展，(5)：2225-2232.
王若，王妙月，底青云，等．2016. 伪随机编码源激发下的时域电磁信号合成．地球物理学报，59(12)：4414-4423.
王显祥，底青云，邓居智．2016. 多通道瞬变电磁法油气藏动态检测．石油地球物理勘探，51(5)：1021-1030.
武欣，薛国强，底青云，等．2015. 伪随机编码源电磁响应的精细辨识．地球物理学报，58(8)：2792-2802.
薛国强，李貅，底青云．2007. 瞬变电磁法理论与应用研究进展．地球物理学进展，22(4)：1195-1200.
薛国强，陈卫营，周楠楠，等．2013a. 接地源瞬变电磁短偏移深部探测技术．地球物理学报，56(1)：255-261.
薛国强，闫述，陈卫营．2013b. 电性源瞬变电磁法全场区探测方法：中国，ZL201110181015. 9.
薛国强，闫述，陈卫营，李海．2015a. SOTEM 深部探测关键问题分析．地球物理学进展，30(1)：121-125.
薛国强，闫述，底青云，等．2015b. 多道瞬变电磁法(MTEM)技术分析．地球科学与环境学报，37(1)：94-100.
薛国强，周楠楠，闫述，等．2016. 一种瞬变电磁探测方法、装置和系统：中国，ZL201510072462. 9.
严良俊，胡文宝，陈清礼．2001. 长偏移距瞬变电磁测深法在碳酸盐岩覆盖区落实局部构造的应用效果．地震地质，23(2)：271-286.
杨海燕，岳建华．2015. 矿井瞬变电磁法理论与技术研究．北京：科学出版社．
于景邨．2007. 矿井瞬变电磁法勘探．徐州：中国矿业大学出版社．
岳建华，杨海燕，胡搏．2007. 矿井瞬变电磁法三维时域有限差分数值模拟．地球物理学进展，22(6)：1904-1909.
钟华森，薛国强，李貅，等．2016，多道瞬变电磁法(MTEM)虚拟波场提取技术．地球物理学报，59(12)：4424-4431.
Chen W Y, Xue G Q, Muhammad Y K, et al. 2015. Application of short-offset TEM(SOTEM) technique in mapping water-enriched zones of coal stratum, an example from East China. Pure and Applied Geophysics, 172(6): 1643-1651.
Chen W Y, Xue G Q, Khan M Y. 2016. Quasi MT inversion of short-offset transient electromagnetic data. Pure and Applied Geophysics, 173(7): 2413-2422.
Cuevas N H, Alumbaugh D. 2011. Near-source response of a resistive layer to a vertical or horizontal electric dipole excitation. Geophysics, 76(6): F353-F371.
Duncan P M. 1978. Electromagnetic deep crustal sounding with a controlled pseudo-noise source. Canada: University of Toronto.
Fayemi O, Di Q Y. 2016. 2D Multi-transient electromagnetic response modeling of South China shale gas earth model using an approximation of finite difference time domain with uniaxial perfectly matched layer. Discrete Dynamics in Nature and Society: 6863810.
Fayemi O, Di Q Y. 2017a. Particle swarm optimization method for 1D and 2D MTEM data inversion. SEG Technical Program Expanded Abstracts: 1219-1224.
Fayemi O, Di Q Y. 2017b. Qualitative analysis of MTEM response using instantaneous attributes. Journal of Applied

Geophysics, 146: 37-45.

Hobbs B, Ziolkowski A, Wright D. 2002. Multi-Transient Electromagnetics(MTEM)-controlled source equipment for subsurface resistivity investigation. 18th IAGA WG 1: 17-23.

Hobbs B, Ziolkowski A, Wright D. 2006. Multi-Transient Electromagnetics(MTEM)-controlled source equipment for subsurface resistivity investigation. IAGA WG 1. 2 on Electromagnetic Induction in the Earth, Extended Abstract.

Hördt A, Muller M. 2000. Understanding LOTEM data from mountainous terrain. Geophysics, 65(4): 1113-1123.

Hördt A, Druskin V L, Knizhnerman L A, et al. 1992. Interpretation of 3-D effects in long-offset transient electromagnetic(LOTEM) soundings in the Münsterland area/Germany. Geophysics, 57(9): 1127-1137.

Hördt A, Andrieux P, Neubauer F M, et al. 2000. A first attempt at monitoring underground gas storage by means of time-lapse multichannel transient electromagnetics. Geophysical Prospecting, 48: 489-509.

Kaufman A A, Keller G V. 1983. Frequency and Transient Soundings. New York: Elsevier.

Kaufman A A, Keller G V. 1987. Frequency and Transient Soundings. Beijing: Geological Publishing House.

Li H, Xue G Q, Zhao P, et al. 2016. The Hilbert-Huang transform-based denoising method for the TEM response of a PRBS source signal. Pure and Applied Geophysics, 173(8): 2777-2789.

Li H, Xue G Q, Zhao P. 2017. A new imaging approach for dipole-dipole time-domain electromagnetic data based on the q-transform. Pure & Applied Geophysics, 1: 1-15.

Strack K M. 1992. Exploration with Deep Transient Electromagnetics. Amsterdam: Elsevier.

Strack K M, Hanstein T H, LeBrocq K, et al. 1987. Case histories of LOTEM surveys in hydrocarbon prospecting areas. First Break, 7: 467-477.

Strack K M, Lüschen E, Kötz A W. 1990. Long-offset transient electromagnetic(LOTEM) depth soundings applied to crustal studies in the Black Forest and Swabian Alb, Federal Republic of Germany. Geophysics, 55(7): 834-842.

Wright D A. 2003. Detection of hydrocarbons and their movement in a reservoir using time-lapse multi- transient electromagnetic(MTEM) data. University of Edinburgh.

Wright D A, Ziolkowski A, HOBBS B A. 2001. Hydrocarbon Detection with a Multi-channel Transient Electromagnetic Survey//SEG. 71st Annual International Meeting of SEG. Tulsa: 1435-1438.

Wright D A, Ziolkowski A, Hobbs B A, et al. 2002. Hydrocarbon detection and monitoring with a multichannel transient electromagnetic(MTEM) survey. The Leading Edge, 21: 852-864.

Wright D A, Ziolkowski A M, Hobbs B A. 2005. Detection of Subsurface Resistivity Contrasts with Application to Location of Fluids. U. S. Patent 6,914,433.

Xue G Q, Qin K Z, Li X, et al. 2012. Discovery of the large-scale porphyry molybednum deposit in Tibet through modified TEM exploration method. Journal of Environmental and Engineering Geophysics, 17(1): 19-25.

Xue G Q, Gelius L J, Sakyi P A, et al. 2014. Discovery of a hidden BIF deposit in Anhui province, China by integrated geological and geophysical investigations. Ore Geology Review, 63: 470-477.

Yuan Z, Zhang Y, Wang X. 2017. Improved data segmentation method for EM excited by m-sequence: A new approach in powerline noise reduction. Journal of Applied Geophysics, 143: 156-168.

Yuan Z, Zhang Y, Zheng Q. 2018. Quantitative analysis of the anti-noise performance of an m-sequence in an electromagnetic method. Journal of Geophysics & Engineering, 15(1): 249-260.

Zhdanov M S. 2009. Geophysical Electromagnetic Theory and Methods. Amsterdam: Elsevier.

Zhdanov M S. 2010. Electromagnetic geophysics: Notes from the past and the road ahead. Geophysics, 75(5): 75A49-75A66.

Zhou N N, Xue G Q, Chen W Y, et al. 2015. Large-depth hydrogeological detection in the North China-type coalfield through short-offset grounded-wire TEM. Environmental Earth Sciences, 74(3): 2392-2404.

Ziolkowski A, Hobbs B, Dawes G, et al. 2006. True amplitude transient electromagnetic system response measurement. International Patent: WO 2006/114561 A2.

Ziolkowski A, Hobbs B A, Wright D. 2007. Multi-transient electromagnetic demonstration survey in France. Geophysics, 72(4): 197-207.

Ziolkowski A, Parr R, Wright D, et al. 2009. Multi-transient EM Repeatability Experiment over Harding Field. 71th EAGE Conference & Exhibition, Extended Abstract.

Ziolkowski A, Parr R, Wright D, et al. 2010. Multi-transient electromagnetic repeatability experiment over the North Sea Harding field. Geophysical Prospecting, 58: 1159-1176.

Ziolkowski A, Wright D, Mattsson J. 2011. Comparison of pseudo-random binary sequence and square-wave transient controlled-source electromagnetic data over the Peon gas discovery, Norway. Geophysical Prospecting, 59: 1114-1131.

第 2 章　MTEM 基础

2.1　电磁场理论基础

MTEM 是时间域的电磁新技术，其特点是通过接地电偶极将伪随机编码电流注入大地中形成电磁场，用电偶极或磁传感器接收电场或磁场。针对 MTEM 的特点，本节将阐述 MTEM 的电磁场理论公式，其中既包括频率域的电磁场公式，也包括时间域的电磁场公式。

2.1.1　1D 频率域电磁场响应

1）均匀半空间

若设发射电偶极源的延展方向为 x 方向，z 轴朝下，则对于均匀半空间模型，距源一定距离处接收到的电磁场可以用解析表达式给出（Strack，1992）。

$$\begin{cases} E_x = \dfrac{P_E \rho_1}{2\pi r^3}[3\cos^2\varphi - 2 + (1 + k_1 r)\mathrm{e}^{-k_1 r}] \\ E_y = \dfrac{P_E \rho_1}{2\pi r^3} 3\cos\varphi\sin\varphi \\ H_x = -\dfrac{P_E}{4\pi r^2}\sin\varphi\cos\varphi[8\mathrm{I}_1\mathrm{K}_1 - k_1 r(\mathrm{I}_0\mathrm{K}_1 - \mathrm{I}_1\mathrm{K}_0)] \\ H_y = \dfrac{P_E}{2\pi r^2}[(1 - 4\sin^2\varphi)\mathrm{I}_1\mathrm{K}_1 + \dfrac{k_1 r}{2}\sin^2\varphi(\mathrm{I}_0\mathrm{K}_1 - \mathrm{I}_1\mathrm{K}_0)] \\ H_z = \dfrac{P_E \sin\varphi}{2\pi r^4 k_1^2}[3 - (3 + 3k_1 r + k_1^2 r^2)\mathrm{e}^{-k_1 r}] \end{cases} \tag{2.1}$$

式中，E_x 和 E_y 分别为 x 向和 y 向的电场，因在地面上，E_z 的值非常小，所以式（2.1）中未给出其公式；H_x、H_y 和 H_z 分别为三个方向的磁场；$P_E = I\mathrm{d}l$，I 为发射电流强度，$\mathrm{d}l$ 为发射电偶源的长度；ρ_1 为均匀半空间的电阻率；r 为接收点和发射偶极中心之间的距离；φ 为发射矢径 $\vec{r}$ 与发射偶极间的夹角；$k_1 = \sqrt{i\omega\mu\sigma_1}$ 为均匀介质的波数，ω 为角频率，μ 为均匀介质的磁导率，σ_1 为均匀介质的电导率；I_0、I_1 和 K_0、K_1 分别为第一类及第二类 0 阶和 1 阶贝塞尔函数。

2）各向同性水平层状半空间

对于水平层状介质模型，接地长导线源在地面上的频率域响应利用递推关系可以写成

$$
\begin{cases}
E_x = \dfrac{I\mu_0 i\omega}{2\pi}\displaystyle\int_{-L}^{L}\mathrm{d}x\int_0^{\infty}\dfrac{\lambda}{\lambda + u_1/R_1}\mathrm{J}_0(\lambda r)\,\mathrm{d}\lambda \\
\qquad + \dfrac{I\mu_0 i\omega}{2\pi}\dfrac{x' + L}{r_2}\displaystyle\int_0^{\infty}\left[\dfrac{u_1}{R_1^* \cdot k_1^2} - \dfrac{1}{\lambda + u_1/R_1}\right]\mathrm{J}_1(\lambda r_2)\,\mathrm{d}\lambda \\
\qquad - \dfrac{I\mu_0 i\omega}{2\pi}\dfrac{x' - L}{r_1}\displaystyle\int_0^{\infty}\left[\dfrac{u_1}{R_1^* \cdot k_1^2} - \dfrac{1}{\lambda + u_1/R_1}\right]\mathrm{J}_1(\lambda r_1)\,\mathrm{d}\lambda \\
E_y = -\dfrac{\rho_1 I}{4\pi}\displaystyle\int_{-L}^{L}\sin2\varphi\int_0^{\infty}\lambda\left(\dfrac{u_1}{R_1^*} - \dfrac{k_1^2}{\lambda + u_1/R_1}\right)\mathrm{J}_0(\lambda r)\,\mathrm{d}\lambda\,\mathrm{d}x \\
\qquad + \dfrac{\rho_1 I}{2\pi}\displaystyle\int_{-L}^{L}\dfrac{\sin2\varphi}{r}\int_0^{\infty}\left(\dfrac{u_1}{R_1^*} - \dfrac{k_1^2}{\lambda + u_1/R_1}\right)\mathrm{J}_1(\lambda r)\,\mathrm{d}\lambda\,\mathrm{d}x \\
H_x = \dfrac{I}{4\pi}\displaystyle\int_{-L}^{L}\sin2\varphi\int_0^{\infty}\dfrac{\lambda^2}{\lambda + u_1/R_1}\mathrm{J}_0(\lambda r)\,\mathrm{d}\lambda\,\mathrm{d}x \\
\qquad - \dfrac{I}{2\pi}\displaystyle\int_{-L}^{L}\dfrac{\sin2\varphi}{r}\int_0^{\infty}\dfrac{\lambda}{\lambda + u_1/R_1}\mathrm{J}_0(\lambda r)\,\mathrm{d}\lambda\,\mathrm{d}x \\
H_y = -\dfrac{I}{2\pi}\displaystyle\int_{-L}^{L}\mathrm{d}x\int_0^{\infty}u_1/R_1 \cdot \dfrac{\lambda}{\lambda + u_1/R_1}\mathrm{J}_0(\lambda r)\,\mathrm{d}\lambda \\
\qquad + \dfrac{I}{2\pi}\dfrac{x' - L}{r_1}\displaystyle\int_0^{\infty}\dfrac{\lambda}{\lambda + u_1/R_1}\mathrm{J}_1(\lambda r_1)\,\mathrm{d}\lambda \\
\qquad - \dfrac{I}{2\pi}\dfrac{x' + L}{r_2}\displaystyle\int_0^{\infty}\dfrac{\lambda}{\lambda + u_1/R_1}\mathrm{J}_1(\lambda r_2)\,\mathrm{d}\lambda \\
H_z = \dfrac{I}{2\pi}\displaystyle\int_{-L}^{L}\sin\varphi\int_0^{\infty}\dfrac{\lambda^2}{\lambda + u_1/R_1}\mathrm{J}_1(\lambda r)\,\mathrm{d}\lambda\,\mathrm{d}x
\end{cases}
\tag{2.2}
$$

式中，L 为发射线源长度的一半；ρ_1 为第一层介质的电阻率；$r_1 = \sqrt{(x'-L)^2+y'^2}$，$r_2 = \sqrt{(x'+L)^2+y'^2}$，$(x', y')$ 为接收点的坐标；$u_1 = \sqrt{\lambda^2+k_1^2}$；$R_1$ 与 R_1^* 表示第一层顶界面上 R 的函数；J_0 与 J_1 分别为0阶和1阶贝塞尔函数，其他各变量的意义参见式(2.1)。

2.1.2　1D时间域电磁场响应

Kaufaman 和 Keller(1989)给出了均匀半空间模型阶跃源激发下的阶跃和脉冲响应解析表达式。层状介质模型没有普遍的时间域理论公式，针对层状介质中的特殊情况，有特定的理论公式与之对应，因此，对于普遍情况，可以通过式(2.2)对频率域求解，然后根据频时变换方法(本书7.1节有论述)得到时间域阶跃响应，进而通过对时间求导得到层状介质的脉冲响应。鉴于此，本小节只给出均匀半空间情况下的阶跃源激发的阶跃响应和脉冲响应解析表达式。

(1)均匀半空间阶跃响应(朴化荣,1990):

$$\begin{cases} e_x(t)=\dfrac{P_E\rho_1}{2\pi r^3}\left[\Phi(u)-\dfrac{2}{\sqrt{\pi}}ue^{-u^2}\right] \\ e_y(t)\equiv 0 \\ h_x(t)=\dfrac{P_E}{4\pi r^2}\sin2\varphi\left\{e^{-(u^2/2)}\left[I_0\left(\dfrac{u^2}{2}\right)+2I_1\left(\dfrac{u^2}{2}\right)\right]-1\right\} \\ h_y(t)=-\dfrac{P_E}{4\pi r^2}\left\{\left\{\left[I_0\left(\dfrac{u^2}{2}\right)+2I_1\left(\dfrac{u^2}{2}\right)\right]\cos2\varphi-I_1\left(\dfrac{u^2}{2}\right)\right\}e^{-u^2/2}-\cos2\varphi\right\} \\ h_z(t)=\dfrac{P_E\sin\varphi}{4\pi r^2}\left[\left(1-\dfrac{3}{2u^2}\right)\Phi(u)+3\cdot\dfrac{1}{\sqrt{\pi}}\cdot\dfrac{1}{u}\cdot e^{-u^2}\right] \end{cases} \tag{2.3}$$

式中,t 为时间;e_x 和 e_y 分别为 x 方向和 y 方向电场分量的阶跃响应;h_x、h_y 和 h_z 分别为三个方向磁场分量的阶跃响应;$P_E=Idl$,I 为发射电流强度,dl 为发射电偶源的长度;ρ_1 为均匀半空间的电阻率;r 为接收点和发射偶极中心之间的距离;φ 发射矢径 $\vec{r}$ 与发射偶极间的夹角;$\Phi(u)$ 为概率积分,且 $\Phi(u)=\sqrt{\dfrac{2}{\pi}}\int_0^u e^{-x^2/2}dx$,$u=2\pi r/\tau$,$\tau=2\pi\sqrt{2\rho t/\mu_0}$;$k_1=\sqrt{i\omega\mu\sigma_1}$ 为均匀介质的波数,ω 为角频率,μ 为均匀介质的磁导率,σ_1 为均匀介质的电导率;I_0 和 I_1 分别为第一类 0 阶和 1 阶贝塞尔函数。

(2)均匀半空间脉冲响应:

$$\begin{cases} \dfrac{\partial e_x(t)}{\partial t}=Ids\left\{\dfrac{\rho}{8\pi\sqrt{\pi}c^3}t^{-5/2}\exp\left(-\dfrac{r^2}{4c^2t}\right)\right\} \\ \dfrac{\partial h_x(t)}{\partial t}=\dfrac{P_E\sin2\theta u^2\rho}{2\pi\mu_0 r^4}\left\{I_1\left(\dfrac{u^2}{2}\right)[u^2+4]-I_0\left(\dfrac{u^2}{2}\right)u^2\right\}e^{-u^2/2} \\ \dfrac{\partial h_y(t)}{\partial t}=\dfrac{P_E\rho u^2}{\pi\mu_0 r^4}\left\{u^2\left[I_0\left(\dfrac{u^2}{2}\right)-I_1\left(\dfrac{u^2}{2}\right)\right]\dfrac{\cos2\theta-1}{2}+I_1\left(\dfrac{u^2}{2}\right)(1-2\cos2\theta)\right\}e^{-u^2/2} \\ \dfrac{\partial h_z(t)}{\partial t}=-\dfrac{3P_E\rho\sin\theta}{2\pi\mu_0 r^4}\left[\Phi(u)-\dfrac{2}{\sqrt{\pi}}\cdot u\cdot\left(1+\dfrac{2u^2}{3}\cdot e^{-u^2}\right)\right] \end{cases} \tag{2.4}$$

式中,$\dfrac{\partial e_x(t)}{\partial t}$、$\dfrac{\partial h_x(t)}{\partial t}$、$\dfrac{\partial h_y(t)}{\partial t}$ 和 $\dfrac{\partial h_z(t)}{\partial t}$ 分别为各个场分量的大地脉冲响应,其余各个变量的物理意义参考式(2.3)中各变量的物理意义。

2.1.3　电偶源激发下多维模型的电磁场响应

对于均匀半空间和层状等一维模型,电偶源激发下的电磁场响应均可通过公式推导获得解析或半解析的表达式,对于二维和三维模型来说,有些简单的模型如均匀半空间中赋存的一个球形异常体,也有解析的表达式来描述电磁场的响应,但是,对于复杂的多维模型来说,只能依靠数值方法来获得电磁场的响应,数值方法有多种,如积分方程法、有限元法、有限差分法和边界元法等,这些数值方法或者从麦克斯韦方程的积分形式出发,或者从其微分形式出发来获得电磁场的响应,因此,本小节将给出麦克斯韦方程的积分形式,其中一些数值方法的实施将在 7.1 和 7.2 节的正演模拟中给出。

1）麦克斯韦方程的微分形式

电磁波在介质中传播时，电场强度矢量 $\boldsymbol{E}$ 和磁场强度矢量 $\boldsymbol{H}$ 相互作用，电磁场的传播满足麦克斯韦方程组，采用实用单位制时，时间域的麦克斯韦方程组可表述如下：

$$\begin{cases}\nabla\times\boldsymbol{e}=-\dfrac{\partial\boldsymbol{b}}{\partial t}\\ \nabla\times\boldsymbol{h}=\boldsymbol{j}+\dfrac{\partial\boldsymbol{d}}{\partial t}\\ \nabla\cdot\boldsymbol{b}=0\\ \nabla\cdot\boldsymbol{d}=q\end{cases}\tag{2.5}$$

式中，$\boldsymbol{j}=\sigma\boldsymbol{e}+\boldsymbol{j}_c$ 表示电流密度，j_c 为外加源电流密度；$\boldsymbol{b}=\mu_0\boldsymbol{h}$ 表示磁感应强度；$\boldsymbol{d}=\varepsilon\boldsymbol{e}$ 表示电位移矢量；μ_0 为地下介质的磁导率（本小节近似取为自由空间磁导率）；σ 为电导率；ε 为介电常数；q 为电荷密度。

取角频率 ω 的时间因子为 $e^{-i\omega t}$，忽略位移电流（$i\omega\varepsilon\approx 0$），可得频率域的麦克斯韦方程组的微分表达式：

$$\begin{cases}\nabla\times\boldsymbol{E}=i\omega\mu\boldsymbol{H}\\ \nabla\times\boldsymbol{H}=(\sigma-i\omega\varepsilon)\boldsymbol{E}+\boldsymbol{J}_c\\ \nabla\cdot\boldsymbol{E}=0\\ \nabla\cdot\boldsymbol{H}=0\end{cases}\tag{2.6}$$

若假定地下电性结构是二维的，将原点取在地面上，走向方向为 x 轴，垂直向下的方向为 z 轴，位于地面与 x 轴垂直的方向为 y 轴，外加源的方向为 x 方向，此时只存在不随走向而变的 x 方向的电场。

将式（2.6）的第二式展开：

$$\frac{\partial H_z}{\partial y}-\frac{\partial H_y}{\partial z}=(\sigma-i\omega\varepsilon)E_x+J_{cx}\tag{2.7}$$

式中 $J_{cx}=I\delta(y)\delta(z)$。将式（2.6）第一式展开，并考虑到只有 x 方向的电场，有

$$\begin{cases}\dfrac{\partial E_x}{\partial z}=i\omega\mu H_y\\ -\dfrac{\partial E_x}{\partial y}=i\omega\mu H_z\end{cases}\tag{2.8}$$

将式（2.8）代入式（2.7），得到二维模型电磁场的微分形式：

$$\frac{\partial}{\partial y}\left(\frac{1}{i\omega\mu}\frac{\partial E_x}{\partial y}\right)+\frac{\partial}{\partial z}\left(\frac{1}{i\omega\mu}\frac{\partial E_x}{\partial z}\right)+(\sigma-i\omega\varepsilon)E_x=-J_{cx}\tag{2.9}$$

若假定地下电性结构是三维的，将式（2.6）第一式两边求旋度，并将第二式代入得

$$\nabla\times\nabla\times\boldsymbol{E}=i\omega\mu[(\sigma-i\omega\varepsilon)\boldsymbol{E}+\boldsymbol{J}_c]\tag{2.10}$$

如果忽略位移电流，并考虑各向同性介质，式（2.10）可写为

$$\nabla\times\nabla\times\boldsymbol{E}=i\omega\mu(\sigma\boldsymbol{E}+\boldsymbol{J}_c)\tag{2.11}$$

将式（2.11）展开并利用式（2.6）第三式，有

$$
\begin{cases}
\dfrac{\partial^2 E_x}{\partial z^2}+\dfrac{\partial^2 E_x}{\partial y^2}-\dfrac{\partial^2 E_y}{\partial y\partial x}-\dfrac{\partial^2 E_z}{\partial z\partial x}+i\omega\mu\sigma E_x=-i\omega\mu J_{cx}\\
\dfrac{\partial^2 E_y}{\partial x^2}+\dfrac{\partial^2 E_y}{\partial z^2}-\dfrac{\partial^2 E_x}{\partial x\partial y}-\dfrac{\partial^2 E_z}{\partial z\partial y}+i\omega\mu\sigma E_y=0\\
\dfrac{\partial^2 E_z}{\partial x^2}+\dfrac{\partial^2 E_z}{\partial y^2}-\dfrac{\partial^2 E_y}{\partial y\partial z}-\dfrac{\partial^2 E_x}{\partial x\partial z}+i\omega\mu\sigma E_z=0
\end{cases}
\tag{2.12}
$$

同理,也可获得磁场微分形式的展开式,这构成了微分方程解的三维电磁场基本方程。

若用数值方法直接求电场,则与源偶极展布方向垂直的磁场可由式(2.13)获得:

$$
H_y=\frac{1}{i\omega\mu}\frac{\partial E_x}{\partial z}
\tag{2.13}
$$

2)麦克斯韦方程的积分形式

麦克斯韦方程的积分表达式为

$$
\begin{cases}
\oint \boldsymbol{H}\cdot \mathrm{d}\boldsymbol{l}=\iint \boldsymbol{J}\cdot \mathrm{d}\boldsymbol{S}=\iint(\sigma\boldsymbol{E}+\boldsymbol{J}^e)\cdot \mathrm{d}\boldsymbol{S}\\
\oint \boldsymbol{E}\cdot \mathrm{d}\boldsymbol{l}=\iint i\mu_0\omega\boldsymbol{H}\cdot \mathrm{d}\boldsymbol{S}
\end{cases}
\tag{2.14}
$$

式中,$\boldsymbol{E}$ 为电场强度;$\boldsymbol{H}$ 为磁场强度矢量;μ_0 为真空中的磁导率;σ 为介质的电导率;$\boldsymbol{J}$ 为电流密度;$\boldsymbol{J}^e$ 为位移电流密度。

在三维数值模拟中,直接计算电磁场总场有一定难度,一般将总场分解为背景场(一次场)和感应场(二次场)。一次场利用快速汉克尔变换求取,二次场采用数值计算求解。

将总场表示为一次场和二次场的和:

$$
\begin{cases}
\boldsymbol{E}=\boldsymbol{E}^a+\boldsymbol{E}^b\\
\boldsymbol{H}=\boldsymbol{H}^a+\boldsymbol{H}^b
\end{cases}
\tag{2.15}
$$

式中,$\boldsymbol{E}$、$\boldsymbol{H}$ 分别为总电场强度和总磁场强度;$\boldsymbol{E}^b$ 和 $\boldsymbol{E}^a$ 分别为背景电场强度和二次电场强度;$\boldsymbol{H}^b$ 和 $\boldsymbol{H}^a$ 分别为背景磁场强度和二次磁场强度。

经过总场分离后,背景场为均匀半空间(或水平层状介质)有限长电偶源所激发的电磁场,其满足的麦克斯韦方程积分形式为

$$
\begin{cases}
\oint \boldsymbol{H}^b\cdot \mathrm{d}\boldsymbol{l}=\iint \boldsymbol{J}\cdot \mathrm{d}\boldsymbol{S}=\iint(\boldsymbol{\sigma}^b\boldsymbol{E}^b+\boldsymbol{J}^e)\cdot \mathrm{d}\boldsymbol{S}\\
\oint \boldsymbol{E}^b\cdot \mathrm{d}\boldsymbol{l}=\boldsymbol{i\mu}_0\boldsymbol{\omega}\iint \boldsymbol{H}^b\cdot \mathrm{d}\boldsymbol{S}
\end{cases}
\tag{2.16}
$$

以下将总场所满足的麦克斯韦方程[式(2.14)]减去背景场所满足的麦克斯韦方程[式(2.16)],得到二次场满足麦克斯韦方程的积分形式为

$$
\begin{cases}
\oint \boldsymbol{H}^a\cdot \mathrm{d}\boldsymbol{l}=\iint \boldsymbol{J}\cdot \mathrm{d}\boldsymbol{S}\\
\oint \boldsymbol{E}^a\cdot \mathrm{d}\boldsymbol{l}=i\mu_0\omega\iint \boldsymbol{H}^a\cdot \mathrm{d}\boldsymbol{S}
\end{cases}
\tag{2.17}
$$

式中,$\boldsymbol{J}$ 为电流密度,它与背景电场 $\boldsymbol{E}^b$、二次电场 $\boldsymbol{E}^a$ 和电导率的关系为

$$
\boldsymbol{J}=\sigma\boldsymbol{E}^a+\Delta\sigma\boldsymbol{E}^b
\tag{2.18}
$$

式中,$\Delta\sigma$ 为剩余电导率:

$$\Delta\sigma = \sigma - \sigma^{b} \tag{2.19}$$

经过上述变换后,电偶极源数值模拟问题即转化为背景场和二次场的求解,背景场可以通过快速汉克尔变换求取,二次场采用三维交错采样有限差分法进行数值计算,将求解得到的背景场值加上二次场值即为有限长电偶源激发下三维电磁场分布。

2.1.4　电磁感应物理机制分析

2.1.4.1　场的激发

由天线和电磁波传播理论可知,场的激发有两种方式:一种直接由电荷或电流激发,如恒稳电流产生的电场和磁场;另一种由电场和磁场间的交互感应激发,即变化的磁场激发涡旋状的电场、变化的电场又激发涡旋状的磁场,电磁波通过这种交互感应产生和传播。

在时变电磁场中,这两种激发方式都是存在的。稳定电荷和电流的场在场源附近占优,且源消失、场也消失,场的变化与源的几何尺寸和接收点位置关系密切,这种场称为源的自有场,直流电测深中利用的便是这种场。同时由于电磁场间的交互感应,还有一部分场离开场源向外辐射,这部分场称为辐射场,电磁勘探的变频测深能力就来源于辐射场。

CSAMT 工作中,发射源中供以连续的谐波电流,自有场和辐射场全部存在。为了使具有变频测深能力的辐射场占主导地位,需要在远场区进行观测。通常情况下,考虑到信噪比和接收机的灵敏度等实际情况,往往将观测点布置在离开场源 4 ~ 6 倍探测深度的地方。

对于时间域电磁场来说,如果发射连续波形,在观测期间自有场同样存在,收发距也应与频率测深一样为 4 ~ 6 倍的探测深度,使接收到的信号主要为辐射场。如果在脉冲关断后观测,源消失后自有场随之消失仅存在辐射场,由此从时间上将两种场分离来,这样即使在离源非常近的地方也可获得具有测深能力的辐射场。

2.1.4.2　电磁波的传播方式

在电磁波的传播方式上,激励源产生的电磁波的传播途径可以分为天波、地面波和地层波(图 2.1a),由于地球物理勘探中使用的是长波和超长波段,因此对于天波一般不予考虑,只研究地面波(用 S_0 表示)和地层波(用 S_1 表示)。在某一时刻,波程差会使地面附近形成一个近于水平的波振面,造成一个近乎垂直向下传播的水平极化平面波 S^*(图 2.1b)。S_0、S_1 和 S^* 在传播过程中,均与地下地质体发生电磁作用,并把作用的结果反映到地面观测点。

频率域 CSAMT 勘探中,电磁波的传播途径是从场源到接收点,并处处向下穿透,同时把与地质体作用的结果反映到观测点,测得的数据包括场源与观测点之间有效探测范围内的全部地质信息,在所有这些地质信息之中,地层波从场源直接传到接收点,主要携带了场源与接收点之间的信息;地面波从地表几乎垂直向下传播,主要携带了接收点正下方的信息。因此,在 CSAMT 勘探中我们期望更多地利用地面波而非地层波。当 CSAMT 地层波的作用可以忽略不计时,远区场条件成立。地层波是导致 CSAMT 测量中阴影效应和场源复印效应的主要原因。也就是说,在 CSAMT 勘探中,地层波作为一种干扰波的形式存在。

时间域电磁勘探中,当一次场断开后,场源附近产生急剧变化的电磁场,称为二次场,并

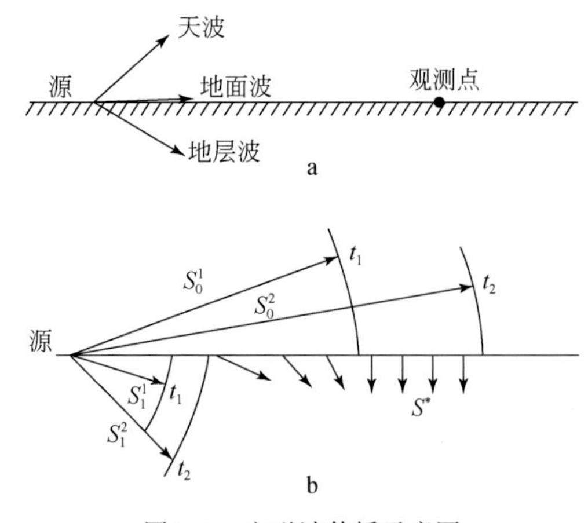

图 2.1　电磁波传播示意图

a. 天波、地面波与地层波；b. 波程差与波阵面

在地下形成涡流。二次场同样以上述两种途径进行传播扩散。以地面波传播的二次场以光速 c 从空气中直接传到地表各点，并将部分能量传入地下；以地层波传播的二次场，从场源直接传播到地下，它在地下空间所激发的感应电流似“烟圈”那样随时间推移逐步扩散到大地深处。在场传播的初期，地面波的传播是瞬时建立的，地层波因受到大地阻抗作用，建立时间相对较迟，因此这两种传播方式在时间上是分开的，随后这两种场相互叠加在一起；再后来，以地面波传播的场衰减至可忽略不计，此时地层中的二次场主要来自地层波。可见在不同时期，不同位置测量点所接收到的信号中，两种传播方式所占比例不尽相同。这就引入了早期（远区）、中期（过渡区）、晚期（近区）的概念。

要详细研究时间域电磁场在不同场区的特性，需要将场的偏移距与瞬变过程的衰减时间相互结合起来，引入如“远区的早期阶段”“远区的晚期阶段”等概念。在瞬变场远区的早期阶段，场具有波区性质，第一类激发起主导作用。这时，对于浅层部位，场具有很强的分层能力。在瞬变场远区的晚期阶段，对于收发距 r 来说，层状介质的总厚度相对来说很小，与其中的涡流范围比较，显得层间距离小，出现层状介质之间感应效应很强，所以，各层间的涡流效应平均化，即可把整个层状断面等效为具有总纵向电导 S 的一个层。由此可见，在远区的晚期阶段只能确定各层总纵向电导和总厚度，不具有分层能力。由于场的这一特点，一般远区方法用得很少，另外，由于远区方法存在体积效应，也影响着分层能力。在瞬变场近区的早期阶段，早期信号幅值大，变化剧烈，受探测仪器影响严重，准确检测早期信号技术难度大。在近区的晚期阶段，测量结果很好地给出了地电断面的分层信息，其物理过程是：在上部导电层中晚期刚刚出现，即开始出现涡流的衰减过程，并以其纵向电导 S_1 来表征该地层存在时，在更深的导电层中，由于“烟圈”效应，涡流还处于产生和增强的早期阶段。但是，由于第一层中很强的衰减涡流的屏蔽作用，在地表观测中很难或很微弱地出现第二层的影响，随着时间的推移，在地表上可观测到第一层和第二层共同影响的瞬变结果，并以 S_1+S_2 来表征其综合影响。在更晚的时间上出现 $S_1+S_2+S_3$ 的综合影响，以此类推。这样随着时间推移，可以得到整个断面上所能测到的全部信息。

从上述分析可以看出,在频率域电磁法中,为了利用具有频测能力的辐射场和垂直入射的地面波,接收点距发射源的距离为4~6倍探测深度。而在时间域电磁法中,若采取关断的阶跃波形电流激发,自有场和辐射场可以在时间上分开,测量辐射场时不受自有场的干扰,因此可在离发射源很近的范围内观测辐射场实现测深目的。另外,时间域电磁法主要利用的是地层波成分,所以在离发射源比较近的范围内观测,不仅分层能力强,还可以减小体积效应,更好地反映接收点下方地层的电性变化。

多道瞬变电磁法作为一种人工源电磁探测方法,其场的传播和分布遵循电磁场传播的基本规律。传统的长偏移距瞬变电磁法、短偏移距瞬变电磁法以及频率域的CSAMT均在接地导线的赤道向采集响应信号。与传统电性源瞬变电磁法不同,多道瞬变电磁法采用接地导线作为发射源,并且在接地导线的轴向观测响应数据。在此观测模式下,电磁场与目标体之间的耦合效应是多道瞬变电磁法探测能力的一个重要标志。

多道瞬变电磁法采集不同偏移距下电偶极源轴向电场响应,从而获得地下不同深度的电介质电阻率信息。与传统的中心回线式瞬变电磁法不同,多道瞬变电磁法的探测深度不仅与时间有关,而且与偏移距和整个地电剖面的电阻率有关。传统瞬变电磁法测深与直流电测深中直接给出探测深度的计算公式,但是多道瞬变电磁法测深是参数测深与几何测深的一种结合,需要通过拟合反演方式获得地下不同深度地质目标体的探测深度。通过峰值及峰值时刻整理成共偏移距道集可以反映固定深度的电阻率信息,此时多道瞬变电磁法的探测深度约为偏移距的一半。

2.1.4.3 电性源轴向瞬变电磁场的扩散方式

瞬变电磁法尽管存在多种变种方法,其数学物理基础都是基于导电介质在阶跃变化的激励源激发下引起的涡流场问题(牛之琏,2007)。因此,电磁场在地下介质的传播机理是瞬变电磁法的物理基础。为此,从电磁场在地下的传播出发,以阶跃变化的激励源关断后的地下电流密度分布的形式,来展现地下电性源激发所产生的电磁场的扩散方式。

首先,分别计算均匀半空间下,单位偶极矩电偶极源激发的轴向方向水平电流密度、垂直电流密度以及总电流密度的分布情况。假设电偶极源位于x方向,源位于坐标原点,均匀半空间的电阻率为$10\Omega \cdot m$,在源关断0.28ms、1.10ms、2.78ms、7.00ms、17.68ms和44.54ms 6个时刻的水平电流密度、垂直电流密度和总电流密度如图2.2~图2.4所示。

当源偶极子中的源电流突然断开时,在地下半空间会被激励起感应涡流场来维持源电流断开前存在的电磁场。由图2.2~图2.4可知,所激励的感应涡流场首先集中在发射电偶极源附近的地表,离源的距离越远,电流密度越小。随后电流密度从源附近向下向外扩散,其强度随时间衰减。

在扩散过程中,水平电流密度的最大值集中在源附近,其位置不随电流向下向外扩散,但是其幅度随时间衰减。在水平电流密度中,存在电流极小值“条带”,该“条带”与地面呈一定夹角,其范围随着电流密度向下扩散而逐渐向下扩散。在电流密度的扩散过程中,“条带”与地面的夹角逐渐变小。该条带将地下电流密度分为两个区域:在“条带”上方为水平电流最大值区域;在条带下方感应产生了电流密度局部极大值,其幅值小于源下方的水平电

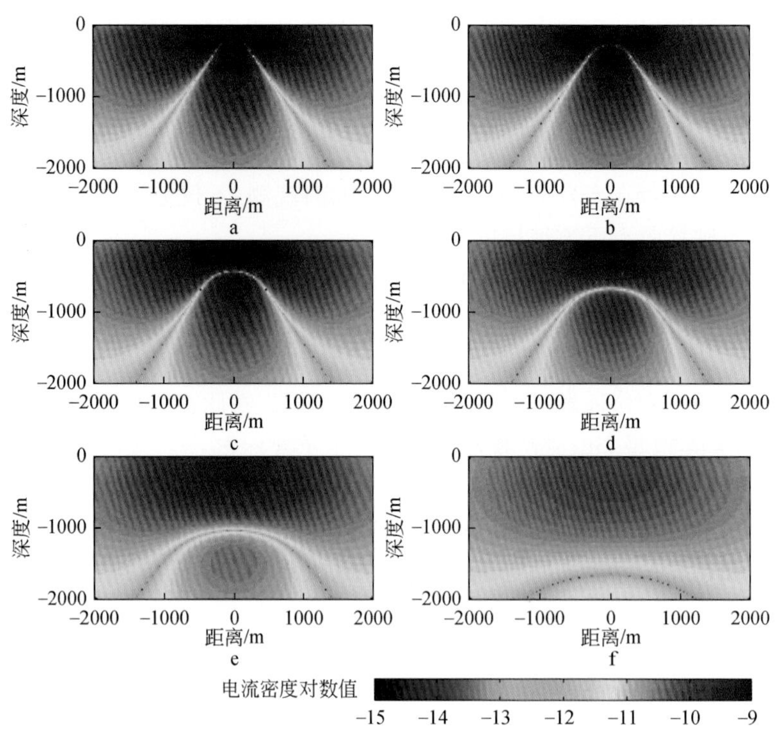

图 2.2 源关断后不同时刻地下水平电流密度分布

a. 0.28ms; b. 1.10ms; c. 2.78ms; d. 7.00ms; e. 17.68ms; f. 44.54ms

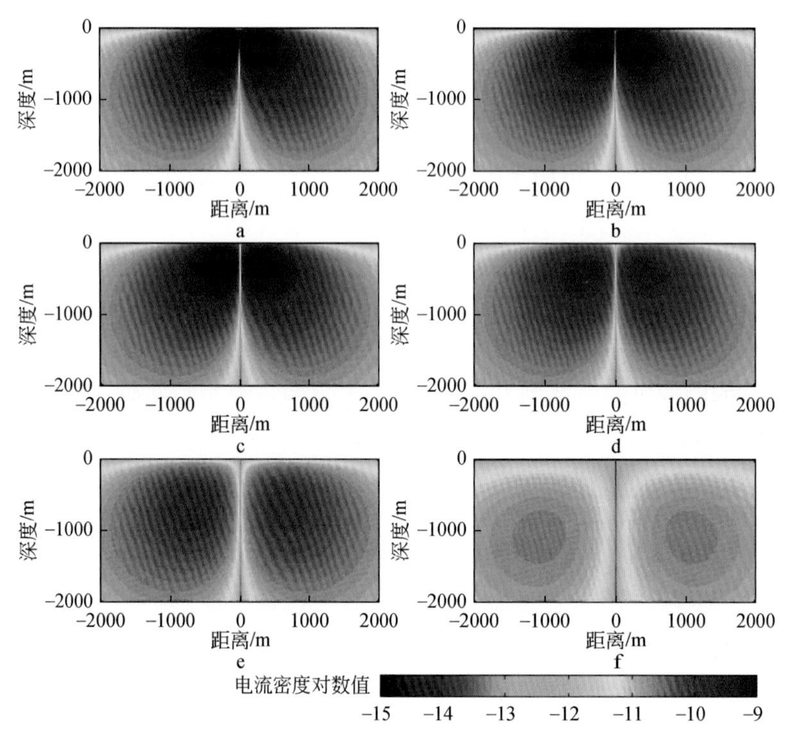

图 2.3 源关断后不同时刻地下垂直电流密度分布

a. 0.28ms; b. 1.10ms; c. 2.78ms; d. 7.00ms; e. 17.68ms; f. 44.54ms

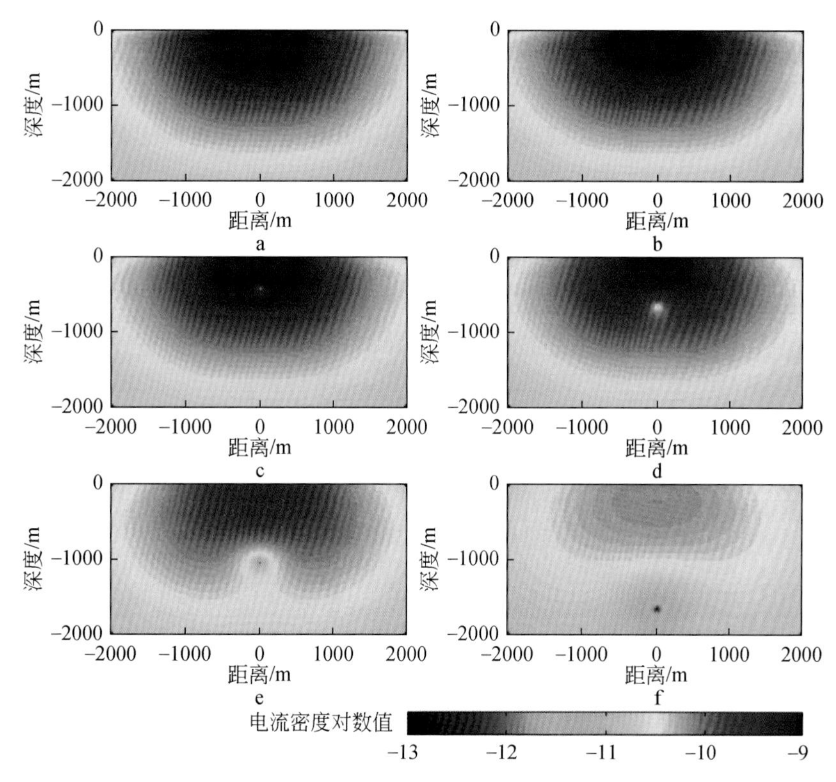

图2.4　源关断后不同时刻地下总电流密度分布

a. 0.28ms；b. 1.10ms；c. 2.78ms；d. 7.00ms；e. 17.68ms；f. 44.54ms

流密度最大值，该电流被称为“返回电流”。

在源正下方无垂直电流。在切断电流的任一时刻，垂直电流密度呈多个层壳的“环带”形，如图2.3所示。该“环带”的形态与Nabighian(1992)所提出的计算回线源瞬变电磁响应的“烟圈”等效类似。然而，由图2.2和图2.4可知，水平电流密度和总电流密度并不满足该“环带”形态，因此“烟圈”等效近似法无法应用于电性源瞬变电磁法响应计算。

总电流密度的最大值集中在源附近，这是由于水平电流密度的衰减速度小于垂直电流密度的衰减速度，从而在相同时刻水平电流密度大于垂直电流密度，因此总电流密度主要受水平电流密度的影响。在源正下方，由于垂直电流密度为零，其与水平电流极小值“条带”的交叉处为总电流密度的极小值点。如图2.4所示，该极小值点的位置随时间向下传播，其幅度随时间衰减。

2.1.4.4　电性源瞬变电磁场平面分布

地下电流密度的扩散特性直接影响地面电磁场的扩散和分布。在瞬变电磁法实际数据采集中，我们观测的是地面纯二次电磁场值随时间的变化。因此，分析地面纯二次电磁场的扩散情况对分析电磁法的最佳观测区域、最佳观测分量具有重要意义。

在均匀半空间下，单位偶极矩的电偶极源中一次场关断后，地面电磁场响应各个分量随时间的扩散情况。假设电偶极源位于x方向，理论上，电偶极源一次场关断后，在源的各个

方位可产生 E_x、E_y、E_z 和 B_x、B_y、B_z 全部六个分量。由于在地面电磁法数据采集中难以观测 E_z 分量以及均匀半空间下地面电场强度 E_y 恒等于零,因此在分析计算中,仅计算 E_x、B_x、B_y、B_z 四个分量。图 2.5 ~ 图 2.8 分别给出了电阻率为 10Ω · m 的均匀半空间下,在源关断 0.28ms、1.10ms、2.78ms、7.00ms、17.68ms 和 44.54ms 6 个时刻地面电磁场的平面分布图,源位于坐标原点,方向指向 x 轴方向。

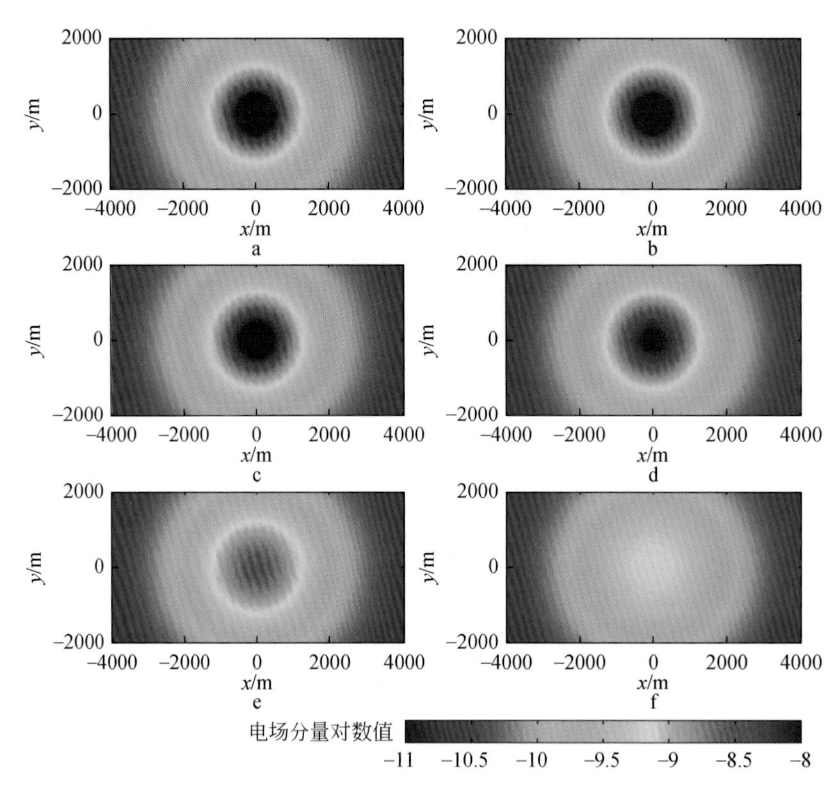

图 2.5　源关断后不同时刻地面电场强度 E_x 的平面分布图

a. 0.28ms;b. 1.10ms;c. 2.78ms;d. 7.00ms;e. 17.68ms;f. 44.54ms

电性源电磁法探测通常是在源偶极子的轴向或者赤道向进行响应数据的采集工作。由图 2.5 ~ 图 2.8 的地面电磁场的平面分布图可知:

轴向电场分量 E_x 在平面各个方向上均匀分布。电场强度最大值位于源附近,电场强度随离源距离的增大而衰减。在早期,轴向电场强度的平面分布变化较小,如图 2.5a ~ c 所示;在晚期,轴向电场强度随时间迅速衰减,如图 2.5d ~ f 所示。在衰减过程中,轴向电场强度最大值仍位于源附近,并未向外扩散,这是由于地下水平电流密度的最大值始终集中在源附近。

水平磁感应强度 B_x 在轴向和赤道向存在极小值“条带”,因此不适于在轴向或者赤道向观测此分量。但是,在与源呈 45°的径向方向上,B_x 均匀分布。B_x 最大值从源附近逐渐向四周扩散。

水平磁感应强度 B_y 存在随时间变化的极小值“条带”。在早期,如图 2.7a 所示,极小值“条带”与源呈 45°夹角,将电磁场扩散平面分为四个区域。在每个区域内,场磁感应强度分

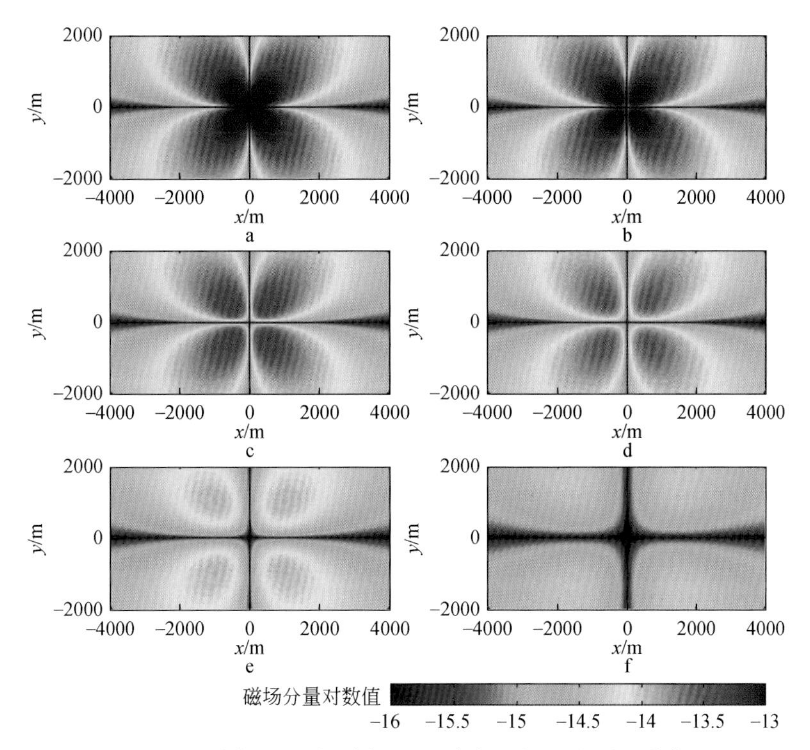

图 2.6　源关断后不同时刻地面磁感应强度 B_x 的平面分布图

a. 0.28ms；b. 1.10ms；c. 2.78ms；d. 7.00ms；e. 17.68ms；f. 44.54ms

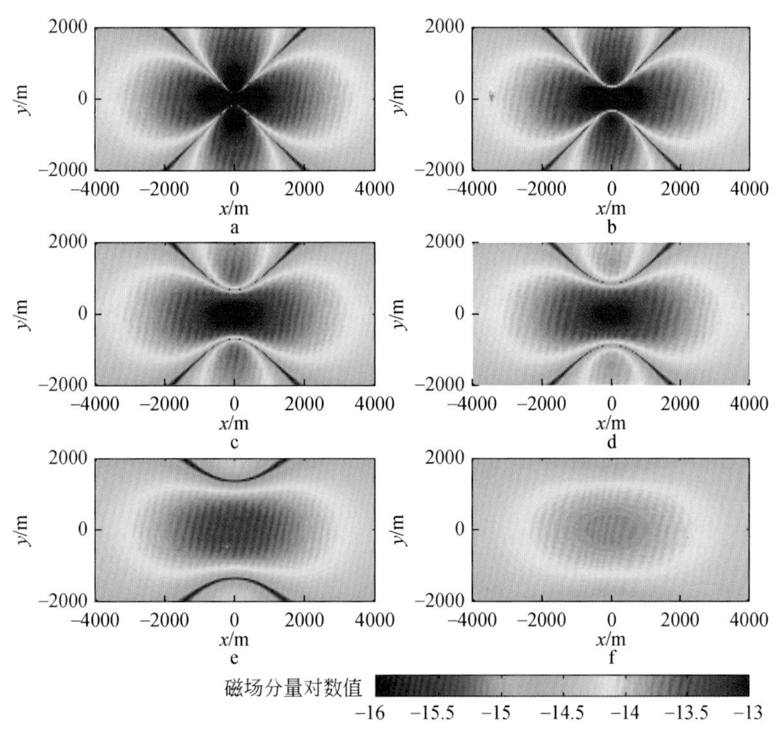

图 2.7　源关断后不同时刻地面磁感应强度 B_y 的平面分布图

a. 0.28ms；b. 1.10ms；c. 2.78ms；d. 7.00ms；e. 17.68ms；f. 44.54ms

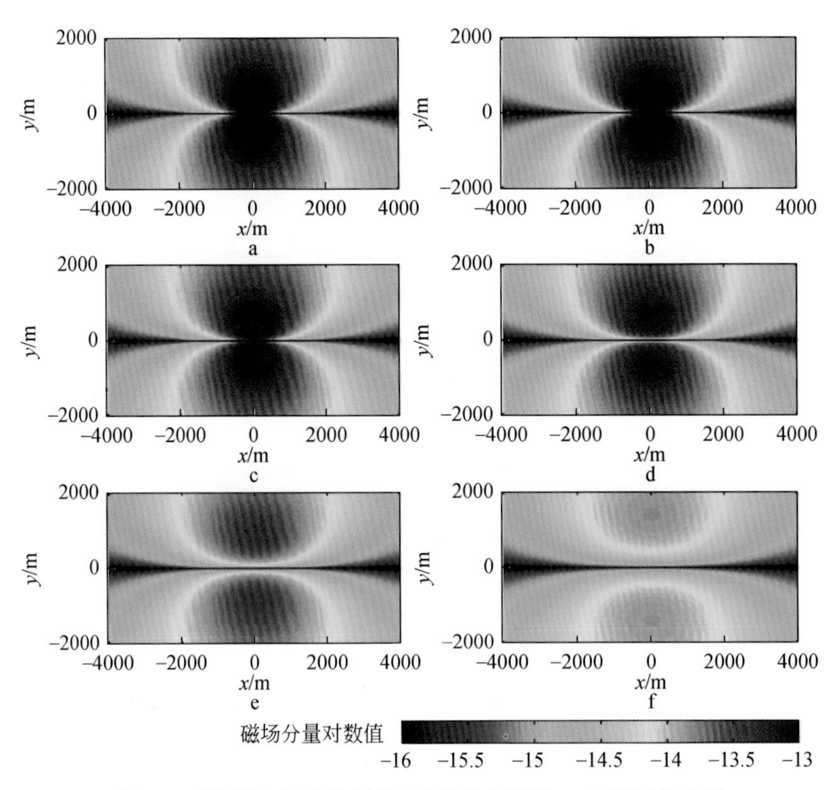

图 2.8　源关断后不同时刻地面磁感应强度 B_z 的平面分布图

a. 0.28ms；b. 1.10ms；c. 2.78ms；d. 7.00ms；e. 17.68ms；f. 44.54ms

布均匀，最大值位于源附近，离源越远磁感应强度越小。极小值“条带”随时间逐渐向赤道向移动，伴随着“条带”的移动，赤道向磁感应强度的最大值逐渐向外扩散。同时，在轴向方向上，磁感应强度的最大值并未随“条带”移动，而是始终保持在源附近，如图 2.7b ~ e 所示。当“条带”随时间扩散至赤道向远端，最终在源附近形成一个磁感应强度分布较均匀的区域，如图 2.7f 所示。在该区域内，轴向磁感应强度大于赤道向磁感应强度。由于极小值“条带”在赤道向的移动，因此不适宜在赤道向观测水平磁感应强度 B_y 分量。

垂直磁感应强度 B_z 在轴向存在极小值条带，因此不适宜在轴向进行观测。在轴向方向，垂直磁感应强度分布均匀，其最大值从源附近逐渐向外扩散（图 2.8）。

综上，通过分析电磁场响应的平面分布及其随时间的变化规律，适于在轴向进行观测的分量为 E_x、B_y；适于在赤道向观测的分量为 E_x、B_z。均匀半空间下，赤道向电场强度 E_y 等于 0，因此此处的讨论并未包含赤道向电场强度 E_y。

2.1.5　发射码特性分析

2.1.5.1　m 序列

1）数学基础

m 序列是最长线性反馈移位寄存器序列（maximal linear feedback shift register binary sequences)的简称。可以通过合理设置线性反馈移位寄存器的反馈通道实现m序列的产生。带有线性反馈的移位寄存器原理如图2.9所示。

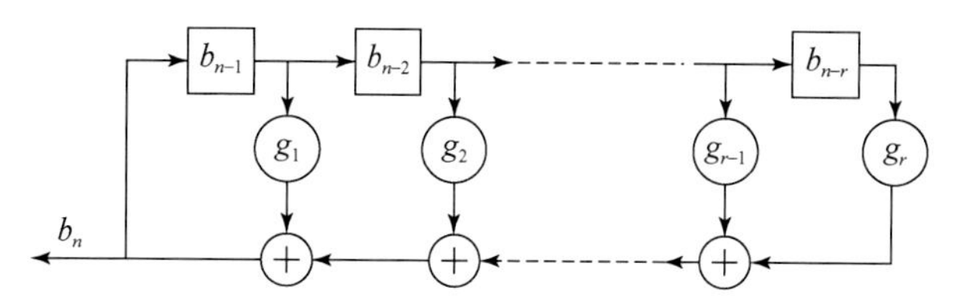

图2.9　带有线性反馈的移位寄存器原理图

从某个状态$(b_{n-1},b_{n-2},\cdots,b_{n-r})$出发，在每个时钟节拍移位寄存器内向右移一位。由线性反馈产生输出b_n：

$$b_n = g_1 b_{n-1} \oplus g_2 b_{n-2} \oplus \cdots \oplus g_r b_{n-r} \tag{2.20}$$

并将b_n添补到最左端的寄存器。式(2.20)中的加法是模2加法，g_i的取值为0或者1，分别代表反馈抽头断开或导通。输出序列写成多项式的形式如下：

$$\begin{aligned} B(D) &= b_0 + b_1 D + b_2 D^2 + \cdots \\ &= \sum_{n=0}^{\infty} b_n D^n \\ &= \sum_{n=0}^{\infty} \left(\sum_{i=1}^{r} g_i b_{n-i} \right) D^n \\ &= \sum_{i=1}^{r} g_i D^i \left(\sum_{n=0}^{\infty} b_{n-i} D^{n-i} \right) \\ &= \sum_{i=1}^{r} g_i D^i \left[b_{-i} D^{-i} + b_{-i+1} D^{-i+1} + \cdots + b_{-1} D^{-1} + B(D) \right] \end{aligned}$$

从而可以得到关系式

$$B(D)\left(1 - \sum_{i=1}^{r} g_i D^i\right) = \sum_{i=1}^{r} g_i D^i \left(b_{-i} D^{-i} + b_{-i+1} D^{-i+1} + \cdots + b_{-1} D^{-1}\right) \tag{2.21}$$

在模2运算时，加法和减法相同，因此式(2.21)可以写成式(2.22)：

$$\begin{aligned} B(D) &= \frac{\sum_{i=1}^{r} g_i D^i \left(b_{-i} D^{-i} + b_{-i+1} D^{-i+1} + \cdots + b_{-1} D^{-1}\right)}{1 + \sum_{i=1}^{r} g_i D^i} \\ &= \frac{a_0(D)}{g(D)} \end{aligned} \tag{2.22}$$

多项式

$$g(D) = 1 \oplus \sum_{i=1}^{r} g_i D^i \tag{2.23}$$

$$\begin{aligned} a_0(D) &= \sum_{i=1}^{r} g_i D^i \left(b_{-i} D^{-i} + \cdots + b_{-1} D^{-1}\right) \\ &= g_1 b_{-1} \\ &\quad + g_2 (b_{-2} + b_{-1} D) \end{aligned}$$

$$
\begin{aligned}
&+g_3(b_{-3}+b_{-2}D+b_{-1}D^2)\\
&+\cdots\\
&+g_r(b_{-r}+b_{-r+1}D+\cdots+b_{-1}D^{r-1})
\end{aligned}
\tag{2.24}
$$

因此输出序列完全由 $g(D)$ 和 $a_0(D)$ 决定,其中 $g(D)$ 确定了带线性反馈移位寄存器的电路结构,$a_0(D)$ 由寄存器的初始状态决定。当取

$$
b_{-r}=1,b_{-r+1}=b_{-r+2}=\cdots=b_{-1}=0 \tag{2.25}
$$

可以确定两个多项式分别为

$$
\begin{cases}
a_0(D)=1\\
B(D)=\dfrac{1}{g(D)}
\end{cases}
\tag{2.26}
$$

当 $g(D)$ 是 r 次多项式时,表明线性反馈移位寄存器由 r 节组成,所生成的序列 $\{b_n\}$ 具有如下性质:

(1)每个移位寄存器产生的序列是周期的,周期 $N\leqslant 2r-1$。

(2)若 $a_0(D)$ 与 $g(D)$ 是不可简约的,即两者无公因子,则生成序列周期为 N_p 的充要条件是 $g(D)$ 能够除尽 $1+DN_p$。

(3)移位寄存器序列长度达到周期 $N_p=2p-1$ 的充分必要条件是 $g(D)$ 是 r 次本原多项式,即此时生成的序列为 m 序列。

由此,只要能找到 r 次本原多项式就能够生成 m 序列,对应的线性反馈移位寄存器的反馈结构完全由本原多项式决定。

2)m 序列的性质

(1)p 级 m 序列的一个循环周期 $N_p=2p-1$ 中,逻辑“0”出现的次数为 $(N_p-1)/2$,逻辑“1”出现的次数为 $(N_p+1)/2$,逻辑“0”的个数总比逻辑“1”的个数少一个。

(2)m 序列中某种状态连续出现的段称为“游程”,一个 p 阶 m 序列的游程个数为 $2p-1$,其中“0”游程与“1”游程各占一半,长度为 1bit 的游程占 1/2,有 $2p-2$ 个;长度为 i bits 的游程占 $1/2i$,有 $2p-i-1(1\leqslant i\leqslant p-2)$ 个;长度为 $(p-1)$ bits 的游程只有 1 个,为“0”游程,长度为 p bits 的游程也只有 1 个,为“1”游程。

(3)m 序列具有移位可加性,两个彼此移位等价的 m 序列按位模 2 相加后仍为 m 序列,并且与原来的两个 m 序列移位等价。

(4)m 序列具有良好的非周期自相关和周期自相关特性。其中非周期自相关是单周期的 m 序列的自相关运算,周期自相关是单周期的序列与连续周期的 m 序列的互相关运算。其中非周期自相关函数存在旁瓣,主旁瓣比为 $20\lg\sqrt{N_p}\,\mathrm{d}B$,码长越长,主旁瓣比越大;周期自相关函数是二值的,存在的旁瓣表现为直流信号,主旁瓣比为 $20\lg N_p\,\mathrm{d}B$。

3)m 序列的频谱特点

为理论分析 m 序列谱特征,首先需要理论计算 m 序列的周期自相关函数和功率谱密度。

考虑 p 阶 m 序列,其幅度为 a,周期为 N_p,单个码元时长为 Δ。m 序列的自相关函数计算式如下:

$$
\begin{aligned}
R_m(\tau) &= \frac{1}{N_p\Delta}\int_0^{N_p\Delta} m(t)m(t+\tau)\mathrm{d}t \\
&= \frac{1}{N_p}\sum_{k=0}^{N_p-1} m(k)m(k+\tau) \\
&= \begin{cases} a^2\left(1-\dfrac{N_p+1}{N_p}\dfrac{|\tau|}{\Delta}\right), & -\Delta \leqslant \tau \leqslant \Delta \\ -\dfrac{a^2}{N_p}, & \Delta < \tau < (N_p-1)\Delta \end{cases}
\end{aligned} \tag{2.27}
$$

谱密度的求解可以转化时间域三角周期脉冲与常数的傅里叶变换的计算,可以得出谱密度函数如下:

$$
S_m(\omega) = 2\pi\frac{a^2(N_p+1)}{N_p^2}\left[\frac{\sin\left(\frac{1}{2}\omega\Delta\right)}{\frac{1}{2}\omega\Delta}\right]^2\left[\sum_{k=-\infty,k\neq0}^{\infty}\delta(\omega-k\omega_0)\right]+\frac{2\pi a^2}{N_p^2}\delta(\omega) \tag{2.28}
$$

其中

$$
\omega_0 = \frac{2\pi}{N_p\Delta} \tag{2.29}
$$

能量分布在 $k\omega_0=\dfrac{2k\pi}{N_p\Delta}$ 上,并且当 $k=N_p, 2N_p, \cdots$ 时,$S_m(\omega)=0$。功率谱的频率分辨率为 ω_0,且谱的3dB带宽可以计算得到:

$$
\mathrm{BW}_{3\mathrm{dB}} \approx \frac{1}{3\Delta} = \frac{f_c}{3} \tag{2.30}
$$

式中,f_c 为码元频率。

下面以一个5阶的m序列仿真分析m序列的谱特征(图2.10)为例,仿真设置的码元频率 f_c 为4kHz,采样率 f_s 为32kHz。首先对比分析该m序列的非周期自相关函数和周期自相关函数,然后再分析其功率谱密度函数。

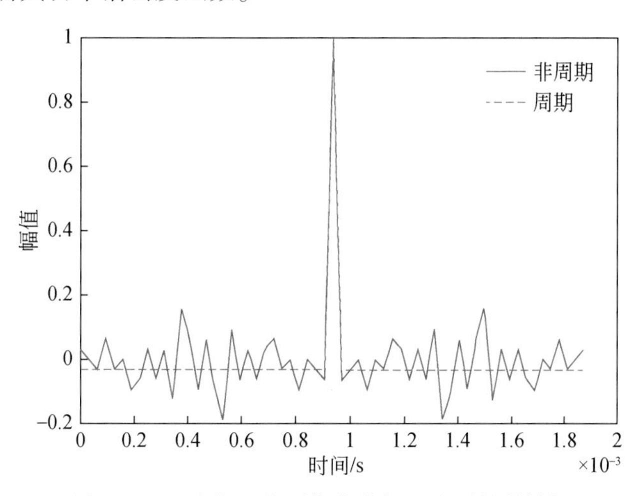

图2.10　5阶的m序列仿真分析m序列的谱特征

对应的功率密度谱如图 2. 11 所示,注意,由于绘制的是单边谱图,因此对应频点的仿真结果是理论计算结果的 2 倍。频率分辨率及零点与理论结果一致。

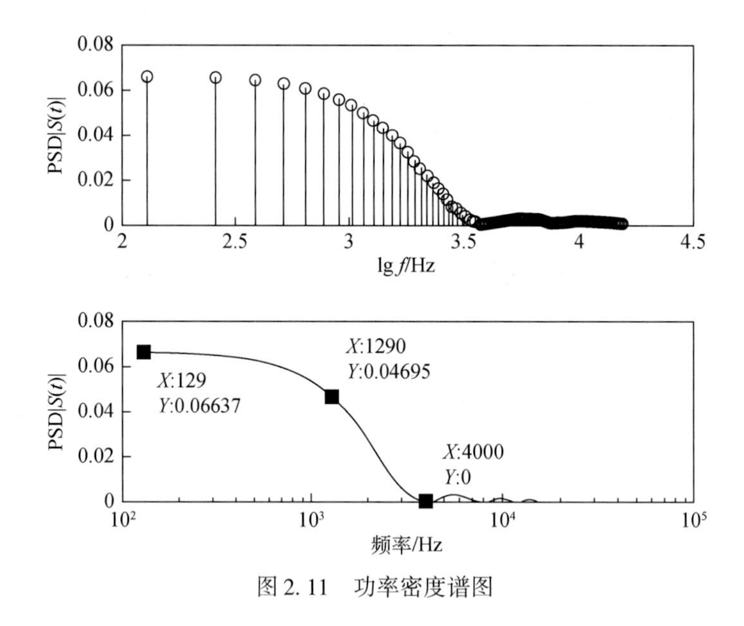

图 2. 11　功率密度谱图

由于绘制时采用了对数坐标,因此直流成分没有体现出。从 m 序列的功率谱可以看出在带宽内功率谱比较平坦,以 3dB 带宽为例,其带宽约为 1290Hz(码元频率为 4kHz),与理论计算结果基本一致。频率分辨率为 1/(25-1)/Δ=129Hz。

m 序列频谱成分丰富,通过合理设置序列的参数可以兼顾频率分辨率和带宽的要求,以适应时间域电磁方法探测的需求。m 序列良好的自相关性能够很好地抑制噪声,提高信噪比。

2. 1. 5. 2　Gold 码序列

1)数学基础

Gold 码序列的产生可以通过使用一对经过特殊选取的具有相同周期的 m 序列做模 2 运算而产生。假设 $g_1(D)$ 和 $g_2(D)$ 是两个不同的 r 阶本原多项式,$\{u_n\}$ 和 $\{v_n\}$ 分别是这两个本原多项式产生的 m 序列,长度 $N=2r-1$。对这两个 m 序列进行模 2 求和:

$$\{s_n\}=\{u_n\}\oplus\{v_n\} \tag{2.31}$$

其中:

$$s_n=u_n\oplus v_n$$

图 2. 12 给出了两个 5 阶特征多项式的 Gold 码序列产生器。两个特征多项式如下:

$$\begin{aligned} g_1(D)&=l+D^2+D^3 \\ g_2(D)&=l+D^2+D^3+D^4+D^5 \end{aligned} \tag{2.32}$$

对其中一个序列 $\{v_n\}$ 进行移位,1 次移位后得到的序列为 $\{T_1v_n\}$。其中 T 为移位因子,表示对于任何的 n,有 $b_n+1=Tb_n$。把另一个序列 $\{u_n\}$ 固定,并对两个序列 $\{u_n\}$ 和 $\{T_1v_n\}$ 进行模 2 运算,可以得到另一个不同的 Gold 码序列。由于 l 可以等于 0,1,2,…,$2r-2$,再加上 $\{u_n\}$ 和 $\{v_n\}$ 两个序列总共可以得到 $2r+1$ 个不同的序列。这些序列属于同一类 Gold 码序列。

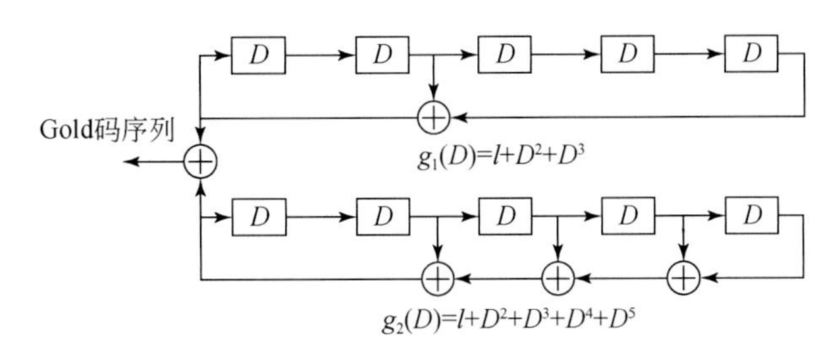

图2.12 两个5阶特征多项式的Gold码序列产生器

2)Gold码序列的自相关特性及功率谱

Gold码序列的周期自相关函数和非周期自相关函数均存在旁瓣。当N充分大时,Gold码序列具有良好的周期自相关特性。下面以式(2.32)给出的一对5阶的本原多项式生成的m序列为例给出一类Gold码序列(图2.13)。我们选择其中的两个Gold码序列分析。设定采样率为32kHz,码元频率为4kHz。

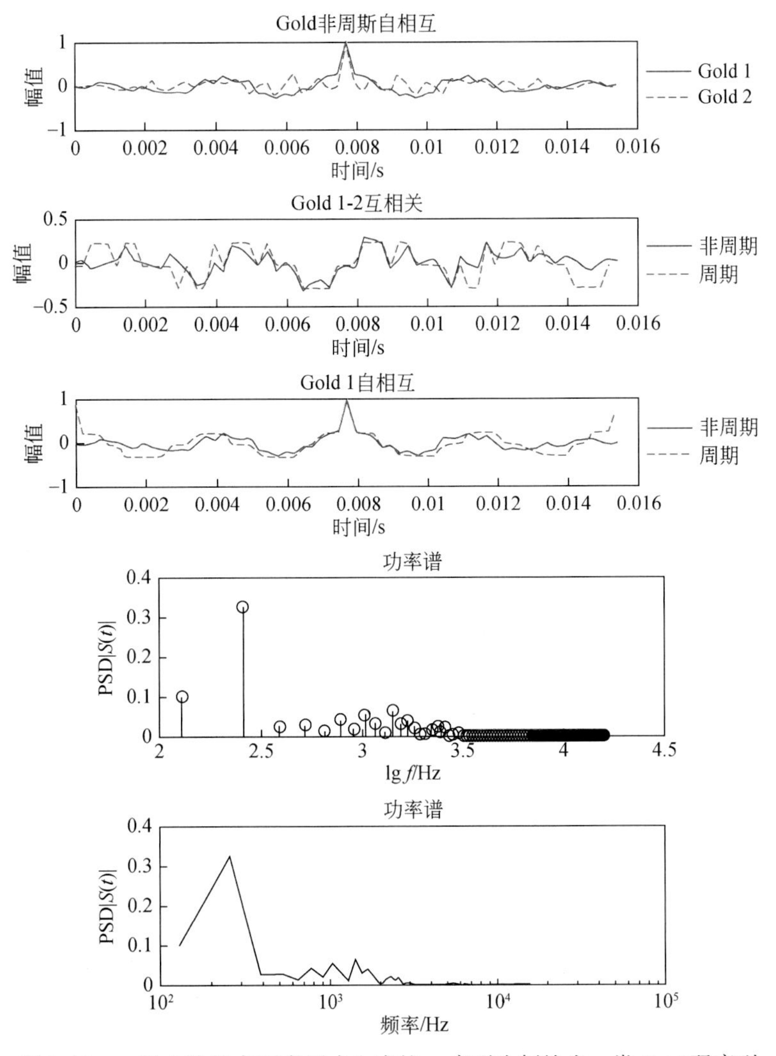

图2.13 一对5阶的本原多项式生成的m序列为例给出一类Gold码序列

当阶数变为 9 时,Gold 码序列的相关特性及其功率谱密度如图 2.14 所示。

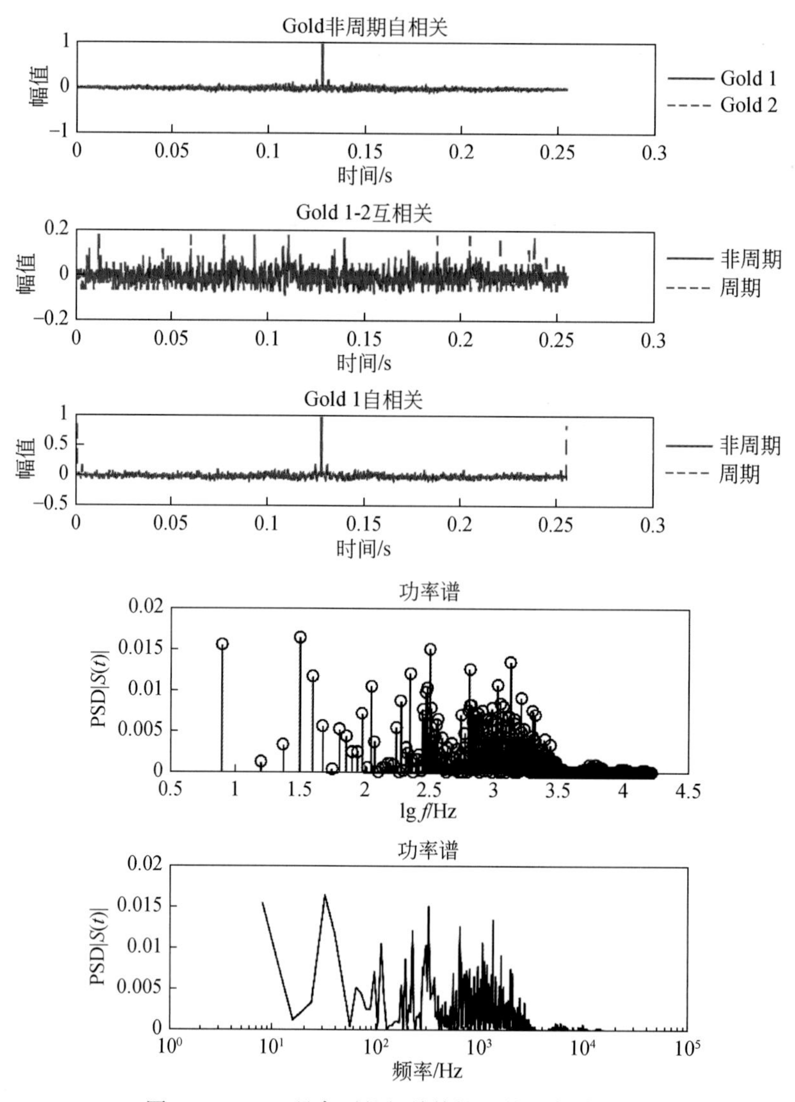

图 2.14　Gold 码序列的相关特性及其功率谱密度

从仿真结果可以看出,Gold 码序列的相关特性较差。从功率谱密度函数可以看出,Gold 码序列的能量分布在低频,频点覆盖范围不够,能量分布不均匀,不适合应用在时间域电磁探测和频率域电磁探测当中。

2.1.5.3　互补序列(complementary sequences,CS)

在应用数学领域,互补序列定义为不同相的非周期自相关之和为零的一对序列。一般来说讨论的互补序列都是二值的,如二进制互补序列(Golay 互补码)是 Golay 在 1949 年引入的一种互补序列,其给出了长度为 $2n$ 的互补序列的构造方法。1974 年 R. J. Turyn 给出了由长度为 m 和 n 的序列构造长度为 mn 的序列的方法。随后其他研究人员将互补序列发展到了多相、多极性(多值)和任意复值的互补序列。考虑到互补序列工程实现的方便和难易性,这里仅以 Golay 互补码(二进制互补序列)为例介绍。

1)二进制互补序列的定义

互补序列定义如下,对于一对序列,$a_0,a_1,\cdots,a_{n-1}$ 和 $b_0,b_1,\cdots,b_{n-1}$,每个码字取值为+1或-1,这两个序列的非周期自相关函数的和满足:

$$R_a(k)+R_b(k)=2N\delta(k)$$
$$R_x(k)=\sum_{j=0}^{N-k-1}x_jx_{j+k} \tag{2.33}$$

式中,函数 $\delta(t)$ 为 Kronecker delta 函数。互补序列非周期自相关函数相当于一个脉冲函数,可以被利用到系统辨识中。

二进制互补序列的性质:互补序列中任意一个序列乘以-1 后仍是互补序列;互补序列中任意一个序列反向后仍是互补序列。

2)二进制互补序列的构造

已知长度为 $2n$ 的一对互补序列 A_n 和 B_n,获得长度为 $2n+1$ 的互补序列 A_{n+1} 和 B_{n+1} 的方法如下。

(1)拼接方法:

$$\begin{cases}A_{n+1}=[A_n\quad B_n]\\B_{n+1}=[A_n\quad -B_n]\end{cases} \tag{2.34}$$

(2)交织方法:

$$\begin{cases}A_{n+1}=\{A_n\quad B_n\}\\B_{n+1}=\{A_n\quad -B_n\}\end{cases} \tag{2.35}$$

(3)交织的操作如下:

$$A_n=a_0a_1\cdots a_{2^n}$$
$$B_n=b_0b_1\cdots b_{2^n}$$
$$\{A_n\quad B_n\}=a_0b_0a_1b_1\cdots a_{2n}b_{2n}$$

给出两种构造方法下 $n=5$ 阶的二进制互补序列波形图,其采样率 f_s 设置为 32kHz,码元频率 f_c 设置为 4kHz,时间域波形见图 2.15。

从图 2.15 的仿真结果可以看出,两种构造方法获得的互补序列中分别有一个(在这里对应 B 序列)是互为反序并且符号相反的,满足互补序列的性质。

发射波形时如图 2.15 所示,先发射互补序列的 A 序列,然后停止发射一段时间,设置间歇时间为 A 序列发射的时长;然后再发射互补序列的 B 序列,再停止发射一段时间,如此重复进行发射。A 序列、B 序列的发射时长和间歇时长是相等,如此设置的好处是在计算互补非周期自相关函数之和时会十分方便。如果求互补序列的非周期自相关之和,可以直接对图 2.15 所示的发射的一个周期的信号进行自相关运算并进行适当截取即可。根据这种方法计算两种方法构造的互补序列的非周期自相关函数之和。如图 2.16 所示,自相关函数对发射序列长度进行了归一化。

3)二进制互补序列的功率谱特征和能量分布

Golay 互补序列的功率谱特征可以通过计算其非周期自相关函数的傅里叶变换分析。

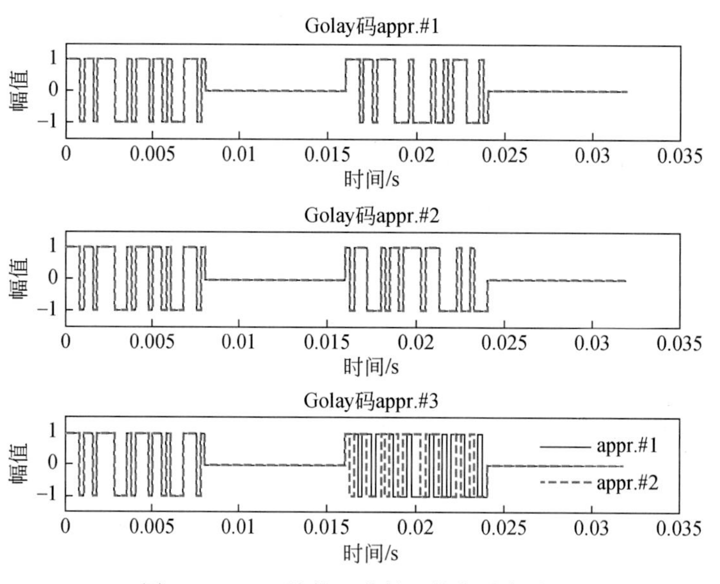

图 2.15　$n=5$ 阶的二进制互补序列波形图

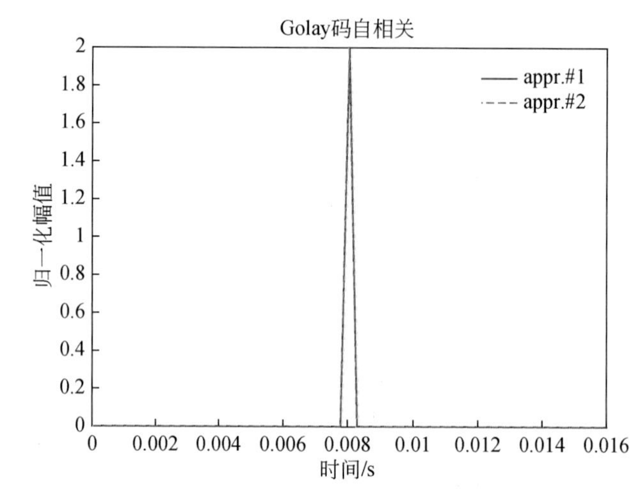

图 2.16　自相关函数对发射序列长度进行归一化

互补序列的非周期自相关函数相当于时间域上的三角脉冲函数。

$$\Lambda(t)=\begin{cases}a\left(1-\dfrac{|t|}{\Delta}\right), & |t|\leqslant\Delta\\ 0,(N_p)\Delta>|t|>\Delta\end{cases}$$

式中，$\Lambda(t)$ 为脉冲函数；Δ 为一个码字的持续时间，是自相关函数得到三角脉冲的脉宽；N_p 为互补序列中任意序列的码元个数。通过理论计算上式的傅里叶变换可以得出该三角脉冲的傅里叶变换如下：

$$S_{cs}(\omega)=2\pi\sum_{k=-\infty}^{\infty}c_k\delta(\omega-k\omega_0),\omega_0=\frac{2\pi}{(2N_p)\Delta} \tag{2.36}$$

式中，谱密度下标"cs"是Complementary Sequences的缩写。c_k的计算如下：

$$c_k=\frac{1}{(2N_p)\Delta}\int_{-\Delta}^{\Delta}a\left(1-\frac{|t|}{\Delta}\right)e^{-jk\omega_0 t}dt=\frac{a}{(2N_p)}\left[\frac{\sin\left(\frac{1}{2}k\omega_0\Delta\right)}{\frac{1}{2}k\omega_0\Delta}\right]^2=\frac{a}{(2N_p)}\left[\frac{\sin\left(\frac{\pi}{2N_p}k\right)}{\frac{\pi}{2N_p}k}\right]^2$$

由此，我们可以得出互补序列的功率谱密度的频率分辨率为

$$df=\frac{1}{2N_p\Delta}=\frac{f_c}{2N_p}=\frac{1}{2T_p} \tag{2.37}$$

式中，f_c为互补序列码元频率；T_p为互补序列任意序列一个周期的持续时长。也可以得到功率谱的3dB带宽约为

$$BW_{3dB}\approx\frac{f_c}{3} \tag{2.38}$$

信号的功率谱可以通过信号的自相关函数的傅里叶变换计算，来考察互补序列的功率谱（图2.17）。注意，由于绘制的是单边谱图，因此对应频点的仿真结果是理论计算结果的2倍。频率分辨率及零点与理论结果一致。

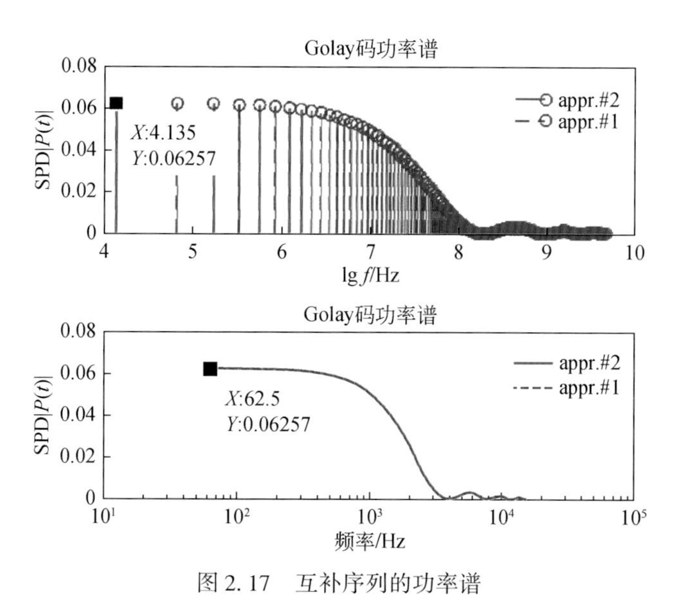

图2.17　互补序列的功率谱

互补序列的谱特征与m序列的谱特征十分相似，而且互补序列的自相关函数之和的峰值旁瓣比要优于m序列，但是互补序列的时间效率远低于m序列，例如，利用5阶的互补码时需要先后发送互补码的A码和B码，同时发射序列还要加入两段发射间歇时间段，从这个角度考虑，m序列时间效率约是互补码效率的4倍。另外，受实际环境中噪声干扰，发射波形不理想等因素导致互补码无法实现自相关函数之和无旁瓣。

2.1.5.4　2*n*序列伪随机编码

1）数学基础

2*n*序列伪随机编码码元在-1，0，1三元素之间取值，由一系列生成2*n*序列伪随机编码

的母函数$f_i(t)$通过对应位元素的算数求和及符号函数获得。获得方式如下：

$$F_n = \text{sign}\left(\sum_{i=1}^{n} f_i(t)\right) \tag{2.39}$$

式中，符号函数作用于每位码元求和的结果。母函数为

$$f_i(t)=\begin{cases}1, 2^i k \leqslant t < 2^i k + 2^{i-1} \\ -1, 2^i k + 2^{i-1} \leqslant t < 2^i (k+2)\end{cases} \tag{2.40}$$

表 2.1 给出了不同基频的母函数及其不同 n 值的伪随机编码序列。

表 2.1　不同基频的母函数

f_1	…	1	−1	1	−1	1	−1	1	−1	…
f_2	…	1	1	−1	−1	1	1	−1	−1	…
f_3	…	1	1	1	1	−1	−1	−1	−1	…

2）$2n$ 序列伪随机编码频率分布与能量分布特征

$2n$ 序列伪随机编码（表 2.2）序列波形分别由 n 个周期为 $2i(i=1,2,\cdots,n)$ 个码元的母函数构成，序列中的“1”和“−1”的个数相同。当 n 为奇数时，序列中仅存在“1”和“−1”，是二极序列；当 n 为偶数时，序列中存在“1”，“0”和“−1”三个元素。而且，无论 n 取奇数还是偶数，生成的伪随机序列都是奇函数的。

表 2.2　$2n$ 序列伪随机编码

F_1	…	1	−1	1	−1	1	−1	1	−1	…
F_2	…	1	0	0	−1	1	0	0	−1	…
F_3	…	1	1	1	−1	1	−1	−1	−1	…

如果 $2n$ 序列伪随机编码序列的基频为 f_0，则该伪随机序列有 n 个主频率成分，频点分别是 $f_0, 2*f_0, \cdots, 2n-1*f_0$。主频率在对数坐标系内是均匀分布的，覆盖频带范围广，而且当 $n>5$ 后，各主频率的能量基本一致。因此比较适合应用在频率域电法和激发极化法探测中。

下面对 $n=5$ 和 $n=9$ 时的 $2n$ 序列伪随机编码序列进行时间域和频率域分析（图 2.18），采样率 f_s 为 32kHz，码元频率 f_c 为 4kHz。

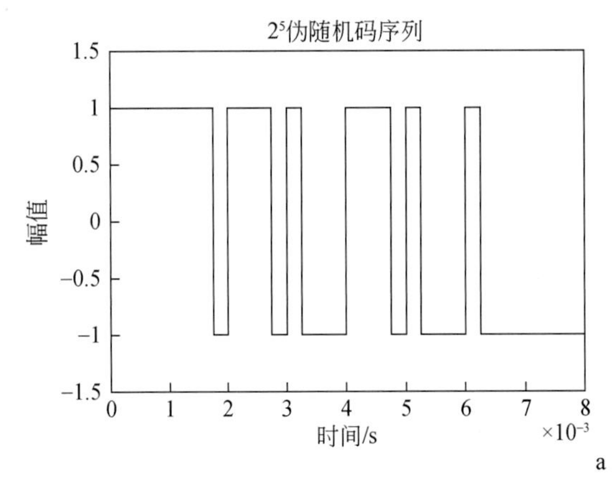

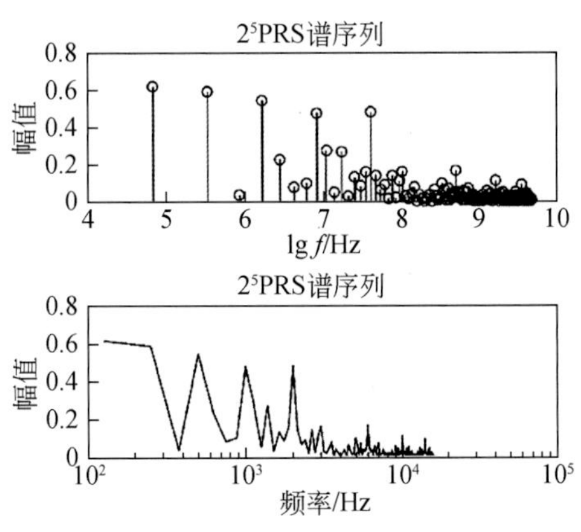

a

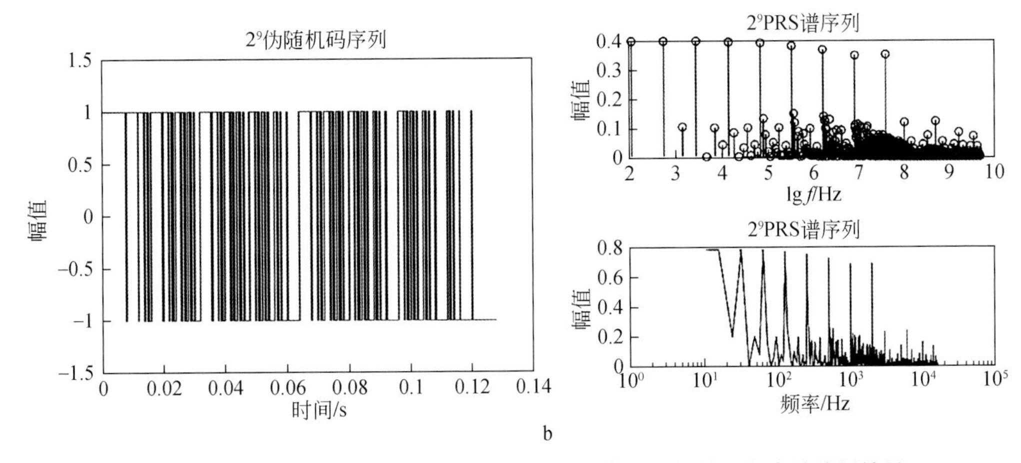

图 2. 18 $n=5$ 和 $n=9$ 时的 $2n$ 序列伪随机编码序列时间域和频率域分析结果

a. $n=5$; b. $n=9$

2. 1. 5. 5 α_k^p 序列伪随机编码

α_k^p 序列伪随机编码指码元按照 α 进制分布,频率域上有 k 个主频率的伪随机编码序列。α_k^p 序列伪随机编码的提出是为了满足电磁法的需求,更灵活地设计电磁能量的频率分布,通过选择合适的 α-k-p 实现电磁能量的频率分布。下面给出了 $n=5$ 时 $3n$ 序列伪随机编码的时间域波形和谱特征(图 2. 19),采样率为 32kHz,码元频率为 4kHz。

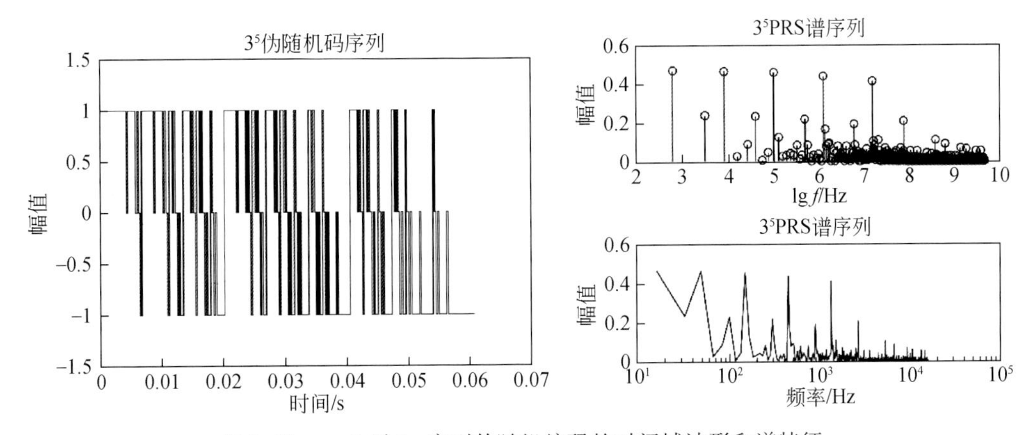

图 2. 19 $n=5$ 时 $3n$ 序列伪随机编码的时间域波形和谱特征

此时相邻主频率之间相差 3 倍,频率分布变得更稀疏了。

将 $2n$ 序列伪随机信号扩展到 α_k^p 序列伪随机编码后,当指数 p 改为 n/q, $q>1$ 时起到加密频点的作用;而当指数 p 改为 mn($m>1$,为整数)时,可以起到稀疏频点的作用。当 $\alpha>2$ 时,起到稀疏频点的作用,当 $1<\alpha<2$ 时,起到加密频点的作用,对于频率域探测方法的应用有很大的帮助。

$$\begin{cases}\alpha_k^p=\alpha_k^{n/q}=(\sqrt[q]{\alpha})_k^n,p=n/q,q>1\\ \alpha_k^p=\alpha_k^{mn}=(\alpha^m)_k^n,p=mn,m>1,m\in Z\end{cases} \tag{2.41}$$

因此，当 $q>1$ 时，对于 $\alpha>1$，此时频点加密；对于 $p=mn$，此时相当于稀疏了频点。

2.1.5.6　小结

综合上面五种伪随机编码序列的分析，可以得出以下结论：

（1）对于时间域电磁探测，m 序列是首选的编码发射波形，其次是 Golay 互补码，Gold 码不能作为时间域电磁探测中的编码发射波形。2n 序列伪随机编码和 α_k^p 序列伪随机编码由于频率分辨率不够及相关性差而不适合作为时间域电磁探测的编码发射波形。

（2）对于频率域电磁探测，m 序列、Golay 互补码、2n 序列伪随机编码和 α_k^p 序列伪随机编码均能够作为频率域电磁探测的编码发射波形。其中前两种编码的频率分辨率比较好，但会造成深度信息的冗余，而且探测深度不够；后两种编码波形可以通过选择合适的参数扩展主频率带宽范围，而且主频率的能量分布基本一致，更适合作为频率域电磁探测的编码发射波形。

2.1.5.7　m 序列编码的产生

m 序列码型产生的原理如图 2.20 ~ 图 2.22 所示，现场可编程门阵列（field-programmable gate array，FPGA）在获得编码参数后，根据脉宽控制单元及其编码序列（预先生成的）产生控制发射机的逻辑电平信号。发射编码的精度由 GPS 模块和高精度的恒温晶振实现。

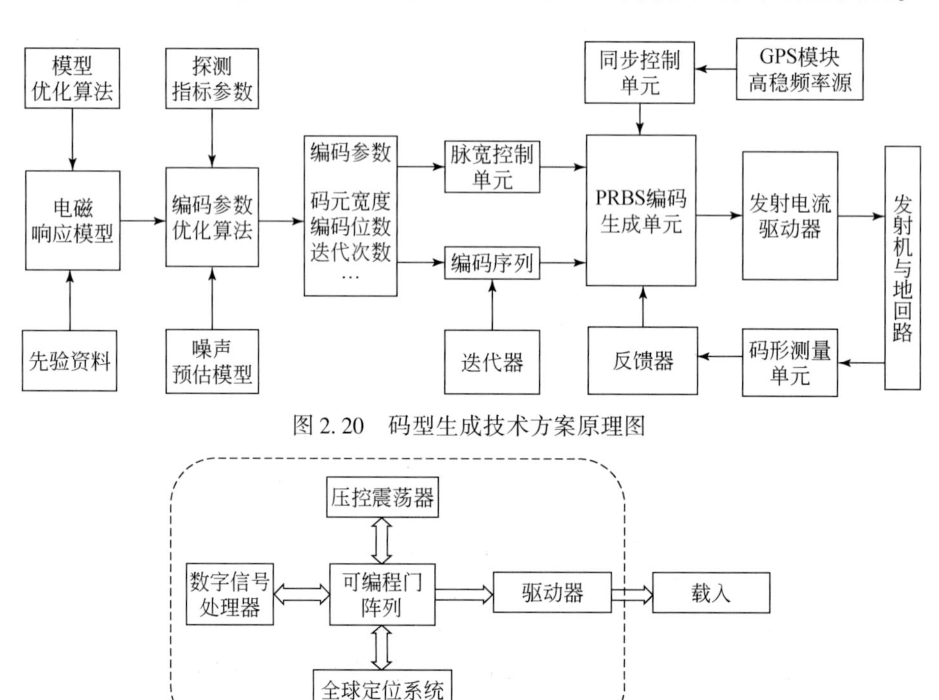

图 2.20　码型生成技术方案原理图

图 2.21　发射码型生成单元部分实物

图2.22　全球定位系统(a)和恒温晶振(b)、数字信号处理器(c)和可编程门阵列模块(d)

2.1.6　数字信号处理基本理论

2.1.6.1　时间信号与采样定理

1)时间信号及其表示方式

时间信号分为连续时间信号和离散时间信号。其中,连续时间信号在任意时间值均能够给出确定的函数值;离散时间信号只能够在某些离散的时间点给出函数值,在其他处无定义。离散时间信号在时间上不连续,以先后顺序排列形式的一组数的集合,称为时间序列。一个时间序列通常表示为$\{x(n)\}|(-\infty<n<+\infty)$,具体写成

$$\{x(n)\}=\{x(-\infty),\cdots,x(-1),x(0),x(1),\cdots,x(+\infty)\} \tag{2.42}$$

式中,$x(n)$的值与其位置n相关,在时间序列中,n表征时间变量。离散序列$x(n)$由连续信号$x(t)$在nT时刻采样得到,T为采样间隔。在实际应用中,序列的长度是有限的,因此信号序列可表示为:$\{x(n)\}$,n应该满足$N_1\leqslant n\leqslant N_2$,其中$N_1$和$N_2$均为正整数。

MTEM采用全时间序列采样的形式,以一定的采样间隔对MTEM连续响应信号进行离散采样,即将连续信号转为离散序列$\{x(n)\}$。

2)采样定理

对连续时间信号进行采样所得到的离散序列能否不失真地表示连续信号,取决于信号的频率特性和采样间隔(即采样频率)这可以通过Nyquist采样定理来描述:当采样频率大于信号中所有的信号的最大频率的两倍时,采样后的数据可以不失真地描述信号;当采样不满足这个条件时,会出现频率混叠和频率重复。在数字信号处理中,通常将采样频率的一半定义为Nyquist频率。因此,只有当信号中的最大频率不大于Nyquist频率,采样后的数据才能够不失真地反映信号。

3)基本信号

下面介绍数字信号处理中的几种基本信号。各种复杂的信号均可以由这些基本信号组合得到。

a. 连续指数信号

连续指数信号可以表示为

$$f(t)=ka^{t} \tag{2.43}$$

式中,a 为实数,$a>1$ 时信号的幅值随时间的增加而增加,为增加函数;当 $0<a<1$ 时信号的幅值随时间的增加而减小,为衰减函数。离散指数信号通常表示为

$$x(n)=ka^{n} \tag{2.44}$$

b. 正弦信号和余弦信号

正弦信号通常表示为

$$f(t)=k\sin(\omega t+\theta) \tag{2.45}$$

式中,k 为振幅;ω 为角频率,单位为 rad/s;θ 为初始相位,单位为 rad。余弦信号与正弦信号的相位相差 π/2。正弦信号和余弦信号通常用复指数信号来表示

$$\begin{cases} e^{j\omega t}=\cos\omega t+\sin\omega t \\ e^{-j\omega t}=\cos\omega t-\sin\omega t \end{cases} \tag{2.46}$$

离散正弦函数可表示为

$$x(n)=k\sin(\omega_0 n+\theta_0) \tag{2.47}$$

c. 单位阶跃信号

单位阶跃信号又被称为 Heaviside 函数,其在 $t=0$ 时幅值发生跃变,可以表示为

$$u(t)=\begin{cases} 0, & t<0 \\ 1, & t\geqslant 0 \end{cases} \tag{2.48}$$

其离散形式为

$$u(n)=\begin{cases} 0, & n<0 \\ 1, & n\geqslant 0 \end{cases} \tag{2.49}$$

d. 单位斜坡信号

斜坡信号在幅值转换时为线性增长信号,可表示为

$$r(t)=\begin{cases} 0, & t<0 \\ t, & t\geqslant 0 \end{cases} \tag{2.50}$$

其离散形式为

$$r(n)=\begin{cases} 0, & n<0 \\ n, & n\geqslant 0 \end{cases} \tag{2.51}$$

e. 脉冲信号

脉冲信号是数字信号处理中最基本的信号,在数字信号处理中占据相当重要的地位。在 MTEM 信号处理中,最关键的一步为提取脉冲响应。脉冲信号的定义为:在 ε 时间内,面积为 1 的方波信号,可表示为

$$S_{\varepsilon}=\begin{cases} \dfrac{1}{\varepsilon}, & 0\leqslant t\leqslant \varepsilon \\ 0, & t>\varepsilon, t<0 \end{cases} \tag{2.52}$$

当 $\varepsilon\to 0$ 时,该方波的极限被称为单位脉冲函数,记为 $\delta(t)$。从极限的角度:

$$\delta(t)=\begin{cases} \infty, & t=0 \\ 0, & t\neq 0 \end{cases} \tag{2.53}$$

从面积的角度：

$$\int_{-\infty}^{+\infty} \delta(t)\,\mathrm{d}t = 1 \tag{2.54}$$

脉冲响应函数 $\delta(t)$ 有如下性质：

(1)采样特性。任意函数与 δ 函数相乘后，相当于取其函数值在自变量为 0 时刻的值，即

$$f(t)\delta(t)=f(0)\delta(t)=f(0) \tag{2.55}$$

类似地，$\delta(t-t_0)$ 表示 t 趋近于 t_0 时值为 ∞ 的函数。任意函数 $f(t)$ 与 $\delta(t-t_0)$ 相乘后，相当于对该函数在 t_0 时刻的采样。

(2)积分特性：

$$\int_{-\infty}^{t} \delta(\tau)\,\mathrm{d}\tau = u(t) \tag{2.56}$$

由于脉冲响应函数在 $t=0$ 时刻的积分值为 1，脉冲响应函数的积分为阶跃函数。同时，由于 $\delta(t)$ 在零点附近的积分值为 1，因此其与任意函数的乘积的积分值为该函数在零点的值

$$\int_{-\infty}^{+\infty} \delta(t)f(t)\,\mathrm{d}t = f(0) \tag{2.57}$$

类似地，对于任意 t_0 时刻，有

$$\int_{-\infty}^{+\infty} \delta(t - t_0)f(t)\,\mathrm{d}t = f(t_0) \tag{2.58}$$

(3)卷积特性。任意函数与脉冲函数的卷积为函数本身，即

$$f(t)\otimes\delta(t)=f(t) \tag{2.59}$$

值得注意的是，任意信号 $f(t)$ 均可表示为不同延时的矩形脉冲信号的迭加，当矩形脉冲信号的宽度趋近于 0 时，可认为信号为不同延时的脉冲信号的迭加，即

$$f(t) = \int_{-\infty}^{+\infty} f(\tau)\delta(t - \tau)\,\mathrm{d}\tau \tag{2.60}$$

离散的脉冲响应信号可表示为

$$\delta(n)=\begin{cases}1, & n=0\\ 0, & n\neq 0\end{cases} \tag{2.61}$$

2.1.6.2　数字信号的基本运算

以上介绍了几种基本的信号，通过数字信号的运算，可将这几种基本的信号生成各种复杂的信号。以下将介绍时间信号的运算。

1)信号时移

信号时移是指将信号在时间轴上移动一个时间段，对于连续信号，可表示为

$$y(t)=x(t+\tau) \tag{2.62}$$

式中，$x(t)$ 为原始信号；$y(t)$ 为新信号；$y(t)$ 相对于 $x(t)$ 信号向右平移 τ。若信号向左平移 τ，则相应的预算为 $y(t)=x(t-\tau)$。

对于离散时间信号，信号的时移运算可表示为

$$y(n)=x(n+n_0) \tag{2.63}$$

信号 $y(n)$ 相对于序列 $x(n)$ 右移了 n_0 采样间隔。

2）信号折叠

信号折叠是将信号以 y 轴为中心进行对称翻转，其数学表达形式为

$$y(t)=x(-t) \tag{2.64}$$

该运算的离散形式为

$$y(n)=x(-n) \tag{2.65}$$

即信号 $x(n)$ 的每一项对 $n=0$ 时刻的纵坐标轴为中心进行折叠。

3）信号的尺度改变

信号的尺度改变是指信号在时间轴方向上的压缩或者延伸，该运算会改变信号的频率。其数学表达式为

$$y(t)=x(at) \tag{2.66}$$

式中，a 为尺度变换系数，当 $a>1$ 时，原信号 $x(t)$ 被压缩成 $y(t)$；当 $a<1$ 时，原信号 $x(t)$ 被延伸成 $y(t)$。

4）信号加

信号加即在相同的时刻将两个或者多个信号相加。对于连续时间信号，其数学形式为

$$y(t)=x_1(t)+x_2(t) \tag{2.67}$$

对于离散信号，直接对信号的序号相同的离散值相加即可。

5）信号乘

与信号加相同，信号乘即将相同时刻的两个或者多个信号相乘，对于连续时间信号，其数学形式为

$$y(t)=x_1(t)\times x_2(t) \tag{2.68}$$

对于离散信号，信号相乘的前提条件为两个信号的程度相同，将相同位置的信号值相乘即可。

2.1.6.3 系统

在数字信号处理中，输入信号和输出信号的关系至关重要。在不知信号如何处理的情况下，通常将信号处理装置看成一个黑匣子，只需知道这个黑匣子的输入和输出规律即可对这个黑匣子进行描述。在数字信号处理中，这个黑匣子通常被称为系统，已知信号的输入和系统的特性，即可知道输出信号。若输入信号和输出信号均为连续时间信号，系统可称为连续时间系统；若输入信号和输出信号均为离散时间信号，系统可称为离散时间系统。

1）连续时间系统

在连续时间系统中，应用最广泛的为线性时不变系统。线性时不变系统是指满足如下条件的连续时间系统：

（1）系统满足线性特征，即加权和叠加原理。若输入信号为 $x_1(t)$ 时输出为 $y_1(t)$，输入信号为 $x_2(t)$ 时输出为 $y_2(t)$，则当输入信号为 $ax_1(t)+bx_2(t)$ 时，输出为 $ay_1(t)+b_2\mathrm{y}(t)$。

（2）时不变性。即若输入信号为 $x(t)$ 时输出为 $y(t)$，当输入系统延时 t_0［即 $x(t-t_0)$］，输出信号也延时 t_0［即 $y(t-t_0)$］。

下面以电磁法正演中常用到的微分方程为例，认识连续时间系统的描述。常规二阶线

性微分方程所描述的系统可写成如下形式：

$$a_1\ddot{y}(t)+a_2\dot{y}(t)+a_3y(t)=bx(t) \tag{2.69}$$

式中，$x(t)$和$y(t)$分别为输入信号和输出信号，$\ddot{y}(t)$和$\dot{y}(t)$分别为输出信号$y(t)$的二阶导数。考虑更为一般的情况，任何连续时间系统可以统一成如下形式：

$$\begin{aligned}&a(1)y^{(na)}(t)+a(2)y^{(na-1)}(t)+\cdots+a(na+1)y(t)\\&=b(1)x^{(nb)}(t)+b(2)x^{(nb-1)}(t)+\cdots+b(nb+1)x(t)\end{aligned} \tag{2.70}$$

对式(2.70)两端进行拉普拉斯(Laplace)变换，可以得到

$$H(s)=\frac{Y(s)}{X(s)}=\frac{b(1)s^{(nb)}+b(2)s^{(nb-1)}+\cdots+b(nb+1)}{a(1)s^{(na)}+a(2)y^{(na-1)}+\cdots+a(na+1)} \tag{2.71}$$

式中，$H(s)$为连续时间系统的系统函数，其只与系统本身特性有关，与输入或者输出无关。

在系统中，输入脉冲响应为$\delta(t)$，系统输出脉冲响应为$h(t)$。根据线性时不变系统的特性，当输入为$a\delta(t-t_0)$时，系统的输出为$ah(t-t_0)$。因此，将输入信号分节为不同延时的矩形脉冲信号的迭加时，即

$$x(t)=\sum_{i=1}^{n}x(i)\Delta t_i \tag{2.72}$$

式中，i为矩形脉冲所对应的采样间隔数；$x(i)$为该矩形脉冲的幅值；Δt_i为矩形脉冲宽度。不同延时处的输入信号$x(i)$可表示为$x(i)\Delta t_i\delta(t-t_i)$，此时的输出信号为$x(i)\Delta t_ih(t-t_i)$。因此对于式(2.72)的输入信号，系统的输出信号可以表达为

$$y(t)=\sum_{i=1}^{n}x(i)\Delta t_ih(t-t_i) \tag{2.73}$$

当所分解的矩形脉冲宽度Δt_i趋近于零时，上述输出信号可以写成积分的形式：

$$y(t)=\int_0^t x(i)h(t-t_i)\mathrm{d}t_i \tag{2.74}$$

式(2.74)即为高等数学中的卷积的形式，可以写成

$$y(t)=x(t)\otimes h(t) \tag{2.75}$$

即系统的输出为系统的输入与系统的脉冲响应函数的卷积。

2)离散时间系统

对于离散时间系统，将系统的描述表达式[式(2.29)]离散为差分方程，

$$\begin{aligned}&a(1)y(n)+a(2)y(n-1)+\cdots+a(na+1)y(n-na)\\&=b(1)x(n)+b(2)x(n-1)+\cdots+b(nb+1)x(n-nb)\end{aligned} \tag{2.76}$$

式中，$x(n)$为输入信号；$y(n)$为输出信号；$y(n)$的延时阶数为na，$x(n)$的延时阶数为nb；$a(1)$，$a(2)$，…，$(an+1)$和$b(1)$，$b(2)$，…，$(bn+1)$均为常系数。对式(2.76)进行z变换，可以得到

$$H(z)=\frac{Y(z)}{X(z)}=\frac{b(1)Y(z)z^{-1}+b(2)Y(z)z^{-2}+\cdots+b(nb+1)z^{-nb}}{a(1)Y(z)z^{-1}+a(2)Y(z)z^{-2}+\cdots+a(na+1)z^{-nb}} \tag{2.77}$$

同样，离散时间系统的输入函数和输出函数与式(2.77)所表示的系统函数无关。当系统的输入为单位冲激函数时，由于其z变换为1，有$H(z)=Y(z)$，即系统的输入为单位冲激函数时所得到的输出即为系统函数。此时得到的输出$h(n)$为单位冲激响应或者单位脉冲响应。有

$$H(z) = \sum_{-\infty}^{+\infty} h(n) z^{-n} \tag{2.78}$$

若令 $z = e^{-j\omega}$，则得到单位脉冲响应的傅里叶变换形式：

$$H(e^{j\omega}) = \sum_{-\infty}^{+\infty} h(n) e^{-j\omega n} \tag{2.79}$$

该函数即为系统的传递函数。

2.2 MTEM 关键技术

MTEM 定义是：在地面(或者海洋)布设一定长度的接地(或者接海)导线，作为发射源，在离开发射源一定的距离处，按照轴向装置方式，布设多个接收电极，向发射源激发一定形式的伪随机编码脉冲电流，使地下目标体受到这种电流的激发而产生电磁场，并由接收电极接收这种电磁场和系统响应，最终通过提取大地脉冲响应，达到探测的目的。它的突出特点是：伪随机编码源发射；拟地震多道观测；提取大地脉冲响应等。

1)伪随机编码源发射

伪 PRBS 编码波形的应用成为 MTEM 的一个显著特点。引入 PRBS 有助于提升信噪比，实现对不相关噪声更有效的抑制。随机系列电流源比方波系列电流源具有更精细和更宽的频谱范围，极大地提高了探测地下电性结构垂向分辨率，因此得到迅速发展。引入 PRBS 波形后，原本为提取大地冲激响应的反卷积技术逐渐过渡为基于 PRBS 码型的系统辨识技术。使用 PRBS 波形的 MTEM 被称作第二代 MTEM，其基本的系统参数如下：码长 1～12 阶可调、发射电流 20～50A 可调、发射电压 750～1000V 可调、接收机采样率 600Hz～15kHz 多档可调。其后的第三代 MTEM 与第二代没有方法上的区别，仅在系统参数上进行了升级：码长 1～18 阶可调、发射电流 20～80A 可调、发射电压 750～1000V 可调、接收机采样率 200Hz～32kHz 多档可调。其中最显著的变化是接收机采样率范围的扩大，说明系统将可适应范围更大的收发偏移距，从而使探测深度浅部更浅、深部更深，码长范围与最大发射电流的变化也体现了这一系统观测能力的提升。

2)拟地震多道观测

如图 2.23 所示，MTEM 使用长接地导线源，进行轴向感应电场(大地响应)阵列式观测。在发射时，使用宽带霍尔传感器观测真实发射波形以获取系统响应。MTEM 的观测过程按照阵列式观测、多发射位置响应叠加的原则进行，即首先在预设测线的预设区域布设观测阵列，之后使用发射系统依次在预设测线上的预设位置上进行发射；完成后将观测阵列搬移到下一预设观测区域，再依次在预设位置上进行发射。重复上述流程直至观测阵列覆盖所有预设观测区域。在对多道瞬变电磁法进行试验的初期，接收装置记录电场水平分量、垂直分量，以及垂直磁场随时间的导数等参数。随后的建模研究和数据处理结果表明，除了电场水平分量，其他分量并没有反映出地下目标体的更多信息。

采用电偶极源进行信号发射，采用电偶极子阵列来记录大地电磁响应，发射源位置和接收电偶极子之间的偏移距一般为目标体深度的 2～4 倍。随着偏移距 r 的增加，接收得到的电压信号将急剧衰减，在偏移距较大时难以获得质量较好的信号。为了探测埋深为 d 的目

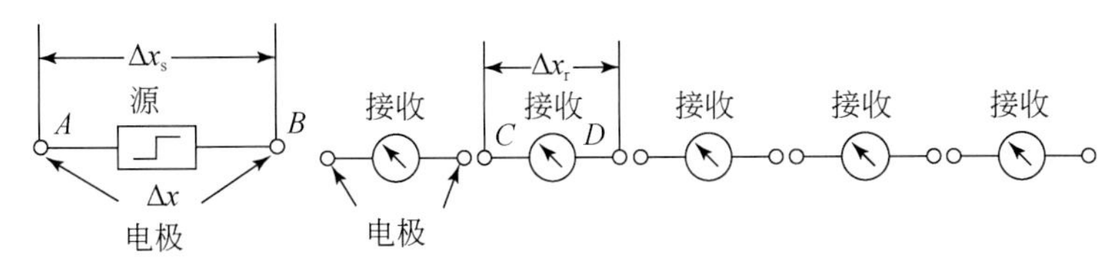

图2.23　MTEM观测系统示意图

标体,其最大偏移距应达到4倍目标体深度。因此在不同偏移距进行数据采集时,偏移距较大时需要对采集信号强度进行补偿。当获得多个偏移距下的数据后,取收发距离的中点作为记录点。每个记录点的响应与源点和记录点之间的地下目标体的整体电性结构有关。可以实现多道瞬变电磁法观测数据的时间域多次迭加和空间域多次覆盖。

3)提取大地脉冲响应

MTEM中所使用的术语"系统响应"沿袭自LOTEM(Strack,1992),认为大地脉冲响应是输入信号,而由实际发射波形与数据采集设备整体引起的对大地冲激响应观测的失真总效果是系统。此系统也可被看作一个滤波器,由于要求其仅体现收发系统的特性,故在早期的研究中人们将其称作"零大地异常滤波器"。可见,使用术语"系统响应",即认为对大地脉冲响应的提取过程是对输入信号的重构。

麦克斯韦方程组是线性的,若将大地看成线性时不变系统,则可控源电磁法接收到的响应可以表达成如下形式:

$$a_k(x_s,x_r,t)=s(s_s,x_r,t)*g(x_s,x_r,t)+n(x_r,t) \tag{2.80}$$

式中,$a_k(x_s,x_r,t)$为接收到的响应信号;$s(s_s,x_r,t)$为系统响应;$g(x_s,x_r,t)$为大地脉冲响应;$n(x_r,t)$为随机噪声项。

在常规瞬变电磁法中,由于考虑的是一次场关断期间的二次场衰减信号的采集,通常考虑进行减小阶跃关断或者斜阶跃关断时间方面的考虑,并没有考虑系统响应。系统响应是由源信号波形、采集仪器、计时设备等引起的与地下地质体无关的响应。它可以定义为输入源电流与记录系统的系统响应的卷积:

$$x(k,x_s,x_r,t)=i(k,x_s,t)*r(x_r,t) \tag{2.81}$$

若以式(2.80)出发,得到反映地下介质信息的资料,需要同时测量大地响应信号与源电流信号,然后通过解卷积获得大地单位脉冲响应。采用解卷积的方式获得大地脉冲响应,使得MTEM的源信号不再局限于方波和斜阶跃信号等传统信号。

在MTEM中,通过试验和对比,最终采用PRBS作为源信号。PRBS信号能够在特定的频带范围内获得更多的频谱分量以及更均匀的频谱幅度,从而在相同的频带范围内获得更多的地电信息。通过解卷积方式对信号强度的压缩,能够补偿频率分量增多造成的信号能量分散,提高信噪比。

总之,多道瞬变电磁法采用伪随机码作为发射信号源,与传统瞬变电磁法阶跃波相比,伪随机码发射信号源频谱较为平坦且频带范围较大,对伪随机码进行反卷积处理增加了时间域信号的信噪比。通过对观测信号与系统响应的反卷积,获得大地脉冲响应。

2.3 MTEM 技术特点

采用电磁法勘探中的几何测量和感应测量结合的思路解释资料。由于 MTEM 具有近源几何测深的特性,可以通过改变偏移距离达到测深的目的,其观测方式与直流电阻率方法中的偶极-偶极装置相似,故在源电极和接收电极的位置为已知的情况下,可以采取直流电阻率反演方法进行解释。首先在由电流峰值时间和偏移距离计算出视电阻率,并形成共偏移距离剖面的基础上,根据电阻率方法中的偶极-偶极装置探测技术,找到偏移距与探测深度之间的关系式,并对各偏移距所对应的深度进行估算。

这种装置模式与地震勘探数据观测方式比较相近,数据处理方法也与地震勘探基本相似,即通过共偏移剖面图,来推测地下某一深度目标体的地电信息。由于多道瞬变电磁法的数据采集方式、数据处理与地震勘探十分相似,因此其数据处理方式与地震解释的某些技术相类似。虽然电流在地层中的传播方式与地震波在相同地层中的传播方式不同,所得到的响应也完全不同,但是,多道瞬变电磁法仍然可以借鉴地震勘探成熟的数据处理技术。可以得到 3 种不同形式的剖面:①脉冲响应共偏移距离剖面,大地脉冲响应的峰值与峰值时刻与地下介质的电阻率相关,将同一偏移距下的大地脉冲响应整理成共偏移距剖面,可以反映地下同一深度的地电信息。②共中心点视电阻率剖面,该剖面反映不同测点电阻率随深度的变化关系。③共中心点集 1D 反演剖面,通过对不同偏移距下脉冲响应曲线的反演拟合后,获得共中心点的视电阻率-深度二维剖面。

完成数据采集后,需要对数据进行预处理,以进行下一步的分析。多道瞬变电磁法数据预处理的目的是获得大地脉冲响应,分为以下三个部分:去除人文噪声、解卷积、叠加。解卷积是获得大地脉冲响应的核心步骤,叠加则可以压制随机噪声,获得更高信噪比的数据。

获得大地脉冲响应后,基于不同偏移距下的脉冲响应的特点,针对 MTEM 发展了 4 种不同形式的快速解释技术:

(1)大地脉冲响应共偏移距剖面。将大地脉冲响应整理成共偏移距道集,其可形成图 2.24所示的二维剖面。由于存在高阻层时,脉冲响应的幅值将增加,图中红色区域为幅值较大区域,可以大致反映高阻区域的位置。对于几何测深而言,偏移距和深度是直接关联的,所以一个共偏移距剖面图只能反映某个深度的信息。

(2)定义视电阻率。通过电性源情形下电磁场响应的解析式的推导,可以得到大地脉冲响应的峰值时刻 t_{peak}:

$$t_{\text{peak}}=\frac{\mu r^2}{10\rho} \tag{2.82}$$

通过式(2.82)可以定义一种视电阻率:

$$\rho_{\text{H}}=\frac{\mu r^2}{10t_{\text{peak}}} \tag{2.83}$$

在给定偏移距下,由式(2.83)可计算得到该偏移距下的视电阻率,整理后可以得到视电阻率-偏移距二维剖面(图 2.24)。该视电阻率的定义是基于电偶极子的电场响应式的推导,在偏移距大于 5 倍电偶极距离的情况下,源电子可以视为电偶极子。

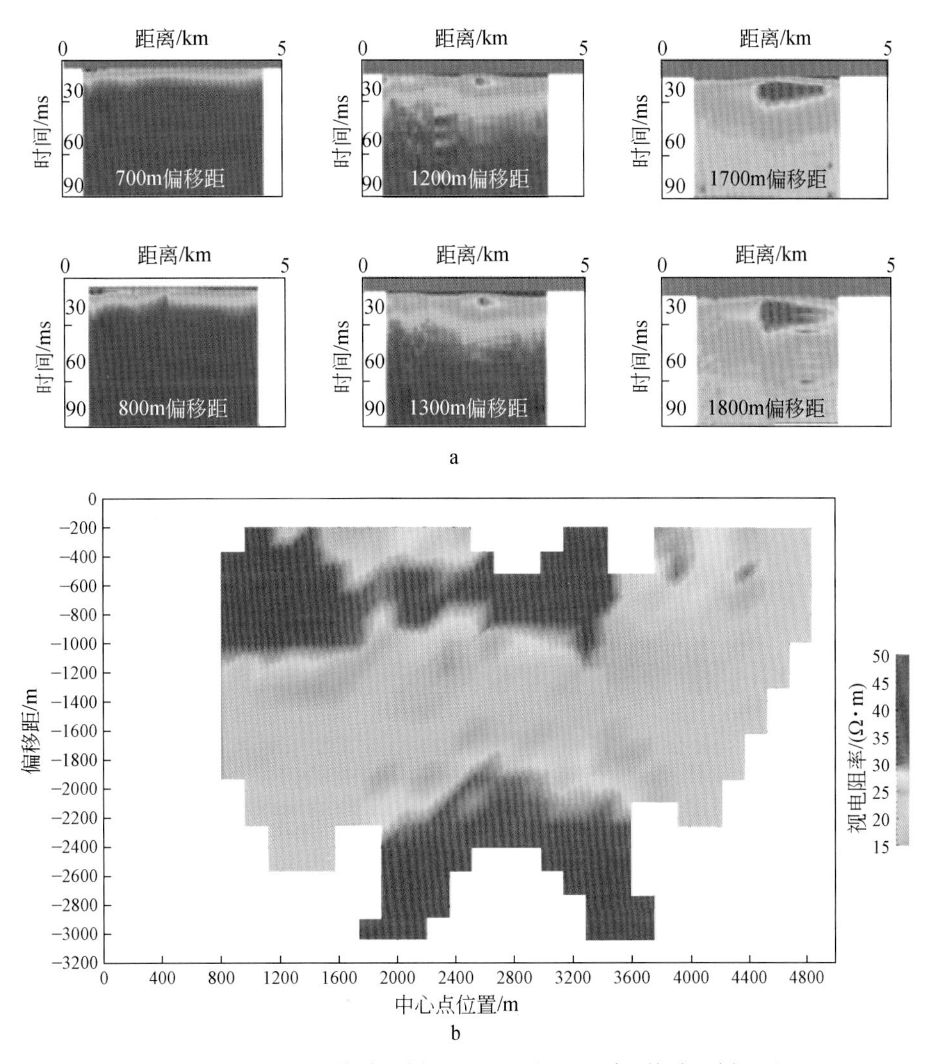

图2.24 700~1800m偏移距剖面图(a)和视电阻率-偏移距剖面图(b)

(3)直流电阻率反演方法。对大地脉冲响应进行积分可以获得阶跃响应,如图2.25所示。随着时间的推移,阶跃响应缓慢增大并逐渐接近于某一个值 V_∞。通过对阶跃响应晚期曲线进行拟合可以获得渐进值 V_∞。不难理解 V_∞ 是 $1-A-m$ 的直流源可以获得的电压响应值。由于MTEM的观测方式与电阻率法中的偶极-偶极装置一样,故在源电极和接收电极位置已知的情况下,可采取直流电阻率反演的方法进行解释,得到的电阻率-深度二维剖面如图2.26a所示。

(4)多偏移距反演。将阶跃响应整理成共偏移距道集。采用OCCAM反演方法,将模型正演出来的不同偏移距情形下的上升沿阶跃响应数据与对应的共偏移距道集内的阶跃响应数据进行拟合,得到满足拟合差情况下的最光滑的解。将反演结果绘制成二维剖面,如图2.26b所示。

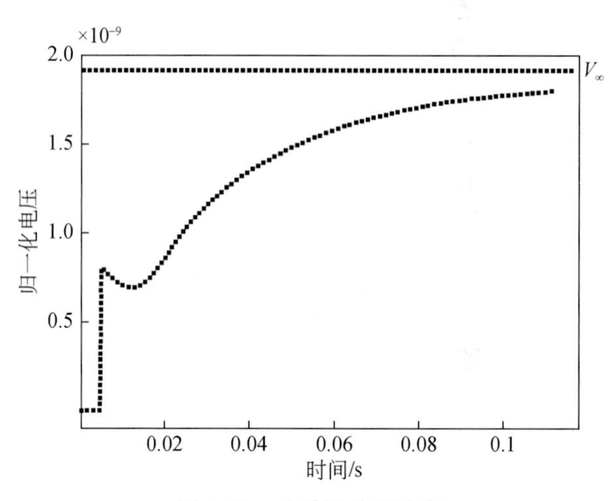

图 2.25　上升沿阶跃响应

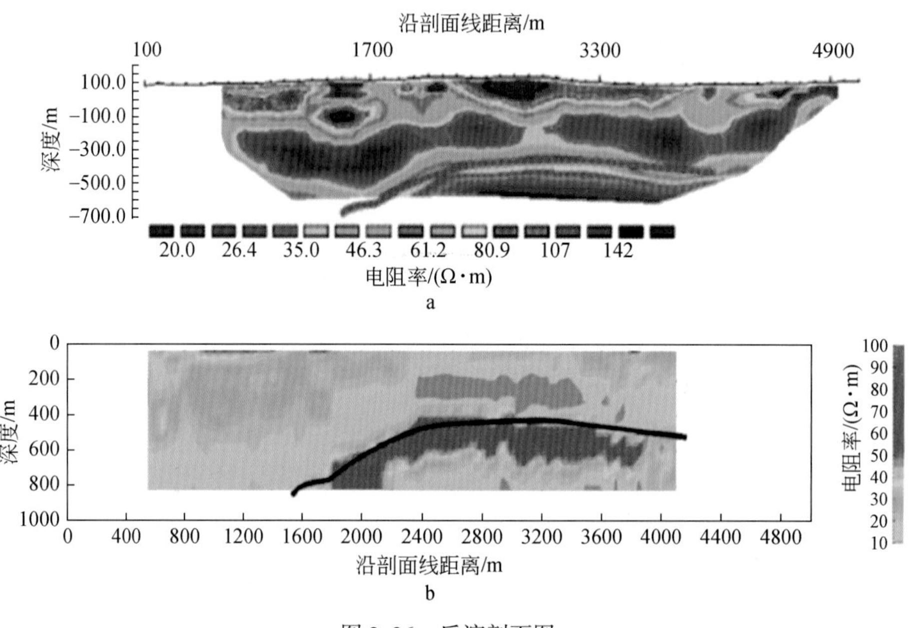

图 2.26　反演剖面图

a. 直流电反演剖面图;b. OCCAM 反演剖面图

参 考 文 献

程佩青 . 2001. 数字信号处理教程 . 北京:清华大学出版社 .

底青云,等 . 2016. 地面电磁探测(SEP)系统及其在典型矿区的应用 . 北京:科学出版社 .

牛之琏 . 2007. 时间域电磁法原理 . 长沙:中南大学出版社 .

朴化荣 . 1990. 电磁测深法原理 . 北京:地质出版社 .

齐彦福,殷长春,王若,等 . 2015. 多通道瞬变电磁 m 序列全时正演模拟与反演 . 地球物理学报,58(7):

2566-2577.

万永革.2007. 数字信号处理的MATLAB实现. 北京:科学出版社.

王若,王妙月,底青云,等.2016. 伪随机编码源激发下的时域电磁信号合成. 地球物理学报,59(12):4414-4423.

Kaufman A, Keller G. 1989. 频率域和时间域电磁测深. 北京:地质出版社.

Lathi B P. 1998. Signal Processing and Linear Systems. New York:Oxford University Press.

Nabighian M N. 1992. Electromagnetic methods in applied geophysics:Volume 1. Theory Society of Exploration Geophysicists.

Strack K M. 1992. Exploration with Deep Transient Electromagnetics. Amsterdam:Elsevier.

Wilson A J S. 1997. The equivalent wavefield concept in multichannel transient electromagnetic surveying. University of Edinburgh.

Wright D A. 2003. Detection of hydrocarbons and their movement in a reservoir using time-lapse multi-transient electromagnetic_MTEM_data. University of Edinburgh.

Wright D A, Ziolkowski A, Hobbs B A. 2001. Hydrocarbon detection with a multichannel transient electromagnetic survey. 71st Annual International Meeting, SEG, Expanded Abstracts:1435-1438.

第3章　伪随机编码大功率电磁信号发射机

人工源电磁测深包括时间域和频率域两种,所以也包含了时间域电磁发射机与频率域电磁发射机。时间域电磁发射机通过给大地发射一个持续时间极短的瞬间变化一次场后测量大地二次场信息来实现对地层的探测,由于一次场能量较小,接收信号很弱,信噪比不高,探测深度受到较大的限制。频率域电磁发射机给大地发射一定频率激励,激励能量较大,收发距获得极大的延伸,由于收发距很大,所以接收机直接测量二次场信息,从而实现对地层探测的目的。

传统的时间域和频率域电磁测深是通过直接测量二次场信息来实现地层探测。由于二次场信号较弱,接收机测量的数据往往不够理想,如果接收机同时获得一次场和二次场的混合信息,通过一定的数学方法,把二次场信息提取出来,利用一次场具有足够强的能量,确保混合信号具有足够高的质量,获得足够可靠的数据,这就是 MTEM 提出的背景。

MTEM 探测系统的核心是获得大地单位脉冲响应,由于激励(一次场)是一个单位脉冲,所以获得的单位脉冲响应就是大地的二次场,因而可以实现对地层探测的目的。由于用发射机产生的单位脉冲激励能量低,激发的单位脉冲响应(二次场)很弱,不便于探测,所以采用连续激励信号,通常采用伪随机码电流作为连续激励源发射,再利用数学手段,间接地获得大地单位脉冲响应。

可见,发射机是人工源电磁测深中的激励源,是激发一次场的重要手段,从而确保能够获得携带地层信息的二次场信号,是人工源电磁测深的核心装备。

下面首先介绍大功率电磁信号发射机的现状与原理,然后分析 MTEM 采用伪随机码的原因,最后介绍伪随机编码大功率电磁信号发射机的实现。

3.1　大功率电磁信号发射机的现状与原理

为了全面宏观地了解电磁发射机,下面分别介绍大功率电磁信号发射机的现状、原理及伪随机编码大功率 MTEM 发射机方案的选择。

3.1.1　大功率电磁信号发射机现状

目前,电磁探测发射机主要有三套系统,它们分别是:加拿大 Phoenix 公司的 V8 电磁发射机 TXU-30;美国 Zonge 公司的 GDP-32 多功能电法仪发射机;德国 Metronix 公司的 TXM-22 发射机。国内的发射机研制起步比较晚,基本上都与这三种有较多的类似之处。

Phoenix 公司 V8 电磁发射机 TXU-30,系统框图如图 3.1 所示。

柴油发电机提供三相电;不可控整流桥把输入三相电整流成直流;PWM DC/DC 变换器获得一个用于输出的电压值;逆变发射输出所要的频率波形。其核心是 PWM 直流变换器,

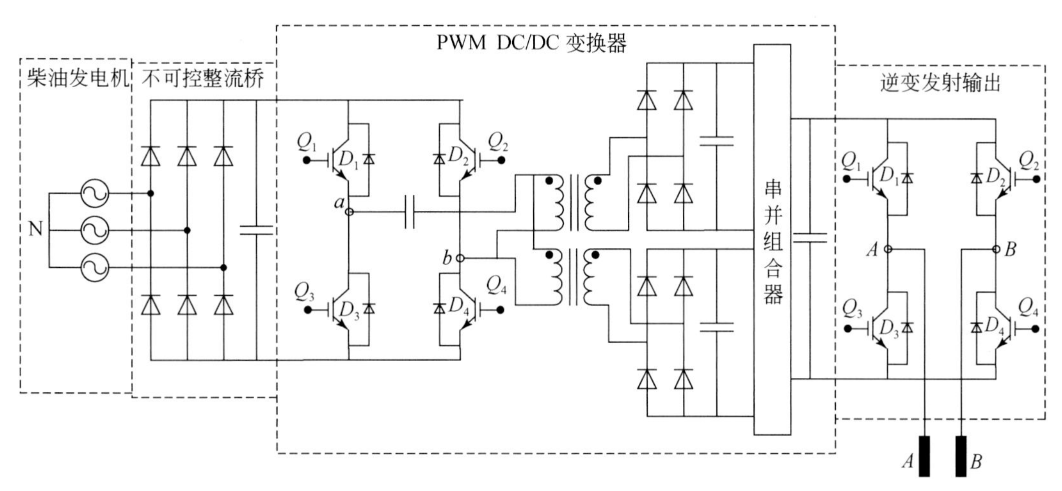

图3.1　Phoenix V8 发射机 TXU-30 系统框图

通过控制H桥的有效占空比,控制输出两路的直流电压。两路直流电压可以进行并联提高发射电流,串联提高发射电压,克服其变换器的占空比缺失问题,并用移相软开关驱动控制技术实现抑制变压器副边电感与不可控二极管整流桥寄生电容发生谐振。此外,在变压器的原边串联一个隔直电容来隔离直流分量,可以防止变压器直流偏磁,使变压器工作在磁滞回线原点附近,解决全桥电路中磁通不平衡的问题。

对于 Zonge 公司的 GDP-32 多功能电法仪发射机,其系统框图如图3.2所示。

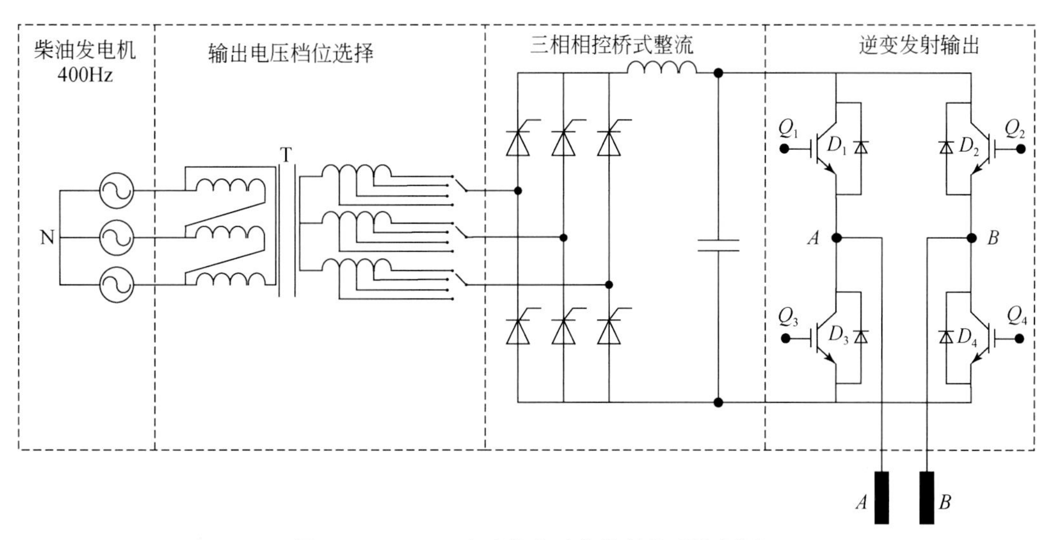

图3.2　GDP-32 多功能电法仪发射机系统框图

柴油发电机提供三相电;输出电压有几个挡位可以选择,根据输出电压选择不同的挡位,相当于电压粗调;三相相控桥式整流利用晶闸管触发角的控制对所选电压挡位进行电压细调;逆变发射输出所要的频率波形。变压器二次侧接成星形得到零线,而一次侧接成三角形避免三次谐波流入发电机。通过变压器换挡实现电压在相应挡位的输出电压等级,采用相位控制方式以实现负载端直流电能控制的可控整流。

对于 Metronix 公司的 TXM-22 发射机,其系统框图如图 3.3 所示。

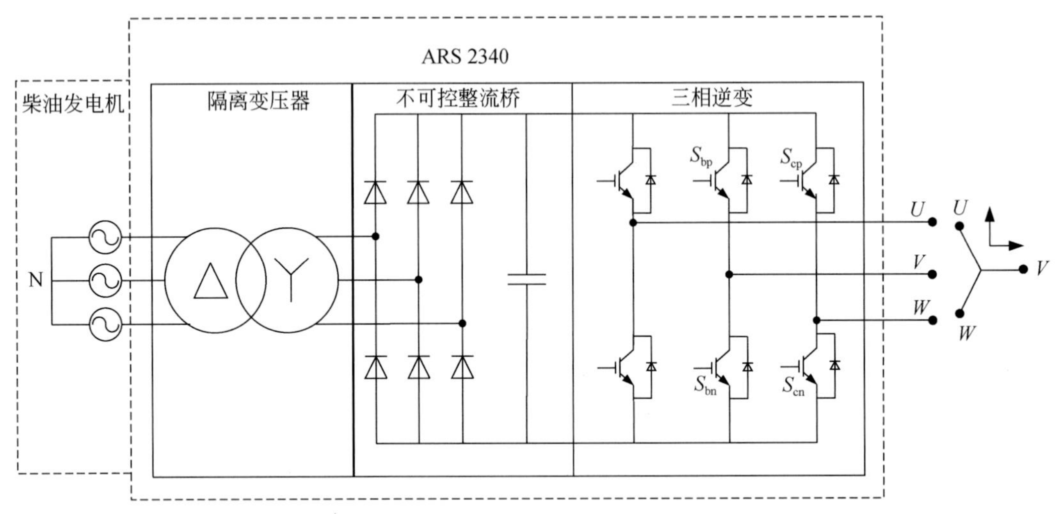

图 3.3　TXM-22 发射机系统框图

柴油发电机提供三相电;用一个隔离变压器把电压三角形输入转换成 Y 形输出(从而消除电流三次谐波电流对发电机的影响,达到保护发电机的目的);不可控整流桥把三相电压转换成一个直流电压用于发射;利用脉宽调制 PWM 得到三个输出电流波形(三个电流波形的幅度可以通过 PWM 进行调节,最终合成一个方向可任意调节的电偶极子矢量源)。ARS 2340 是 Metronix 公司用于驱动伺服电机的控制器,内部包含电机驱动模块。TXM-22 实际上就是通过控制 ARS 2340 的工作模式,把三个电极看成一个三相电机来驱动,利用电极矢量控制原理来实现矢量源发射。

以上三种发射机的技术指标见表 3.1。

表 3.1　三种发射机指标对比

发射机	额定电压/V	额定功率/kW	额定电流/A
TXU-30	500、1000	20	40、20
GDP-32	1000	30	30、45
TXM-22	560	22	40

随着对发射功率需求的不断增大,近年来,国内推出了各种大功率发射机。北京理工大学通过 PWM 实现 DC/DC 变换器,发射机实现了额定输出电压 1000V,额定电流 50A 的输出;中国地质科学院地球物理地球化学勘查研究所通过发电机励磁调压方式实现了额定输出电压 1200V,额定电流 100A 的输出;中南大学通过提高发电机输出电压的方式提高交流输入 750V,达到额定直流电压 1000V,额定电流 200A 的水平;吉林大学则通过多组相互独立隔离的直流电压源组合,实现了 1500V 的额定输出电压,额定电流达到 68A 的水平。

3.1.2　大功率电磁信号发射机原理

大功率电磁信号发射机原理框图如图3.4所示，发电机提供一个三相电源，三相电经过整流稳压模块后获得一个稳定的直流电压，然后从发射桥通过供电线向 AB 电极发射某一种电流波形信号。

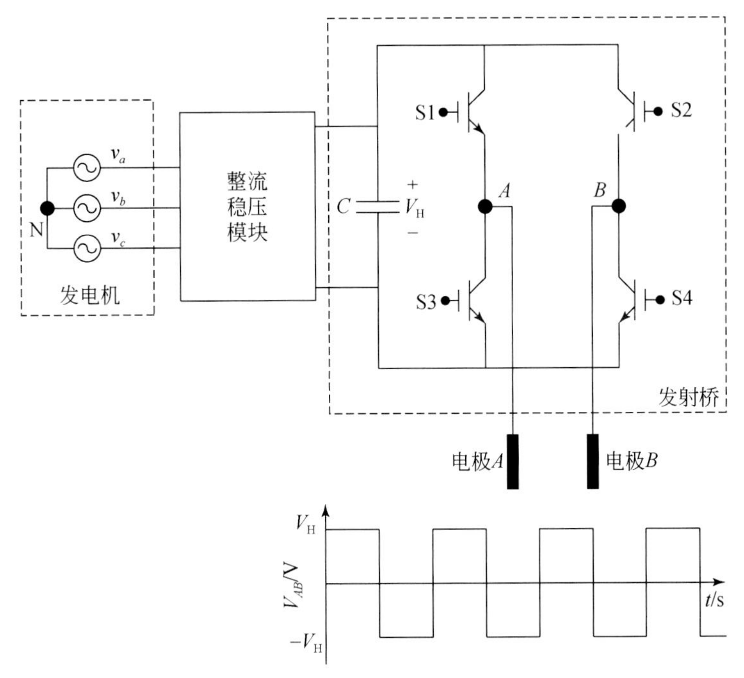

图3.4　大功率电磁信号发射机基本原理框图

通过发射桥的四个开关管(IGBT)的开与关来控制发射波形。图3.4中，当开关管S1和S4导通，S2和S3关闭的时候，AB 两端的电压为 V_H；而当开关管S1和S4关闭，S2和S3导通的时候，AB 两端的电压为 $-V_H$，如此循环，最终实现从 AB 两端发射电压波形的目的。改变四个开关管的开关驱动波形也就实现了改变发射不同电压波形的目的。

如果四个开关频率一定，就可以发射对应频率的电压(不考虑谐波)。如果四个开关频率按照伪随机码的形式导通与关闭，就可以发射伪随机码电压。

1)单频率电流发射形成原理

供电线存在寄生电感以及分布电容，在 AB 两端提供发射电压后，产生的电流波形无法完全跟随 AB 两端电压波形，电流波形相对电压波形具有一定的滞后，且不同频率滞后的相位不同。通常情况下，供电线分布电容相对于寄生电感的影响可以忽略。假设供电线电感为 L，接地电阻为 R，发射电压为 U_{dc}，发射机 AB 两端发射一个频率为 $\omega/2\pi$ 的方波。则发射机输出方波电压基波为

$$u_1=\frac{4}{\pi}U_{dc}\sin(\omega t) \tag{3.1}$$

电流基波为

$$i_1=\frac{4}{\pi}\frac{U_{dc}}{\sqrt{R^2+(\omega L)^2}}\sin\left(\omega t-\tan^{-1}\left(\frac{\omega L}{R}\right)\right) \tag{3.2}$$

输出基波电流有效值为

$$i_{1dc}=\frac{4}{\sqrt{2}\pi}\frac{U_{dc}}{\sqrt{R^2+(\omega L)^2}} \tag{3.3}$$

考虑谐波成分后,直流侧输出电流有效值为

$$I_{dc}=\sqrt{\sum_n\left(\frac{4}{\sqrt{2}\pi}\cdot\frac{U_{dc}}{n\cdot\sqrt{R^2+(n\omega L)^2}}\right)^2},\quad n=1,3,5,\cdots \tag{3.4}$$

化简得

$$I_{dc}\approx\frac{U_{dc}}{\sqrt{R^2+(\omega L)^2}} \tag{3.5}$$

式(3.5)与式(3.4)之间的近似程度,通过相对误差描述。

如图3.5所示,式(3.5)在200Hz的时候误差小于10%并逐渐下降到1%;在1kHz(发射中频)的时候误差小于9%并快速下降到1%;在5kHz(发射高频)的时候误差小于4%并逐渐下降到1%,可见式(3.5)满足工程需求。

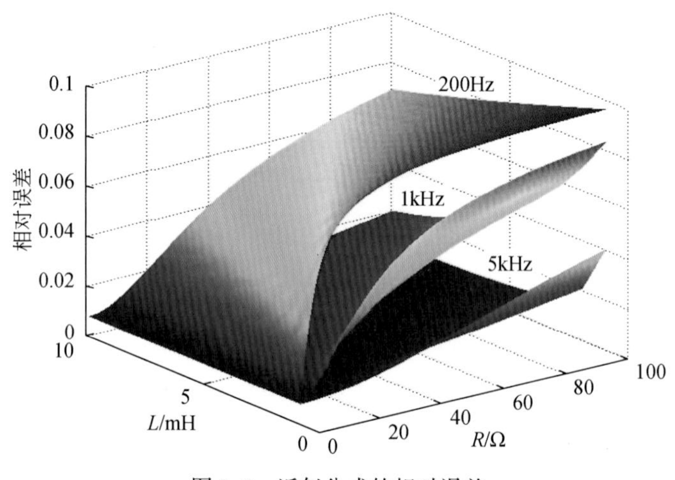

图3.5 近似公式的相对误差

为了更加直观地说明供电线电感对发射电流的影响,假设发射机的负载只有供电线的电感与接地电阻的串联(事实上,研究表明,这种负载模型绝大部分条件下满足研究需求)。设接地电阻为50Ω,供电线电感分别为1mH、2mH、3mH、4mH及5mH的时候,发射机从高频到低频发射电流统一对低频电流归一化,那么,低频的时候,归一化电流等于1,随着发射频率的升高,发射电流逐渐下降,如图3.6所示。

当供电线达到3mH(供电线长约1000m),发射频率为2kHz时,电流已经下降到低频的0.8倍;发射频率为6kHz时,电流下降到低频的0.4倍;发射频率为10kHz时,电流下降到只有低频的0.26倍左右。

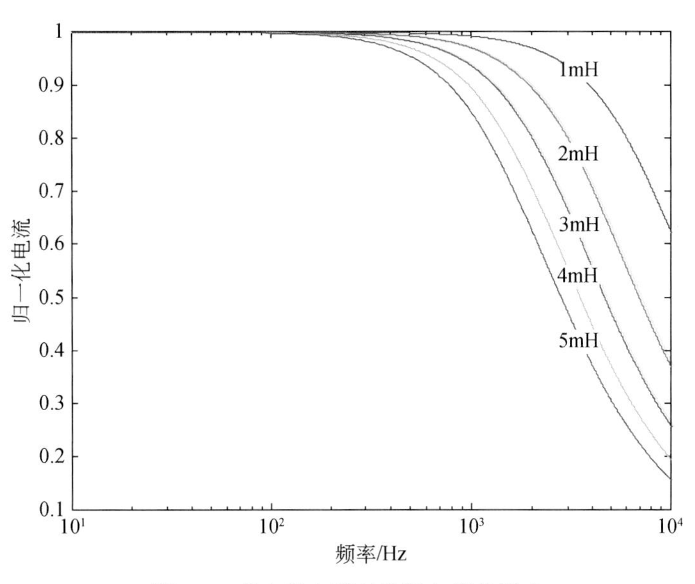

图3.6　供电线电感对发射电流的影响

2）多频率码型电流发射形成条件

由式(3.1)可知，对于单频率电流发射，AB 两端电压发射占空比为50%的方波时，母线电源的利用率最高，此时，方波电压的基波幅度比方波幅度还要高27.3%。然而，有时为了勘探方法的要求，需要同时发射多频率电流，AB 两端电压发射占空比不可能保持50%，而是一个变占空比的波形，比如m序列码型电流波形。

假设供电线电感为 L，接地电阻为 R，发射电压为 U_{dc}，发射机 AB 两端发射一个占空比为 d 的波形，则在某一发射时刻，满足：

$$L\frac{\mathrm{d}i}{\mathrm{d}t}+R\cdot i=U_{\mathrm{dc}} \tag{3.6}$$

解该一阶非齐次线性微分方程，可得发射电流：

$$i=\frac{U_{\mathrm{dc}}}{R}+C\cdot \mathrm{e}^{-\frac{R}{L}\cdot t} \tag{3.7}$$

式中，C 为待确定常数，由于经过小于占空比时间内，需要确保发射电流的极性完成反转，于是有发射电流：

$$i=\frac{U_{\mathrm{dc}}}{R}(1-2\cdot \mathrm{e}^{-\frac{R}{L}\cdot t}) \tag{3.8}$$

此时，要求占空比为 d 的波形具有足够的时间让电流反转，通常要求电流反转到最大值的90%以上，所以要求：

$$1-2\cdot \mathrm{e}^{-\frac{R}{L}\cdot d\cdot T}\geqslant 0.9 \tag{3.9}$$

式中，T 为该时刻发射的一个完整周期。

于是对于某一发射状态，发射持续时间 T_t 必须满足：

$$T_t=d\cdot T\geqslant\frac{3L}{R} \tag{3.10}$$

当供电线电感为 1mH，接地电阻为 30Ω 时，任意发射状态的持续时间必须满足大于 100μs，才能保证发射正常的码型电流。式(3.10)就是码型电流可以正常发射形成的条件。不同施工环境下，码型电流正常发射的条件满足情况如图 3.7 所示。

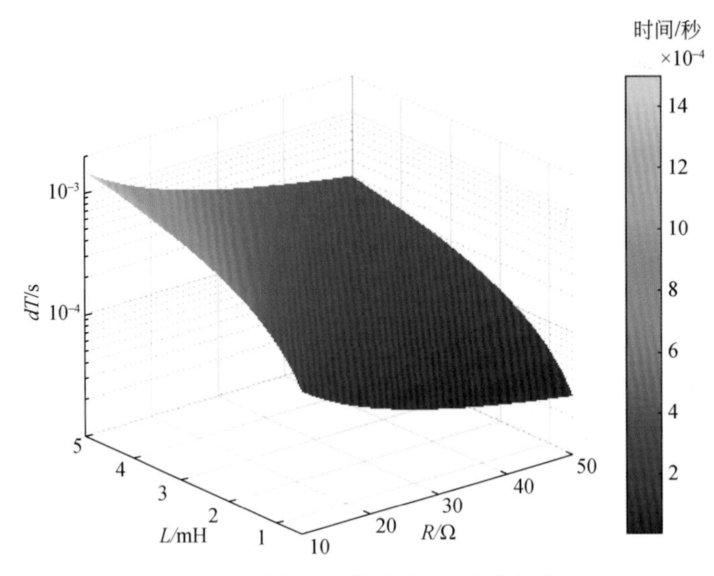

图 3.7　不同施工环境下码型电流发射条件

可见，接地电阻越大，供电线电感越小，发射持续时间越小，越容易施工；反之，发射持续时间要求越大，越不容易施工。通常该持续时间要求在 1ms 以下。

为了获得更大的发射电流，需要降低接地电阻，可是降低接地电阻却对发射持续时间要求更高，高频电流越难发射，对应的码型电流很难形成，这需要施工者做一个权衡。

3.1.3　伪随机编码大功率 MTEM 发射机方案选择

发射机的核心在于整流稳压环节的实现，围绕着整流稳压模块的实现，国内外有不少实现技术方案，如加拿大 Phoenix 公司的 V8 电磁发射机 TXU-30 的整流模块通过不可控整流桥来实现，稳压模块通过脉宽调制 DC/DC 全桥变换器来实现；美国 Zonge 公司的 GDP-32 多功能电法仪发射机是通过调节不同的变压器档位来实现输出电压的粗调，三相桥式相控整流对所选电压挡位进行稳压调节；德国 Metronix 公司的 TXM-22 发射机通过不可控整流桥实现整流，然后直接通过矢量控制算法实现三个电极的矢量发射。还有一种是基于发电机励磁控制的方法来获得三相电压，再对其进行整流得到发射电压。

国内对大功率电磁信号发射机的整流稳压模块的实现方式与上面介绍的几种方法大同小异，各有优缺点。总体而言，Zonge 公司的 GDP-32 多功能电法仪发射机显得太笨拙，Metronix 公司的 TXM-22 发射机调压很有限，励磁控制的发电机与普通发电机不够兼容，比较合理的稳压模块是通过脉宽调制的 DC/DC 全桥变换器来实现，伪随机编码大功率 MTEM 发射机正是针对该种方案开展研制。

3.2 伪随机编码技术

在此前的章节中,我们已经详细讨论了使用伪随机方式对发射源信号进行编码的优势,但在实际工作中仍需面对的一个现实问题是如何合理地选择编码参数。编码参数的选择与三方面因素有关:①发射机在实际接地阻抗条件下的真实发射能力;②观测点与发射中心点之间的相对位置关系;③实际观测环境的噪声条件。如果考虑使用 m 序列作为发射源的编码方式,其核心参数为编码阶数 n 和码元宽度 T_s;此外,在实际工作中,一个重要参数是循环发射次数 Ncyc。基于上述三个参数,发射机在实际接地阻抗条件下的真实发射能力限制了最小码元宽度 T_s,最小码元宽度本质上代表了发射信号的最高谱分辨率。另外,收发之间的相对位置与实际观测环境的噪声条件决定了探测过程的基础信噪比。基于趋肤效应,大地对电磁场信号相当于一个低通滤波器,收发偏移距越大,激励源中所包含的高频分量能量衰减越多,实际激励信号的带宽也越窄,这一现象从时域曲线看则体现在波形随偏移距增大而变得光滑。收发间大地电性结构特性将对时域脉冲响应曲线的特征产生影响,即峰值大小和衰减过程的斜率变化。由于在有限测区内噪声环境基本能够保持一致,因此系统可及最大信噪比实际上与两方面有关:系统整体探测能力及大地电性条件。系统整体探测能力不仅与系统真实输出能量、收发排列几何、接收机及传感器的噪声及频率特性等要素有关,也与使用编码方式对信号的高精度提取能力有关。综上所述,在讨论使用 m 序列对发射源进行编码的参数选择时,一方面与硬件系统在实际观测环境中的工作能力有关,另一方面也与实际使用的高精度信号提取方法的性能有关。下面,我们将介绍在 MTEM 中所使用的高精度信号提取方法,并在其基础上对编码参数选择的相关问题展开讨论。

3.2.1 高精度大地脉冲响应提取方法

Wiener-Hopf 方程假设一个线性时不变系统 $g(t)$,若要对该系统进行辨识,使用辨识输入信号 $u(t)$,经过系统(即与系统函数卷积)后输出为 $z(t)$,假设观测噪声仅为加性噪声 $n(t)$,则最终的观测信号 $y(t)$ 为

$$y(t)=z(t)+n(t) \tag{3.11}$$

使用输入信号 $u(t)$ 与观测信号 $y(t)$ 做互相关,则有

$$\begin{aligned}\mathrm{CR}(y,u)&=\mathrm{CR}(z,u)+\mathrm{CR}(n,u)\\&=\mathrm{CR}(g*u,u)+\mathrm{CR}(n,u)=g*\mathrm{AR}(u)+\mathrm{CR}(n,u)\end{aligned} \tag{3.12}$$

式(3.12)即为基本相关辨识方法的数学描述,其中 $\mathrm{CR}(a,b)$ 表示对 a、b 计算两者的互相关,$\mathrm{AR}(a)$ 表示对 a 计算其自相关。观察式(3.12)可以发现,如果选择输入信号 $u(t)$ 为某种随机信号,将具有两方面优势:首先,由于 $u(t)$ 与噪声 $n(t)$ 之间没有相关性,因此 $\mathrm{CR}(n,u)$ 可以忽略;其次,若 $\mathrm{AR}(u)$ 能够在一定程度上近似 δ 函数,则可使 $g(t)*\mathrm{AR}(u)$ 近似等于 $g(t)$,从而实现对系统响应函数 $g(t)$ 的辨识。m 序列能够较好地满足上述要求,因此成为一种较好的输入信号选择。

在对大地响应辨识的实际工作中，其信号流程如图3.8所示：由码型发生器输出设计发射电流波形信号 $I_D(t)$，此信号将作为发射驱动信号输入发射机；发射机在其驱动下实现对发射码型的输出，其真实输出信号由于受多方面因素影响变为 $I_w(t)$；$I_w(t)$ 对大地系统 $g(t)$ 进行激励，得到响应信号 $I_w(t)*g(t)$，利用系统响应为 $h_r(t)$ 的接收机对上述响应信号进行观测，得到观测信号 $R_x(t)$；另外，利用系统响应为 $h_{tr}(t)$ 的接收机对真实发射波形信号 $I_w(t)$ 进行观测，得到观测信号 $T_x(t)$。

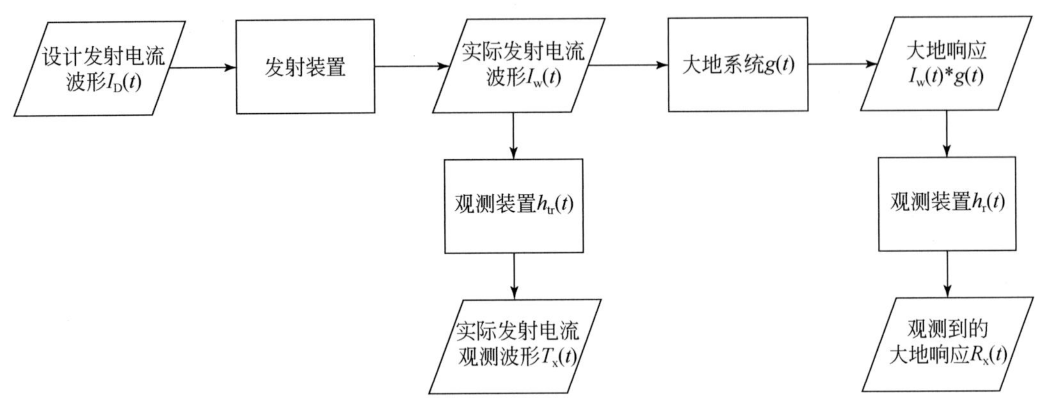

图3.8　大地响应辨识过程信号流程图

根据上述描述，有

$$R_x(t)=g(t)*I_w(t)*h_r(t)+v \tag{3.13}$$

$$T_x(t)=I_w(t)*h_{tr}(t) \tag{3.14}$$

式中，v 为观测噪声。

按照Wiener-Hopf方程计算 $R_x(t)$ 与 $T_x(t)$ 的互相关，得

$$\begin{aligned}\mathrm{CR}[R_x(t),T_x(t)]&=\mathrm{CR}[g(t)*I_w(t)*h_r(t),T_x(t)]\\&\quad+\mathrm{CR}[v,T_x(t)]\end{aligned} \tag{3.15}$$

由于 $T_x(t)$ 为实信号，根据互相关性质，可对式(3.15)改写如下：

$$\begin{aligned}\mathrm{CR}[R_x(t),T_x(t)]&=R_x(t)*T_x(-t)\\&=g(t)*I_w(t)*h_r(t)*T_x(-t)+v*T_x(-t)\end{aligned} \tag{3.16}$$

式中，$T_x(-t)$ 为 $T_x(t)$ 的反折。利用式(3.14)进一步改写式(3.16)中不含噪声的部分：

$$\begin{aligned}&g(t)*I_w(t)*h_r(t)*I_w(-t)*h_{tr}(-t)\\&=g(t)*\mathrm{AR}[I_w(t)]*\mathrm{CR}[h_{tr}(t),h_r(t)]\end{aligned} \tag{3.17}$$

由上述推导可见：收发互相关中除与噪声有关的项外，还包括大地冲激响应 $g(t)$、实际发射电流波形 $I_w(t)$ 的自相关以及两个接收机响应函数的互相关。观察 $\mathrm{AR}[I_w(t)]*\mathrm{CR}[h_{tr}(t),h_r(t)]$，若满足条件 $h_{tr}(t)=h_r(t)$，则在实际中可使用 $\mathrm{AR}[T_x(t)]$ 来替代 $\mathrm{AR}[I_w(t)]*\mathrm{CR}[h_{tr}(t),h_r(t)]$，这样式(3.17)可以被进一步简化为

$$\begin{aligned}&g(t)*I_w(t)*h_r(t)*I_w(-t)*h_{tr}(-t)\\&=g(t)*\mathrm{AR}[T_x(t)]\end{aligned} \tag{3.18}$$

在现实中,可以通过实验室标定建立关系函数$f(t)$的方式,使条件$h_{tr}(t)=h_r(t)$以如下形式满足:

$$h_{tr}(t)=f(t)*h_r(t) \tag{3.19}$$

利用关系函数$f(t)$首先对$R_x(t)$进行预处理:

$$\begin{aligned}R_xf(t)&=R_x(t)*f(t)\\&=g(t)*I_w(t)*h_{tr}(t)+v*f(t)=g(t)*I_w(t)*h_{tr}(t)+v\end{aligned} \tag{3.20}$$

噪声v与$f(t)$卷积依然是噪声,故仍使用v表示。在后续的处理中,只需使用$R_xf(t)$替代$R_x(t)$进行相关计算,使AR$[T_x(t)]$可以替代AR$[I_w(t)]*$CR$[h_{tr}(t),h_r(t)]$,则式(3.15)可改写为

$$\mathrm{CR}[R_x(t),T_x(t)]=g(t)*\mathrm{AR}[T_x(t)]+\mathrm{CR}[v,T_x(t)] \tag{3.21}$$

令

$$\begin{cases}a(t)=\mathrm{CR}[R_x(t),T_x(t)]\\b(t)=\mathrm{AR}[T_x(t)]\\c_v=\mathrm{CR}[v,T_x(t)]\end{cases} \tag{3.22}$$

进一步简化式(3.21)为

$$a(t)=g(t)*b(t)+c_v \tag{3.23}$$

式(3.21)中的c_v本质上依然是噪声,体现了使用m序列进行噪声抑制的能力。

在离散系统中改写式(3.23),有

$$a(n)=\sum_{m=1}^{N_g}g(m)b(n-m)+c_v \tag{3.24}$$

式中,N_g为辨识大地冲激响应的采样点数。对式(3.24)矩阵化:

$$\boldsymbol{A}=\boldsymbol{BG}+c_v \tag{3.25}$$

其中:

$$\boldsymbol{A}=\begin{bmatrix}a(n_1)\\a(n_1+1)\\\vdots\\a(n_1+N_g-1)\end{bmatrix},\boldsymbol{G}=\begin{bmatrix}g(1)\\g(2)\\\vdots\\g(N_g)\end{bmatrix},$$

$$\boldsymbol{B}=\begin{bmatrix}b(n_2)&b(n_2-1)&&b(n_2-N_g+1)\\b(n_2+1)&b(n_2)&\cdots&b(n_2-N_g+2)\\\vdots&\vdots&\ddots&\vdots\\b(n_2+N_g-1)&b(n_2+N_g-2)&\cdots&b(n_2)\end{bmatrix}$$

式中,n_1和n_2分别为$a(n)$和$b(n)$序列中最大值采样点的序列号。

矩阵$\boldsymbol{B}$主对角线上的元素为自相关最大值,其他元素为旁瓣值。式(3.25)表明:矩阵$\boldsymbol{B}$描述了大地冲激响应与收发互相关之间的映射关系,其实质是自相关主瓣与旁瓣对大地冲激响应的加权求和作用。由于矩阵$\boldsymbol{B}$满足线性算子条件,可利用最小二乘法经过多次迭代实现对大地冲激响应$\boldsymbol{G}$的高精度辨识,其基本流程如图3.9所示。

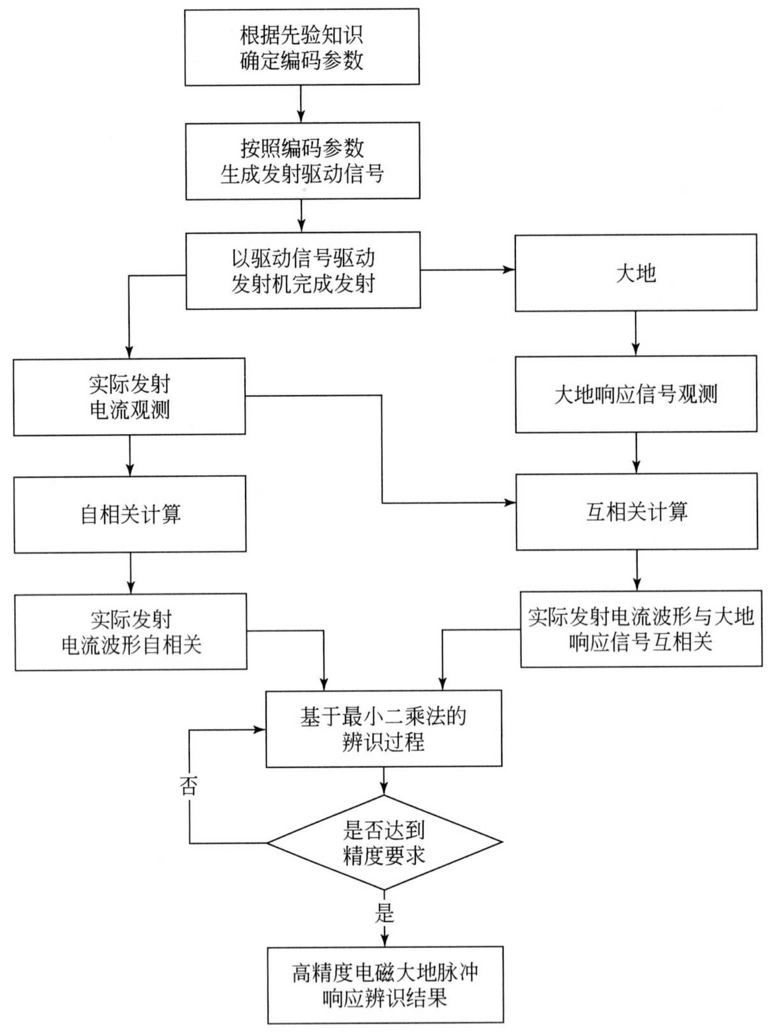

图 3.9　基于自相关旁瓣去除的大地冲激响应辨识方法流程图

3.2.2　数值模拟与辨识效果

假设:使用 m 序列对发射波形进行编码,发射电极间距 1000m,发射电流 10A。在发射电极轴向延长线上布设观测点(X 轴向),观测点距收发电极中心 1000m。观测电场 X 分量,观测电极间距为单位长度,其他计算参数见表 3.2。

表 3.2　计算参数

参数	符号	取值
均匀半空间电阻率	ρ	150Ω · m
接收机采样率	F_{sr}	24000Hz

续表

参数	符号	取值
m 序列阶数	n	7
m 序列码元宽度	T_s	1/6000s
m 序列循环次数	Ncyc	3
发射结束后采样数	N_g	500

为了更好地模拟真实观测,使用理想大地阶跃响应 $e_x(t)$ 与实际发射波形时间导数 $\partial I_w(t)/\partial t$ 卷积生成观测数据,得到的观测数据时间序列(经电流和发射电极间距归一化)如图 3.10a 所示。发射电流波形 $I_w(t)$ 如图 3.10b 所示,$I_w(t)$ 自相关(经电流归一化)如图 3.10c 所示,而电流波形与观测波形互相关(经电流和发射电极间距归一化)如图 3.10d 所示。利用式(3.25)描述的过程对大地冲激响应进行辨识,辨识过程使用最小二乘算法,并经过了 4 次迭代。辨识结果与由式(3.27)计算的理论冲激响应比较如图 3.10e 所示。为了体现辨识算法高精度的辨识能力,图 3.10e 中的辨识曲线并没有经过平滑处理。图 3.10f 给出利用式(3.28)计算的辨识误差,其中 g_r 是辨识大地冲激响应。

$$e_x = Ids\left\{-\frac{\rho}{2\pi r^3}\left[\operatorname{erf}\left(\frac{r}{2c\sqrt{t}}\right)-\frac{r}{2c\sqrt{\pi t}}\exp\left(-\frac{r^2}{4c^2t}\right)-\frac{\rho}{2\pi r^3}\left(1-\frac{3x^2}{r^2}\right)\right]\right\} \tag{3.26}$$

式中,$c=\sqrt{\rho/\mu_0}$;erf(x)为误差函数;r 为收发距。

$$g_a=\frac{\partial e_x}{\partial t}=Ids\left[\frac{\rho}{8\pi\sqrt{\pi}c^3}t^{-5/2}\exp\left(-\frac{r^2}{4c^2t}\right)\right] \tag{3.27}$$

$$\text{error}=\frac{g_r-g_a}{g_a} \tag{3.28}$$

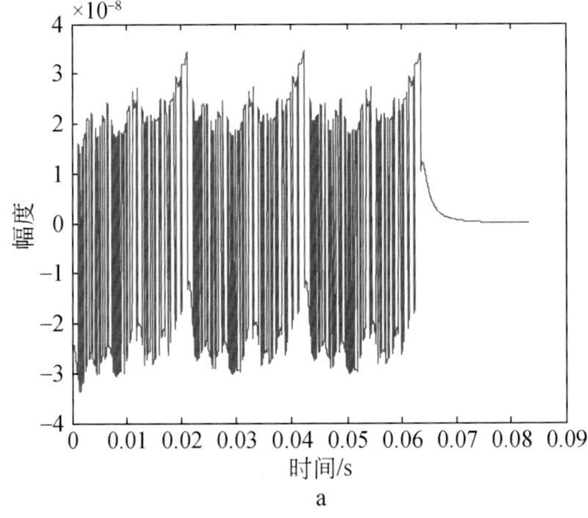

a

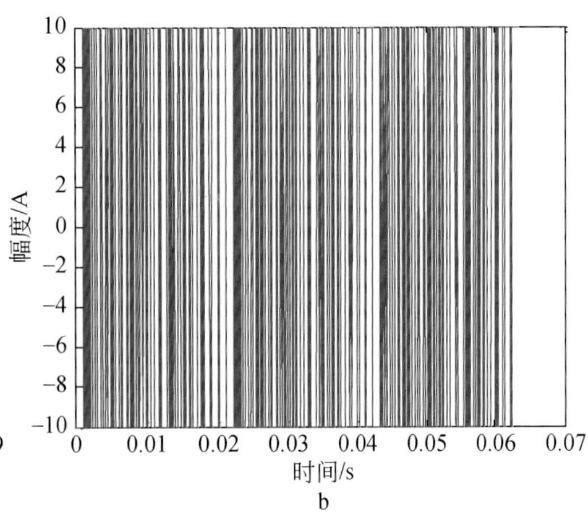

b

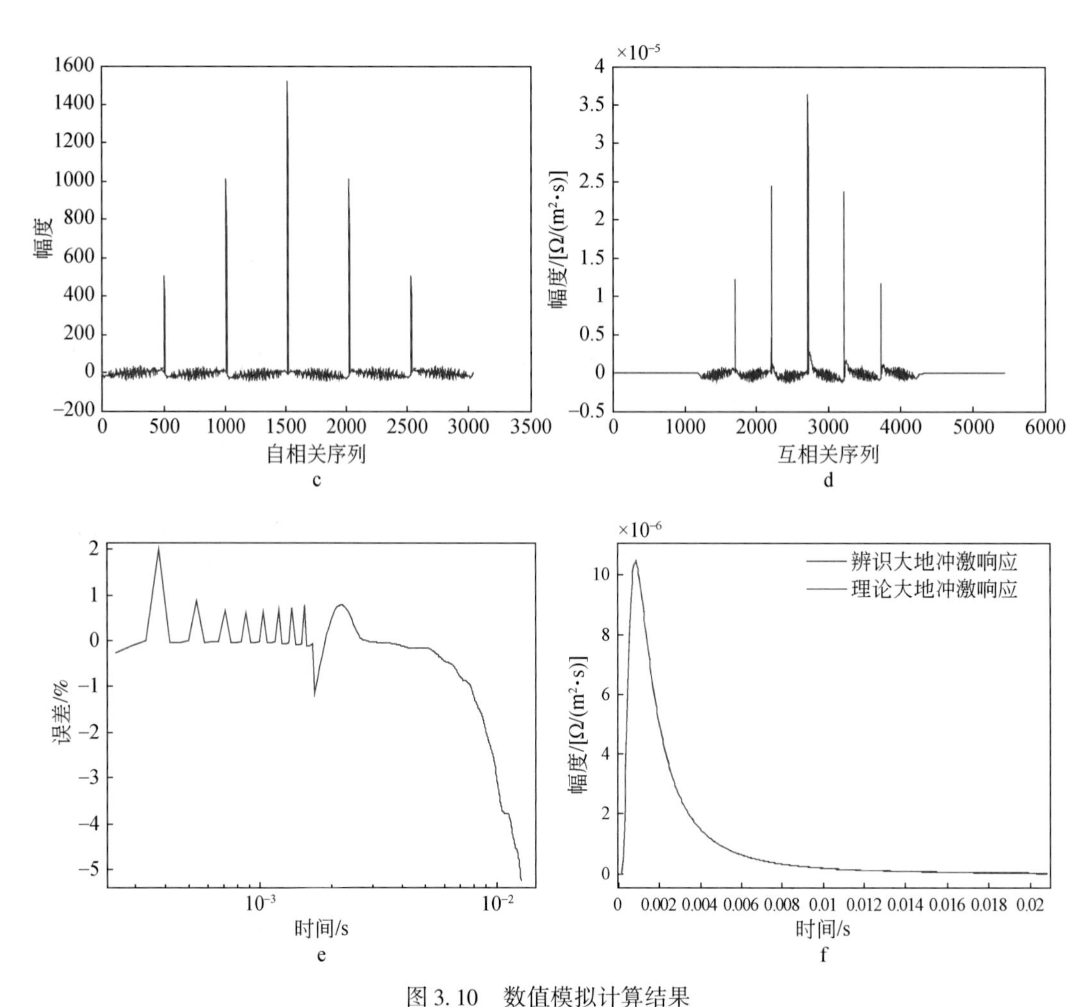

图 3.10　数值模拟计算结果

a. 观测数据时间序列(归一化)；b. 发射电流波形时间序列；c. 电流波形自相关(归一化)；
d. 电流波形与观测波形互相关；e. 辨识误差；f. 大地冲激响应辨识结果

由上述数值模拟计算可以看出，辨识算法自辨识起点至约 10 倍峰值时刻 T_{peak}(8.38ms)时段内的辨识误差小于2%，这对于多数情况是可以接受的。如果进一步对辨识算法进行优化，并对辨识后数据进行适当的平滑，可得到精度更高的辨识结果。

图 3.10d 表示收发互相关，在此算例中，也表示理论大地冲激响应与电流波形自相关的卷积结果。由图 3.10c 可以看到在电流波形自相关各极大值外侧均存在剧烈震荡的旁瓣，这种现象也会随卷积过程对收发互相关产生影响。如果不对这种影响进行消除，而直接将数据代入式(3.12)中进行辨识，则这种影响将最终作用于辨识结果中：图 3.11a 为利用图 3.10d 的数据按照式(3.12)进行辨识得到的结果，图 3.11b 为图 3.11a 的辨识误差。由图 3.11b 可见，图 3.11a 的辨识误差在约 10 倍 T_{peak}(8.38ms)时已达到 538.6%。可见，在辨识过程中需要考虑自相关的旁瓣效应，否则受其影响的辨识结果将给后续处理造成很大的困难。

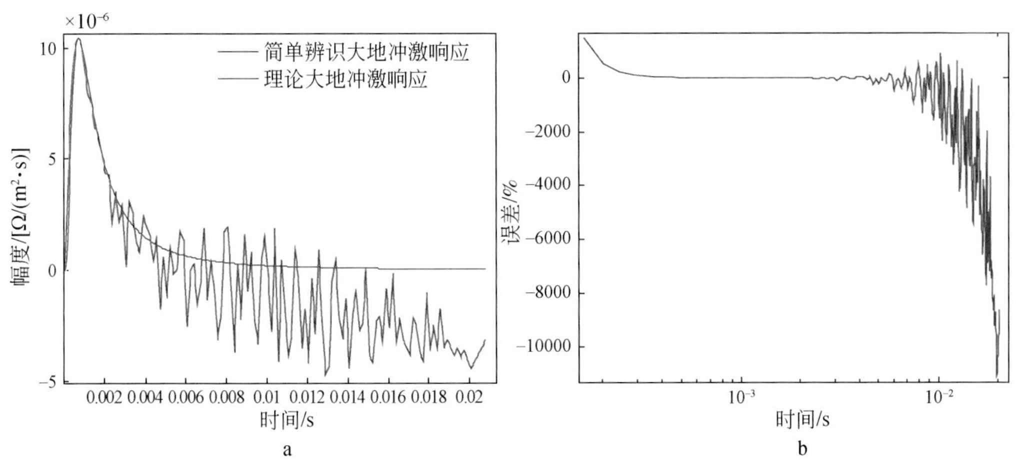

图3.11　简单引用式(3.14)的辨识结果

a. 辨识结果；b. 辨识误差

3.2.3　编码参数选择讨论

如前述讨论，影响编码参数选择的因素较多，其中Ziolkowski提出一种简单确定m序列码元宽度T_s的方法(Ziolkowski，2007)。假设冲激响应的峰值出现时间为T_{peak}，为了保证m序列能够将T_{peak}与之前的空气波脉冲清晰地分辨开，Ziolkowski提出码元宽度T_s应至少等于$T_{peak}/10$。但如此估算出的T_s可能导致实际中的发射机无法输出设计的波形。以前述的算例为例，如图3.10e所示，T_{peak}出现在约0.838ms，则按要求T_s应为83.8μs。目前市场上常见的电性源发射机，其最大升压水平约为1000V，对于一般接地条件，当T_s小于100μs时则很难保证发射波形的完整。然而，使用本书所介绍的辨识方法，利用实际发射波形的自相关对旁瓣效应进行去除，则T_s的选择将可突破$T_{peak}/10$的限制，即体现出辨识方法对参数选择的影响。

为此，可以在前述模拟计算的基础上添加一个空气波(直达波)，其脉冲宽度为3个采样点(基于24000Hz采样率)，脉冲幅度为冲激响应峰值的15倍。我们依然使用码元宽度T_s为1/6000s≈167μs，采用同样的辨识过程，辨识结果如图3.12a所示。由图3.12a可见，尽管此时的T_{peak}与T_s并不满足10倍关系，但依然实现了对大地冲激响应主体部分的辨识。

当然，选择的T_s越短，能够辨识出的大地冲激响应的范围也越大。使用相同的模型，改变采样率为48000Hz，设计$T_s = 1/12000s \approx 83μs \approx T_{peak}/10$，保持空气波脉冲时长不变，则辨识出的大地冲激响应如图3.12b所示。对比图3.12a和b可见，采用更短的T_s可以辨识出大地冲激响应曲线上更早的部分。事实上，如有必要，取更窄的T_s甚至可以在一定程度上实现对空气波的辨识。

另外，T_s的取值也不能过宽。使用相同的模型，采样率为24000Hz，设计$T_s = 1/1200s \approx 833μs \approx T_{peak}$，此时的辨识结果如图3.12c所示。显然，取此码元宽度，系统已丧失对大地冲激响应的辨识能力。

通过上述讨论可知，T_s 的选取需要综合考虑多种因素。在能够满足发射机发射能力的条件下，同时考虑观测系统的存储能力，可以尽可能选择短的 T_s，以获得更完整的大地冲激响应辨识结果。

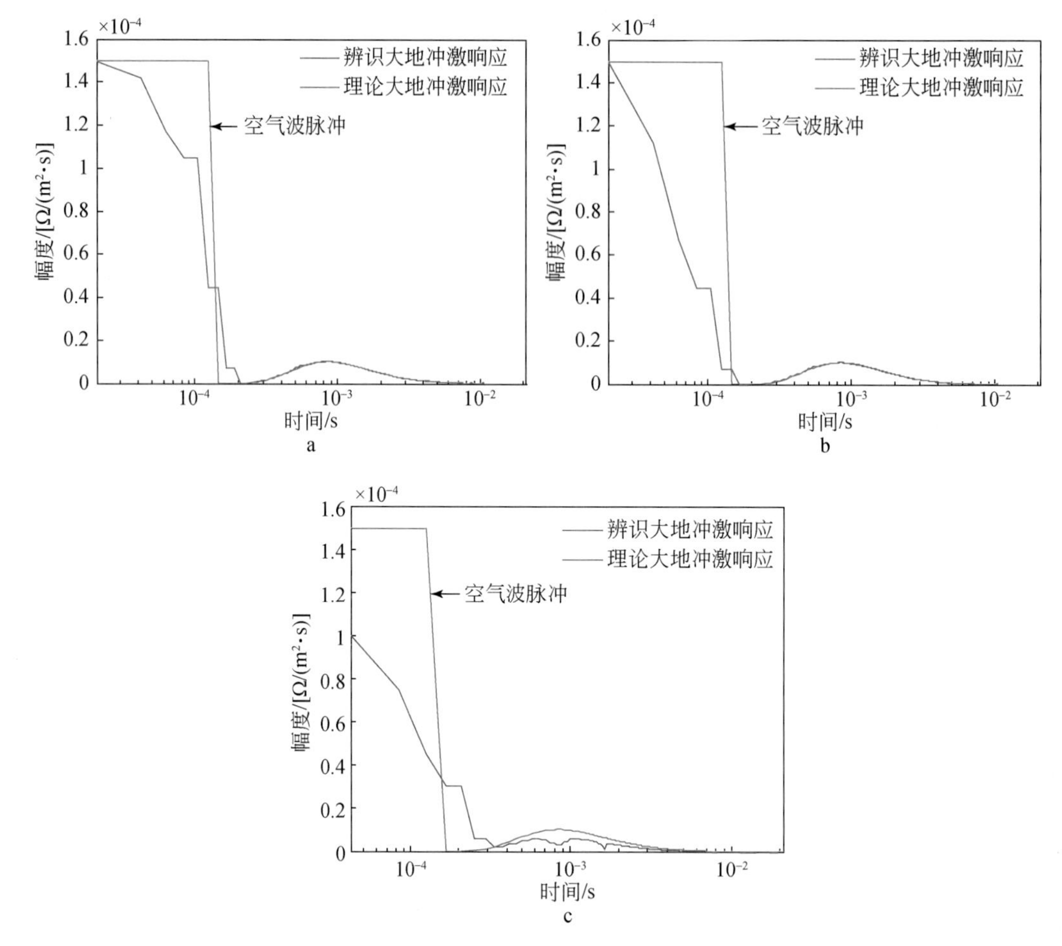

图 3.12　码元宽度选择对辨识结果的影响

a. $T_s = 1/6000$s 时的辨识结果；b. $T_s = 1/12000$s 时的辨识结果；

c. $T_s = 1/1200$s 时的辨识结果

对编码长度 N（或者编码阶数 n）的选择也同样需要考虑多种因素。仅从理论上讲，N 越大越好，因为利用 m 序列对系统信噪比的提升在 $\sqrt{N}$ 到 N 的范围。然而 N 越大，观测时间越长，观测过程并不经济；另外，当 N 过大时，m 序列对信噪比的提升能力会下降。对于 N 的选择主要考虑噪声水平 η_r，其不仅包括硬件系统的噪声，同时也考虑环境噪声的影响。假设在发射机停止发射后 T_g 时段内，观测信号幅度衰减至 η_r 以下（也可以将 m 序列对信噪比的大致提升效果考虑在内），则发射结束后采样数 $N_g = T_g \cdot F_{sr}$，其中 F_{sr} 为观测系统的采样率。可以根据式(3.29)来估计编码长度：

$$N > \frac{N_g}{F_{sr} T_s} \tag{3.29}$$

上述参数确定过程中，不能仅依赖理论计算，还需要结合测试数据以实现最优参数选择。

3.3　伪随机编码大功率电磁信号发射机的实现

MTEM电磁发射机主要包括两部分电路：一是功率电路，保证发射机实现高压大电流输出，其核心是可控源整流技术。二是伪随机编码电路，将功率电路输出的高压大电流信号，通过特定的编码型式输送给大地负载。

3.3.1　MTEM电磁发射机的拓扑结构设计

全桥变换器具有输出功率大、变换器输出电压一致性好、对变压器要求相对较低、工作效率高等优点，被广泛应用于对输出功率要求高的场合。而本书要求设计的发射机要具有输出功率大、性能稳定、电磁干扰小、输出效率高等特点，因此我们采用隔离型全桥式变换器拓扑结构作为我们设计的电磁发射机电路拓扑的基本结构。

根据隔离升压全桥变换器基本结构以及软开关的实现需要，结合开关电源模块化的设计理念与实际情况，本书完成对大功率电磁发射机整体电路的设计，如图3.13所示。

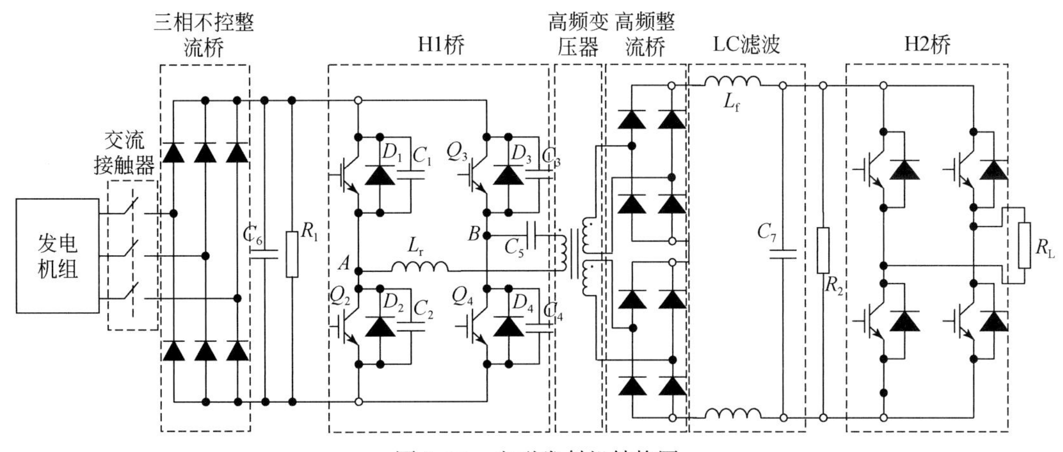

图3.13　电磁发射机结构图

在本结构中，发射机拓扑主要由发电机组、交流接触器、三相不控整流桥、一级母线滤波电容(C_6)与泄放电阻(R_1)、高频变换器(H1桥)、高频变压器、高频整流桥、LC滤波电路以及第二级变换器(H2桥)构成。下面将对每一部分的功能以及发射机电路的工作原理进行简要说明。

(1)发电机组：发电机组主要用来为发射机提供足够功率的三相380V工频交流电使用。

(2)交流接触器：其相当于一个可控的开关，用于控制发电机组输出的三相交流电是否输入发射机。交流接触器在这里与软启动电路配合使用，保证一级直流母线电压的缓慢建立。

(3)三相不控整流桥:用于发电机组输入的交流电整流。

(4)一级母线滤波电容与泄放电阻:滤波电容用来对不控整流桥整流出来的电压进行滤波,保证一级直流母线电压的平稳性;泄放电阻主要是用来泄放滤波电容在发射机停止工作后存储的电能。

(5)高频变换器:这一部分也是大功率发射机设计的难点,3.3.2 节所要讲述的软开关技术也是依托这一部分实现的,本书中,将这一部分的开关频率设计为 20kHz。

(6)高频变压器:其用于对高频变换器输出的高频交流方波进行电压变换,其体积的大小也直接取决于高频变换器的工作频率。

(7)高频整流桥与 LC 滤波电路:高频整流桥其作用与三相不控整流相同,由于其工作于高频变压器之后,因此对其工作频率有一定的要求。

(8)第二级变换器:第二级变换器又被称作 H2 桥,由于电磁发射机主要的目的是向大地发射特定频率的交流方波信号。因此这里的 H2 就是将二级直流母线上的平直直流电再次逆变成我们所需要的不同频率的交流方波信号。由于实际应用中,对发射机输出信号的最高频率要求并不高,因此 H2 桥开关管我们通常都使用硬开关控制。

此电路拓扑的工作工程可以简单表述为:当交流接触器接通后,发电机组输出的 380V 三相工频交流电通过不控整流桥整成直流,并通过滤波电容进行滤波,随后通过高频全桥变换器将直流电逆变成交流方波,使用高频变压器升压,升压后通过高频整流桥再次整流并通过 LC 滤波,最后通过 H2 桥,将直流电压逆变成所需要的频率发射出去。

3.3.2 MTEM 电磁发射机的软开关技术

硬开关指的是开关处于正常工作状态时,即开关管上正流过稳定的工作电流或者开关管正承受着稳定的输入电压,不考虑开关当前所满足的电气特性,直接对开关管进行开关动作,使电压电流发生快速变化。在这一过程中,开关管上电压、电流以及功率损耗如图 3.14 所示。

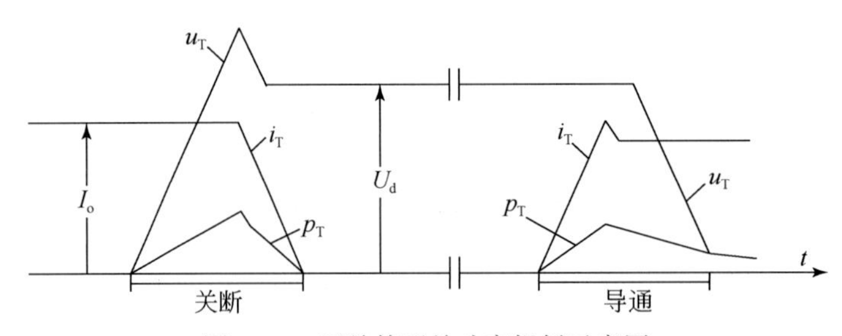

图 3.14　开关管开关功率损耗示意图

图 3.14 中,u_T表示开关管在工作时的电压变化,i_T表示其工作的电流变化,p_T表示在开关管进行开关动作时所消耗的功率。由图中可以看出,当开关管在进行开关时,由于开关管本身的寄生参数以及开通与关断时延作用,开关管两端的电压电流不可能发生突变,其间会有一个过渡的过程,正是这一过渡过程,导致了开关管在开通与关断的过程中会同时承受电压电流,这样在开关管上就会出现功率损耗。开关管开关动作越频繁,消耗在开关管上的能量就会越高,性能下降,这就阻碍了开关器件的动作频率增加。同时在硬开关的过程中,强

制电压、电流发生突变,在功率器件上由于寄生参数就会产生电压电流尖峰,并且导致电磁干扰十分严重。

正是硬开关存在的这些问题,限制了其在大功率变换器中的使用。为了解决这些问题,使开关电源实现高功率输出,同时实现小型化、轻型化,软开关技术应运而生。

软开关技术又称作谐振开关技术。搭建电路时,引入谐振电感与谐振电容,在电路工作过程中,利用变压器原边谐振电感的续流以及电容两端电压不能发生突变等条件,保证开关管在开通时与开关管并联的二极管一直处于导通状态,使开关管零电压开通,或者利用谐振电感(通常使用饱和电抗器)的特性,在变压器原边电流被截止时开通开关管,实现零电流开通;开关管关断时,利用谐振电容电压保持初始状态实现零电压关断,这样就可以有效减小损耗量。为提升开关的工作频率提供可能。

图3.15展示了MTEM电磁发射机第一级逆变桥部分。

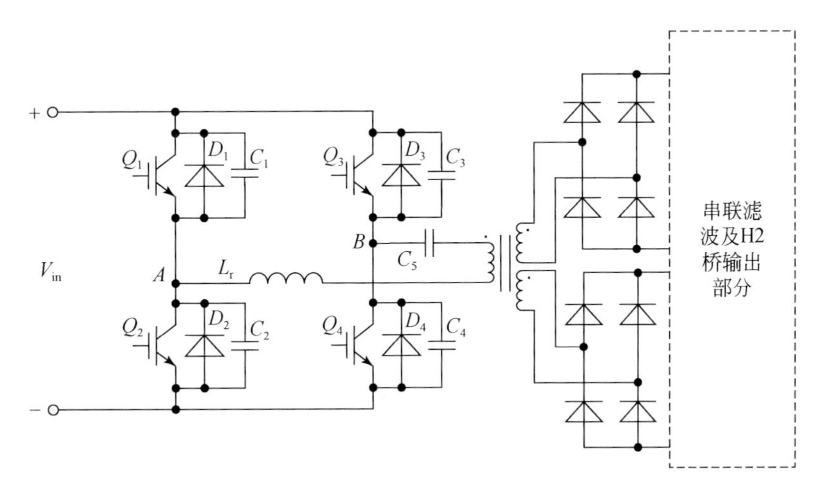

图3.15　全桥软开关功率拓扑

以下详细介绍软开关技术在电磁发射机中的实现过程。图3.16为此电路拓扑中,H1桥四个开关管的控制时序波形、AB两点的电压波形以及变压器原边电流波形。在这里有$C_1=C_2=C_h$、$C_3=C_4=C_d$,同时假设二桥直流母线电流一直处于连续状态。

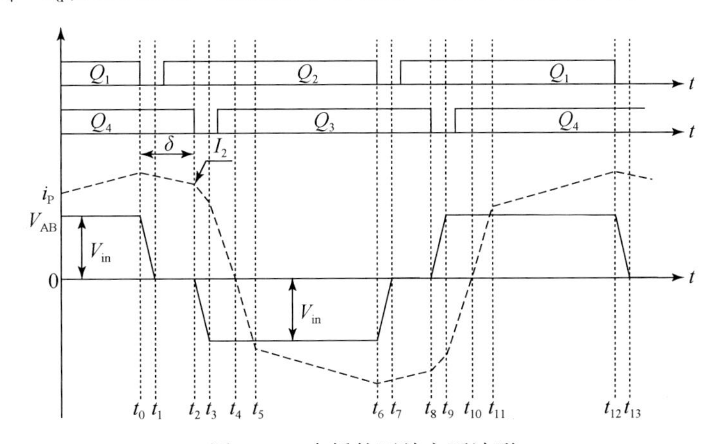

图3.16　全桥软开关主要波形

电路开始工作时，设这时 Q_1、Q_4 处于开通状态，原边电流 I_p 的流向如图 3. 17a 紫色部分所示，AB 两点的电压等于输入电压 V_{in}，变压器源边向副边输出能量，随后开关管开始按图 3. 16 中的逻辑时序动作。

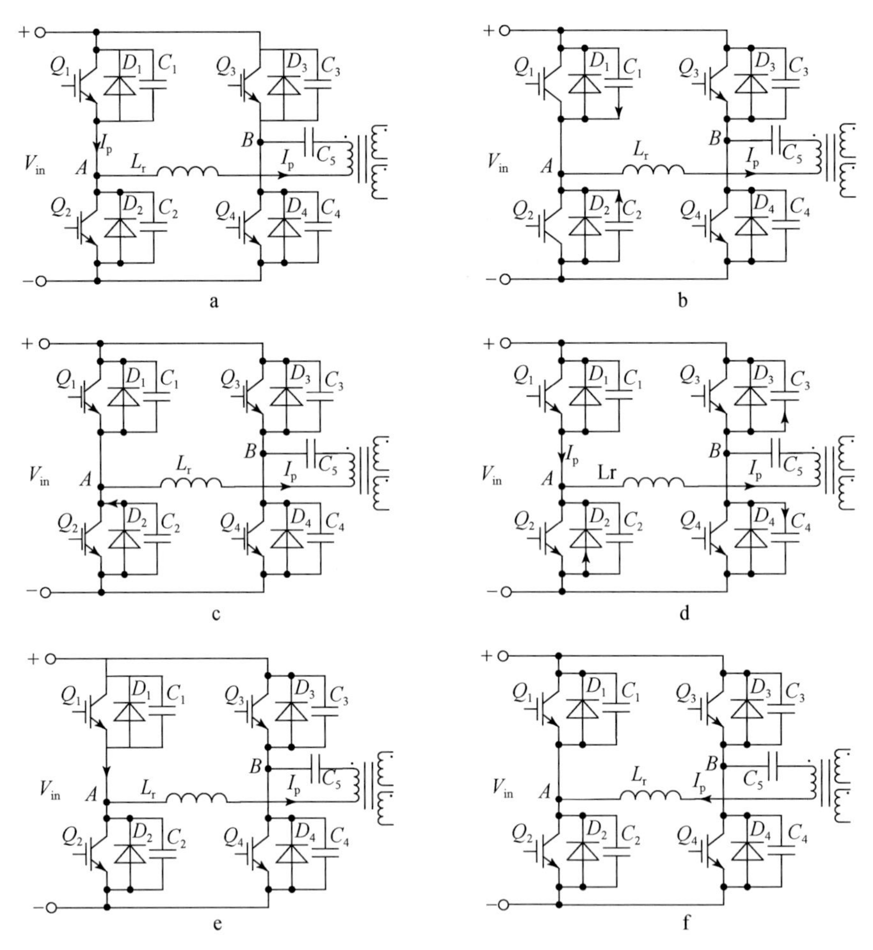

图 3. 17　各种开关状态电路示意图

整个过程我们将其分为以下六个模态。

(1)模态 1(t_0-t_1)：在 t_0时刻，Q_1 关断，由于 L_r 上的电流要保持初始状态，因此电流会通过 C_1 与 C_2，给 C_1 充电、C_2 放电。开始的时候 Q_1 处于开通状态，由于 Q_1 的作用，C_1 相当于处于短路状态，且 C_1 的电压不能突然变化，因此 Q_1 断开的时候承受的电压等于 C_1 的电压为零，故实现零电压断开。由于二桥直流母线中的滤波电感足够大，因此在这里可认为 i_p 基本保持不变，这阶段中：

$$i_p(t) = I_p(t_0) = I \tag{3.30}$$

$$v_{C_1}(t) = \frac{I}{2C_h}(t - t_0) \tag{3.31}$$

到 t_1时刻，C_1 完成充电过程，电压为 V_{in}，C_2 放电完成，电压下降到零，此时 i_p 方向不变，D_2 自然导通续流。此过程持续时间为

$$T = \frac{2C_h V_{in}}{I} \tag{3.32}$$

等效电路如图3.17b所示。

(2)模态2(t_1-t_2):在这里,D_2 已经导通,Q_2 相当于被短路。电压保持在零,在此阶段开通 Q_2 即为零电压开通。此时原边电流流向为 $D_2 \to L_r \to C_5 \to Q_4 \to D_2$。电流值的变化可以表示为

$$i_P(t) = \frac{i_{L_f}(t)}{K} \tag{3.33}$$

式中,K 为变压器原副边匝比,此段等效电路如图3.17c所示。

(3)模态3(t_2-t_3):在 t_2 时刻断开 Q_4,由于 C_4 的存在,Q_4 的关断时其电压与 C_4 电压相同为零,所以 Q_4 零电压断开,原理与 Q_1 关断相同。Q_4 关断后,原边电流开始给 C_3 放电、C_4 充电,此时两端的电压反向升高,直到 t_3 时刻,电容 C_4 被充电到电压等于 V_{in},D_3 自然导通。此阶段由于原边回路的续流作用,L_r 和 C_3、C_4 发生谐振,因此有

$$i_P(t) = I_2 \cos\omega_1(t - t_2) \tag{3.34}$$

$$v_{C_4}(t) = Z_1 I_2 \sin\omega_1(t - t_2) \tag{3.35}$$

式中,$Z_1 = \sqrt{L_r/(2C_d)}$,$\omega_1 = 1/\sqrt{2L_r C_d}$。此阶段对应的电路状态如图3.17d所示。

(4)模态4(t_3-t_4):此时,由于反并联二极管 D_3 导通,因此在此段时间内开通 Q_3 属于零电压开通。AB 两点的电压等于$-V_{in}$,变压器原边电流线性下降,其大小为

$$i_P(t) = I_P(t_3) - \frac{V_{in}}{L_r}(t - t_3) \tag{3.36}$$

t_4时刻,原边电流降为零,随后电流开始流过开关管 Q_3 与 Q_2 并逐渐增加。此阶段持续的时间为 $t = L_r I_P(t_3)/V_{in}$。此阶段对应的电路状态如图3.17e所示。

(5)模态5(t_4-t_5):此阶段中,开关管 Q_2 与 Q_3 参与工作,原边电流逐步增加,方向相反。但由于此时电流还比较小,二桥直流母线侧依旧由滤波电感供电。原边电流可表示为

$$i_P(t) = -\frac{V_{in}}{L_r}(t - t_4) \tag{3.37}$$

t_5 时刻,变压器原边电流增长到能够为副边提供能量的最低值$-I_{L_f}(t_5)/K$。本阶段持续的时间为

$$t = \frac{L_r I_{L_f}(t_5)/K}{V_{in}} \tag{3.38}$$

电路等效如图3.17f所示。

(6)模态6(t_5-t_6):本阶段电源给负载供电,原边电流可表示为

$$i_P(t) = -\frac{V_{in} - KV_o}{L_r + K^2 L_r}(t - t_5) \tag{3.39}$$

t_6 时刻,开关管 Q_2 关断,变换器进入新的工作阶段,此阶段的工作过程及开关管实现零电压开关的方式与上面描述的相同,可参考上述内容。

到此,软开关技术在电磁发射机中的实现过程已分析完成,总结上述分析,四个开关管均可实现零电压的开通与关断,解决了硬开关中开关管承受高电应力等一系列问题。

3.3.3　MTEM 电磁发射机的关键器件选型

以上我们讲述了基于有源软开关技术的电磁发射机拓扑结构，并对拓扑结构的工作过程进行了理论分析。本小节将会根据基于有源软开关技术的电磁发射机拓扑电路结构与 MTEM 电磁发射机要达到的技术指标，对拓扑中重要器件的设计及参数选型进行详细介绍。

3.3.3.1　IGBT 的选型

IGBT 作为电磁发射机电路拓扑中重要的功率开关器件，对其能耐压、过流能力以及开关频率、稳定工作的温度等都有严格要求，下面将分别介绍 H1 桥 IGBT 和 H2 桥 IGBT 的选取。

1）H1 桥 IGBT 的选型

H1 桥 IGBT 位于变压器原边，其所承受的电压为三相不控整流桥输出电压，由于本书所设计的发射机其输入电压要求为有效值 380V±3%，所以 IGBT 需最大耐压为

$$V_{\mathrm{IGBT(max)}} = 391\mathrm{V}\times\sqrt{2} = 552.8\mathrm{V} \tag{3.40}$$

由于 H1 桥 IGBT 处于高频工作条件下，工作频率达到 20kHz，因此对于单管 IGBT 来说，其电压电流的变化非常之快，而由于 IGBT 本身存在的电感电容等寄生参数以及电路中的杂散电感会导致 IGBT 工作时需要承受很好的电应力，虽然使用软开关技术可以有效避免电应力问题，但为了仪器能够安全稳定的长期工作，同时也为了节约成本，通常我们都会为 IGBT 留有一倍的余量，因此这里 IGBT 集电极-发射极电压为

$$V_{\mathrm{CES}} = 2\times V_{\mathrm{IGBT(max)}} = 2\times552\mathrm{V} = 1104\mathrm{V} \tag{3.41}$$

由于本发射机设计的输出功率为 35kW，按一级直流母线电压的最低值 520V 计算，变压器原边回路电流值为

$$I_{\mathrm{P}} = \frac{P}{U} = \frac{35\mathrm{kW}}{520\mathrm{V}} = 67.3\mathrm{A} \tag{3.42}$$

即 IGBT 工作时流过集电极与发射极的电流为 67.3A，同时考虑到开关电源工作效率问题，这里保留一定的余量，工程上一般取流过 IGBT 电流平均值的 1.5～2 倍作为 I_{c}（IGBT 集电极电流），即

$$I_{\mathrm{c}} = 2\times67.3\mathrm{A} = 134.6\mathrm{A} \tag{3.43}$$

依据上述分析，综合考虑成本问题并根据目前市场现有在售的 IGBT 模块参数的实际情况，本书选取了德国英飞凌公司的 IGBT 模块 FF300R12KE3。其额定的 $V_{\mathrm{CES}}=1200\mathrm{V}$，额定的 $I_{\mathrm{c}}=300\mathrm{A}$，满足本书设计的电磁发射机系统的要求。

2）H2 桥 IGBT 的选型

本书设计的电磁发射机要求最终输出电压达到 1000V，输出电流最大在不超过发射机最大输出功率 35kW 时要达到 50A。所以对于 H2 桥 IGBT 来说，其承受的电压值不得低于 1000V，能通过的电流不得低于 50A，考虑到开关在开通关断时产生的电压电流尖峰等因素，这里需要给 IGBT 的工作电压、工作电流都留有一倍余量，因此这里需要 IGBT 能够承受的最大电压达到 2×1000V＝2000V，允许流过的最大电流要达到 2×50A＝100A。根据发射机的要

求以及目前市场 IGBT 模块在售情况,同时综合价格成本等因素,这里最终选择了德国英飞凌公司的 IGBT 模块 FF300R12KT4。其最大耐压值为 1700V,允许通过的最大电流为 300A,符合本书设计要求。

3.3.3.2　整流管的选型

在本书所设计的大功率电磁发射机电路拓扑中,运用到整流管的共有两处:三相不控整流部分与变压器副边高频整流部分。

1)三相不控整流桥的选型

三相不控整流桥主要用于将输入的 380V/50Hz 的三相交流电整流成直流电,因此,这里选取的三相不控整流桥必须适合 380V/50Hz 的电压输入。再结合前面分析的 H1 桥的工作的电压电流环境可知三相不控整流桥的峰值电压为 552.8V,为了保证长期稳定工作,为其留取 50% 的余量可得

$$552.8\text{V}\times(1+50\%)=829.2\text{V} \tag{3.44}$$

对于三相不控整流桥工作电流的要求,由于发射机其主功率变换部分为一开关电源,因此必然有效率的问题,此处我们设最低效率为 $\eta_{\min}=0.85$,那么此时系统输入功率为

$$P_{\text{in}}=\frac{P_{\text{o}}}{\eta_{\min}}=35\text{kW}/0.85=41.2\text{kW} \tag{3.45}$$

因此,经过三相不控整流桥的最大电流为

$$I_{\max}=\frac{P_{\text{in}}}{V_{\text{in(min)}}}=\frac{41.2\text{kW}}{368\text{V}}=112\text{A} \tag{3.46}$$

再为其留 50% 的余量,因此需要三相不控整流桥允许通过的电流可达 167A 左右。根据上述计算分析,本书选用德国 IXYS 公司的三相不控整流桥模块 VUO160-08NO7,其最大耐压 800V,允许通过的最大电流为 175A,满足设计要求。

2)高频整流二极管的选型

高频整流二极管用于将高频变压器输出的高频交流方波整流成直流方波,本书中高频变压器设计的原副边匝比为 1∶1.36,依据前面计算分析可得变压器副边高频整流桥输入电压为

$$V_{Z(\max)}=V_{\text{IGBT}(\max)}\cdot n=552.8\text{V}\times1.36=751.8\text{V} \tag{3.47}$$

由电路拓扑结构可知,本书中大功率电磁发射机高频整流采用的是全桥整流方式,因此每一个整流二极管承担高频输入电压的一半,即

$$V_{\text{D}}=\frac{1}{2}V_{Z(\max)}=\frac{751.8\text{V}}{2}=376\text{V} \tag{3.48}$$

考虑到电压高频变换带来的电压尖峰问题,同时保证发射机安全可靠运行,这里为高频整流管留一倍余量,即需要选取耐压值高于 752V 的高频整流二极管。

前面提到本书设计的发射机在不超过最大输出功率的前提下,输出电流最大需要达到 50A,即高频整流二极管过流能力不能低于 50A,留一倍余量,也就是说这里选取的高频整流管过流能力要达到 100A 左右。

根据以上计算分析得到的要求,这里我们选取德国 IXYS 公司的 DSEI2X101-12A 快恢

复二极管，其最高耐压为 1200V，最大过流能力为 91A，反向恢复时间为 40ns，满足设计需求。

3.3.3.3　相关电容与电感值的选取

1）H1 桥谐振电容与谐振电感值的选取

结合以上有源软开关的讨论以及图 3.17 可以推出，如果要想滞后桥臂的开关管也能够完成 ZVS 动作，必须满足

$$V_{C_4}(t_4)=Z_1(I_P+I_h)\sin\omega_1 t_{34}=V_{in} \tag{3.49}$$

在 t_{34}阶段，对比 I_P 与 I_h，$I_P \ll I_h$，因此，式（3.53）可化简为

$$Z_1 I_h \sin w_1 t_{34}=V_{in} \tag{3.50}$$

将 Z_1 与 I_h 代入并结合 ω_1 可对式（3.54）进一步变化可得

$$\frac{L_h L_r}{L_h+L_r}=\frac{t_{34}}{\sqrt{2}\omega_1 t_{34}\sin(\omega_1 t_{34})}\sqrt{\frac{L_h}{C_f}} \tag{3.51}$$

$$C_d=\frac{t_{34}\sin\omega_1 t_{34}}{\sqrt{2}\omega_1 t_{34}}\sqrt{\frac{C_f}{L_h}} \tag{3.52}$$

式（3.55）和式（3.56）中，$w_1=1/\sqrt{2LC_d}$，L 为谐振电感 L_r 与辅助电感 L_h 的并联值。

2）一桥直流母线滤波电容值的选取

一桥直流母线滤波电容主要用于给三相不控整流桥输出电压进行滤波。如何选取容值大小，工程中，对于三相电来说一般要求在最低输入交流电时，整流滤波后的直流电压的纹波峰峰差值 V_{pp}是最低交流输入电压峰值的 7% ~10%。假设输入电压有效值为 $V_{in(min)}$ ~ $V_{in(max)}$，频率变化范围为f_{min} ~f_{max}，则可得线电压峰值变化范围是$\sqrt{2}V_{in(min)}$ ~$\sqrt{2}V_{in(max)}$，所以

$$V_{pp}=\sqrt{2}V_{in(min)}\times(7\% \sim 10\%) \tag{3.53}$$

滤波后直流电压为$(\sqrt{2}V_{in(min)}-V_{pp})$ ~$\sqrt{2}V_{in(max)}$。

设开关电源的变换效率为 η，输入功率为 P_{in}，输出功率为 P_o，则有

$$P_{in}=P_o/\eta \tag{3.54}$$

每半个周期滤波电容提供的能量为

$$W_{in}=\frac{1}{2}\frac{P_{in}}{3\cdot f_{min}}=\frac{1}{2}C[(\sqrt{2}V_{in(min)})^2-(\sqrt{2}V_{in(min)}-V_{pp})^2] \tag{3.55}$$

然后代入系统运行时实际参数即可求得滤波电容的大致电容值。

3）隔直电容值的选取

隔直电容 C_5主要是串联在变压器原边回路中，用来消除变换器在工作时产生的直流分量对变压器的影响，如果不加隔直电容，容易导致变压器由于直流分量的磁偏引起变压器磁饱和。在实际电路中，由于谐振电感、变压器漏感的存在，隔直电容在工作中也会参与谐振过程，为了使隔直电容充放电过程不影响变压器原边回路的正常工作且能够保证隔直电容充放电正常，在工程中，我们通常会选择以变换器正常工作时的频率的 0.05 倍作为变压器原边谐振电路的谐振频率，根据谐振频率计算公式可得

$$f=\frac{1}{2\pi\sqrt{k^2LC_5}} \tag{3.56}$$

式中，k^2L 为谐振电路中的等效电感。

通过变换得隔直电容值为

$$C_5=\frac{1}{4\pi^2f^2k^2L} \tag{3.57}$$

在实际应用中，又要求电容端电压不超过 5% ~10% 的输入电压，即

$$v_c=\frac{I_c}{C_5}\Delta t=\frac{I_c}{C_5}\cdot DT_s\leqslant(5\%\sim10\%)V_{in} \tag{3.58}$$

$$C_5\geqslant\frac{I_c}{v_c}\cdot DT_s \tag{3.59}$$

式中，I_c 为流过电容电流；D 为占空比；T_s 为变换器工作周期。一般工程中则取电容计算值的 1 ~1.5 倍。

4）二桥直流母线滤波电容电感值的选取

（1）输出滤波电感的设计：滤波电感用于对高频整流桥输出的高频直流方波滤波，由于 H1 桥输出频率为 20kHz 的交流方波，因此经过高频整流桥整流后，输出频率为 40kHz 的直流方波，即二桥直流母线滤波电感工作频率为 40kHz。由于本书所设计的电磁发射机输出功率变换范围很大，为了保证发射机最大功率输出时，母线电压纹波也要保持正常，其电流峰值变化 $\Delta i_L<10\%I_o$。因此，可由式（3.64）计算得滤波电感 L 的值：

$$L=\frac{V_{o(min)}}{2\times(2f_s)\times(10\%I_o)}\left(1-\frac{V_{o(min)}}{V_{imax}\times n-V_L-V_D}\right) \tag{3.60}$$

式中，f_s 为开关频率；V_D 为整流管压降。对于计算出来的电感量我们一般还要按工程经验取其值的 1.2 ~2 倍。

（2）输出滤波电容的设计：开关电源输出电压的纹波系数也是考察开关电源性能的重要指标，通常很大程度上取决于滤波电容的取值。为提高输出直流电压的质量，本书设计要求最终输出电压的纹波系数<0.5%。因此，可由式（3.65）计算得到滤波电容值：

$$C_7=\frac{V_{o(min)}}{8\times L\times(2f_s)^2\times\Delta V}\left(1-\frac{V_{o(min)}}{V_{in(max)}\times n-V_L-V_D}\right) \tag{3.61}$$

3.3.3.4　高频变压器的设计

作为电磁发射机拓扑电路中重要的功率器件及隔离器件，电磁发射机能否正常工作、能否达到要求的性能指标、能否良好地实现软开关效果很大程度上取决于高频变压器的设计正确与否。因此高频变压器的设计是电磁发射机器件选型与设计的重要工作。

1）变压器原副边匝比的确定

对于变压器原边与副边匝数比的确定，首先我们需要知道发射机正常工作时，副边需要达到的电压值以及原边此时的电压值，而变压器原边与副边的线圈数比值就可以用副边电压值比原边电压值得到。我们先假设当发射机输出要达到的最高电压值为 $V_{o(max)}$，根据发射机输出的最大功率，此时滤波电感上产生的压降为 V_{L_f}，同时整流管上分得的电压为 $2V_D$，

又由于变压器其输出的电压大小在输入电压不变的情况下直接取决于占空比,所以我们设当发射机输出最高电压值时占空比为 $D_{sec(max)}$,那么可以得副边电压值为

$$V_{o(min)}=\frac{V_{o(max)}+2V_D+V_{L_f}}{D_{sec(max)}} \tag{3.62}$$

发射机工作时,其输入电压存在一定的波动,为了满足特殊情况的要求,这里我们用原边电压的最小值 $V_{in(min)}$ 进行计算,所以容易得到原副边比值为

$$K=\frac{V_{in(min)}}{V_{o(min)}} \tag{3.63}$$

2)变压器磁芯的选择

磁芯材料的选取对变压器设计来说十分重要。选择种合适的磁芯,不仅可以为变压器的设计节约经济成本,控制体积大小,同时可有效地提高变压器的工作性能,通过对照磁芯材料手册,表 3.3 中列出了几种常用于中高频的磁芯材料。

根据本书设计的大功率电磁发射机的实际情况,我们要求在保证变压器性能的前提下尽量减小变压器的体积以及重量,因此这里我们选取磁导率与磁通密度都足够高的非晶材料 2714A 来作为变压器的磁芯材料,根据非晶材料的特性我们选取环形磁芯来绕制变压器。

表 3.3 常用磁芯材料特性

材料	名称	磁导率 μ	磁通密度 B_s/T
硅钢	3-97 SiFe	1500	1.5 ~ 1.8
镍铁磁性合金	50-50 NiFe	2000	1.42 ~ 1.58
非晶材料	2605 SC	1500	1.5 ~ 1.6
非晶材料	2714 A	20000	0.5 ~ 0.65
非晶材料	Nanorrystalline	30000	1.0 ~ 1.2
玻莫合金	80-20 NiFe	25000	0.66 ~ 0.82
铁氧体	MnZn	1500	0.3 ~ 0.5
铁氧体	NiZn	200 ~ 1500	0.3 ~ 0.4

首先我们来确定变压器的视在功率:

$$P_T=P_{out}\left(1+\frac{1}{\eta}\right) \tag{3.64}$$

式中,η 为变压器的效率。

在磁芯材料与磁芯形状确定好后,其面积 A_p 也是设计中的一个重要参数,下面我们来计算 A_p 的值。由于变换器在工作时,其输出变压器的高频方波存在一定的占空比 D,在计算时我们通常使用其最大值进行计算,根据公式可得 A_p 为

$$A_p=\left(\frac{\sqrt{D}\cdot P_T}{J\cdot K_f\cdot K_u\cdot B_w\cdot f_s}\right) \tag{3.65}$$

在计算出面积后,根据实际情况确定磁芯的窗口面积,由 $A_p=A_w\cdot A_c$ 得到有效截面积。式中,J、K_f、K_u 分别为电流密度、波形系数、窗口利用系数。

3）变压器原副边匝数的确定

通过上述介绍已经确定了磁芯材料的工作磁通密度 B_s，根据开关频率 f_s 可得副边匝数计算公式为

$$N_n = \frac{V_o}{4 f_s A_e B_s} \tag{3.66}$$

根据原副边匝比可得原边匝数为

$$N_p = K \cdot N_n \tag{3.67}$$

4）绕组导线直径与股数的确定

导线集肤效应的存在，导致当导线中电流频率较高时，电流在导线内部分布不均匀，导线的有效面积减小，线阻变高，直接导致了变压器的工作温度将上升。为了尽量消除这些问题，我们就需要选取合适的变压器绕组的线径。通常导线有效横截面积 ΔS 的减小量可用穿透深度 ΔH 来表示，ΔH 指的是电流密度下降到导线表面电流密度的 $1/e$ 时的径向深度。ΔH 可表示为

$$\Delta H = \sqrt{\frac{1}{\pi f_s \mu \gamma}} \tag{3.68}$$

式中，f_s 为高频变换器工作时的工作频率；μ 为导线的磁导率；γ 为导线的导电率。根据我们选择的导线材料来确定 μ、γ 的值，通常我们都使用铜导线来进行绕制。

在得到了 ΔH 后，通常为了减少集肤效应的作用，工程中一般要求线径 $r<2\Delta H$。但对于大功率场合来说，我们一般要求的导线的横截面积足够大，保证其过流能力。对于这种情况，首先我们需要确定针对我们所设计的电路以及输出功率，我们要求的变压器绕组导线的横截面积大小。在这里，可根据发射机的最大输出功率，得出原边电流的最大值 I_{max}，由于我们选取铜导线，其能达到的电流密度 J 一般为 3 ~ 5A/mm^2，由此可得所需的导线截面积为

$$S = \frac{I_{max}}{J} \tag{3.69}$$

在得到导线的总截面积后，根据我们选择的单根导线截面积计算出所需要的导线股数，并采用多股并绕的方式完成原边绕组线束的制作。

对于变压器副边绕组导线的选择原理与原边相同。而在实际中，由于本书设计的电磁发射机其输出功率高，原边电流大，为了尽可能减少电能在变压器上的损耗，这里我们使用的是单根直径为 0. 17mm 的 1500 股漆包线并绕成一根利兹线作为变压器原边绕组导线，使用相同直径的 600 股漆包线并绕成一根利兹线作为变压器副边绕组导线。

3. 3. 4　MTEM 电磁发射机的设计与实现

如图 3. 18 所示，电磁发射机系统结构主要可分为四个部分：功率电路部分（发电机组、保险、软启动、DC/AC、AC/DC、LC 等）、控制电路部分（H1 桥控制板、H2 桥控制板、上位机）、采样电路部分（电流采样、电压采样）与保护电路部分（过流、过压、过温、断路、短路保护）。对于功率电路部分，3. 3. 3 节已经详细介绍，这里不再赘述；本书所设计的电磁发射机控制电路以 DSP 作为主控芯片，并配合外围电路通过采样电压电流信号、完成 PID 运算、输

出 PWM 驱动波、与相关设备通信等完成对电磁发射机的控制；采样电路主要负责完成对信号采样，并将采样信号调理成 DSP 可以处理的模拟信号，同时也完成强电与弱电的一个电气隔离；保护电路主要是为了使电磁发射机能正常安全工作，其主要功能是实现电磁发射机在工作时遇到意外造成的短路、断路、过压、过流等情况时能够及时切断输入电源、停止发射机工作。

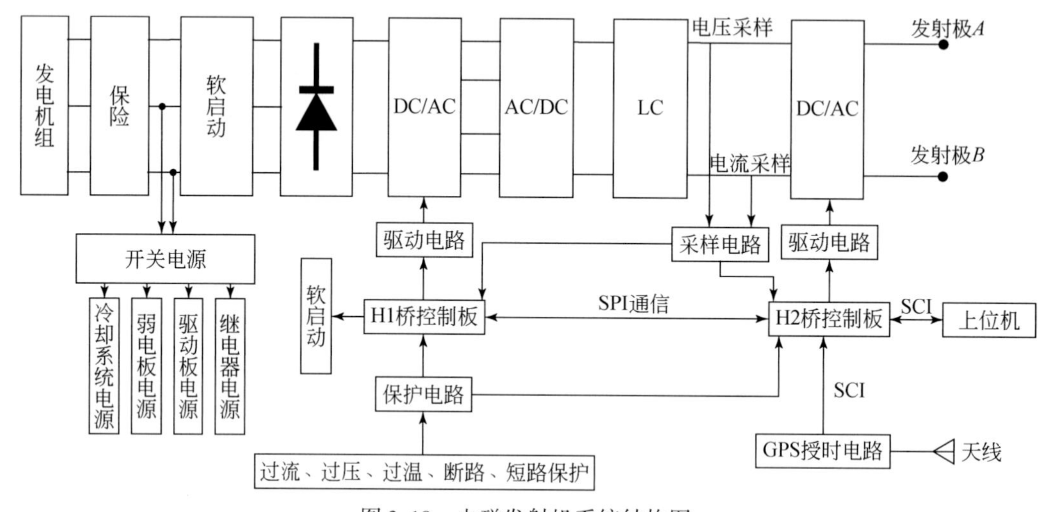

图 3.18　电磁发射机系统结构图

3.3.4.1　弱电电路设计

对于本书设计的大功率电磁发射机来说，其弱电部分电路主要分为三大块：控制电路设计、电流/电压采样电路设计、过流/过温保护电路设计。这三部分电路主要是完成对整个发射机系统的控制以及保证发射机系统稳定、安全运行。因此，弱电电路设计的合理性直接影响到电磁发射机的正常运行。

1）控制电路设计

为了能够实现对采样信号的快速处理与计算、完成移相全桥软开关控制以及对发射机非稳态的快速响应，本书使用 TI 公司的 TMS320F28335 型 DSP 为控制核心。同时，主控板上还集成有基于 ADI 公司的外部 AD 转换芯片 AD7606 搭建的 AD 采样电路、基于 TI 公司的 LVC4245 电平转换电路、基于 RS232 与 RS490 的串口通信电路以及基于 LM2596 与 TPS767D301 的电源调理电路等，主控板如图 3.19 所示。

2）电压采样电路设计

在电压采样电路设计中，本书使用了一款双端口、变压器耦合式隔离放大器 AD202KN，将转换后的弱电电压输出到主控板上 16 位 AD 芯片 AD7606，然后再由 DSP 对采集的信号进行处理。

3）电流采样电路设计

本书设计的电磁发射机要求能够实现恒压与恒流两种模式发射，根据发射机实际工作状况，对地发射时，发射线缆过长导致线缆电感量过大，实际发射时电流波形呈现锯齿波形

图3.19　主控板实物图

状。为了能够实现恒流发射,且保护发射机不会因发射机电流过大、尖峰过大烧毁器件,本书设计使用恒峰值电流发射,因此电流采样电路也需要设计成恒峰值电流采样。峰值电流采样电路主要包括绝对值电路与峰值保持电路两部分。

峰值电流采样电路原理为:发射机最终输出电流经过电流传感器LA55-TP采集变比,再经过采样电阻,进行电流信号到电压信号的转换,母线电流值 I_0 与采样输出电压值之间的关系可表示为 $v=MI_0R_1$,M 为电流传感器的比例系数。发射机输出电流为正负交替,在使用峰值采样前需要对采样信号进行绝对值调理,因此这里用到了绝对值电路对采样信号进行预处理。随后处理的信号被送进峰值保持电路,峰值保持电路主要由一个电压跟随器跟随输入的电压信号,同时在输入的电压信号上升阶段给电容充电,当输入信号电压下降时,二极管截止,使电容电压保持输入的峰值电压不变,直到DSP完成采集后通过IO口信号控制三极管给电容放电,为下一次采集峰值准备。

4)过流保护电路设计

在发射机系统实际工作过程中,可能会存在负载突变、发射机器件老化损坏等异常情况造成发射机系统电流过流,如果不能及时对发射机系统断电停机,会导致十分严重的后果,因此在发射机系统电流异常增大的情况下我们需要对其进行及时保护。

本电路在工作过程中,由电流传感器LA55-TP对发射机系统内部主要部分电流进行实时采集,通过采样电阻得到电压信号,该信号经过后部分电压调理电路调整后与门限电压进行比较,判定系统是否正常运行。若保护电路输出电压为低电平,此电平信号直接控制交流接触器跳闸,切断电源输入,同时给主控板信号,主控板将会产生报警信息并切断IGBT的驱动输出,完成电路保护。

5)过温保护电路设计

过温保护主要是在各功率管附近放置温度传感器,并通过温度传感器将采集到的温度数据实时传输给控制板,通过处理器分析与处理,并在上位机上实时显示。当检测到过温过高时,由主控板关断IGBT的驱动信号输出,使发射机停止工作。

3.3.4.2　系统软件设计

本书设计的电磁发射机软件系统主要由上位机软件与下位机软件构成。通过上位机为下位机设定相关的工作参数，控制下位机的工作状态；下位机通过串口将采集的发射机实时工作电压、电流、相关器件温度值反馈到上位机并在上位机实时显示。

1)上位机软件设计

本书设计的电磁发射机上位机软件——“电磁发射机综合控制平台”是基于 LabView 开发环境编写，同时使用 VISA 与 Database 资源模块完成上位机与下位机的通信及上位机对 Access 数据库的操作。本书设计的上位机主要包括：①系统时间的校对与设定；②系统工作相关参数的设定；③系统相关数据的回显；④系统重要数据的存储与查询；⑤系统工作状态控制，共五大模块。实现功能主要有：通过 GPS 校对系统时间，并且可设定发射机系统的开始工作时刻与停止工作时刻；设置发射机工作时的发射电压、发射电流、控制模式、工作模式、最大电压值、最大电流值、是否故障响铃报警等信息；实时显示发射机工作时实际输出电压、电流值以及目前的发射频率、大地阻抗等信息。同时为了便于监控发射机重要功率器件的温度，本系统单独设计了温度显示窗口，并将其激活按钮集成在主界面中；保存每一次发射机的发射信息和故障信息于 Access 数据库中，可供用户随时查询，并且提供了数据库数据导出服务与对数据表备注修改存储服务，用户可以方便地通过上位机对存储的数据进行操作并可以将相关数据导入 Excel 表格进行分析；同时集成了发射机工作的两种模式：频率域码发射模式与伪随机码发射模式，在频率域码发射模式时，通过本系统可实现对发射频点信息的读取、增减、修改、保存等操作，在选择伪随机码发射模式时，通过本系统可实现对发射机发射频率、发射阶数、循环次数、初始码型、反馈方式等参数的设定；通过本系统还可以完成对发射机启停控制等功能。控制系统总界面如图 3.20 所示。

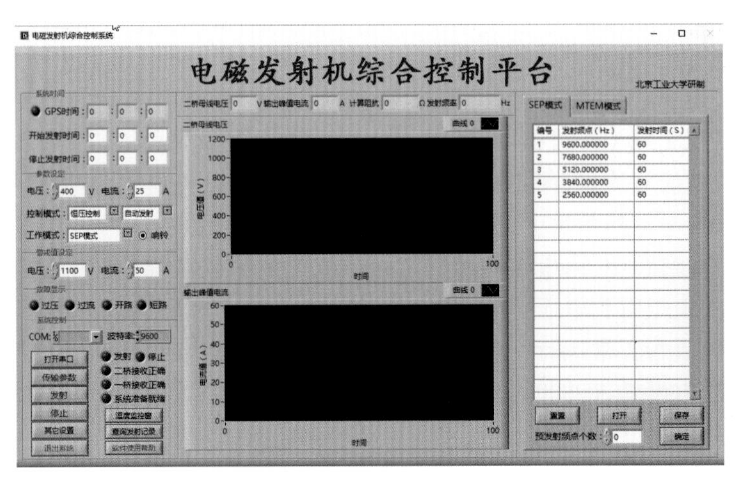

图 3.20　“电磁发射机综合控制平台”总界面

对于上述五大模块，每一模块的功能详细介绍如下。

(1)系统时间的校对与设定模块：电磁探测系统由发射机和接收机两部分组成，发射和接收需要同时进行，因此这里就涉及了精确的对时问题，本上位机系统可以通过串口实时获取GPS时间同时利用此GPS时间校准下位机时间，保证发射接收时间精确同步。同时也正是由于发射和接收时间需要同步，因此可以通过本上位机系统提前设定发射机的发射时刻与停止时刻，由计算机去执行到点发射与停止，大大减小了人为操作带来的时间误差。

(2)系统工作相关参数的设定模块：本上位机系统可以十分便捷地设定发射机的发射模式，包括恒压发射模式和恒流发射模式；发射电压；发射电流；控制模式，包括自动发射模式和手动发射模式；工作模式，包括SEP模式和MTEM模式；系统的警戒电压电流值等参数。

(3)系统相关数据的回显模块：为了便于观察发射机的实时运行状态，本上位机系统设计了发射机发射相关参数实时回显模块，可实时显示发射机当前发射电压、发射电流、发射频率、相关器件温度以及目前接地阻抗等信息，包括数显和图显，数显是为了便于我们实时了解当前发射机的发射信息，图显则使用波形图的形式反映发射机工作的稳定性，图3.21a为发射机相关器件温度显示窗口，通过仪表实时显示相关器件的温度值。

(4)系统重要数据的存储与查询模块：为了便于对发射机发射数据进行后期处理，本上位机系统将每一次发射机的工作信息记录到Access数据库中，包括发射时间、发射电压、发射电流、持续时间等。如果发射机出现发射故障，同样本系统会将发射机的故障信息记录到数据库中。当我们后期需要了解发射机工作的相关信息时，可直接点击本上位机系统的"查询发射记录"按钮对发射机的相关数据进行查询，还可以对数据库中存储的数据进行导出、删除等操作。其在控制平台中的窗口如图3.21b所示。

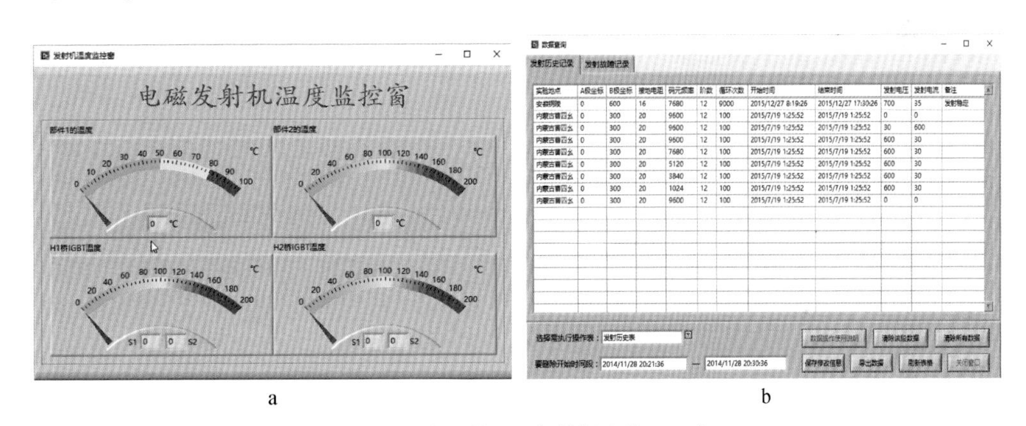

图3.21　温度监控(a)与数据查询(b)窗口

(5)系统工作状态控制模块：本模块主要完成上位机系统与下位机通信端口的设定、数据的传输、发射机启停控制以及参数查询与系统退出等功能。

(6)其他参数设置部分：如图3.22所示，本部分主要用来设置发射机工作之前相关信息的初始化以及上位机的工作模式。

2)下位机软件设计

电磁发射机下位机软件主要是基于C语言编写的DSP控制程序。按模块来划分，可以将整个控制程序分为主程序、功能模块子程序和中断服务子程序三个部分。图3.23描述了DSP-1与DSP-2的主程序流程图。

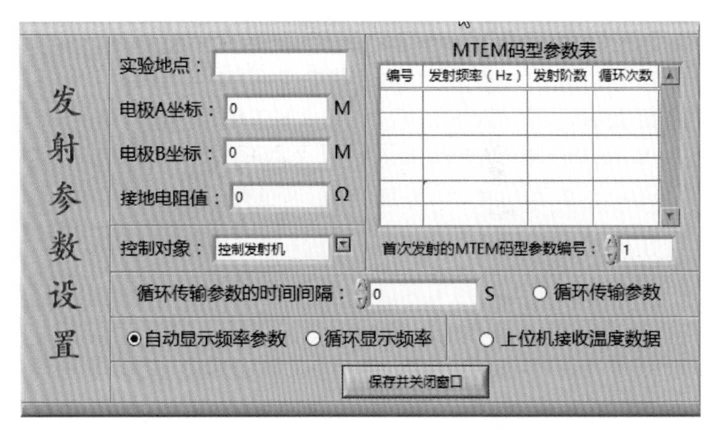

图 3.22　其他参数设置窗口

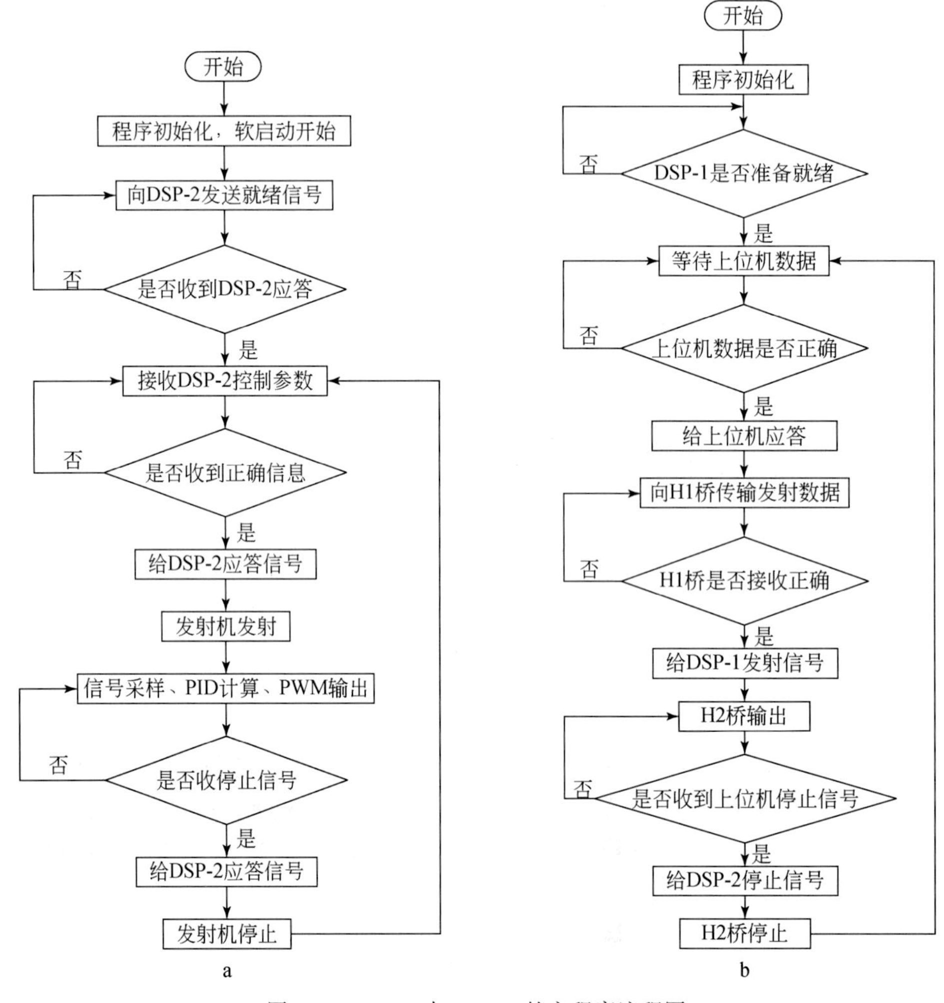

图 3.23　DSP-1 与 DSP-2 的主程序流程图

a. DSP-1 流程图；b. DSP-2 流程图

3.3.4.3　试验验证

为验证系统设计的合理性与可行性,本书首先搭建了试验平台进行原理性试验。台面试验通过后又进行了原理样机的设计,并进行了发射机的台面验证。

根据本章所述的发射机电路拓扑结构、器件选型以及第5章前部分的控制电路等的设计,在实验室搭建了如图3.24所示的台面试验平台。

图3.24　台面试验平台

在本试验台面上,我们主要完成以下测试。

(1)弱电系统工作是否正常:给弱电系统上电,通过CCS编程软件实时监控DSP内部运行情况、观察相关参数值的变化、DSP输出控制信号是否正常、使用示波器测量驱动输出波形是否正常、同时检测上位机与下位机通信是否正常等。测试结果为弱电系统运行正常。

(2)系统开环试验:测试弱电系统正常后,经检查所有电气连接正常,使用调压器将输入电压缓慢提升,并实时监控发射机系统的运行状态,同时记录输出电压、电流值对应的AD采样值,用于后续的电压、电流校准;观察H1桥以及辅助桥输出电压、电流波形是否正常,是否与理论分析和仿真结果相同。在输入电压提升到380V后,逐步提高发射机的输出功率,监控发射机各部分的电压电流波形,观察是否存在危险的电压电流尖峰;同时观察功率器件的运行温度,观察是否存在温度异常情况等。通过对某些地方不足的改进,如散热、屏蔽、参数微调等,最终使得台面的开环试验顺利完成。

图3.25为发射机在380V输入、35kW输出条件下的H1桥输出电压波形(1通道)、变压器副边输出电压波形(2通道)、变压器原边电流波形(3通道)。

(3)系统闭环试验:系统闭环试验主要是为了使发射机电压电流控制更精确,同时能够使发射机系统对外界负载变化能够做出快速响应。根据第2章的介绍,这里我们使用的是积分分离式PID控制算法来控制发射机的输出电压电流。在使用闭环控制之前,我们必须完成电压电流传感器的校准工作,使得DSP采集处理后得到的电压、电流值与发射机实际输出的电压、电流值完全相同。

表3.4为使用闭环控制后,发射电压电流设定值与实际输出电压电流值的对比。

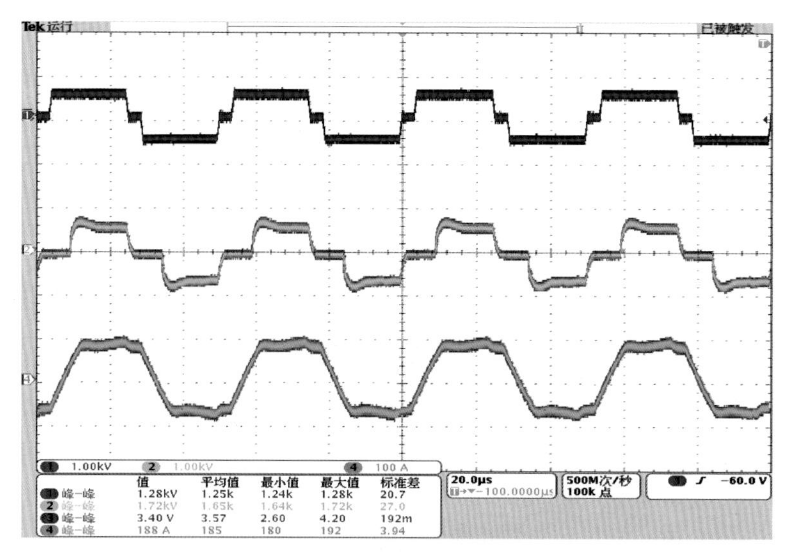

图 3.25　台面试验相关波形

表 3.4　稳态试验数据

恒压设定电压/V	实际发射电压/V	恒流设定电流/A	实际发射电流/A
200	200	10	10.2
300	300	20	20.6
500	501	25	24.8
600	599	30	30.4
800	802	35	34.6
900	902	40	40.1
1000	996	45	44.1

图 3.26a 和 b 分别为闭环控制时，发射机输出电压 800V 时，通过示波器捕捉到的二桥直流母线电压上升曲线以及二桥直流母线电压稳定后的电压纹波，由此可得电压建立时间约为 25ms，无电压震荡，基本无过冲现象，电压稳定后其纹波脉动峰峰值为 3.7V 左右，纹波

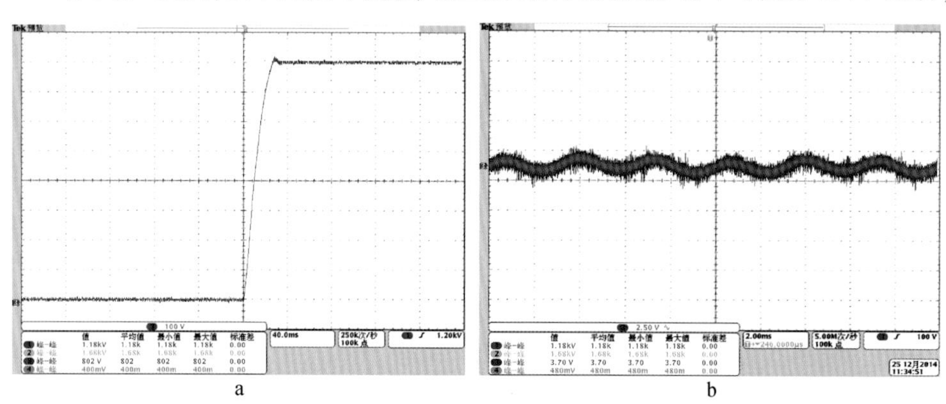

a　　　　　　　　　　　　　　b

图 3.26　闭环时二桥母线电压波形

a. 电压上升；b. 电压稳定

系数小,满足发射机的设计要求。

图 3.27 为研制的 50kW 的 MTEM 电磁发射机工程样机。

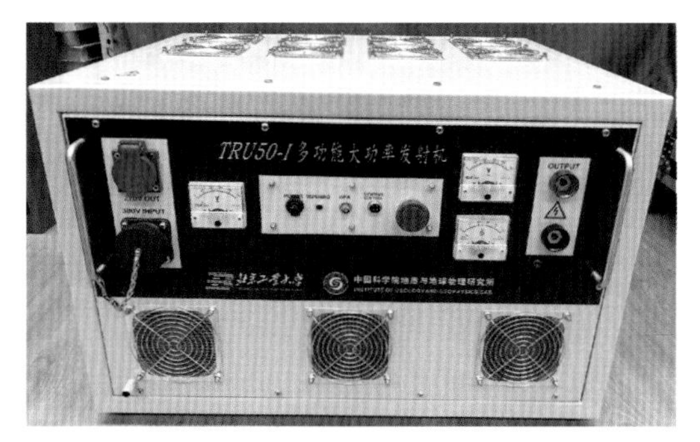

图 3.27　MTEM 电磁发射机工程样机

参 考 文 献

高志刚,李永东,郑泽东,等. 2013. 基于高频变压器的背靠背 H 桥级联型变换器研究. 电工技术学报, 28(6):133-137.

胡蓬峰,王正仕,陈辉明. 2011. 一种输出电压可调的大功率开关电源. 机电工程,28(9):1153-1156.

李建仁,章治国,吴限,等. 2012. 直流变换器软开关技术综述. 微电子学,42(1):115-119.

马伏军,罗安,肖华根. 2012. 大功率高效简化型电解电镀高频开关电源. 中国电机工程学报,32(21):71-78.

阮新波. 2013. 脉宽调制 DC/DC 全桥变换器的软开关技术(第二版). 北京:科学出版社.

王伟明. 2001. 零电压转换软开关弧焊电源的研究. 吉林大学硕士学位论文.

王星云,王平,陈莲华. 2008. 软开关技术发展现状的研究. 装备制造技术,10:102-103.

王旭红. 2014. 大功率电磁发射机 SEP-2 的研究与实现. 北京工业大学硕士学位论文.

王云亮. 2013. 电力电子技术. 北京:电子工业出版社.

张文利. 2003. 高压大功率开关电源技术的研究. 中国科学院电工研究所硕士学位论文.

赵军. 2005. 开关电源技术的发展. 船电技术,(5):13-16.

朱学政,张一鸣,张玉涛. 2016. 基于 ZVS 软开关技术的 30kW 大功率开关电源设计. 电气自动化,38(2): 20-21.

Blewitt W M, Gurwicz D I. 2008. Reduction of power MOSFET losses in hard-switched converters. Electronics Letters,44(8):1088-1089.

Hiraki E, Nakaoka M, Horiuchi T. 2002. Practical power loss simulation analysis for soft switching and hard switching PWM inverters. Power Conversion Conference,(2):553-558.

Hwang S H, Jung D Y, Jung Y C, et al. 2011. Soft-switching bi-directional DC/DC converter using a LC series resonant circuit. Electrical Machines and Systems(ICEMS),2011 International Conference:1-5.

Jiang L, Mi C C, Li S, et al. 2013. An improved soft-switching buck converter with coupled inductor. IEEE Transactions on Power Electronics,28(11):4885-4891.

Petterteig A, Lode J, Undeland T M. 1991. IGBT turn-off losses for hard switching and with capacitive snubbers. Industry Applications Society Annual Meeting,1991Conference Record of the 1991 IEEE:1501-1507.

Ziolkowski A, Hobbs B A, Wright D. 2007. Multitransient electromagnetic demonstration survey in France. Geophysics,72(4):F197-F209.

第4章　分布式伪随机电磁数据采集站与主控系统实现

4.1　电磁数据采集站原理

数据采集系统是将被测对象的各种参量通过相应的传感器转换为模拟电信号，再将模拟电信号经过信号调理、采样、量化、编码、传输等步骤，送入计算机系统进行数据存储与处理的过程。数据采集技术涉及多门学科与理论，如测试计量技术与仪器、信号与系统、传感器技术、通信和计算机等，其主要组成包括传感器、模拟信号调理、数据采集电路、数据存储、信号处理与提取。

4.1.1　多通道采集架构

数据采集往往需要同时测量多种物理量、同一物理量的多个分量或者多个测量点，常见的架构有多通道分时复用数据采集、多通道同步数据采集、多通道并行数据采集和分布式数据采集四种架构，其中多通道同步数据采集系统是监测设备采集系统的主流架构，地球物理三维电磁勘探的采集系统采用的是多通道并行数据采集（单台采集站）和分布式数据采集（三维采集）相结合的方式。

1）多通道分时复用数据采集架构

各通道共用一个采样保持器（S/H）和模拟/数字转换器（A/D）。工作时，通过多路开关将各路信号分时切换，输入到共用的采样保持器中，实现多路信号的分时采集。此种方式节省硬件成本，但采集速度慢且不同步，适于对采集速度要求不高的应用场合（图4.1）。

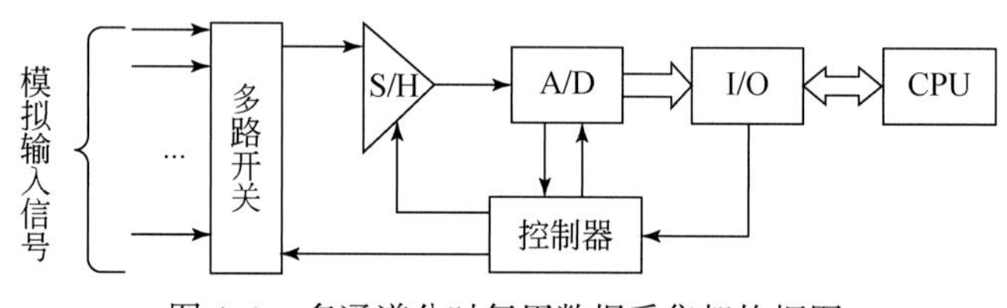

图4.1　多通道分时复用数据采集架构框图

2）多通道同步数据采集架构

各通道有独立的采样保持器，但共用一个A/D转换器，通过多路开关切换，对各路信号分时进行转换，能够实现多路信号的同步采集，但采集速度稍慢（图4.2）。

3）多通道并行数据采集架构

每个通道都有各自独自的采样保持器与A/D转换器，这种结构可以实现对各通道输入信号的同步高速数据采集（图4.3）。

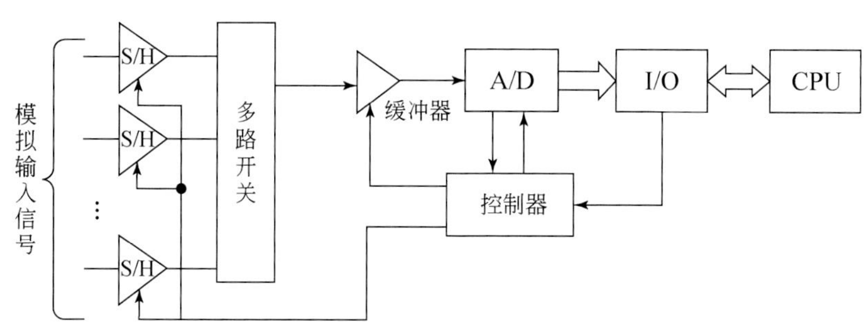

图 4.2　多通道同步数据采集架构框图

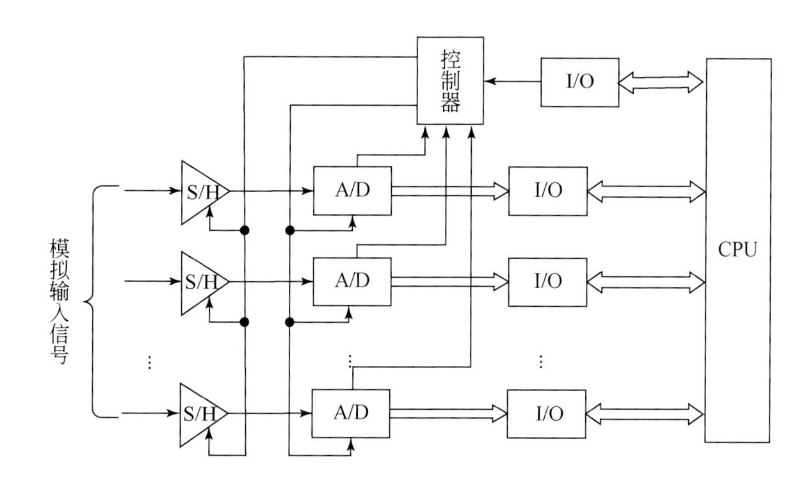

图 4.3　多通道并行数据采集架构框图

4)分布式数据采集系统架构

每个数据采集站相互独立,上位机通过有线或无线的通信方式访问各采集站,这种结构通常要求各采集站高度同步(通常采用卫星授时系统与高稳晶振配合实现),此结构用于各测量点物理距离较远的应用场合(图 4.4)。

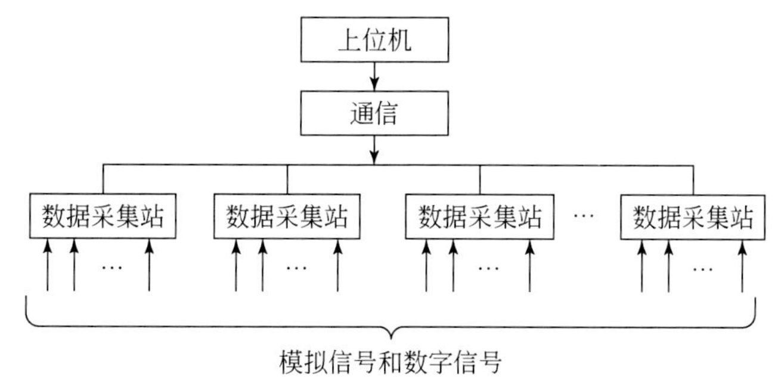

图 4.4　分布式数据采集系统架构框图

4.1.2 采集基本组成

1)传感器

传感器技术的发展是数据采集技术的一个重要推动力。传感器是按一定规律将被检测信号转换成便于进一步处理的模拟电信号的器件或部件。例如,压力传感器可以获得随压力变化而变化的电压值,转速传感器可以把转速转换为对应频率的脉冲信号等。通常把传感器到A/D转换器之间的电路信号通道称为模拟通道。

2)信号调理

从传感器输出的信号通常要经过调理才能进入数据采集设备,需依据传感器的特性和要求来设计相匹配的信号调理电路。信号调理的方法包括放大、隔离、滤波、激励等。

放大电路:放大器的作用是对传感器输出的微弱信号进行放大和缓冲,通过对弱信号进行放大,以提高分辨率,并使调理后信号的电压范围与A/D的电压范围相匹配。放大电路应尽可能靠近信号源或传感器,以确保信号在受到传输环境的噪声影响之前被放大,从而提高信噪比。

信号隔离:是指使用变压器、光或电容耦合等方法在被测系统和检测系统之间传递信号,其目的在于从电路上把干扰源和易受干扰的部分隔离开来,使测控装置与现场仅保持信号联系,而不直接发生电的联系。隔离的实质是把引进的干扰通道切断,从而达到隔离现场干扰的目的。测控装置与现场信号之间、弱电和强电之间,常用的隔离方式有光电隔离、继电器隔离、变压器隔离、隔离放大器等。另外,在布线上也应该注意隔离,避免直接的电连接。

信号滤波:噪声是信号质量变差的根源,传感器和电路中的器件常会产生噪声,同时干扰源(如工频干扰)通过各种耦合渠道使信号通道染上噪声,必须通过滤波电路来衰减这些噪声,从而提高模拟输入信号的信噪比。滤波的目的就是要从输入信号中除去不需要的频率成分。

激励:信号调理电路通常能够为某些传感器提供所需的激励信号,比如热敏电阻需要外部电源或电流激励信号。

3)多路模拟开关

多路模拟开关的作用是将各个通道输入的模拟电压信号,依次接到放大器和A/D上进行采样。多路模拟开关可以分时联通多个输入通道的某一路信号,因此在多路模拟开关之后的电路单元(如采样/保持电路、A/D以及预处理模块等)仅需一套,大大降低了系统的成本。适合在信号变化比较缓慢、变化周期在数十到数百微秒之间的情况下使用。

4)采样/保持器

为了保证经A/D转换后的数字信号能够精确地反映输入的模拟信号,在进行A/D转换时的模拟电压信号必须保持在固定时刻的采样值上,且转换期间这个值维持不变,用于完成这种功能的电路称为采样/保持器。

5)模拟/数字转换器

模拟/数字转换器是将模拟电压或电流转换成数字量的器件,它是模拟系统通往数字系统的桥梁,是数据采集系统的核心部件之一。A/D 的种类主要有积分型、逐次逼近型、并行比较型/串并行型、Σ-Δ 调制型等,主要性能指标包括:分辨率、转换速率、量化误差、偏移误差、满刻度误差、线性度等。

6)预处理单元

信号经过 A/D 数字化之后往往并不是最终需要的数据,为了提高系统的效率,减轻后级系统的负担,在数据采集系统中都会添加一个预处理单元。实现预处理功能的常用处理器有 MCU、DSP 和 FPGA 等,实现对数字信号的滤波、抽取、频谱变换与压缩等。

4.1.3　采集系统指标

采集系统的关键指标包括灵敏度、分辨率、频响特性、动态范围、通道数、采集速率等。

灵敏度:是指单位输入量所引起的仪表示值的变化。对于不同用途的仪表,灵敏度单位各有不同,百分表的灵敏度为 mm/mm。

分辨率:是指数据采集系统可以分辨的输入信号最小变化量。通常用最低有效位值(LSB)与系统满度信号的百分比表示,或用系统可分辨的实际电压数值来表示,有时也用满度信号可以分的级数来表示。

采集速率:是指在满足系统精度指标前提下,系统对输入模拟信号在单位时间内所完成的采集次数,或者说是系统每个通道、每秒钟可采集的子样数目。“采集”包括对被测物理量进行采样、量化、编码、传输、存储等全部过程。

频响特性:是指仪器在不同频率下灵敏度的变化特性。

相移特性:是指经传感器转换成电信号或经放大、采集后在时间上产生的延迟。

动态范围:是指信号的最大幅值与最小幅值之比的分贝数,即 $20\lg(V_{max}/V_{min})$。

通道数:数据采集系统所需的通道数是最基本的一个性能指标。大多数集中式数据采集系统采用的都是多通道同步采集的结构形式,每增加一路通道就意味着要增加一个 S/H 和一个 A/D,因此在设计数据采集系统时必须要充分考虑到系统使用的通道数目。

非线性失真:也称谐波失真。当给系统输入一个频率为 f 的正弦波时,其输出中出现很多频率为 kf 的新频率分量的现象,称为非线性失真。

系统精度:是指当系统工作在额定采集速率下,每个离散子样的转换精度。模数转换器的精度是系统精度的极限值。实际的情况是,系统精度往往达不到模数转换器的精度,这是因为系统精度取决于系统的各个环节(部件)的精度:如前置放大器、滤波器、模拟多路开关等。只有这些部件的精度都明显优于 A/D 的精度时,系统精度才能达到 A/D 的精度。此外,还应注意系统精度与系统分辨率的区别。系统精度是系统的实际输出值与理论输出值之差,它是系统各种误差的总和,通常表示为满度值的百分数。

4.2　磁场数据采集站研究现状

地球内部电性结构取决于地球内部物质的电学性质及其空间分布。电性结构实际上是各种电学性质参数的空间结构,电磁数据采集站观测的是与地球有关的电磁场信号,通常使用电偶极子测量电场强度，使用感应式磁传感器或者磁通门传感器测量磁场强度。常见的电磁法包括 MT、AMT、CSAMT、IP、TEM 等，MTEM 属于电磁法的一种，磁场数据采集站的国内外研究现状如下。

4.2.1 国外研究现状及水平

国外电法勘探仪器起步早，水平高，性能指标先进。经过几十年的发展和不断更新换代，每种方法都有相应商用的系列化仪器。纵观国外电法勘探仪器的发展趋势，正朝着大功率激发、多分量多参数采集、分布式阵列观测等方向发展。

国外一部分电法仪器公司把原有的直流电法仪、时间域电磁法仪和频率域电磁法仪组合成多功能电法仪器，仪器采用板卡式模块化设计，多种方法尽可能共用通用的硬件平台，通过不同的软件处理实现不同方法测量。具有代表性的仪器包括加拿大 Pheonix 公司生产的 V 系列多功能电法仪，最新仪器是 2006 年推出的第 8 代系统 V8（图 4.5a）。美国 Zonge 公司 GDP 系列多功能电法仪器，目前已发展到第 4 代，最新产品为 GDP-32 Ⅱ（图 4.5b）。上述两种仪器功能经过 30 多年的不断完善，可进行几乎所有的电法勘探方法测量，包括电阻率法（Resistivity）、大地电磁法（MT/AMT）、可控源音频大地电磁法（CSAMT）、时间域和频率域激发极化法（TDIP/FDIP）、瞬变电磁法（TEM）、复电阻率或频谱激电法（CR/SIP）等。近年来，原本只用于 MT 测量的德国 Metronix 公司的 GMS07 系统也加入了 CSAMT 测量功能，并计划继续增加其他方法的测量功能以实现多功能化（图 4.5c）。

a

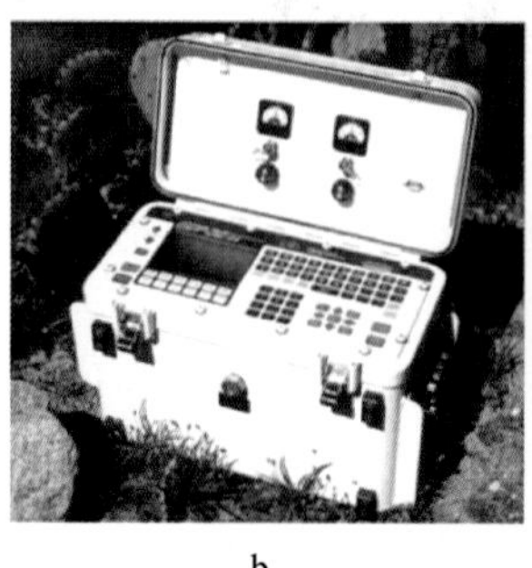
b

c

图 4.5　国外主流多功能电磁法接收机产品

a. 加拿大 V8 采集系统；b. 美国 GDP-32 Ⅱ 采集系统；c. 德国 GMS07 系统

在不断完善测量功能的同时，加拿大 Pheonix 公司最近也在研发新一代的电磁勘探系统，美国 Zonge 公司也正开发了 ZEN 多通道采集站，并增加了无线组网功能，以便于开展多台仪器的分布式测量，但该系统市场目前还很小（图 4.6）。

美国 Geometrics 公司和 EMI 公司联合生产的 EH4 混合源频率域电磁测深系统（图 4.7），结合了 CSAMT 和 MT 的部分优点，利用人工发射信号补偿天然信号某些频段的不足，以获得高分辨率的电阻率成像。但受到仪器价格昂贵、重量和功耗大、通信距离近等不利因素的制约，目前实际应用还以单主机多通道集中采集为主，未实现大规模分布式测量。

美国 KMS 公司在地球物理学术界和石油工业界（主要是电磁和测井），有数十年国际地

a

b

图4.6　美国Zonge公司ZEN电磁法接收机

a. 接收机外观图；b. 接收机面板图

a

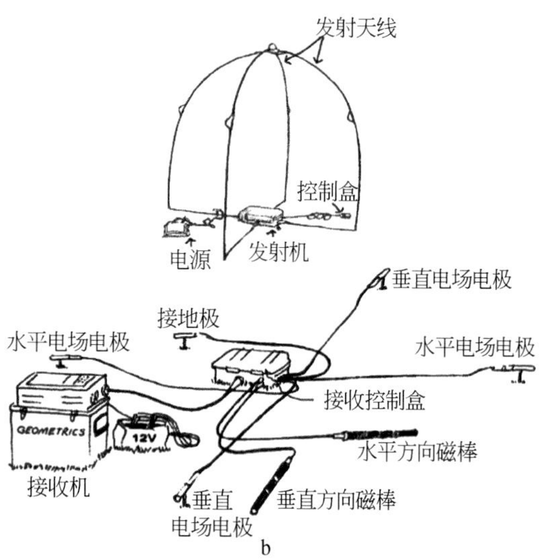

b

图4.7　EH4混合源频率域电磁测深系统

a. 工作照片；b. 观测系统

球物理电磁法、测井、油藏工程技术方面的经验，研发和倡导了很多完整的地球物理系统，包括硬件、采集和解释技术。2009年推出了KMS-820阵列式数据采集系统(KMS-ADAS)，该采集系统既能采集电磁信号，也可以采集地震信号，通过获取地下电阻率和速率来勘探油气和探测深部构造(图4.8)。

自21世纪初西方展开MTEM研究以来，英国爱丁堡大学的科研人员首先选择改造德国DMT公司的SEAMEX地震采集站作为MTEM的接收单元，并定名为TEAMEX。TEAMEX属于双通道采样系统，各通道都包含模拟低通滤波器、陷波滤波器、浮点放大器、ADC等。第一代MTEM系统包括11个双通道采集记录单元，其中包含10个具有采集功能的接收机、1个

图 4.8　美国 KMS-820 陈列式数据采集系统

主控机。主控机除具有采集功能外,还能够监控接收机工作状态,存储整个采集系统的数据。每个采集单元都有各自的 GPS 定位接收器,各采集单元独立完成模拟到数字转换的控制,数据记录和存储。在实际观测中,采集到的数据并不在 TEAMEX 中进行累加,而是传输到主控系统中进行。该系统在 2004 年进行了第一次野外测试,测试结果表明第一代 MTEM 系统能够完成油气资源的勘探的任务。

MTEM 公司通过改造其他公司已有产品的采集站研发了第二代、第三代设备,但一直没有为本方法量身定做采集系统。

4.2.2　国内研究现状及水平

与国外电法勘探仪器相比,国内研制的仪器功能单一,主要集中在中浅层探测,瞬变电磁法、直流电阻率法以及激发极化法的仪器基本实现了国产化。国内形成产品化的 TEM 仪器包括重庆奔腾数控技术研究所的 WTEM、中国地质科学院地球物理地球化学勘查研究所的 IGGETEM-20、吉林大学仪器科学与电气工程学院研制的 ATEM-2、北京矿产地质研究院研制的 TEMS-3S 等。在直流电阻率和激发极化仪器方面,主要产品包括吉林大学工程技术研究所研制的 EM60D 高密度电法仪、中南大学研制的 SQ-3C 双频激电仪和 WSJ-3 伪随机激电仪、北京地质仪器厂的 DWJ 系列微机激电仪,以及重庆地质仪器厂的 DJF 系列大功率激电仪。由于上述仪器品种齐全,与国外仪器性能接近且具有明显的价格优势,这部分国产电法勘探仪器渐渐抢回了被国外长期垄断的部分市场。但由于上述仪器的探测深度较小,大多在 500m 以内,适于解决工程和环境领域的中浅层探测问题,在深部矿产资源勘探中应用较少。

具有大探测深度的频率域电磁法仪器与国外相比,国内发展远远滞后,但我国开始研制的步伐与国外基本是同步的。20 世纪 60 年代中期,中国科学院兰州地球物理研究所研制了光电负反馈式磁力仪,与匈牙利产的大地电流仪共同组成大地电磁观测站,获得了我国最早的大地电磁数据。1970 年,国家地震局地质研究所试制成功了采用感应式晶体管线路的模拟大地电磁仪,并在此基础上发展了 LH-I 型模拟记录大地电磁测深仪,该仪器在 70 年代中期到 80 年代初期被广泛应用。在 80 年代,长春地质学院仪器系研制了 GEM-I 型宽频带数字大地电磁测深仪,90年代初又研制了GEM-Ⅱ型滩海阵列大地电磁仪,并在辽东湾深部地质构造研究中得到了应用。改革开放以后,随着国外先进电法仪器的大量涌入,国内市场逐渐被国外仪器垄断,最终导致目前大探测深度的频率域电磁法仪器完全依赖进口的被动局面。

随着隐伏资源大深度勘查和不断增长的工程地质勘查需要,大探测深度电磁法仪器的应用受到了越来越多的关注,国家相继开始对多家科研单位的仪器研制进行立项资助,近年来取得了较大的进展,如中国科学院地质与地球物理研究所研发了地面电磁探测(SEP)系统(图4.9),中国地质科学院地球物理地球化学勘查研究所研制了阵列式被动源电磁法系统,中南大学研发的广域电磁测深法仪器DGE-16,吉林大学研制了集中天然源MT和人工源CSAMT的混场源电磁探测系统,中国地质大学(北京)在国家“863”计划项目的支持下研制了海底大地电磁仪器。

图4.9　地面电磁探测(SEP)系统

但这些采集系统不能完全满足MTEM的勘探需求,作者及研发团队通过四年的攻关,开发了专门用于MTEM的电磁采集系统。

4.3　分布式伪随机电磁信号采集站实现

4.3.1　MTEM采集站总体方案与设计原则

多道瞬变电磁法(multi-transient electromagnetic method, MTEM)是2005年以来国际上新发展起来的技术。与传统瞬变电磁法不同,它采用拟地震处理方法,在发射上采用伪随机编码发射,接收上采用分布式多通道同步接收,数据处理上采用相关处理。该技术可以在同等发射功率条件下大幅度提高接收信号的信噪比,进而提高探测精度和深度。其理论基础不同于传统TEM,对接收和控制系统的要求也不同于传统设备,要求采集站与主控系统具有更高的接收灵敏度、更大的动态范围和对大量采集数据实时处理能力。

MTEM电磁数据采集站(以下简称采集站)主要功能是完成多通道大动态范围的低噪声信号的同步采集,同时应具有功耗低、体积小、重量轻等特点。为了方便野外施工,电磁数据采集站接口应兼容电场和磁场传感器输入，采集站数据通过无线或有线通信系统传输，方便外部存储。基于上述性能指标要求，在 MTEM 电磁数据采集站设计中遵循以下技术原则。

1）微弱信号检测技术

微弱信号检测的关键是解决弱信号调理和抗干扰问题，采集站通过在信号通路的最前端采用低噪声放大电路，对信号进行第一级放大处理，在尽量降低电路引入噪声的前提下将信号放大到微伏级，同时考虑到第一级干扰来源主要来自信号线传输过程引入的共模干扰，因此在采集通道的前端通过差分放大技术抑制采集站与大地之间耦合产生的共模干扰。

在完成前级低噪声放大处理后信号中仍可能存在来自线路的差模干扰和带外干扰信号，如果直接进行高增益放大处理易产生饱和，因此需对信号进行滤波处理，抑制无线电等外界复杂电磁环境的强干扰，并将信号带宽限定在采集站设计带宽内。

2）大动态信号采集技术

经过上述信号调理过程，输入信号仍需进一步放大处理，但考虑到采集站输入的不仅仅是弱信号，因此该级放大采用程控增益放大器实现，放大倍数可调，以提高系统的动态范围。

弱信号检测的最后一级是数字化，设计采用最高采样率为 24 位高信噪比 ADC 芯片实现，由于 24 位 ADC 芯片最高可以提供 110dB 左右的动态范围，考虑到前级的程控增益，接收系统整体可实现 120dB 的动态范围。

3）数据质量监控技术

电磁数据采集站主控系统负责采集数据质量监控功能。发射信号为伪随机信号，通过对发射电流和接收波形进行实时监控，其波形数据可通过有线或无线两种通信方式由每个采集站传递到主控系统，主控需根据当前发射信号的伪随机码信息对采集到的信号进行实时波形显示和脉冲响应提取，对信号质量进行初步评价。

4）多站同步控制技术

MTEM 系统设计为多采集站并行工作，要求各采集站时间同步，同步精度为 1μs。根据 MTEM 系统工作特点，采集站支持有线或无线两种同步方式，在有线同步方式中，采集站通过数据与时钟恢复技术获取高精度同步时钟，并通过通信帧中添加的时间同步帧，获取时间同步信息。在无线同步方式中，采用恒温晶振、GPS 授时技术以及校正算法，解决恒温晶振长期稳定性和 GPS 授时短期稳定性的问题，通过这两项措施实现基于时间和时钟的同步控制。

5）数据通信能力

采集站需通过数据传输模块实现与主控系统之间的数据与指令的交互过程，通过预先定义数据通信的协议以及帧格式，并在数据通信过程中按照协议要求，完成对数据的组帧、解帧和协议转换功能，同时在采集站建立数据缓冲器，对数据进行缓冲，在通信系统空闲时对数据进行传输。

6）标定与自检能力

在采集站内部，设计内定标模块，产生标定信号并通过闭合标定回路实现设备系统响应的精确测量与定标。在采集站内部实现标定过程控制和标定数据的处理，定标结果不仅反映采集站运行情况，还可以反映采集站的质量以及采集站的特性，定标结果反馈到主控进行显示和管理。

7) 保护措施

采集站工作于野外,其传感器直接接地,必须考虑其工作的安全性和自身保护,包括信号输入端进行防雷处理,瞬态电压抑制等处理,保护内部电路。同时加强电源输入保护措施,如电源防反接保护、过流保护、过压保护等。

8) 功耗结构考虑

MTEM 三维勘探需大量采集站同时观测,考虑到施工的方便性和系统的可操作性,结构尺寸尽量控制在 20cm×20cm×10cm 以内。功耗方面尽量采用低功耗器件并配合电源管理技术实现低功耗数据采集站设计。

4.3.2　采集站硬件系统设计与实现

MTEM 采集站总体设计方案如图 4.10 所示。核心控制处理器采用 OMAP3730 处理器,OMAP3730 是一款集成 ARM 和 DSP 处理器的双核处理器,可以完成数据的实时预处理需求,在其上运行嵌入式 Linux 操作系统,负责任务调度等工作。采集站采用高速 MMC 芯片作为数据存储介质;通过 OMAP 处理器的 GPIO 接口完成系统上电管理、电源管理、LED 指示灯以及按键管理;通过 OMAP 处理器的 SDIO 口扩展 WiFi 网络,用于与主控制器进行无线连接。

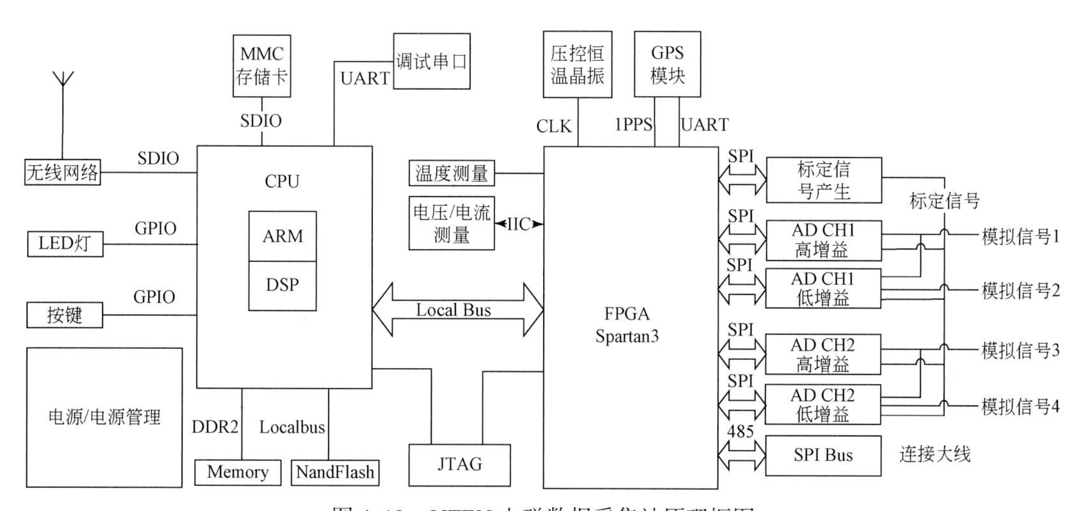

图 4.10　MTEM 电磁数据采集站原理框图

采集控制部分采用高性能 FPGA XC3S2000 芯片,用于完成多项任务。FPGA 为采集站核心处理单元之一,运行于 FPGA 上的软件主要完成以下功能:①用于控制与时间相关任务的调度和执行,包括采样时钟生成、相关策略的调度、实时时钟等;②电压、电流、温度等传感器数据采集控制;③采集系统控制和数据缓冲;④有线数据通信和 GPS 信息解码、时间同步等;⑤标定信号生成及控制。根据实现功能可以将 FPGA 逻辑划分为以下功能模块:数据采集模块、数据缓存模块、采集板配置模块、RTC 时钟模块、晶振同步模块、秒脉冲同步模块、GPS 解码模块、温度检测模块等。

MTEM 采集站工作流程可以描述为：运行与 FPGA 上的数据采集逻辑通过串行总线控制 ADC 进行数据采集，通过 GPMC 总线和 CPU 进行通信，使用 DMA 接口进行数据传输。同时 FPGA 程序对采集站整机的温度、电流和电压进行监控，实时获取仪器的工作状态。另外，FPGA 程序控制 GPS 模块、压控恒温晶振以及 DAC 实现本地高稳时钟信号的输出以及标定信号的产生。

CPU 将 ADC 采集到的数据进行降采样滤波和工频滤波，通过 SDIO 接口外接 SD 卡设备或者 EMMC 设备对数据进行存储。同时 CPU 通过 USB 接口外扩 WiFi 模块，通过 WiFi 网络或有线网络和上位机进行通信，向上位机传送当前仪器状态参数和实时采集的数据。另外，CPU 通过 GPIO 接口控制 LED 灯，实时显示仪器的当前工作状态。

4.3.2.1 数字接收电路设计

数字接收电路是 MTEM 采集站的核心控制处理单元，设计采用高性能嵌入式工业级控制系统板以及 FPGA 结合的方式实现以下功能。

(1)实现系统监控功能：电源的电压、电流、温度监控。

(2)实现通信管理：USB 通信、串口通信，SPI 通信。

(3)实现数据存储功能：SDHC 卡存储功能。

(4)实现采集系统控制、配置及数据处理功能。

(5)实现时序调度管理功能：实现 RTC 实时时钟和 GPS 时间同步。

(6)FPGA 负责基于时间的调度控制管理：实现人机交互板卡的控制；实现存储状态指示功能；实现通信状态指示功能。

OMAP3730 核心控制系统板集成了 GPMC 总线、SD 卡、串行通信、USB、GPIO 等功能接口，简化系统设计。时钟模块为采集系统提供精准的时钟频率以及 GPS 等信息，时钟模块与主控 FPGA 通过 UART、SPI 进行通信。主控 FPGA 通过 UART 读取 GPS 状态信息，通过连续计数秒脉冲，计算并调整 DAC 输出电压，保证恒温晶振频率精确。GPS 模块选用 ublox LEA-6T 模块，该模块秒脉冲精度为 30ns，且具有同步输出的 0 ~ 10MHz 频率信号，有助于实现时钟同步。压控恒温晶振 OX2525A 为采集系统提供了精准的时钟源，电压控制芯片选用 DAC7512，通过 SPI 接口与主控 FPGA 进行通信。

电源模块为采集系统提供所需电源电压，完成供电电压和电流检测等。数字电路电源选用隔离电源与高效率开关电源结合方式实现，后级选用 TI PTH08080W 电源模块，输出数字电源 3.3V、2.5V、1.2V，最高效率可达 93%。为实现智能开关机以及简易人机交互，选定 Linear 公司 LT2954-2 芯片为系统开关机主要部件，该芯片可通过改变相应电容容值来实现特定的开关机时间，同时可提供外部的按键中断，以触发采集站内部各种响应。

4.3.2.2 模拟接收电路设计

模拟接收电路是采集站重要功能模块之一，决定了采集站的整体性能指标。模拟接收电路通过采用前级滤波、放大等信号调理技术，实现降低噪声、抑制干扰、提高信噪比等功能，并将传感器获得的信号调整至适合 A/D 采集的范围。模拟板主要包括输入保护、阻抗匹配、低通滤波器、反馈网络、程控增益、A/D 转换等功能模块，另外模拟板设计有标定通道，通过调整程控开关实现自标定功能。模拟电路设计原理如图 4.11 所示。

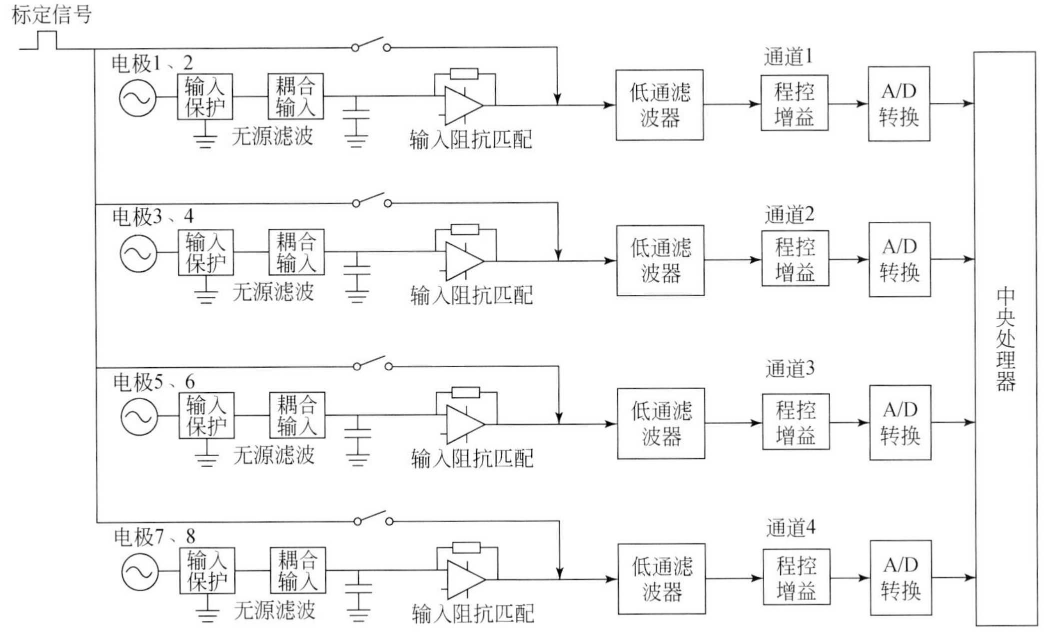

图 4.11　电磁数据采集站模拟电路设计原理框图

为了提高系统检测灵敏度,前置低噪声放大器模块增益较大,其输出信号幅度为±10V,而采集电路 ADC 最大不饱和电压为±2.5V,为了避免输入信号过大时 ADC 饱和,设计中模拟电路默认增益为程控可调,从而使信号幅度在±2.5V 之间,满足与 ADC 输入电压匹配要求。为抑制共模信号干扰,前置放大器采用差分输入和差分输出方式。

电磁数据采集站的可调增益控制范围如下。

通道 1:X1/4　X1/2　X1　X2　X4　X8　X16　X32。

通道 2:X1/4　X1/2　X1　X2　X4　X8　X16　X32。

通道 3:X1/4　X1/2　X1　X2　X4　X8　X16　X32。

通道 4:X1/4　X1/2　X1　X2　X4　X8　X16　X32。

前端信号调理电路主要由运算放大器 THS4131 和 RC 构成的低通滤波器组成。THS4131 是德州仪器公司生产的极低功耗、轨到轨(rail to rail)输出全差分运算放大器,能够满足系统低功耗设计要求。A/D 转换采用德州仪器公司的 ADS1278,该芯片为多通道、24 位、工业 A/D 转换器,内部集成有多个独立的高阶斩波稳零调制器和 FIR 数字滤波器,可实现多通道同步采样。

由于参考电压 VREF 的精度和稳定性对 ADS1278 的精度和稳定性有极大影响,设计中选用 TI 公司的 REF5025 和 OPA2350 来构成系统的参考电压源。REF5025 是一款低噪声,低漂移的高精度参考源,能够提供 2.5V 的参考电压。OPA2350 是一款高速单电源轨到轨运算放大器。OPA2350 内部包含两个运算放大器,其中一个用作电压跟随器,输入为 ADS1278 的 COM 端,输入端接一个 0.1μF 的电容用于降低噪声。输出连接至基本差分输入信号接口电路的 COM 端用来提供参考电压,另一个用作给 ADS1278 提供参考电压。

4.3.2.3 接口板与侧面板电路设计

MTEM 电磁数据采集站通过接口板完成模拟接收电路板和数字接收电路板之间的电器连接,接口板通过磁耦芯片对模拟信号和数字信号进行隔离,该设计可以有效降低数字电源对模拟接收电路的干扰,同时还可以隔离野外施工时的强干扰脉冲,保护逻辑电路输入管脚。

采集站侧面板包括左侧面板和右侧面板,其中左侧面板电路主要完成开关机控制、内外部供电切换、外部充电电路、电源参数监控、电量硬件指示及数据有线传输接口功能,右侧面板完成电磁信号输入接口。

4.3.3 采集站软件设计与实现

4.3.3.1 软件功能描述

MTEM 电磁数据采集系统嵌入式控制软件是实现电磁数据采集系统采集控制功能的重要功能模块,属于嵌入式系统的应用层软件,负责采集站的全部调度、管理和数据存储,采取多线程结构设计,包括状态切换线程、GPS 信息采集线程、工作模式线程、状态监控线程、按键控制线程、数据通信线程等。

采集站软件主要实现以下几方面的功能:磁盘管理、设备标定、CRC 数据校验、数据采集存储、数据实时网络传输、外围采集设备管理、GPS 信息解析、按键管理、状态灯管理、无线网络配置、有线网络管理。

4.3.3.2 软件整体架构设计

MTEM 电磁数据采集系统嵌入式控制软件运行于 Linux2.6.37 系统平台之上,系统基础库为设备硬件控制功能提供基本的平台,无论使用者处于线程还是进程中,任何使用者均可直接调用系统相关接口函数完成相应功能。基础库主要包括:时间管理的接口、设备管理接口、磁盘管理接口、无线网络管理接口、网络管理接口、升级接口、串口管理接口。系统调用是系统的重要部分,依赖于底层操作系统和 GNU C Library。

核心业务层包括五个子模块和一个主任务,每个均为一个独立的线程,分别如下。

主线程:负责数据采集过程、仪器标定过程、数据清除过程。

状态监控线程:负责系统状态监控的线程,包括磁盘容量监控、电压监控、电流监控、温度监控、同步状态监控等并对响应状态做出处理。

GPS 解码线程:进行 GPS 信息的解码处理。

网络通信线程:包括通过无线网络管理与上位机进行通信,通过有线网络管理与有线传输系统进行通信。

按键事件管理线程:接收用户的按键操作,并对响应操作做出相应动作。

LED 灯管理线程:负责根据系统当前状态通过 LED 灯的不同状态指示出来。

核心通信接口模块为不同线程间通信的接口,实现不同线程的消息通信机制。

在核心业务层之下为电磁数据采集系统的系统管理模块，主要包括时间管理模块、设备驱动模块、磁盘管理模块、无线网络配置、串口配置(图 4.12)等。

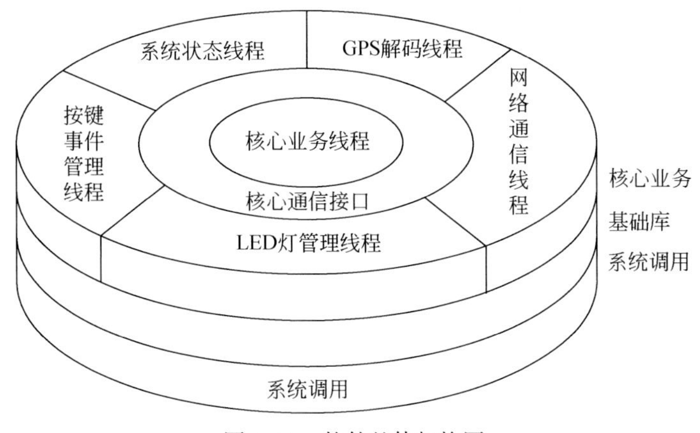

图 4.12　软件整体架构图

4.3.3.3　主线程设计

主线程是系统启动后的第一个线程，负责全部初始化、启动其他线程的工作，同时负责系统核心业务的处理，具体描述如下。

初始化阶段：通过驱动程序进行设备初始化、获取采集站标识码、初始化无线网络、分配全局参数数据结构所用内存、初始化消息队列、启动其他线程。

主循环阶段：根据上位机命令在主循环内可管理采集站进行数据采集、仪器标定以及数据清除等操作。

退出阶段：同步文件系统、卸载已挂接磁盘、释放程序占用内存、等待其他线程退出、关闭系统电源。

主循环阶段详细描述如下。

参数设置：根据参数传递的消息，对设置参数进行检查，同步全局变量，并根据参数设置，控制采集站内部信息。

数据采集过程：①采集准备阶段 1。根据设置参数，设置硬件，初始化采集全局变量、缓冲区初始化、等待设备同步。待系统同步后进入准备阶段 2。②采集准备阶段 2。根据参数设置，获取采集开始调度策略，并根据调度策略计算采集开始时间，并将采集开始时间记录在全局变量中。③采集记录阶段。当处于采集状态时，不退出记录阶段，对数据进行连续记录，除非用户控制系统退出采集或者检查到 FPGA 退出采集过程。然后做文件检查，检查存储文件是否已经打开，如果尚未打开则创建新的存储文件，如果已经打开检查记录文件大小是否超过限制，如果超过限制根据命名规则创建新的记录文件；根据定义好的数据格式创建数据头，并根据数据存储格式记录该秒钟数据，同时同步缓冲区指针移动一秒钟，继续进行采集记录。④采集停止阶段。FPGA 进入停止采集状态，同步数据文件、关闭数据文件、切换系统状态到等待状态。⑤采集错误处理。当数据采集过程中产生错误时，如磁盘满等，进入错误处理，首先停止 FPGA 采集，并将系统状态设置为错误状态，并设置错误原因。

仪器标定过程:仪器标定过程为频率标定模式。频率标定模式对采集站的通道进行不同频率点的标定,完成对通道的频率响应标定功能。

数据清除过程:收到数据清除命令后,根据命令要求,查询满足要求的数据,进行删除,删除完成后回到等待状态。

4.3.3.4 网络通信设计

网络通信线程,包括通过无线网络管理、通过有线网络管理与有线传输系统进行通信两个部分。无线网络模块实现与上位机程序的通信,实现通过无线网络配置采集站参数,控制采集站工作状态以及实时数据监控功能;有线传输系统实现采集站与有线传输子系统的通信,详细通信协议见接口及协议设计。

当采集站收到UDP网络查询报文时,向外界广播自己的存在,并通知对方该站是否受控于某个控制端,同时建立生命线程。当该采集站被某个管理端管理时,周期性降低其生命值,直到生命值降低为0后,结束该管理端的管理。当采集站收到管理端数据报文后,将其生命周期设为最大值,并保持该管理端的连接。当采集站收到连接请求后,如果已经处于其他用户管理中时,发送已被管理报文,通知对方现在无法管理该采集站。

4.3.3.5 GPS解码设计

采集站通过从串口获取GPS信息,并对信息做出解译,不断更新GPS状态显示,如果系统模式进入GPS复位状态时,设置GPS模块进行软复位,并等待GPS重新锁定,待重新锁定完成后,使采集站进入停止状态。

4.3.3.6 状态监控设计

状态监控线程负责监控采集站各部分的工作状态,并根据工作状态修改全局参数。具体监控内容包括采集站工作电压、工作电流、采集站内部温度、同步状态、无线网络状态、频率校正状态等。当采集站输入电压低于一定阈值时,配置采集站进入退出模式,并关闭采集站;当电流高于一定阈值时,同样配置采集站进入退出模式,并关闭采集站。

4.3.3.7 按键事件管理设计

采集站设置一个按键,即电源开关按键,同时该按键也作为功能按键使用。当按键被长时间按下时,设置采集站进入关机过程,当按键被短时间内连续按下两次,如果系统在同步状态下,则进入盲采模式;在采集模式下,连续按下两次则从采集模式退出进入等待模式。按键编码定义如下:

(1)在显示电池电量过程中,如果再次短按,设备开机,否则无效。

(2)在设备处于开机状态时,如果长按,超过3s,则正常关机。

(3)在设备处于开机状态时,如果长按,超过15s,则强制关机。

(4)在设备处于开机状态时,GPS锁定,短按两次进入盲采模式。

4.3.3.8 LED灯管理设计

LED灯根据系统状态信息,指示当前系统状态,包括采集状态、GPS复位状态、启动状态、关机状态、标定状态、设置状态、错误状态等。

(1)电池电量指示灯:指示电池电量状态,共分五格,每格代表20%的电量。

(2)无线通信指示灯:指示无线WiFi模块是否开启,若开启该灯常量,如果有数据通信,该灯闪烁,否则该灯不亮。

(3)GPS指示灯:指示GPS状态,为双色灯,如果该灯红色亮起,表示未锁定,连续闪烁次数指示可以使用的星个数。如果为蓝色亮起且闪烁,表示已经3D锁定,连续闪烁次数指示可以使用的星个数,如果为蓝色灯常亮,表示已经完成同步,系统可进入采集状态。

(4)系统状态指示灯:系统状态指示灯分为左右两个指示灯,可以表示的状态见表4.1。

表4.1　MTEM电磁数据采集站系统状态指示灯功能

左灯	右灯	状态
亮	不亮	启动中
慢闪	不亮	等待/任务完成
亮	快闪	等待进入采集
亮	亮	处于采集中
同频慢闪		同步完成
脉冲闪烁		错误状态
不亮	亮	关机中

4.3.3.9　DISK磁盘管理模块

磁盘模块监控磁盘剩余空间,并进行采集站存储空间的管理以及数据存储目录的生成。

4.3.3.10　志信息设计

调试时在关键节点由dbg语句输出到串口控制台的实时调试信息。在采集过程中,每秒保存一次采集站的状态信息,并保存到/SYS/LOG目录下生产采集的日志文件。通过日志文件可以检查采集站的运行状态。

4.3.4　采集站结构设计

电磁数据采集站面板设计图如图4.13所示,结构尺寸为194mm×146mm×75mm。结构正面含有电池电量指示灯、电源开关按键、无线通信状态指示灯、GPS状态指示灯、系统状态指示灯、设备名称标识、采集站序列号和设备生产厂商标示等。

采集站装配效果如图4.14所示,采集站主壳体上面板贴膜,标识各区域功能。采集站左侧板接插件分别为:外置WiFi天线,通信线缆接口,外部电源接口;采集站右侧面板接口分别为:电磁信号接口(图4.13)。

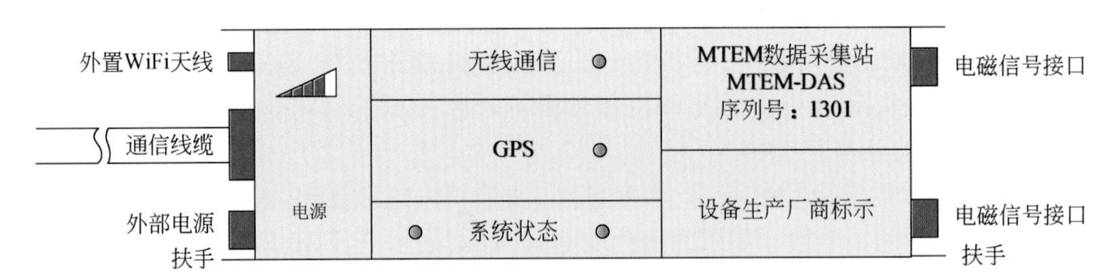

图 4.13　采集站面板设计图

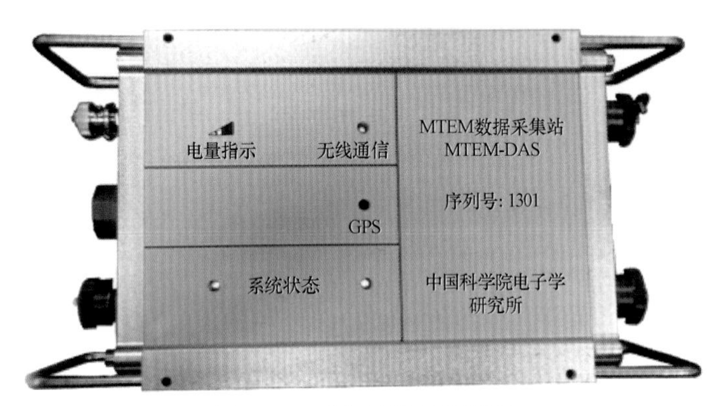

图 4.14　采集站装配效果图

4.4　主控系统设计与实现

4.4.1　主控系统总体方案与设计原则

主控单元是系统控制与管理的核心，由嵌入式计算平台、时序控制器和通信接口单元构成，分为硬件系统和软件系统两个部分。

主控单元硬件系统方面实现多道数据采集站的集中控制与数据质量监控。设计中采用高性能控制器通过高速局域总线通信技术连接有线传输专用通信接口卡和时间同步处理模块。通信接口卡为有线传输提供专用时序接口，方便与有线传输系统连接。时间同步处理模块通过 GPS 授时实现与伪随机码发射系统的精确时间同步，并通过恒温高稳晶振的实时校正技术，获取高精度同步时钟，同时将该时钟作为有线传输系统的同步时钟，并结合由主控发送的基于时间的同步帧达到基于时间和时钟的同步。在显示方面配置大屏液晶显示器，满足千道级数据的监测和管理。

软件是主控单元研制中的重点也是关键点，是发射、采集等 MTEM 系统工作的核心所在。主控单元软件系统包括桌面操作系统和图形库、通信接口卡驱动程序、同步管理模块、数据通信管理与协议处理模块、采集站拓扑管理模块、采集站信息管理模块、采集站配置管理模块以及人机接口与实时显示模块等部分。其中，数据通信管理与协议处理模块负责通信的收发管理,协议校验与协议生成;采集站拓扑生成模块负责维护采集站的拓扑结构,方便故障采集站的查找,采集站信息管理模块负责维护采集站的私有数据,包括采集站的状态信息、标定信息等,采集站监控管理模块负责处理采集站数据质量报告报文,生成采集站数据质量报告,采集站的配置管理模块依赖于采集站的分区逻辑和配置算法,根据采集站的拓扑结构,设定采集站的分区,从而根据分区特点制定采集站的配置策略,同步模块负责同步帧生成和发送,具有实时性特点。

4.4.2　主控系统硬件设计

主控单元是系统控制与管理的核心,由嵌入式计算平台、时序控制器和通信接口单元构成。主控单元的硬件系统如图 4.15 所示。

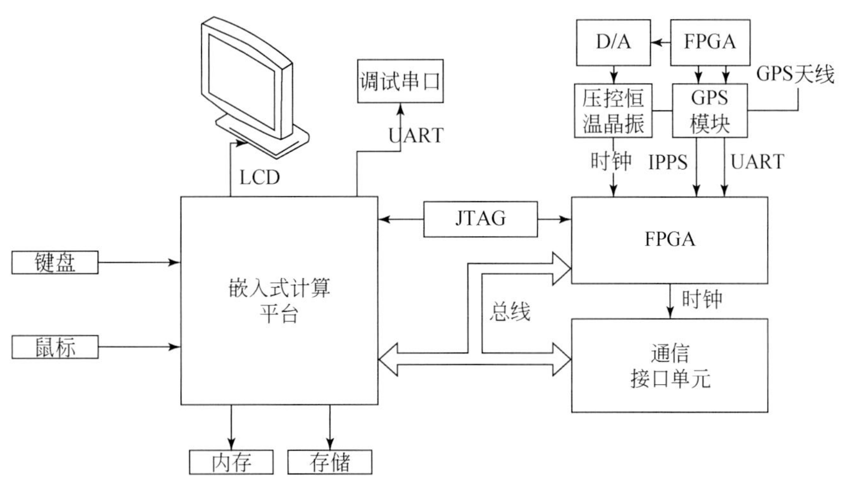

图 4.15　主控单元的硬件系统框图

主控系统以高性能嵌入式计算机为核心,辅以丰富的外围高速接口,可以实时接收采集站的数据、对采集站进行控制和状态查询。数据预处理软件为运行在主控系统之上的应用软件,可以根据日志文件实时从采集到的大量数据中提取有用数据,进行数据截取和格式转换,并结合发射端电流记录波形进行大地脉冲响应的提取。

4.4.3　主控系统软件设计

4.4.3.1　软件功能模块设计

MTEM 电磁数据采集主控系统用于实现对多道数据采集站进行集中控制与数据质量监控。主控系统软件主要包括上位机采集控制软件和数据质量监控软件。其中主控分系统上位机采集控制软件则是通过 WiFi 无线网络或者有线网络实现对多个采集站的采集控制及状态监视,其功能包括对 MTEM 电磁数据采集站的网络配置、系统状态监视、参数配置、实时数据监控等。数据质量监控软件包含有效数据批量提取和大地脉冲响应数据预处理等功能。有效数据批量提取功能可根据发射记录采集站生成的记录日志文件快速批量提取有效数据,也可以人工输入时间及参数进行有效数据的批量提取。根据日志文件或者人工输入的参数匹配到有效数据后,可通过 xml、xlsx、xls 等格式的配置文件进行野外采集参数的批量配置,快速批量生成可供后期数据处理的有效格式数据,有效提高野外数据预处理的效率。大地脉冲响应数据预处理功能可根据有效数据进行预处理,提取出大地脉冲响应曲线,检验脉冲响应是否合理,实现对系统整体数据质量的监控。

MTEM 电磁数据采集主控系统软件主要需要实现以下几方面的功能:

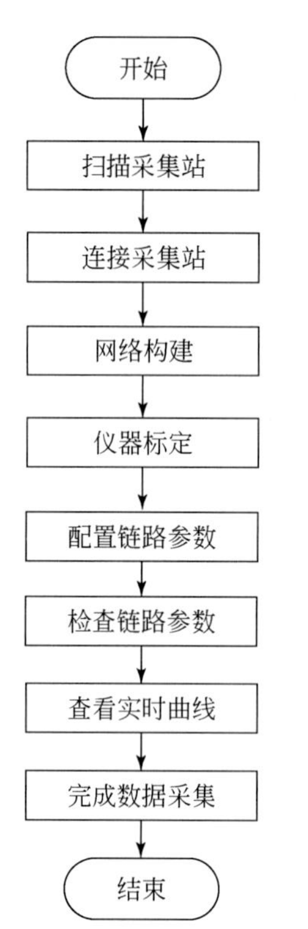

图 4.16　上位机采集控制软件工作流程

采集站网络配置;

采集站系统状态监视;

采集站参数配置;

实时数据监控;

批量导入接收数据并显示文件名及采集时间信息;

批量导入发射日志文件,实现发射参数的批量导入;

支持人工发射参数的输入;

支持对发射参数的人工修改;

支持对接收数据进行时间校正和样点校正;

支持 xml、xlsx、xls 等格式的配置文件对采集参数进行批量配置;

大地脉冲响应曲线提取。

4.4.3.2　软件整体架构和模块设计

主控系统上位机采集控制软件主要功能是实现对网络链路上采集站的控制管理以及采集站的状态监控,包括内部电池电压获取与剩余电量的监控,采集站运行状态监控(剩余存储容量、工作状态、同步状态、GPS 状态等)。按主要功能及工作层次划分,主控软件主要包括网络通信模块、采集站状态显示模块、采集站采集参数配置管理模块和实时数据显示模块。主控系统上位机采集控制软件工作流程如图 4.16 所示。

主控系统上位机数据质量监控软件还可用于数据质量监控,主要包含接收数据导入模块、发射参数导入模块、配置参数导入模块、数据生成模块和大地脉冲响应曲线提取模块(图 4.17)。

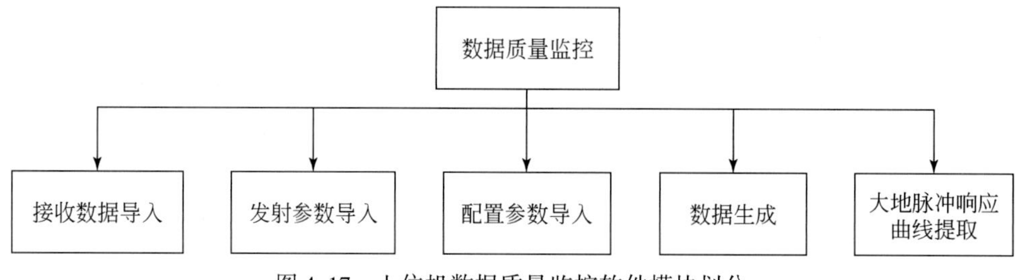

图 4.17　上位机数据质量监控软件模块划分

4.4.3.3　网络拓扑扫描

网络拓扑扫描功能主要通过 UDP 网络扫描命令查询已正常启动的采集站,同时获取各采集站的详细信息,包括电池电量、系统状态、GPS 同步状态以及采集状态等,以便主控分系统实现对各采集站的管理控制与数据监控。网络拓扑扫描过程中由主控分系统软件发送广播状态查询报文,采集站收到广播查询报文后会回复采集站的节点状态给主控软件,主控软件的接收线程在接收到采集站的状态包后会将采集站的状态信息更新到采集站的节点数据结构中。网络拓扑扫描流程如图 4.18 所示。

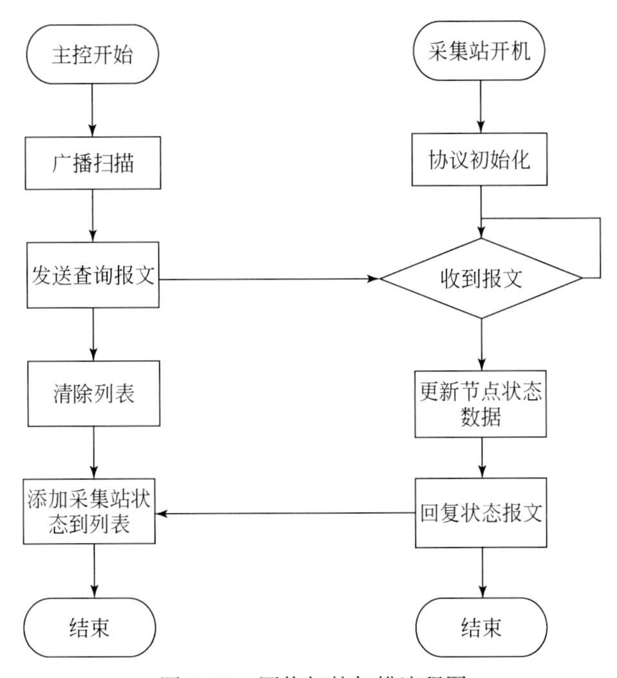

图 4.18　网络拓扑扫描流程图

图形模式下实际网络拓扑扫描界面如图 4.19 所示。

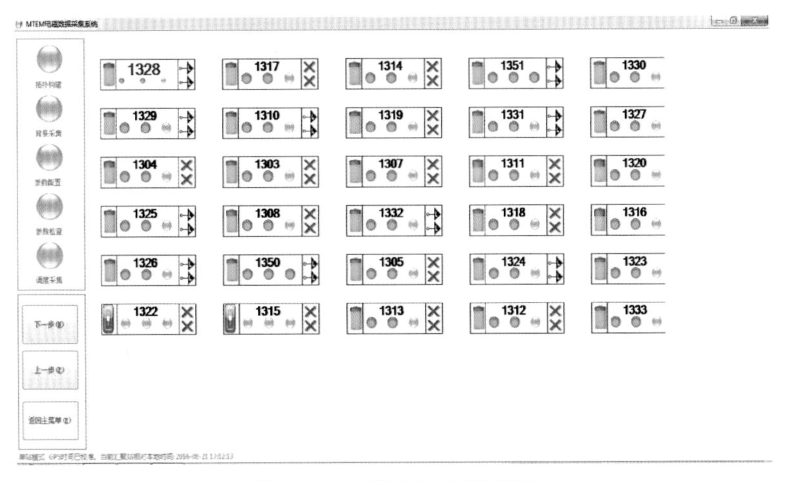

图 4.19　网络拓扑扫描界面

4.4.3.4　采集站系统状态监视

为了便于直观显示出采集站的状态,采集站状态信息通过图形和列表两种方式进行显示。图形模式下,最左侧是电池电量显示,中间是采集站序列号,序列号下方的三个状态指示灯,从左到右依次是系统状态指示灯(正常为绿色,错误为红色)、GPS 同步指示灯(同步完成为绿色,2D 锁定为红色,没有锁定为灰色)和采集状态指示灯(采集中为绿色,没有进入采集为灰色)。列表模式下,系统详细状态监视可以显示出各个采集的工作状态、采集状态、同步方式、设备温度、剩余空间、电池电压、电池电流、GPS 的相关信息,列表模式下采集站系统状态监视界面如图 4. 20 所示。

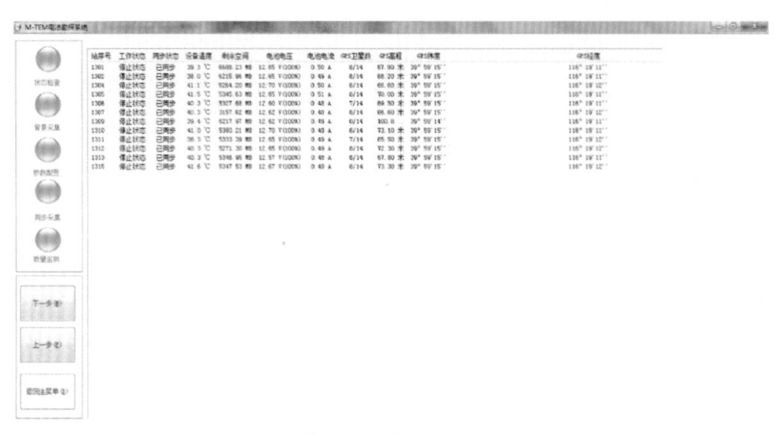

图 4. 20　列表模式下采集站系统状态监视界面

4.4.3.5　采集站参数配置

采集站参数配置功能主要指主控系统对采集站进行采集参数的配置,主要包括模拟通道增益、默认采集时长等。采用 xml 配置文件的形式来进行配置,可配置的模拟通道增益为 1/4 倍、1/2 倍、1 倍、2 倍、4 倍、8 倍、16 倍、32 倍。

4.4.3.6　实时数据显示

实时数据显示模块用于获取采集站的实时采样数据,并通过绘图的方式来进行显示,便于直观地对采集的波形进行观测,同时提供了工频滤波和消除直流的功能,便于判断采集的波形是否合理。实时数据显示模块处理流程如图 4. 21 所示。实时数据显示界面如图 4. 22 所示。

4.4.3.7　批量接收数据导入

批量接收数据导入模块用于批量导入采集站的接收数据并解析显示出采集接收数据的开始采集时间和结束采集时间。可以通过打开原始数据按钮或者右键快捷菜单的添加文件命令两种方式进行接收数据的批量导入。批量接收数据导入实际显示界面如图 4. 23 所示。

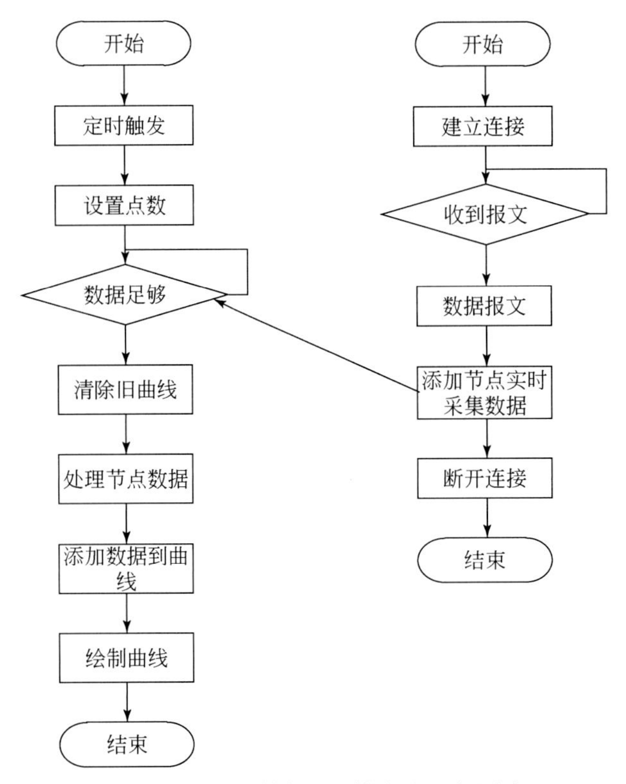

图 4.21　实时数据显示模块处理流程图

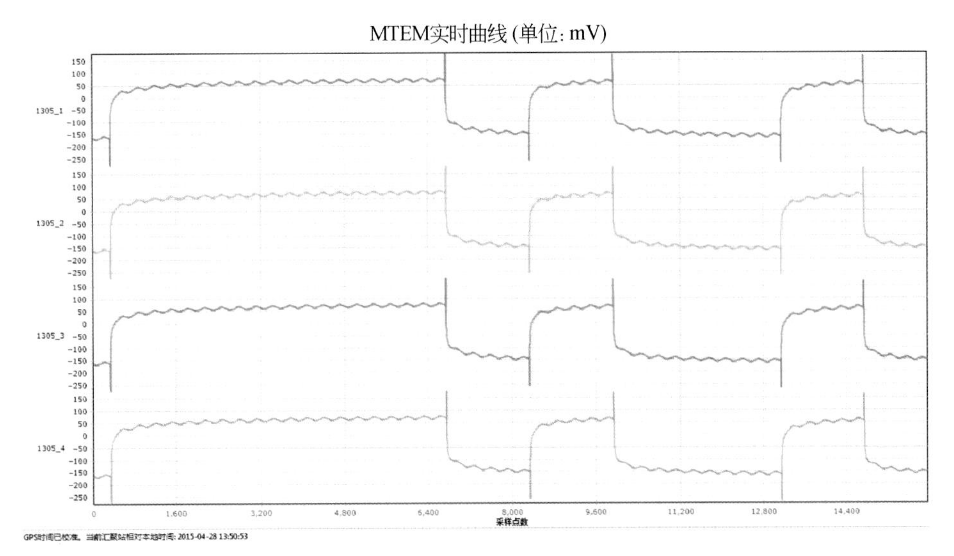

图 4.22　实时数据显示界面

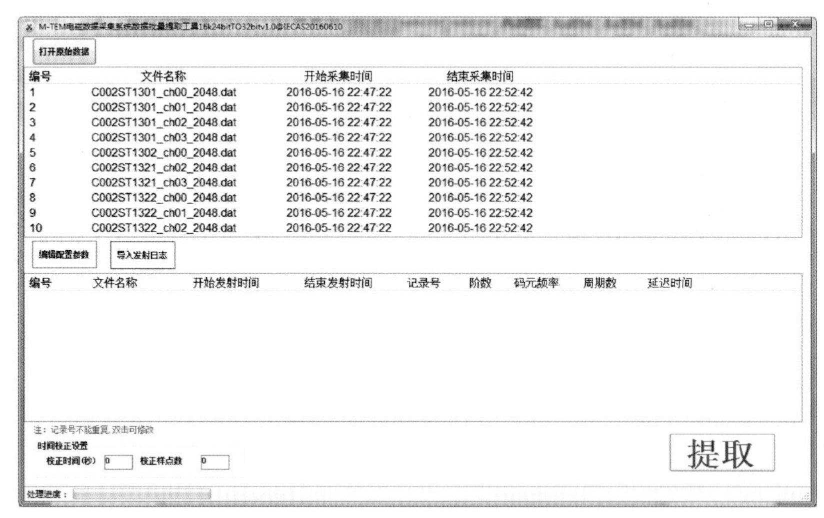

图 4.23　接收数据导入界面

4.4.3.8　批量发射参数导入

批量发射参数导入模块用于批量导入发射参数信息。可以通过导入发射日志按钮批量导入码型发射盒记录下的日志文件。每个文件中包含一次发射的一条或者多条发射参数信息。另外，可以通过编辑配置参数按钮手动添加发射参数。手动编辑的发射参数主要包括记录号、开始发射时间、PRBS 阶数、PRBS 码元频率、发射周期数、结束延迟时间等。其中记录号用来区分不同的发射，每次发射的记录号均不相同。开始发射时间是从接收文件中提取有效数据的起始采集时间。PRBS 阶数、PRBS 码元频率、发射周期数等参数是发射的编码信息，填写好这些编码参数后点击计算时间按钮可以计算出发射总时间。结束发射时间可以根据开始发射时间和发射总时间自动变更，也可以手动修改。批量发射参数导入实际显示界面如图 4.24 所示。

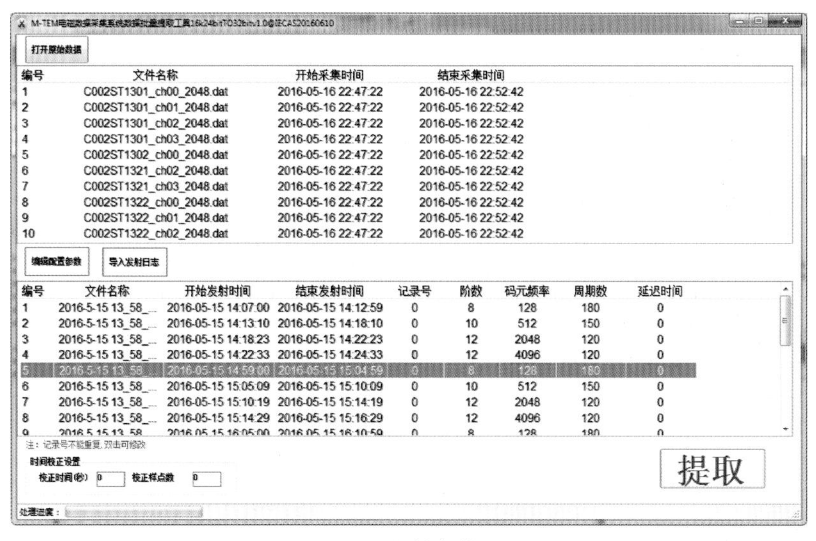

图 4.24　批量发射参数导入界面

4.4.3.9　配置参数导入

配置参数导入模块用于批量导入配置参数信息。配置参数信息包括接收配置表和发射参数表。接收配置表主要包含编号、仪器号、通道号、测线号、测深点号、接收极距和通道类型等信息。发射参数表主要包含仪器号、通道号、测线号、测深点号、发射极距、场分量、数据类型等信息。在配置参数导入窗口通过加载接收配置表和加载发射配置表命令,导入 xlsx 格式或 xls 格式的相应参数文件。配置参数导入的实际显示界面如图 4.25 所示。

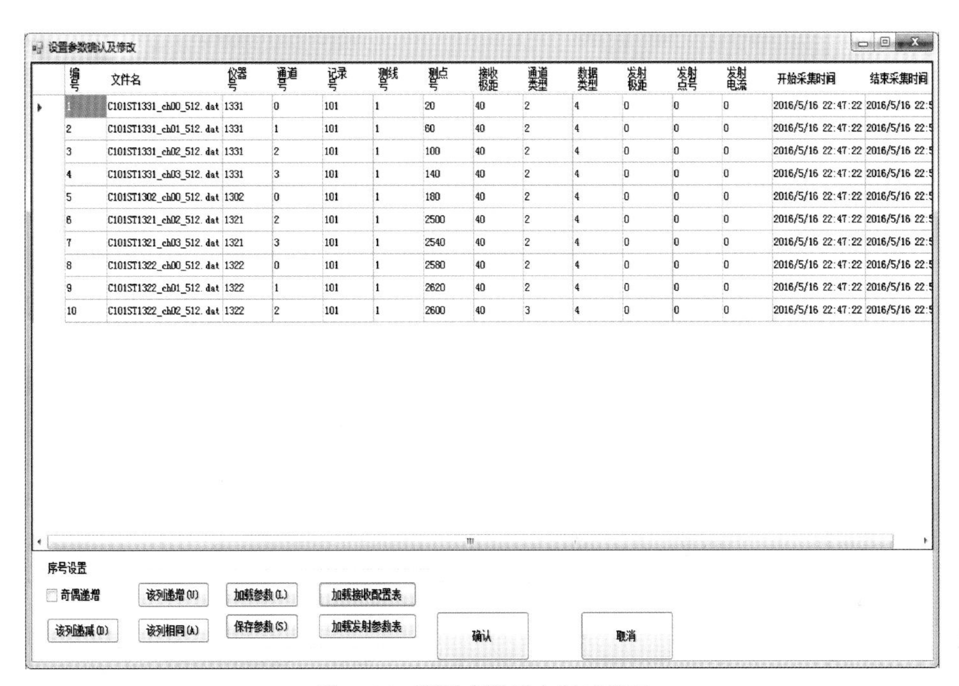

图 4.25　配置参数导入显示界面

4.4.4　主控系统结构设计

主控系统采用与机箱一体的安装结构,嵌入式中央处理器和 GPS 授时模块都封装于标准机箱内,面板正面集成 15 英寸①高亮度工业显示屏和外部接口,包括千兆以太网口、USB 接口、串行接口、GPS 天线输入、GPS 秒脉冲输出和电源输入、状态指示灯等。主控子系统结构如图 4.26 所示,组装后的实物如图 4.27 所示。

---

① 1 英寸 = 2.54 厘米。

图 4.26　主控系统结构

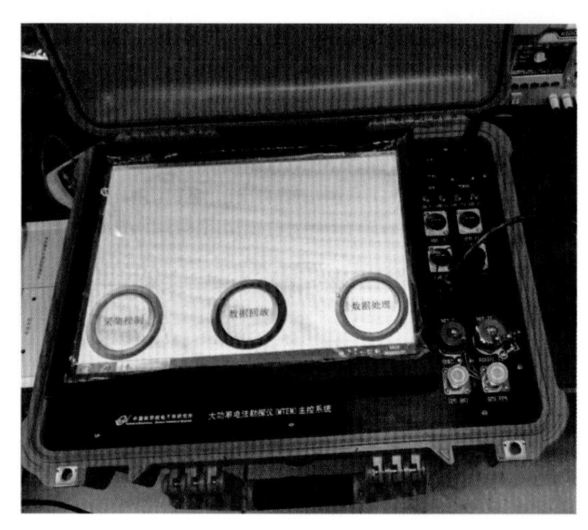

图 4.27　MTEM 电磁数据采集站主控系统(实物)

4.5　采集站与主控系统数据质量保证

MTEM 系统由主控系统完成数据质量的监控功能。发射信号为伪随机信号,其伪随机码通过有线通信或无线通信传递到主控系统,主控系统根据当前发射信号的伪随机码信息对每个采集站采集到的信号进行相干解调,进而完成大地脉冲响应的分析,对信号质量进行初步评价。通过对采集站数据质量的实时分析,可以及时发现出现异常的接收通道,对现场参数进行修改或配置,避免野外施工中异常数据的出现。

4.5.1　采集站频率响应标定和时间同步性测试

为保证数据的可靠性和一致性,在进行数据采集之前先对电磁数据采集站进行标定。

采集站标定时采用自标定方法,通过接收在采集站内部产生一系列标准频率信号来获得该台采集站的频率响应曲线,进而判断该台设备的工作状态。

当需要使用多台采集站时，为保证数据一致性，除对单台采集站进行标定之外还需要进行时间同步性测试。测试时多台采集站位于同一接收地点，通过对比分析多台采集站记录数据的相位特性来初步判断采集站的时间同步性。图4.28和图4.29分别为单台采集站幅度相位标定和多台采集站之间时间同步性测试结果。

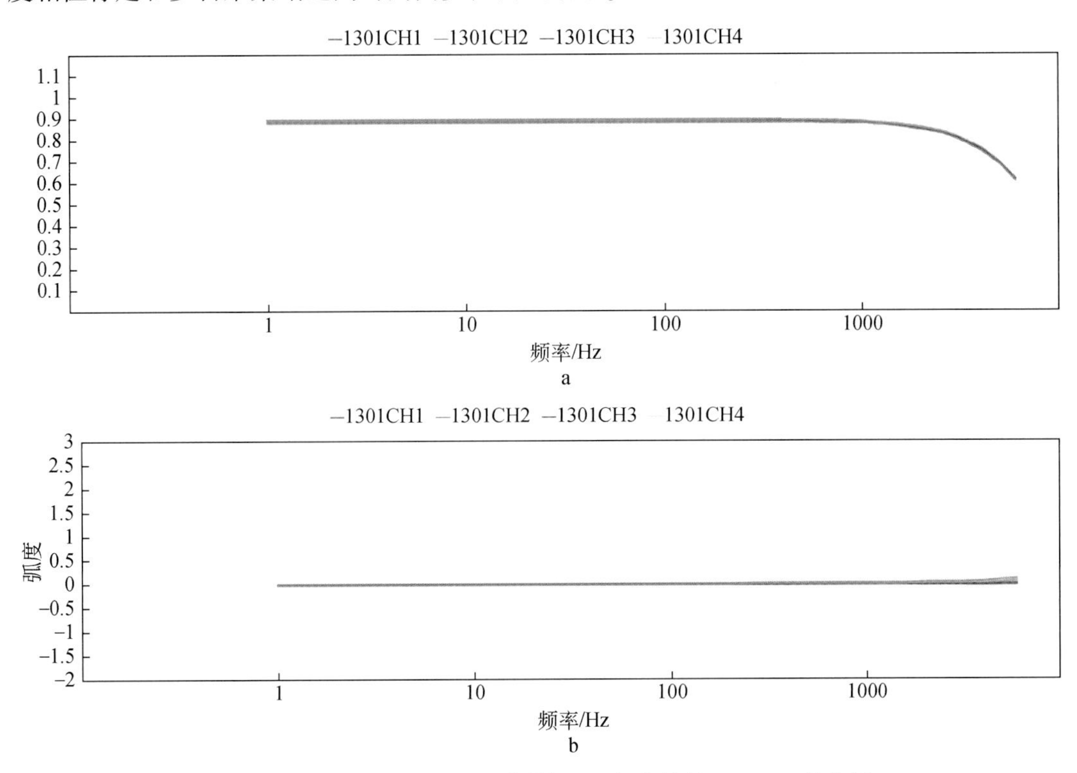

图4.28　采集站幅度(a)和相位特性(b)标定结果(以1301号为例)

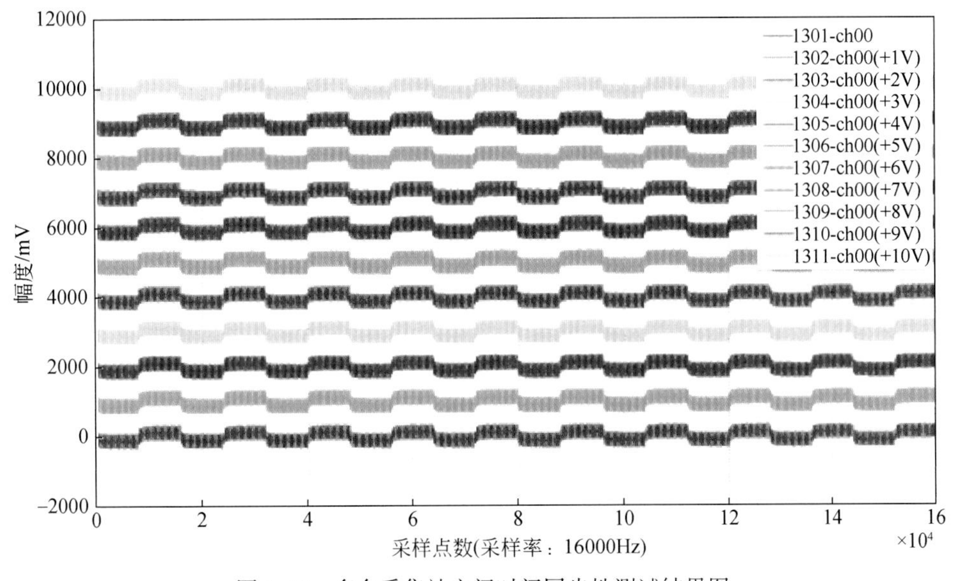

图4.29　多台采集站之间时间同步性测试结果图

4.5.2　脉冲响应准实时提取

为便于实现在野外施工时对采集数据质量进行监控,MTEM 主控系统集成了有效数据提取软件,该模块可以根据发射记录提取出相应时间段的有效采集数据,同时按照导入的配置参数批量生成有效的参数数据头。在数据提取过程中,处理进度条会显示处理的进度,处理完成后弹出窗口显示成功生成了多少个有效格式数据文件。图 4.30 为有效数据提取软件操作界面及其处理结果。

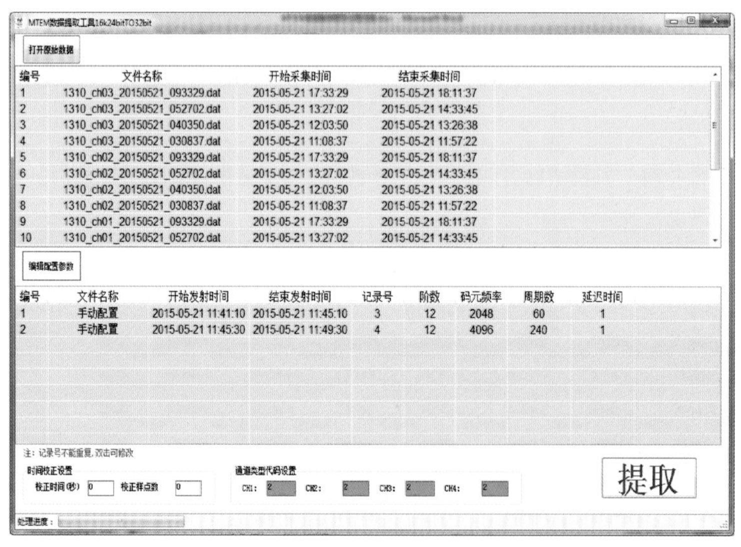

图 4.30　有效数据提取软件操作界面及其处理结果

脉冲响应曲线提取模块用于提取大地脉冲响应。可根据 PRBS 阶数、PRBS 码元频率、发射周期数、发射电流、发射电极距、接收电极距等参数信息,对前面提取出的有效接收数据进行预处理,提取出大地脉冲响应曲线,检验脉冲响应是否合理,实现对系统整体数据质量的监控。脉冲响应曲线提取软件操作界面及其处理结果如图 4.31 所示。

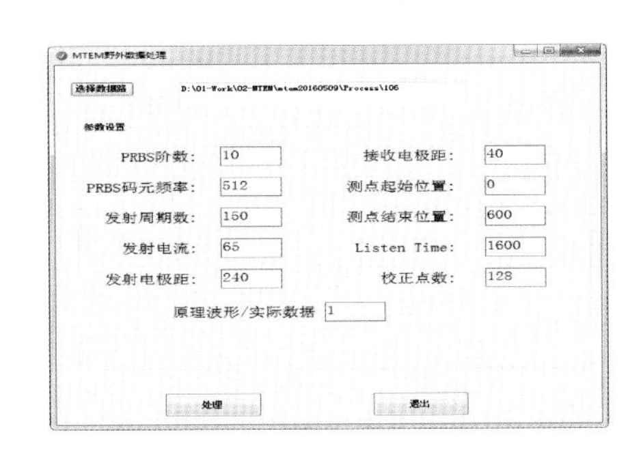

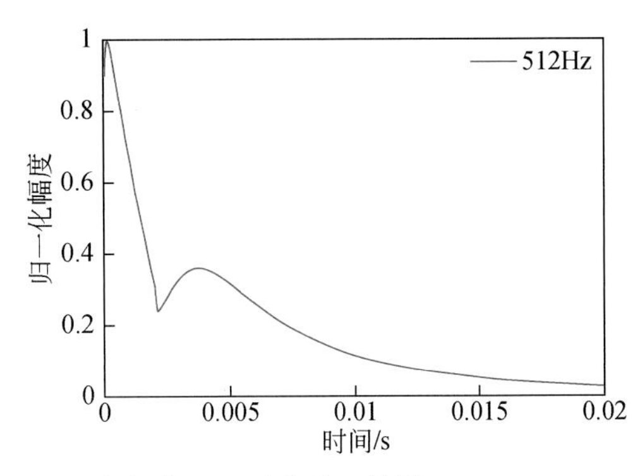

图 4.31　大地脉冲响应曲线提取软件操作界面及其处理结果

参考文献

底青云, 方广有, 张一鸣 . 2012. 地面电磁探测系统(SEP)与国外仪器探测对比 . 地质学报, 87(sl): 201-203.

底青云, 方广有, 张一鸣 . 2013. 地面电磁探测(SEP)系统研究 . 地球物理学报, 56(11):3629-3639.

冈村迪夫 . 2004. OP 放大电路设计 . 北京:科学出版社 .

高晋占 . 2011. 微弱信号检测 . 北京:清华大学出版社.

何继善 . 2010. 广域电磁法和伪随机信号电法 . 北京: 高等教育出版社 .

胡广书 . 2003. 数字信号处理:理论, 算法与实现 . 北京:清华大学出版社 .

蒋奇云 . 2010. 广域电磁测深仪关键技术研究 . 中南大学博士学位论文 .

康华光 . 1998. 电子技术基础(模拟篇). 北京:高等教育出版社 .

李金平 . 1997. 模拟电路实用知识讲座 . 电子世界, 11:28-33.

林品荣, 郭鹏, 石福升, 等 . 2010. 大深度多功能电磁探测技术研究 . 地球学报, 31(2): 149-154.

铃木雅臣 . 2003. 高低频电路设计与制作 . 北京:科学出版社 .

刘国福 . 2014. 微弱信号检测技术 . 北京:机械工业出版社 .

娄源清, 李伟 . 1994. 大地电磁测量中的奇异干扰抑制问题 . 地球物理学报, 37(1):493-500.

邱天爽, 刘文红,等 . 2007. 现代数字信号处理与噪声降低 . 北京:电子工业出版社 .

赛尔吉欧 · 佛朗哥 . 2010. 基于运算放大器和模拟集成电路的电路设计 . 西安:西安交通大学出版社 .

森荣二 . 2005. LC 滤波器设计与制作 . 北京:清华大学出版社 .

松井邦彦 . 2012. OP 放大器应用技巧 100 例 . 北京:科学出版社 .

孙洁, 晋光文, 白登海,等 . 2000. 大地电磁测深资料的噪声干扰 . 物探与化探, 24(2):119-127.

王言章 . 2010. 混场源电磁探测关键技术研究 . 吉林大学博士学位论文 .

王中兴, 荣亮亮, 林君 . 2009. 地面核磁共振找水信号中的奇异干扰抑制 . 吉林大学学报(工学版), 39(05):1282-1287.

王中兴 . 2010. 核磁共振地下水探测仪关键技术研究 . 吉林大学博士学位论文 .

俞一彪, 孙兵 . 2005. 数字信号处理-理论与应用 . 南京:东南大学出版社 .

张文秀 . 2012. CSAMT 与 IP 联合探测分布式接收系统关键技术研究 . 吉林大学博士学位论文 .

赵靖 . 2013. 0.003Hz-10kHz 感应式磁传感器的设计与实现 . 吉林大学硕士学位论文 .

郑君里, 应启珩, 杨为理 . 2003. 信号与系统 . 北京:高等教育出版社 .

郑君里 . 1978. 信号与系统 . 北京:高等教育出版社 .

Frenzel L E. 2012. 电子学必知必会. 北京:人民邮电出版社.

Kay A. 2013. 运算放大器噪声优化手册. 北京:人民邮电出版社.

Oppenheim A V, Schafer R W, Buck J R. 1999. Discrete-Time Signal Processing. Upper Saddle River: Prentice Hall.

Ott H W. 2003. 电子系统中噪声的抑制与衰减技术. 北京:电子工业出版社.

Petiau G. 2000. Second generation of lead-lead chloride electrodes for geophysical applications. Pure and Applied Geophysics, 157(200):357-382.

Smith S W. 2003. Digital Signal Processing: A practical Guide for Engineers and Scientists. New York:Newnes.

第 5 章　MTEM 数据传输与控制系统

5.1　地球物理勘探数据传输原理

5.1.1　地球物理勘探中的数据传输的发展

地球物理勘探的数据传输问题是随着地球物理勘探本身的发展以及电子通信技术的发展一起发展起来的。在众多的勘探方法中,以地震勘探技术最具有代表性,在我国,从大庆油田发现算起,有 90% 的新发现油田是通过地震勘探方法发现的。地震勘探中的数据传输技术也基本代表了地球物理勘探中数据传输技术的发展。

地震勘探过程分为野外数据采集、资料处理、数据解释三个过程。其中野外数据采集的任务是记录地震波,主要依赖的是地震勘探仪器。即地震勘探队根据初步确定的可能含有油气资源的地区,在感兴趣的地区布置好地面检波器,由人工产生可控地震波,并将接收到的反射地震波记录下来。野外数据采集为后续处理提供了第一手勘探资料,是石油勘探的第一步。按照记录方式的不同,地震勘探仪器大致上可以划分为六代。

第一代为模拟光点记录地震仪,采用电子管电路,这种设备体积大、重量大、功耗高,并且检波器信号输出类型限制了记录器动态范围。为了压缩地震信号的输出动态范围,这一代仪器采用了自动增益控制,记录结果不能进行回放处理。这一代仪器基本不存在数据记录问题,所以更谈不上数据传输。

第二代是模拟磁带地震仪,采用了晶体管电路,体积和功耗相比上一代有了明显改进,使用磁带记录。磁带记录的是模拟信号,可以回放,但仍然不存在传输问题,前两代仪器都处在模拟地震勘探阶段。

第三代勘探仪器开始进入数字化阶段,将模拟信号数字化后,再进行记录。因此,其动态范围、有效带宽和接收道数有了大幅提高,主要记录介质为磁带。从第三代开始,数字信号的记录使得远距离的数据传输成为可能。不过因为受当时电子技术发展的制约,仪器的规模都不大,数据传输的意义不明显,因此仍然是本地存储。

第四代是遥测数字地震仪器,勘探仪器的规模和数量有了大幅度增长,施工过程中一般通过电缆、光缆、无线电或者其他传输方式,将多个检波器的数据回传至中央控制记录系统,使道数的主要限制变为数据传输速率,这一代仪器的带道能力达到 1000 道。

第五代是 24 位遥测地震仪,由于 Sigma-Delta ADC 的发展,24 位的 A/D 转换器取代了之前的 16 位 A/D 转换器,大大提高了记录地震波的瞬时动态范围,较少畸变。在这一代勘探仪器中,数据传输技术得到了广泛的应用和重视。一些成熟的工业和信息领域的通信技术被大量的应用进来,如 RS485 总线、CAN 总线、以太网技术等。

第六代仪器是现在以及未来 5 ~ 10 年的发展方向，它将使用新型微电子机械系统（micro electro mechanical system，MEMS）传感器，接输出 24 位数字信号，实现了地震仪器的全数字化，并且动态范围和谐波畸变等指标远优于传统传感器。这一代勘探仪器的目标是，可以实现万道甚至十万道以上的实时采集和传输。在这样的一个应用背景下，如何结合地球物理勘探数据的特点，研究专门的数据传输技术就显得十分必要了。只有这样才能提高数据传输的效率，降低数据传输的功耗。

5.1.2　地球物理勘探中的数据传输现状

随着勘探精度需求的增加以及勘探技术和数据处理能力的发展，重力勘探、电法勘探以及地震勘探等都在向着更大的深度和更高的密度等方向发展。地震勘探是众多勘探方法的一个典型代表，多维多分量以及高密度的单点单检波的方式正在成为新一代仪器的共同特点。Sercel 公司的 508 系统和 WesternGeco 公司的 UniQ 系统无疑是这一方向的代表，它们正在把前些年前提出的百万道大仪器概念逐步变成现实。

对于百万道的大仪器，如何维持它的可用性是一个棘手的问题。可用性包括仪器的制造维护成本、仪器的可靠性、仪器的容错性等，以及实际施工生产过程的可操作性等。因为勘探设备大都靠电池供电，所以功耗成了衡量设备是否具有实用性的一个重要指标，甚至很多时候设计的设备会因为功耗问题被一票否决。对于如何降低功耗，Sercel 公司和 WesternGeco 公司都进行了独特的设计和优化，508 系统和 UniQ 系统的采集站的功耗分别降低到了 105mW 和 103mW，该指标远优于我国类似仪器的功耗水平。

勘探仪器的目的是获取检波器的信号数据，然后将采集到的数据汇总成标准的 SEG-D/Y 数据文件供后端软件处理。这个过程有两类方法，一类是获取的数据实时回传到主控系统，另一类则不做实时的数据传输，事后再做离线数据回收。从 Sercel 公司和 WesternGeco 公司推出的仪器可以看到对于大道数的勘探仪器，考虑到数据安全及现场质量监控等因素，都采用了实时数据回收这一方式。数据回收又可采用有线和无线两种方式实现。对于如何实现低功耗的数据传输，在过去的承担的项目中进行过研究并取得了一些成果，得到的结论是无线方式虽然施工方便，但其带宽有限且受地形天气等外界因素影响较大，小规模部署还可以，真要是到了几十万道甚至百万道的量级，频带资源与无线链路的可靠性将受到极大的挑战，因此大仪器的数据传输在目前的技术条件下，有线数据传输还将是主要解决方案，这一点从 508 系统和 UniQ 系统结构也可以看出。

根据以往的设计经验，数据传输部分对于野外站体的功耗起到了关键性的制约作用，往往能占到站体功耗的一半左右。因为大线站体（采集站）多，所以它的功耗是影响整个系统平均功耗的主要因素。如果可以有办法降低大线站体数传部分的功耗，就可以有效降低勘探设备的整体功耗。

数据传输在信息科技领域是一个经典问题，有着非常广泛的研究和应用。但是地球物理勘探中的数据传输有着它自身的特点，在通信领域很少有类似的应用。比如地球物理勘探的采集站/检波器大都以串行的方式级联，其产生的数据一边传输一边汇聚，像小溪一样逐级汇总后形成大江大河流向大海（主控系统）。这样的方式使得大线远端和近端站体之间的数据率有巨大的差异,若一条大线带道能力为 1000 道的话,那么远端和近端站体的数据率就可能有 1000 倍的差异。此外根据不同的地质体目标或者不同的勘探条件,勘探的道间距也会有一定的差异。比如根据 508 系统给出的参数,在做高密度勘探的时候其最小道间距为 13.75m,而在做粗探的时候它所支持的最大道间距可达 70m。这就要求站体既能实现低数据率小道距的数据传输,又能支持大数据率大道距的数据传输。显然两者的需求是矛盾的,但是为了站体制造和施工部署的方便,站体的规格参数最好是统一的,因此站体的指标不得不按照高性能去设计、执行。我们知道数据收发器电路的功耗是和数据的跳变率以及线缆对信号的衰减成正比的(详见 5.1.4 节),所以高性能指标就意味着高功耗。一般常用的数据传输技术,如 RS485(美国 ION 公司的 System IV 和我国研制的一些地震勘探系统等)、CAN、LVDS 等都是为了满足特定的规范指标,很少考虑到变化的数据传输率和变化的道间距这两个地球物理勘探仪器的特点。从基于这些传统的数据传输技术开发出来的仪器设备的功耗参数上看,它们与 Sercel 公司和 WesternGeco 公司的功耗指标差距还是非常大的。此外,我们曾和东方地球物理公司合作研制了一套基于低功耗以太网技术的万道地震仪,从我们完成的结构来看,如果数据传输部分的功耗不能有效降低,以目前的方案想要达到国外的水平几乎是不可能的。

我们曾对 Sercel 公司的 428 系统和 WesternGeco 公司的 UniQ 系统的硬件进行过一些分析,它们之所以能大大降低功耗,与其在数据传输方面做出的努力是分不开的。但是这两家公司的数据传输技术,从已公开的资料中无论是专利还是文章,都找不到相关描述,唯一可以肯定的是它们都没有采用像 RS485、LVDS 这样常规的数据传输技术,而是设计的专用传输电路。具体结构因其封装在 ASIC 芯片中,目前还无法得知。一方面在降低现有站体功耗方面遇到了瓶颈限制,另一方面又看到了 Sercel 公司和 WesternGeco 公司的系统的启示,我们觉得有必要从地球物理勘探数据传输特点出发,从底层的数据传输需求出发,去研究一种专用数据传输技术,使它可针对地球物理勘探数据传输特点,随着数据率和道间距的变化做自适应的调整,从而实现一个低功耗的地球物理专用的优化解决方案。只有这样才有可能大幅降低我们自己采集站的功耗,做到与国外相当的水平。

5.1.3　MTEM 数据传输的特点

MTEM 系统的数据传输部分主要结构借鉴于相对比较成熟的地震勘探仪器,但 MTEM 系统同地震仪器相比,有着自己独有的特点,主要表现为系统采样率更高和信号的动态范围更大。采样率从地震仪器的 1 ~ 2KS/s 提高到了 16KS/s,更高的采样率意味着对系统的采样同步精度需要更高的要求,而 MTEM 系统的测线长度却和地震勘探基本差不多,这就对同步时钟的实现分配提出了高要求。

数据传输部分根据 MTEM 电法仪器对二维和三维观测方法的需求,建立 1000 道量级仪器的拓扑结构。主要研究内容是大范围多节点的系统高性能时钟同步技术、低功耗大容量数据存储及系统的实时控制技术。仪器开发初期阶段的首先目标是实现一个可以进行 200 道左右二维观测的小规模电法仪器。该仪器拓扑结构允许做 1000 道以上的拓展,同时系统在时钟同步、数据存储以及协议管理等各方面能力均可达到进行实时 1000 道以上采集时的要求。系统时钟同步技术采用以有线时钟同步为主,采用采集单元的本地采集时钟与系统时钟的同步跟随技术,实现系统在 16KS/s 采样率下的同步采集精度优于 5μs。

5.1.4 低功耗地球物理勘探数据传输问题分析

结合地球物理勘探数据传输的两个特点,即数据具有级联汇聚性和道间距不确定,来讨论如何用最少的能量把站体采集到的信息传回主控系统,探讨一种专门针对地球物理进行功耗优化的数据传输方法实现的可能性。它可看作是地球物理数据传输专用集成电路的前期验证阶段。为了实现这一目标,我们需从信息传输的本质出发,分析几个影响数据传输功耗的主要因素,探讨它们可针对地球物理数据传输功耗进行优化的可能性,给出一种综合的优化电路设计方案。

1) 数据传输能量消耗的实质

为了研究这个问题首先要分析信息传递对能量的需求。地球物理勘探中的数据传输在有线传输模式下,对于大型的勘探仪器一般采用如图 5.1 所示的串行级联拓扑结构。

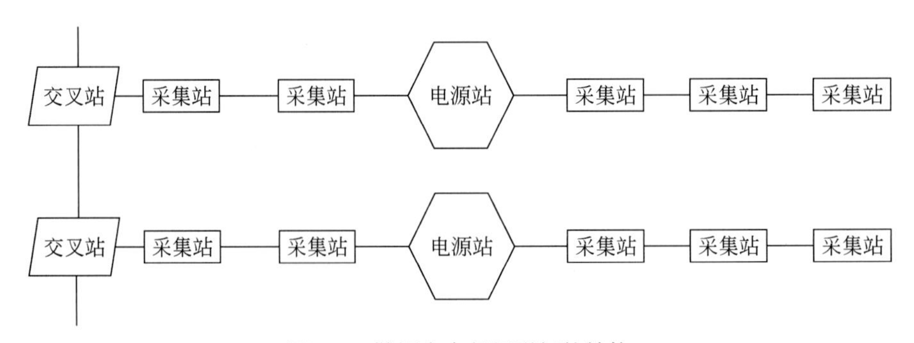

图 5.1　勘探中串行级联拓扑结构

在这种拓扑结构下,任意两个相邻站体之间都可以看作是一个点对点的数据传输模型,如图 5.2 所示。

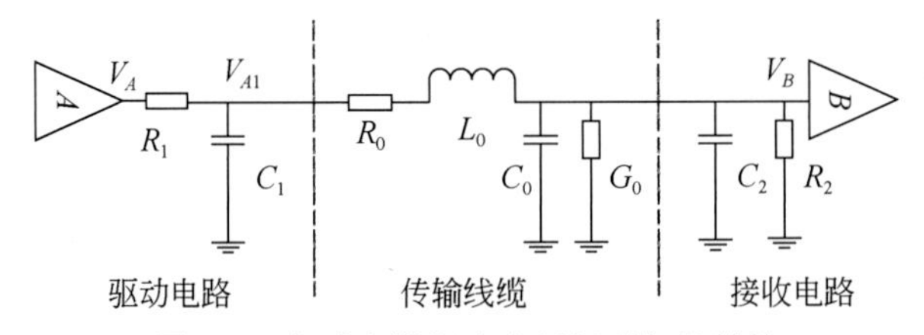

图 5.2　点对点勘探中串行级联拓扑结构

C_1 为驱动电路电容负载,R_1 为驱动电路内阻;C_2 为接收电路等效输入电容,R_2 为接收电路等效输入电阻;R_0 为传输电缆等效电阻,L_0 为传输电缆等效电感,C_0 为传输电缆等效电容,G_0 为传输电缆等效电导

在图 5.2 中如果驱动输出电平为 V_A 的话,那么接收端得到的电压 V_B 可表示为

$$V_B = V_{A1} \times \frac{(Z_{R_0} + Z_{L_0}) \times Z_1}{Z_2} \tag{5.1}$$

其中，

$$V_{A1}=V_A\times\frac{Z_{R_1}\times Z_3}{Z_{R_1}+Z_3}$$

$$Z_1=(1/Z_{G_0})//Z_{C_2}//Z_{R_2}//Z_{C_0}$$

$$Z_2=Z_{R_0}+Z_{L_0}+Z_1$$

$$Z_3=\frac{Z_{C_1}\times Z_2}{Z_{C_1}+Z_2}$$

站体间的信息传递可以看作是图 5.2 中站体 A 产生的一系列表示“0”“1”信号的高低电平沿传输线传递给站体 B，站体 B 根据收到信号电平的高低和一个预先设定的阈值比较，从而还原出对应的“0”“1”信号。这个信息传递过程中能量的消耗主要取决于驱动器 A 对于容性负载的充放电行为。当传输线相对比较理想且信号的跳变频率不高时，图 5.2 可简化为图 5.3 的结构。

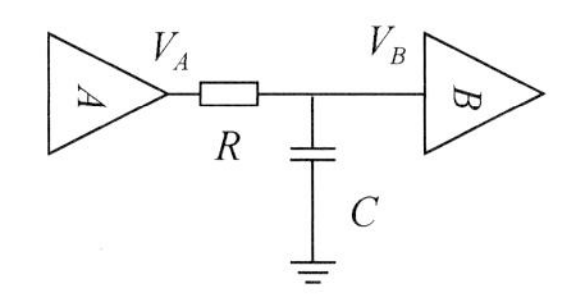

图 5.3　低频信号在相对理想的传输线上传输时的简化模型

R 为图 5.2 中 R_0 与 R_1 的和；C 为图 5.2 中 C_0、C_1、C_2 的和；理想传输线的 $G_0\to 0$；低频时忽略 $j\omega L_0$；接收端输入电阻 $R_2\to\infty$

对于图 5.3，因为电容 C 的电压不能突变，所以如果想要在接收端 B 得到 ΔV 的变化电平，以区分传递过来不同的“0”“1”信息，驱动器 A 必须通过 R 对负载电容 C 进行充电和放电。充电时电荷从 A 的供电电源流向 C，使 C 的电平升高达到 B 的阈值完成信息“1”的传递；反之信息“0”的传递是 A 打开对地的开关，将 C 的电荷通过 R 泻放到大地，使 C 的电平降低到 B 的阈值以下。在这个往复过程中，C 的充电是需要消耗能量的，而放电不需要消耗。假设 C 的充电过程需要从 0 充到 V，那么驱动器 A 消耗的能量可用式(5.2)得到：

$$W=\int_0^T Ui\mathrm{d}t=V\int_0^T i\mathrm{d}t=V\int_0^T\frac{\mathrm{d}Q}{\mathrm{d}t}\mathrm{d}t \tag{5.2}$$

把 $C=Q/U$ 代入式(5.2)可得

$$W=CV\int_0^V\mathrm{d}u=CV^2 \tag{5.3}$$

假设驱动器 A 输出的信号中“0”“1”的平均跳变频率为 f，则驱动器所需要输出的能量为

$$W=fCV^2 \tag{5.4}$$

2）信号跳变幅度对功耗的影响

从式(5.4)可以看出要想降低数据传输的功耗，可从 f、C、V 三个参数入手。f 是信号的跳变率，取决于采集站采集到的地震信号本身特征，除非做数据压缩否则很难减少。C 取决于数据收发器电路及传输电缆本身，一般而言传输电缆的等效电容远大于电路的电容，勘探的数据传输电缆一般用双绞线构成，其单位长度的电容可用式(5.5)给出。其中 ε 为线材的介电常数，a 为线材的直径，d 为双绞线的线间距。电容 C 在目前的制造工艺下也很难大幅

度降低。

$$\frac{\varepsilon}{3.6\ln\dfrac{2a}{d}}\times 10^{-10}(pf/m) \tag{5.5}$$

剩下可以改变的就是信号的跳变电压 V(摆幅)。而且式(5.4)中 W 和 V 的平方成正比,所以如果能减小 V,那么 W 的降低将是非常显著的。那么 V 能否减小,其极限又在哪里呢? V 可以减少但不可能无限制减小下去,V 的减小受电路噪声的影响,V 越小数据传输出错的可能性就越大(信噪比降低),传输也就越不可靠。一般通用的数据传输协议,都是按一定的物理环境条件设计的,其 V 的大小要满足特定物理环境噪声的需求,一般是一个固定值。比如 RS485 规定“0”“1”电平的差异要求至少为 1.5V(差分),这是为了保证它可以进行不小于 1200m 的长线传输。LVDS 与 RS485 不同,它采用了 3.5mA 的电流驱动方式,这样的电流可在 100 Ω的终端匹配电阻上产生 350mV 的电平差。LVDS 的设计目标是在 10m 的线缆上进行最大 655Mbit/s 的数据传输。那么对于地球物理勘探中十几米到几十米的道间距以及几 Mbit/s 到十几 Mbit/s 的数据传输需求,我们到底可以把 V 降到什么程度合适?这正是需要研究的内容。但无论如何,可以肯定的是它会在一定范围内变化,而不会像 RS485、LVDS 那样维持在一个固定值。

3)信号频率对信号幅度的影响

除了电路噪声会影响接收端对信号摆幅的需求外,传输信号本身的频率也会影响接收端信号的摆幅。式(5.1)反映了接收端 B 收到的信号 V_B 在图 5.2 中的大小,

图 5.3 是低频信号传输的一种简化,考虑到信号的传输速率会随着站体级联级数的增加而增大,当传输的信号频率升高时,传输电缆将由集总模型变为传输线模型(图 5.4),传输线可看作是一系列的二阶 LC 滤波器。接收端得到的信号可用式(5.6)表示。

$$V_B = V_A\times\frac{1}{1-\omega^2\Delta^2 XLC}\times\frac{1}{1-\omega^2\Delta^2 XLC}\times\frac{1}{1-\omega^2\Delta^2 XLC}\times\cdots \tag{5.6}$$

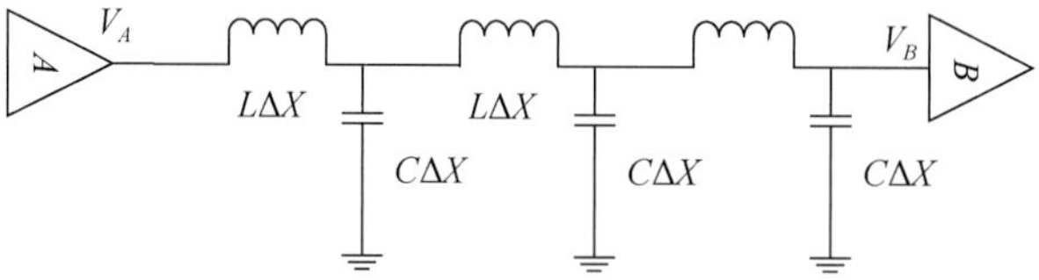

图 5.4　高频信号在相对理想的传输线上传输时的简化模型

ΔX 为传输线模型中,长度趋向于 0 的电缆长度,在该长度电缆内信号传输按集总模型处理

从式(5.6)可以看出,随着信号频率的上升,V_B 的幅度会急剧下降,也即高频信号会有较大的衰减。我们知道电路系统的噪声一般都是白噪声,其频带一般远大于信号带宽,当信号幅度降低而噪声不变时必然导致信噪比的降低,从而增加数据传输的误码率。也就是说在高速的信号传输速率下(近端站体),我们需要适当提升驱动信号的幅度以保证接收端保持误码率不变;反之当信号传输速率较低时(远端站体),我们可以适当降低驱动信号的幅度以节省功耗。而这对于传统的 RS485 或 LVDS 等通信协议是无法实现的,因为它们驱动电路的能力是固定不变的,无法动态调节。

4)信号抖动的影响

影响接收端正确接收的因素除了接收到信号的幅度(信噪比)这一指标外,还有一个很重要的指标就是信号在时间轴上的不确定性时钟晃动(jitter)。接收端想要正确接收数据,需要像如图5.5所示的一样产生一个和发送端数据相关的时钟(一般采用数据时钟恢复的方法,CDR),然后在两个时钟的中间点,也即在数据最平稳的时刻判断收到的数据是0还是1。

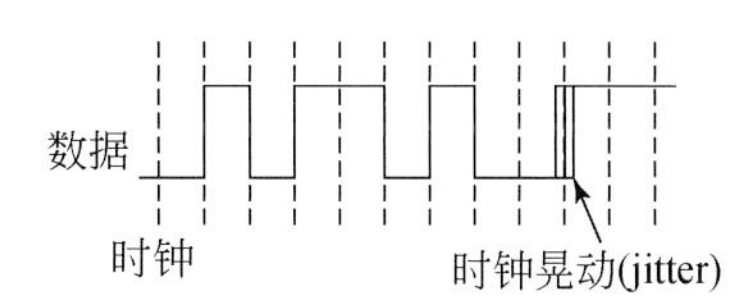

图5.5　数据的不确定性时钟晃动

当数据沿着电缆传播时,不可避免地会受到周环境电磁辐射(EMI)的干扰或者其他线缆信号跳变引起的串扰(crosstalk),这些干扰会叠加在信号上产生噪声。除了电磁干扰外,传输电缆本身并非理想的传输线,其特征阻抗会有不连续的地方,高速信号传播过程中遇到传输线阻抗的不连续就会发生反射,信号反射同样会导致信号边沿变化的不确定性。这两个因素共同导致的结果就是,在接收端的信号会偏离理想的时刻点前后晃动,这种不确定的时钟晃动被称为jitter。jitter一般呈高斯分布,当产生jitter的因素较大时,数据前后晃动的幅度也增大,导致数据传输的误码增加。产生jitter的这两个因素都和电缆的长度有关,电缆越长受到电磁辐射干扰的机会越大,同时阻抗不连续点也越多,反射增加,jitter自然也就越大。在外界条件无法改变时,减少jitter的办法一般是通过加强驱动端的驱动能力,增大信号幅度提高信噪比,从而降低通信的误码率。这种需求对于传统的RS485、LVDS等数据传输方式是无法实现的。如何适应不同长度电缆(道间距)对数据传输造成的影响,是另一个主要研究内容。

5)其他因素的影响

野外站体的数据传输还受很多其他外界因素的影响,具体如下。

勘探环境。当勘探环境处于高环境噪声区域时,如高压线附近、城市周边等,这些环境电磁辐射对电缆中信号的影响要比沙漠等无人区大得多。适应一个地区的数传参数可能在其他地区无法正常工作。

电缆本身因素。传输数据的电缆随着使用时间的变化会有新旧程度的差异,而且大批量的电缆也不大可能由同一家工厂同一批次生产,电缆本身的参数也会有不同。此外为了降低施工成本,勘探电缆还有在一定次数维修后仍需正常使用的要求,这就更增加了参数的差异性。

为了保障数据传输系统在以上给出的种种复杂环境下都可正常使用,这就需要保留一定冗余量的传输能力,而如此必然会导致一定程度的能量浪费。综上所述,影响数据传输的因素很多,需要在不同的条件因素下都能找到一种最佳匹配的数据传输参数,从而有效降低功耗。

5.1.5　低功耗地球物理勘探专用数据传输设计方案

研究方案的技术路线根据研究内容分成两步,首先是根据目前在通信领域应用比较成熟的电流型驱动逻辑,一种类似 LVDS 原理的 CML 电路的工作原理,设计适用于地球物理勘探中最常使用的双绞线的数据收发器电路。要求设计的电路,其工作电压可比 RS485、LVDS 等 3.3V 低一个等级,同时该电路要具备驱动能力调节的能力。通过多种电路设计方案在不同道间距长度电缆上的测试,与现有的 RS485、LVDS 等通信技术进行功耗与传输性能的对比,找到低功耗的优化设计方案。

驱动器和接收器都采用 MOSFET 分立器件和一些半集成化的 IC 来实现,结构如图 5.6 所示。驱动电路性能的测试用 PRBS 作为测试的数据源,接收端通过示波器测量接收信号的眼图(eye diagram)来衡量电路的误码水平。同时在 VCC 端用电路功率分析仪测量记录电路的功耗。

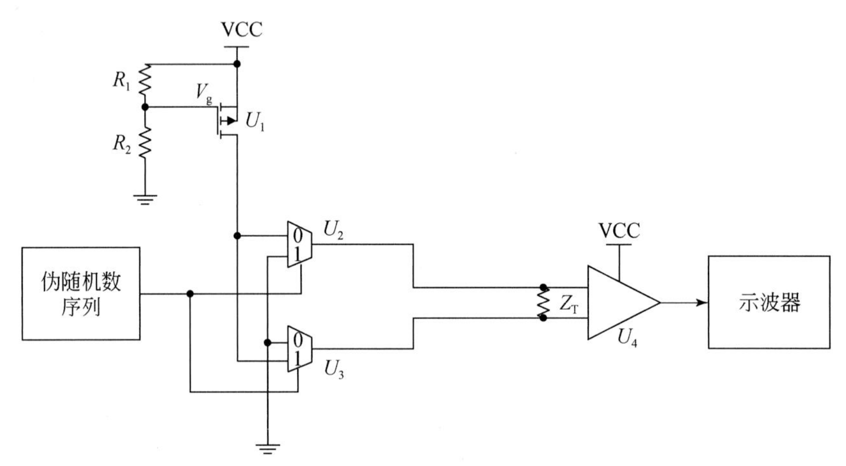

图 5.6　低电压、低功耗数据收发器结构框图

收发器由 MOSFET U_1 产生恒流源,经两个可控的单刀双掷电路产生不同相位的电流去驱动双绞线,不同相位的驱动电流在接收端的匹配电阻 Z_T 上产生$\pm\Delta V$ 的电压差表示信号"0"和"1";接收器则采用施密特比较电路检测不同的 ΔV,恢复出"0,1"信号。

在图 5.6 的电路设计中,所有的元器件都采用了低电压的元件,收发器电路可在 1.8V 的低电压下工作。1.8V 的工作电压同 RS485、LVDS 的 3.3V 相比,其功耗大幅降低。我们将该电路同 RS485 以及两个常用的 LVDS 电路芯片在同样的环境下进行了对比测试,测试结果如图 5.7 所示。可以看到无论是数据发送端还是接收端,我们设计的电路都明显地降低了功耗,其中在 4Mbps 的速率下(UniQ 的大线速率)收发总和功耗同 RS485 相比降低了 87%,同 LVDS 相比降低了 60%(参照图 5.7c,4Mbps 数据率)。这个测试结果验证了思路的可行性。

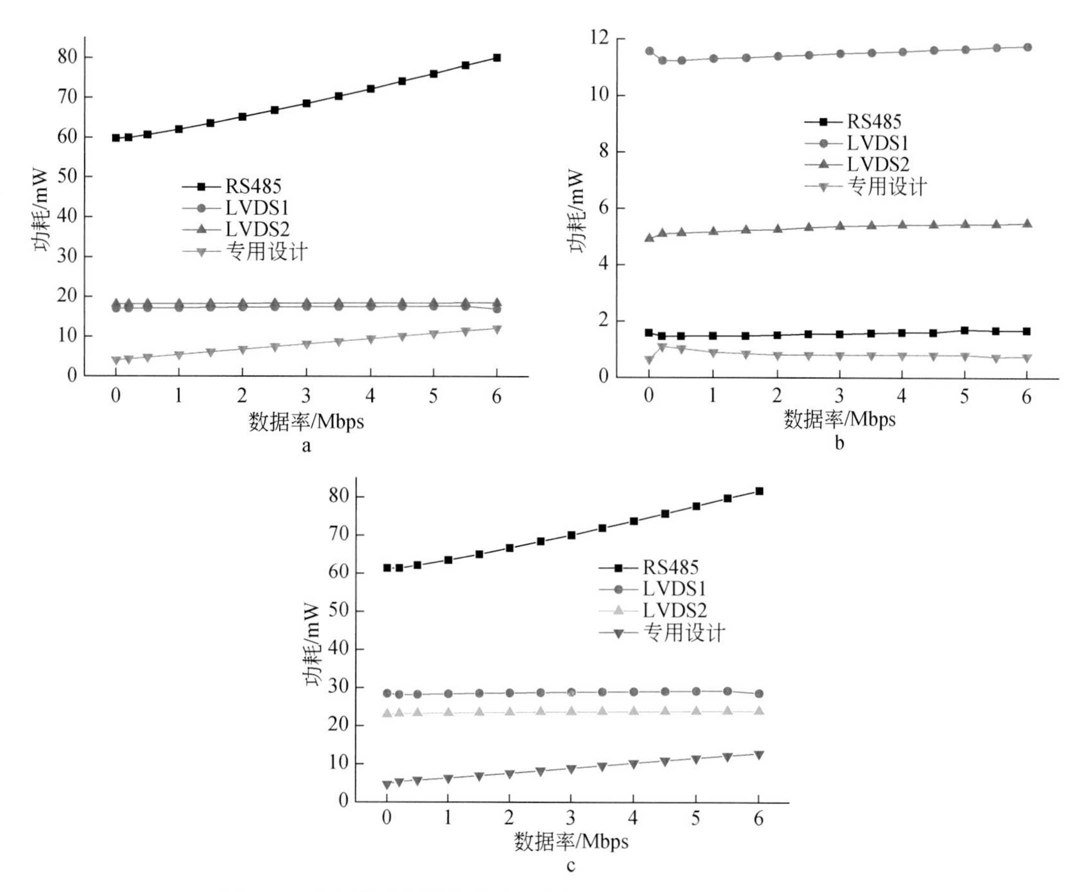

图 5.7　专用低功耗数据收发器同 RS485、LVDS 的功耗对比测试

a. 数据发送部分功耗对比；b. 数据接收部分功耗对比；c. 数据收发总和功耗对比

在测试过程中我们还发现，除了传输线负载电容引起的能量损耗外，电路本身的内部功耗也可以用同样的方法优化。图 5.6 的电路给出了一种可以进行驱动信号强度调节的收发器原理模型，在这一步完成之后，下一步的工作是采用图 5.8 的电路结构来实现自适应的数据传输功耗控制。

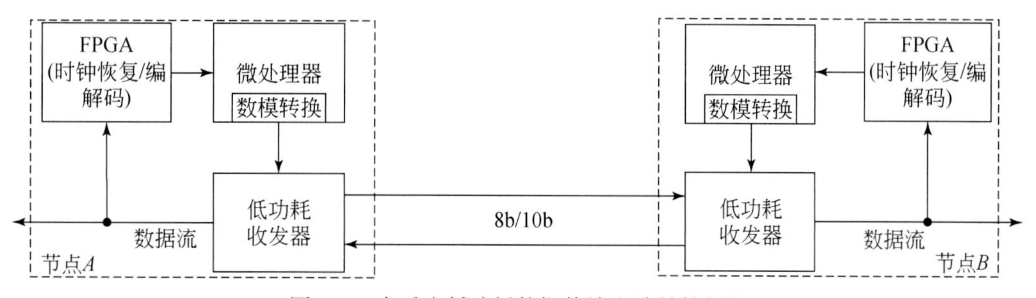

图 5.8　自适应低功耗数据传输电路结构框图

图 5.8 中的数字模拟转换器(DAC)用来控制 V_g 电压做驱动能力的调节，DAC 的输出由

微控制器(MCU)通过程序控制。数据链路的繁忙与否(传输数据率的高低)由现场可编程门阵列(FPGA)做动态统计,统计的结果可反馈给 MCU,MCU 根据反馈结果通过一定的算法去对系统/收发器的工作频率进行调整。这样可让大线不同位置的站体根据数据传输率的不同,都找到最佳工作点,从而降低功耗。

站体之间线缆长短(道间距)的变化以及周围物理环境噪声的变化,是很难直接测量出来的。不过这些因素的变化,都可以用一个物理量反映出来,那就是数据传输的误码率。如果线缆加长了或者环境噪声变大了,根据前面的分析肯定会导致传输信号的信噪比降低,信噪比的降低导致数据传输的误码率上升。所以我们只要有办法监测数据链路的误码率即可知道两个站体之间的数据传输参数是否满足链路的需求。数据链路的误码率同样可以由图 5.8 的 FPGA 来实现,FPGA 通过实时检测接收到数据的 8b/10b 编码是否有效来统计误码率。如果检测到的误码率高于一定阈值,站体的 MCU 会把检测结果通知其临近的站体。对方收到这样的结果后,会调整驱动能力,然后继续等待新的结果,直至建立一条可靠的数据传输通道。通过这样的协商机制,两个相邻站体就可以根据它们之间传输线路的特定参数,以能量最低的方式建立数传通道。这样一种机制与传统的 RS485、LVDS 等相比,其在能耗控制上的优势是不言而喻的,唯一的缺点是需要增加 FPGA、MCU 等额外的附加因素。不过这些因素对于现代勘探站体设计而言都已经几乎是必须的部分了,数据传输的自适应控制系统仅使用其部分资源即可,并不增加额外的负担,可有效地集成进去。

上述实现方案的创新之处在于它针对地球物理勘探仪器设备低功耗的需求,从影响数据传输功耗的基本因素出发,结合勘探数据传输的特点提出了一个自适应的低功耗数据传输解决方法。这种方法的特色在于,它不再像 RS485、LVDS 等用同一个标准去约束所有的站体,每个站体都能对自身的传输状况进行检测,通过协商机制建立适合自身的数传参数,从而使得系统层面上的平均站体功耗得到有效降低(详见发明专利:武杰,刘雪松. 一种据传收发器及数据传输系统. 201510738077.3)。

5.2　MTEM 高速低功耗数据传输实现

MTEM 系统因为系统的采样率高、道数多,因而总的数据率较大,按 1000 道 16KS/s 的采样率估算,总数据率为 24×16K×1000 = 384Mbps。按实现功能不同,主要可分成以下几个模块:

MTEM 大线、交叉线命令、时钟的传输;

MTEM 交叉站、电源站、采集站接口(时钟分配、电源分配);

MTEM 主机接口(命令、数据传输);

MTEM 主控软件。

MTEM 系统数据传输的拓扑结构如图 5.9 所示。

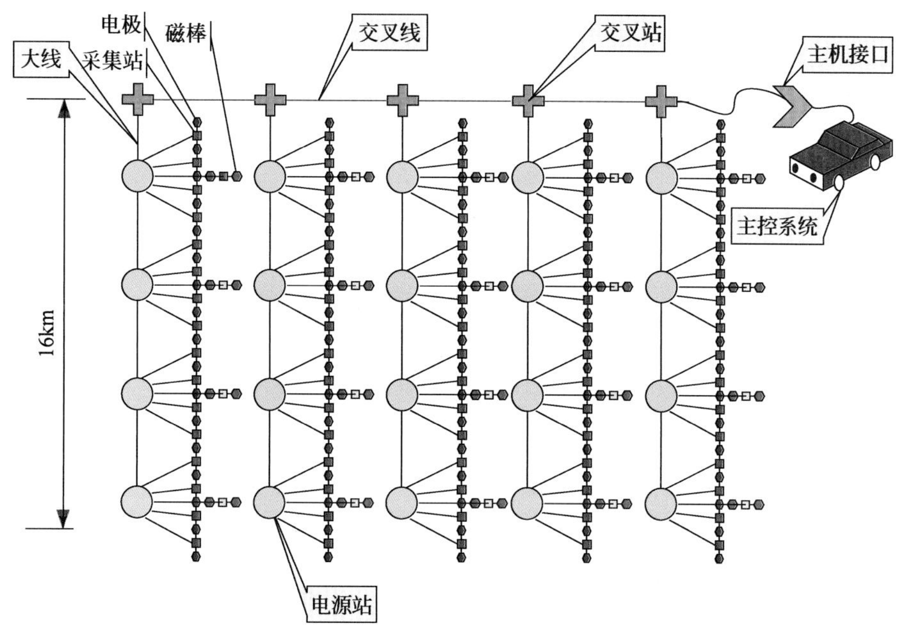

图 5.9　MTEM 系统数据传输结构图

5.2.1　采集站接口

采集站是数据采集系统中最靠近检波器的站体,它的性能直接影响数据采集系统的性能。同时,采集站也是数量最多的站体,它的功耗直接影响数据采集系统的功耗和上级站体的数量,进而影响整个系统的作业成本。采集站功耗对采集链供电的影响,在采集站功耗降低时,供电线缆上的线损会加速下降,不仅可以减少野外电池更换的次数,还能增加单个电源站的带道能力,这些优点都促使我们设计更低功耗的采集站。采集站作为数据采集系统中数量最多的站体,是整个系统的基础,是数据采集系统中采样数据传输的起点,其主要功能如下。

为 ADC 模块提供采样时钟和采样控制信号。采集站通过接收电源站间歇性广播的单向同步帧,计算与电源站之间的延时,对本地时钟频率和时刻进行调节,最终使时钟频率与电源站同步,时刻与 UTC 时间同步。采集站为 ADC 模块提供采样时钟和控制信号,控制信号主要是采集同步信号,使所有 ADC 模块在同一时刻开始采集。

将采样数据传输给数据传输系统。采集站需要与电源站之间进行命令交互,也需要将从 ADC 模块获取的采样数据发送给电源站。单个采集站的数据率较低,典型的数据率为 10 ~400kbps,但传输距离较远,从 5m 到 100m 不等。通过使用自定义收发器、时钟数据恢复方法、平衡编码等方法保证了物理层上数据的远距离低功耗传输。使用数据打包、差错重发、循环冗余检验(cyclic redundancy check,CRC)等方法,保证数据和命令的可靠传输。

对相邻采集站的数据进行转发。电源站通过采集链与多个采集站进行通信,采集站之间采用点对点的通信方式,后端的采集站无法与电源站直接通信,需要经过其他采集站对通信帧进行转发才能与电源站通信。

采集站接口是数据传输系统与采集站之间通信的桥梁,主要负责为采集站 ADC 模块提供采样时钟和采集控制信号,将采集到的数据进行上传和转发。定义好采集站接口后,后端可以接入不同的采集站,比如接动圈式检波器的地震勘探用采集站,接电极/磁棒的电法采集站等。采集站接口的电路如图 5.10 所示。

图 5.10　采集站接口电路实物图

1)采集链传输方式

可扩展的大规模数据采集系统中的采集站整体结构如图 5.11 所示。采集站通过两对双绞线与采集链相连,共有两个端口,使采集链可以向下级联。采集站从采集链上取电,经过电压变换,降压后为采集站各部分供电。采集站的数据收发使用自定义的收发器和数字时钟数据恢复(digital clock data recovery,DCDR)模块,命令处理和采集数据打包由 MCU 完成,通过算法实现对时钟的调节。以下会详细介绍每部分的实现过程。

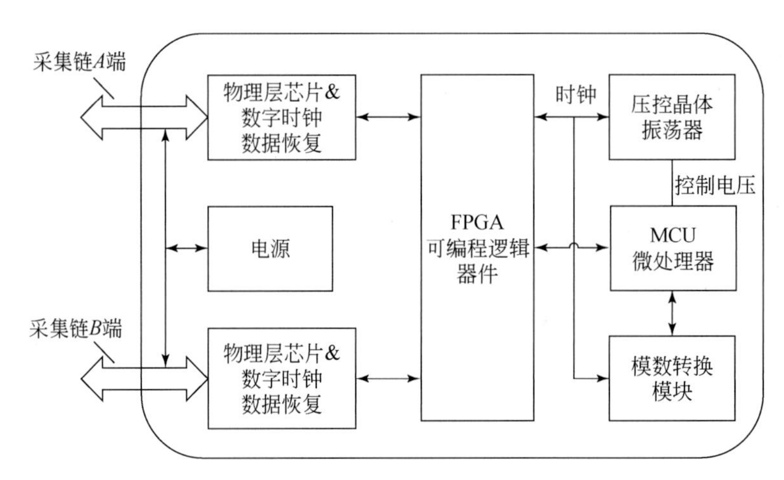

图 5.11　采集站整体结构图

在可扩展的大规模数据采集系统中,采集站和电源站之间通过采集链进行数据传输和供电。采集链结构如图5.12所示,采集链由传输线缆和采集站组成。传输线缆有4根线芯,分为两对双绞线,可以实现全双工通信。为了方便供电和采集站对称设计,4根线芯采用直接相连的方式,即1号线芯连接到采集站A、B端口的1号脚,2号线芯连接到A、B端口的2号脚,以此类推。这种直接相连的方式也方便了供电设计,由确定的线缆供电,比如线芯1和2都通过PoE方式加上供电正极的直流偏置,线芯3和4都加上供电负极的直流偏置,采集站可以方便地通过线缆取电,不需要使用整流电路进行调整,简化了电源设计,也节省了功耗。

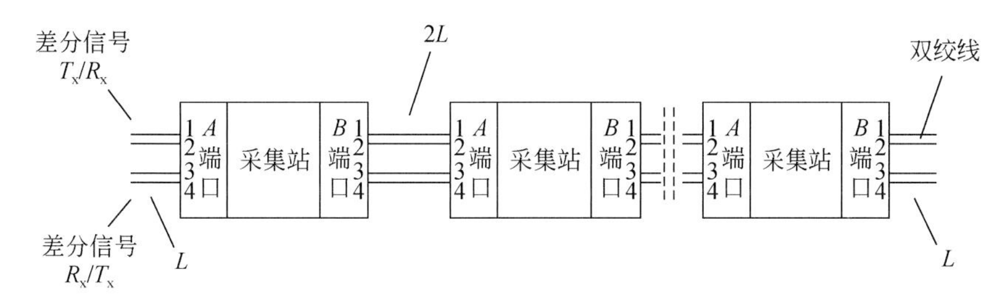

图5.12　采集链结构图

两对双绞线分为一收一发,但并不对收发固定,每对线都可以作为发送或者接收,由采集站根据相邻站体自行确定。采集链上采用点对点通信方式,链上的采集站只能与相邻的站体进行物理层上的通信,因此,只有采集链末端的采集站可以与电源站直接通信。采集链数据传输的一个特点是中长距离。采集链上点对点的通信方式,使采集链上站体之间的通信距离相对变小,采集站之间的距离从10m到100m不等。检波器一般是等距离放置的,在线缆拉直的情况下,这个距离与采集链中采集站和采集站之间线缆长度相等,而两个采集链之间由电源站相连,采集站连接到电源站的距离就为采集站之间距离的一半,因此,采集链末端的线缆长度为采集站之间线缆长度的一半。

采集链数据传输的另一个特点是中低速率。在地震勘探中,采样间隔的典型值为1ms,即采样率为1kbps,采样精度为24Bit,一个通道的数据率为24kbps。采集链上的各个采集站通过本地发送和数据转发,将数据通过采集链发送到电源站,使采集链上的数据率变高。以一条采集链75个采集站计算,纯数据率将达到1.8Mbps。在可扩展的数据采集系统中,采集链数据被设计为4.096Mbps,一方面是为了满足采集链上数据率要求,另一方面是因为很多ADC模块需要的采样时钟频率为4.096MHz,可以简化采集站中的时钟设计。

常见的数字信号传输有单端信号传输和差分信号传输。相比较于单端信号,差分信号抗共模干扰能力强,而且在接收端不需要与发送端有共同的参考地,更适合远距离数据传输,所以采集链的数据传输采用差分传输方式。

数据传输技术是采集链设计的基础,低功耗的数据传输是实现低功耗数据传输系统的关键技术之一。

2)自适应低功耗收发器

从前面对现有传输方式的比较可以看出,RS485和LVDS都能满足采集链中的数据传输需求,但由于二者都不是为了这种传输需求设计,所以在功耗上并不能令人满意。这一节通过综合两者的优点,设计了低功耗收发器。

从式(5.4)可以看到,降低收发器的电压是最有效地降低收发器功耗的方法,但大多数LVDS驱动器都要求2.5V或者更高的供电电压,虽然可以通过提高CMOS技术,比如使用低于0.18μm的CMOS技术解决这个问题,但由此带来的成本太高。而被广泛使用的很多分立器件,如MOSFET、模拟开关、比较器等,既可以工作于低电压下,又具有较低的功耗,可以被用来搭建低电压和低功耗的收发器,以满足采集链上的数据传输需要。

图5.6展示了使用分立器件设计的低功耗收发器,其中U_1是MOSFET,U_2和U_3是模拟开关,U_4是比较器,所有使用到的器件都是可以工作在1.8V下,通过仿真和测试,最低工作电压可以低至1.5V。低功耗收发器的工作原理和LVDS相似,其中R_1和R_2是分压网络,可以控制U_1的栅极电压V_g,使U_1作为一个恒流源工作,通过调节R_1和R_2的比例,可以对U_1输出的恒定电流的大小可以进行调节。

由U_1提供的恒定电流会经过$U_2 \to Z_T \to U_3$,或者方向相反,依次流经$U_3 \to Z_T \to U_2$。不同的流经方向,会在匹配电阻Z_T上产生方向相反的电压,经过比较器U_4后,输出数字信号"0"或者"1"。电流流经方向由模拟开关U_2和U_3决定,即为输入信号。由于所需要的数据传输速率较低,为4.096Mbps,比较器U_4可以选用低翻转速率的比较器,同时比较器的供电电压可以降低到1.8V或以下,使接收端的功耗进一步降低。

遵循LVDS的规范,驱动电流应该为3.5mA,以便在接收端达到规定的接收信号幅度,因此,3.5mA的驱动电流考虑了一定的噪声容限,但当传输条件比较好时,3.5mA的驱动电流也意味着功耗的浪费,因为减小驱动电流可以降低在匹配电阻上产生的电压,根据式(5.4),可以减小驱动器的功耗。

实际情况也如上所述,通过调节R_1和R_2的比例减小驱动电流后,驱动器的功耗变小,但从接收端信号的眼图(图5.13和图5.14)可以看到信号的眼宽变小,表明信号质量下降,出现误码的概率增加。因此,通过减小驱动电流来减小收发器功耗是可行的,但必须用一定的方法保证数据传输的误码率。测试环境为:传输速率为4.096Mbps,线缆长度为100m的非屏蔽双绞线。

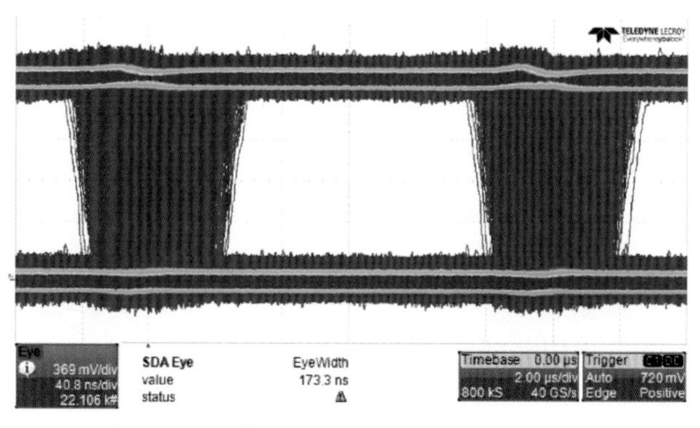

图5.13　驱动电流297μA时眼宽为173.3ns

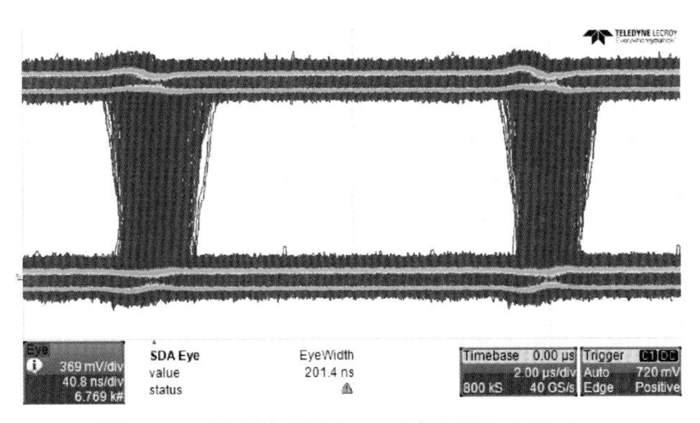

图5.14　驱动电流388μA时眼宽为201.4ns

低功耗收发器的功耗明显小于RS485和LVDS收发器,其功耗如图5.15所示,其中收发器供电电压为1.8V,驱动电流为1mA,传输距离为14m,在传输速率为4Mbps时,一对收发的功耗为3mW左右,远小于同等条件下RS485的70mW和LVDS的30mW。而且低功耗收发器的功耗随数据率缓慢增长,与LVDS收发器的功耗增长相似。这是因为其也是电流型驱动器。

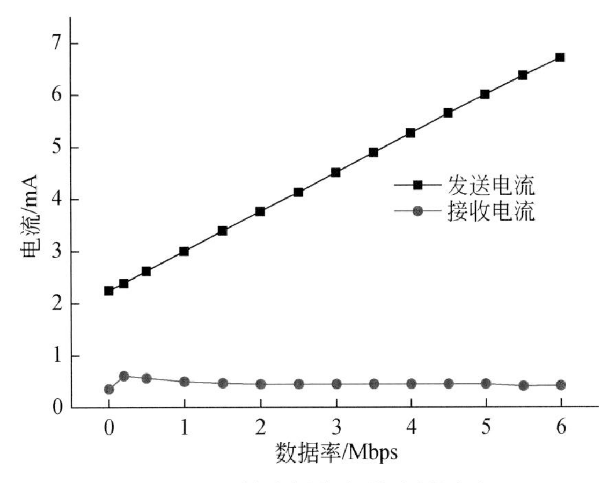

图5.15　低功耗收发器功耗测试

3)收发器驱动电流调节

在图5.6中,调节R_1和R_2的比例实际上是调节MOSFET U_1的栅极电压,用数字模拟转换器代替R_1和R_2,可以方便地实现对MOSFET栅极电压的调节,从而调节驱动器的驱动电流。但在采集链中,驱动电流要能够进行自动调节,这仅仅依靠收发器是不行的,需要在采集站设计上进行考虑。对电流进行调节的总体思路为:接收端对接收信号进行监测,在出现误码后,通知发送方,形成反馈,然后由发送方对驱动电流进行调节。

对收发器电流调节的结构如图5.8所示,其中节点A和节点B是两个采集站,通过自己设计的低功耗收发器进行数据传输。线上数据使用现场可编程门阵列进行编码和解码,对线上传输信号的误码进行实时监测和记录,MCU可以随时读取FPGA内部的误码信息。接收端的MCU将读出的误码信息发送给发送端,发送端根据误码信息,使用内部DAC控制驱动器的驱动电流，对驱动电流进行调节，这样就实现了一个方向上的单次驱动电流调节。两个节点可以进行双向通信，根据上述方式，可以轮流对驱动电流实现调节。线上使用8b/10b编码，在没有数据发送时，驱动器会持续发送 K28.5 符号，表示线缆处于空闲状态。接收端可以通过检测 K28.5 的编码，判断传输是不是出现误码。

对驱动电流的调节分为两个阶段，即快速初始化和长期调节。

a. 快速初始化

在采集链上电后，所有链上采集站的驱动器电流都初始化为最大值，需要对驱动电流进行调节，使其快速接近传输所需的最小值，这个调节过程需要在相邻两个采集站之间进行，为方便描述，以下称为采集站 A 和采集站 B。首先，采集站 A 和采集站 B 互相读取对方的站体唯一编号，由编号较大的一方先开始调节。假设采集站 A 先开始调节，采集站 A 先将驱动电流调节至一半最大值，由采集站 B 统计一段时间的误码率，然后采集站 A 重新将驱动电流调节至最大，向采集站 B 请求误码率信息，此时，采集站 A 和 B 的驱动电流均为最大，可以保证双方的信息传输。如果采集站 A 收到的误码信息表明有误码发生，说明采集站 A 的驱动电流较小，采集站 A 将驱动电流调节至 3/4 的最大值，再次执行上述过程；如果没有误码发生，说明采集站 A 的驱动电流还有可能下调，采集站 A 将驱动电流调节至 1/4 的最大值，再次执行上述过程，如图 5.16 所示。

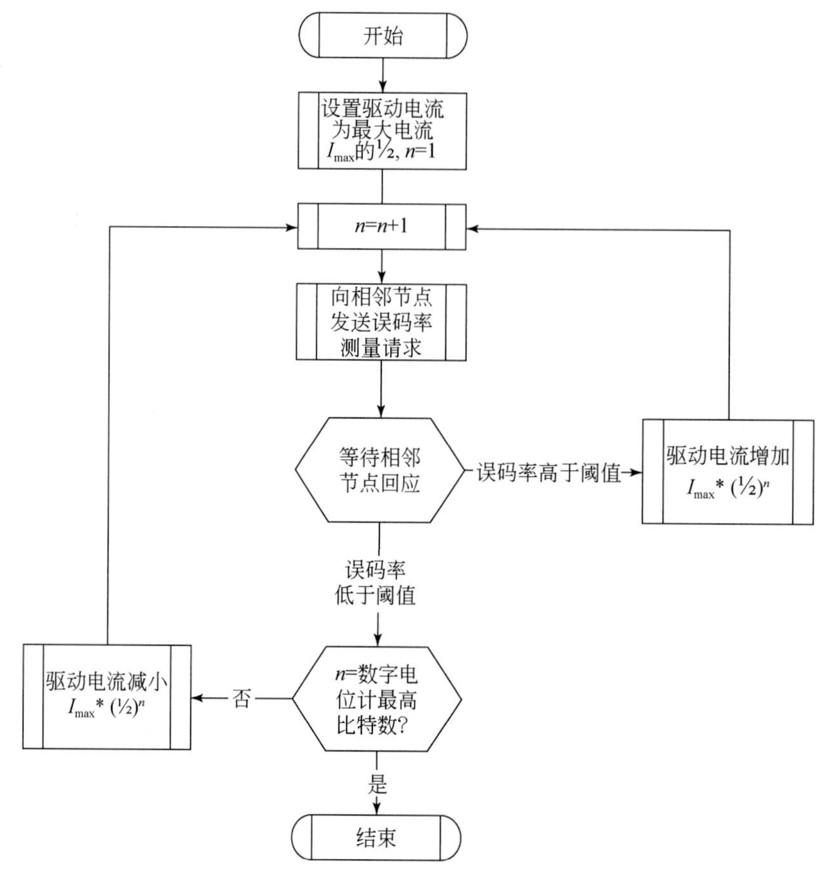

图 5.16　驱动电流快速调节过程

上述电流调节过程类似于逐次比较型 ADC,只不过被调节的是 MCU 内部的 DAC,每一次调节过程都决定了 DAC 的一位,对于一个 12bit 的 DAC,在经过 12 次调节后,就可以得到在该 DAC 控制下最小的驱动电流。在采集站 *A* 结束所有的调节后,它会将驱动电流调节至最终得到的大小,既保证了通信的进行,又减小了驱动器的功耗,同时通知采集站 *B* 开始驱动器电流调节,调节过程与采集站 *A* 相同。

经过快速初始化过程,采集站 *A* 和采集站 *B* 之间的驱动电流得到初步调节,是驱动电流快速接近最小值,但由于调节过程较短,只在短时间内统计了误码率,是粗略调节了驱动电流,还需要在长期调节过程进行微调。

b. 长期调节

快速调节过程结束后,MCU 启动长期调节。MCU 启动一个任务进行误码率信息接收,在一个设定的时间内,如果接收到相邻站体的误码发生信息,表明当前驱动电流较小,需要适当提高驱动电流,如果没有接收到误码信息,等待发生超时,表明当前驱动电流较大,可以尝试适当减小驱动电流。等待的时间与要达到的线上误码率和线上速率有关,以采集站的传输速率 4.096MHz 计算,当误码率要达到 1010 时,等待时间应为 1010/4096000=2441s。

上述两个调节过程使驱动电流的调节完全自动化,在改变线缆程度、环境噪声变大等情况下,上述过程仍旧可以保证收发器之间的数据传输,并能最优化驱动器的功耗,实现了收发器的自适应。

4)8b/10b 编码

以上采集链上的数据采用 8b/10b 编码,主要基于两点考虑:DC 平衡和控制码,8b/10b 编码可以直观地理解为把 8bit 的数据映射为 10bit 来传输。

DC 平衡是指数据传输经过 8b/10b 编码后,在线缆上传输的低电平“0”和 高电平“1”的数量基本一致,可以出现连续的“0”或者“1”,但不应该超过 5 位,从而保证信号的 DC 平衡。编码后的 10bit 数据,其中“0”和“1”的数量有 3 种组合:4 个比特“0”和 6 个比特“1”,表示为“+2” ;5 个比特“0”和 5 个比特“1”,表示为“+0”,6 个比特“0”和 4 个比特“1”,表示为“-2”,这叫作 8b/10b 编码的“不均等性”,8b/10b 进行编解码时,会根据上一次编解码的不均等性,对本次数据进行编解码,保证信号的 DC 平衡。

8bit 数据共有 256 种组合,10bit 数据共有 1024 种组合,即使考虑了编解码的“不均等性”,8bit 数据可能被映射为 2 种 10bit 编码,仍有一些特殊的 10bit 编码可以使用,这些在 8b/10b 中被称为控制码。控制码不会出现在数据中,可以用作数据传输中的一些特殊符号,比如作为没有数据时的逗号序列、数据传输的起始和结束标志等。在一些更复杂的规范中,控制码可以被组合成各种“原语”,实现更复杂的控制。

8b/10b 编码较为简单,是很多广泛使用的串行总线中的编码机制,如 USB、1394、SerialATA、PCI Express、RapidIO 等。用于 FPGA 中的 8b/10b 编解码也有成熟的模块,可以简化开发,因此,在采集链的数据传输中,使用 8b/10b 编码方式。

8b/10b 的缺点是编码效率较低,在线缆上传输 10bit 信号,实际代表 8bit 数据,效率为 80%。采集链的线上速率为 4.096MHz,经过 8b/10b 编码后数据率为 3.2768Mbps,可能会成为采集链扩展带道能力的制约因素。

5)采集站接口的数据传输

采集站接口的数据传输以帧为单位进行,包括对本地命令和采样数据的传输、对其他站体帧地转发。数据在传输前后要进行 8b/10b 编解码,主要在 FPGA 内部实现,传输模块结构如图 5.17 所示。数据传输模块有两个端口,每个端口都有相应的收发器,即图 5.17 中的 PHY。两个端口的收发逻辑是对称结构,采集站在连接采集链时无需区分两个端口。由于两个站体的时钟并不同步,在数据传输中还用到了时钟数据恢复模块。

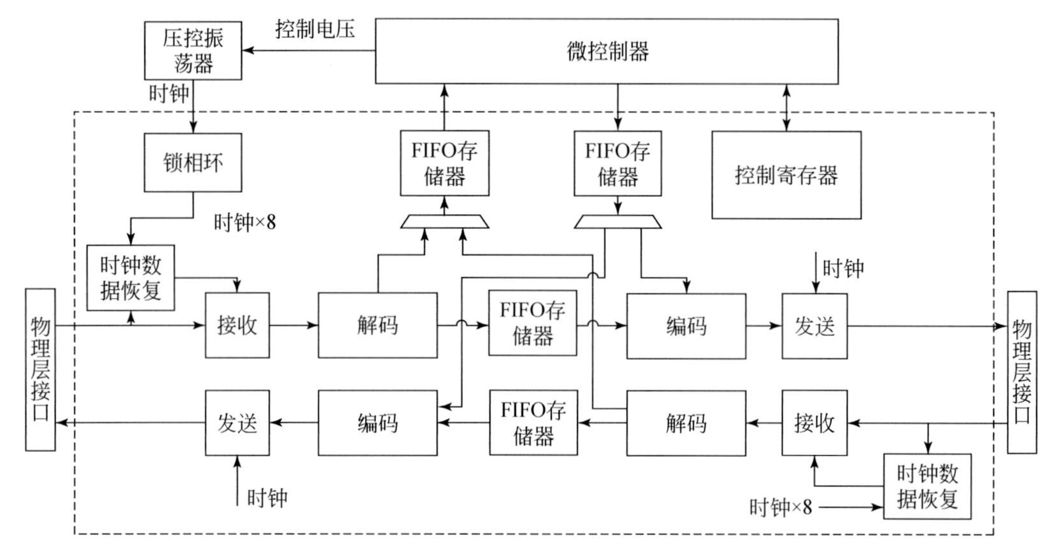

图 5.17　采集站接口数据传输模块结构图

6)时钟数据恢复

在串行数据传输中,收发电路负责串行数据和并行数据的转换。在发送端,并行数据中的每一位逐个送到传输介质上,实现从并行数据到串行数据的转换。在接收端,由于没有与发送端同步的时钟进行数据接收,需要先根据接收到的数据,提取出用于锁存数据的时钟,提取时钟的过程叫作时钟数据恢复。根据恢复出来的时钟对接收信号进行采样,可以得到正确的发送数据。发送数据在经过串并转换,就得到发送方发送的并行数据。可见,时钟数据恢复是数据传输过程中的重要步骤。

在设计采集站的过程中,使用了两种时钟数据恢复方法,分别为锁相环结构时钟数据恢复和数字过采样时钟数据恢复。

锁相环结构时钟数据恢复技术利用反馈调整时钟的相位,使时钟达到最佳的采样时刻,对输入数据进行采样,实现时钟数据恢复,其结构如图 5.18 所示。其中鉴相器、电荷泵、环路滤波器和压控振荡器组成锁相环(phase-locked loops,PLL)电路。其中鉴相器对输入信号和本地时钟进行相位比较,根据两者的相位差产生控制信号,控制电荷泵产生相应的电流信号,在经过环路滤波器后,产生电压控制信号,用来调节压控振荡器的输出频率。锁相环结构的时钟数据恢复和传统的锁相环电路相比,其主要区别为锁相环电路的输入信号,前者是带有时钟频率信息的随机数据信号,后者是规则的时钟信号。

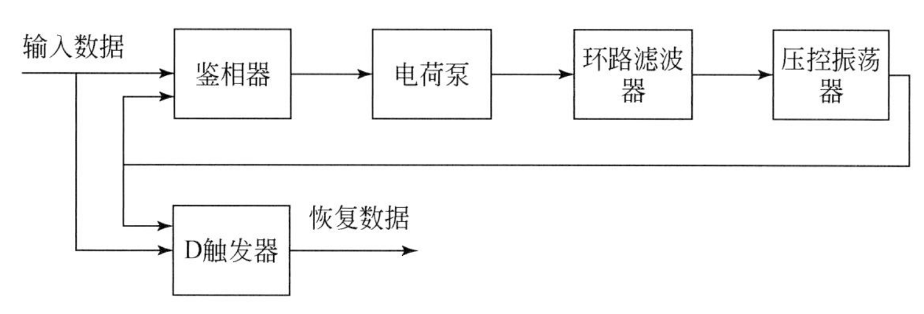

图 5. 18　锁相环结构时钟数据恢复

锁相环结构时钟数据恢复电路的优点是时钟恢复效果好，恢复出来的时钟和输入数据的相位偏差可以减小到很小，甚至为 0，输出的同步时钟较为稳定。其缺点一是功耗较大，采集站中有两路接收，每一路的时钟都不一样，需要增加两个压控振荡器（VCXO）。二是这种结构的调节范围较小，在两个站体的时钟频率相差较大时，可能出现锁相环不能锁定的情况，使采集站之间无法建立连接。

另一种方法是对输入信号进行过采样来恢复时钟和数据，其结构如图 5. 19 所示。线上数据的频率为 4. 096MHz，FPGA 中的数据收发模块也主要工作于 4. 096MHz，使用一个 8 倍的时钟，即 32. 768MHz 的时钟对输入数据进行过采样，由边沿检测模块检测数据的边沿，同时 8 倍时钟经过一个可调的分频器，降频后作为采样时钟对输入信号进行采样。可调分频器根据边沿检测的结果进行调节，可以使采样时钟的上升沿位于数据中间位置，由于可调分频器的时钟为 8 倍的数据频率，因此，恢复时钟调节的最小单位为 1/8 数据时钟周期，时钟数据恢复的结果如图 5. 20 所示。

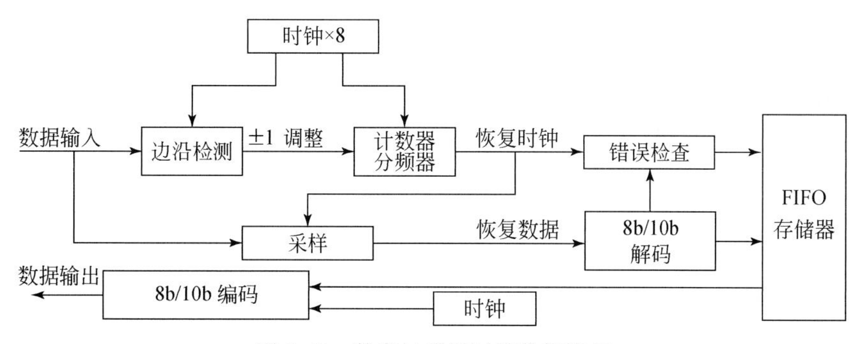

图 5. 19　数字过采样时钟数据恢复

从图 5. 20 可以看出，恢复时钟的上升沿位于数据的中部，可以正确对数据进行采样，恢复时钟根据数据边沿也进行了调节，调节的最小单位为过采样时钟的周期，即数据时钟频率的 1/8。数字过采样时钟恢复的优点是结构简单、调节范围大。这种方法不需要模拟器件和额外的 VCXO，可以在 FPGA 内部实现，简化系统结构；而 1/8 数据时钟周期的调节范围，在通信双方的时钟频率相差较大时，也可以正确恢复出传输数据，提高了系统的可靠性。其主要缺点是需要提供 8 倍的本地时钟。

在实际实现中，大部分数据收发逻辑都工作在 4. 096MHz，只有边沿检测和分频得到采样时钟的模块工作于 32. 768MHz 下，对功耗的增加并不大。同时，使用 FPGA 内部的低压

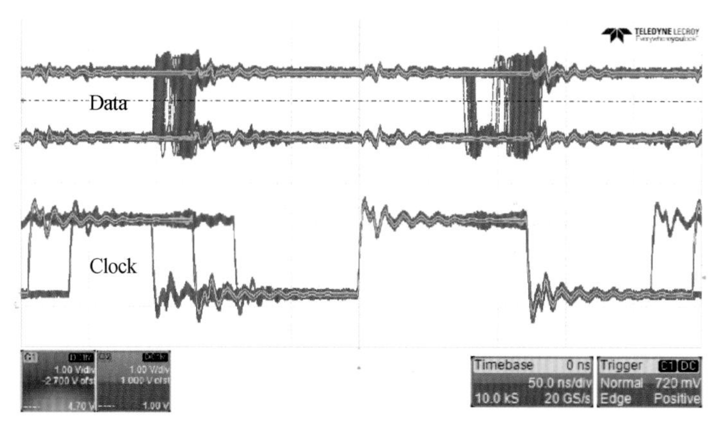

图 5.20　数字过采样时钟数据恢复结果

PLL 对本地 4.096MHz 时钟进行倍频,得到 8 倍的过采样时钟,PLL 的功耗实测小于 1mW。综合以上分析,在实现采集站时,采用数字过采样时钟数据恢复技术。

a. 本地数据收发

采集站进行数据收发的起始点和终点都是 MCU,FPGA 中的数据收发模块是 MCU 之间数据传输的桥梁,因此,本地数据收发的部分主要包括 FPGA 中的数据收发逻辑和 FPGA 与 MCU 之间的接口,其结构图如图 5.21 所示。采集站之间的信息传递都是以帧为单位进行,并且命令帧和数据帧使用同一通道,对于收发逻辑并没有区别,以下为了简便,统称为数据。

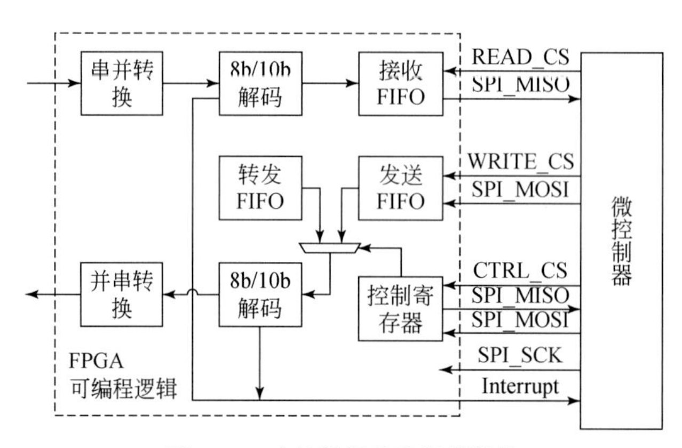

图 5.21　本地数据收发逻辑结构

MCU 与 FPGA 之间的接口主要是一个串行外设接口(serial peripheral interface,SPI)。MCU 通过 SPI 与数据收发逻辑中的多个模块进行数据交换,各个模块之间通过不同的片选信号(chip select,CS)进行区分。在 MCU 内,SPI 被配置为主模式,一次传输的数据宽度为 8bit,除此之外,数据收发逻辑会产生中断信号,通知 MCU 数据发送完成或者接收到新数据。使用 SPI 作为 MCU 和 FPGA 之间的接口,可以使数据收发逻辑通用化,方便对 MCU 进行硬件升级。

在 MCU 需要发送一个帧时,MCU 先使能 WRITE_CS 信号,选中 SPI 的目标为发送 FIFO,8b/10b 编码模块对发送 FIFO 中的数据进行编码,输出的 10bit 编码再经过并串转换被发送到线上。8b/10b编码中的控制码用来进行帧分隔,虽然可以在一个帧未发送结束时插入逗号序列等待数据,但这样会使一个帧发送的时间变长,可能超过转发FIFO的缓冲能力,造成转发帧的丢失,因此,在发送一个帧时,要保证数据的连续性。

对于本地发送,FPGA收发逻辑有两种方式保证发送数据的连续性。一是在MCU向发送FIFO写完所有数据后,通过控制寄存器发送一个开始发送信号,发送模块再从发送FIFO中读取数据,开始发送。这种方法对SPI的速率没有要求,对是否以DMA方式写入也不做要求,但会降低数据发送的整体速率,适用于数据率较低的情况。二是MCU以DMA方式通过SPI向发送FIFO中写入帧,收发逻辑根据SPI速度不同,在SPI速率大于线上速率时,立即从发送FIFO读取数据开始发送,在SPI速率小于线上速率时,缓冲一定数据后开始发送。这种方法减少了本地数据发送时缓冲的时间,可以提高整体的数据发送速度,适合本地连接有多个ADC模块时使用。

发送逻辑将本地数据发送结束后,产生发送完成中断,通知MCU可以进行下一步操作,本地数据发送过程结束。

数据接收逻辑对线上的8b/10b编码进行解码,在检测到帧开始控制码后进入接收状态机。接收状态机对帧里的目标地址进行判断,根据地址不同有三种结果:当目标地址是本站时,接收逻辑将收到的数据写入本地接收FIFO;当目标地址是广播时,接收逻辑将收到的数据同时写入本地接收FIFO和转发FIFO;当目标地址是其他地址时,接收逻辑将收到的数据写入转发FIFO。一帧接收完成后,如果目标地址是本站或者广播,即本地FIFO中被写入了一帧,收发模块就会产生一个接收完成中断,通知MCU进行数据读取。

可见,MCU只需关心和本站有关的数据,其处理能力只和本站产生的数据率有关,和采集链上数据链无关,因此,这种收发方式可以比较灵活地在采集链上扩展采集站个数。

b. 过路数据转发

采集站数据收发模块的另一个任务是对过路数据进行转发,过路数据指广播数据或者目标地址非本站的数据。由于收发器传输距离有限,需要每一级采集站对数据进行接力,才能保证整条采集链的数据传输,转发功能的逻辑结构如图5.22所示。

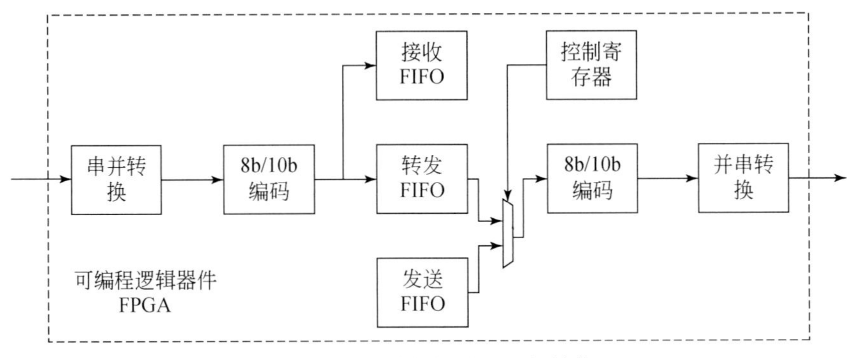

图5.22　过路数据转发逻辑结构

数据接收过程与本地接收类似,只是过路数据将被写入转发FIFO。不同于本地发送FIFO,MCU可以控制一个帧发送完成之后再发送第二个帧,但对于转发FIFO,线上的帧可能是连续到达的,要使发送模块较为简单地区分两个帧,可以在转发FIFO中对两个帧进行区分。将转发 FIFO 的宽度配置为 9bit,低 8bit 用来存储 8b/10b 解码后的数据,高 bit 为“0”或者“1”,每接收完成一个帧，最高位进行翻转。发送模块在检测到最高位发生变化时,结束当前帧的发送,这样就可以在不对帧进行解析的情况下完成帧分隔,简化了逻辑设计。

发送逻辑需要在本地发送 FIFO 和转发 FIFO 中进行选择,以转发 FIFO 优先。一是因为转发 FIFO 的缓冲能力有限,需要立即发送数据;二是防止靠近电源站的采集站一直发送数据,堵塞采集链传输通道。但采集站也可以通过控制寄存器,强制优先发送本地数据,以防止本地数据缓冲溢出。

转发完全由 FPGA 执行,并不需要 MCU 的参与,一方面减小了 MCU 的负担,另一方面保证了转发的速度。这种先缓冲再转发的方式,使线上的帧变得连续,充分利用了传输带宽。如图 5.23 所示,在没有本地数据时,转发帧按照先后顺序经过采集站,不会改变两个帧之间的间隔。而当采集站有本地帧要发送时,发送逻辑会在没有转发帧时发送本地帧。在发送本地帧期间如果有转发帧到来,会先缓存在采集站中,等本地帧发送结束后,立即发送被缓冲的帧。这使图 5.23 中转发帧 1 和转发帧 2 之间的间隔 Δt 被本地帧 1 填充,并且转发帧 2 被相应延后。从传输结果看,原来帧与帧之间的间隔被消除,充分利用了采集链传输带宽。但这种方法也有缺点,它使两个不相邻采集站之间的传输延时变得不固定,延时与中间站体的通信频繁程度有关。

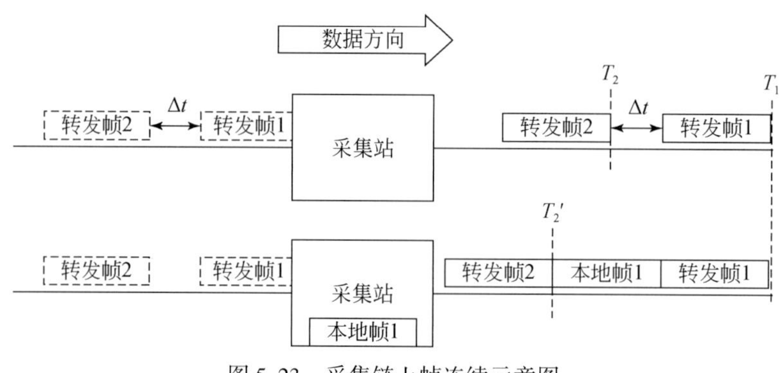

图 5.23　采集链上帧连续示意图

5.2.2　电源站

电源站是数据采集系统中最基础的管理单元,其主要功能如下。

电源站时钟同步。电源站数量较少,对功耗不太敏感,可以使用 GPS 实现同步,包括频率同步和时刻同步,并且通过采集链对管理的所有采集站定时广播同步帧。

电源站对管理的采集站实现分布式管理。可以减轻上级站体的负担,方便数据采集系统道数的扩展。上级站体可以同时对大量采集站进行控制,并不需要逐个进行,只需要将控制命令发送给相应的电源站,由电源站分别执行后将总执行结果返回给上级。

电源站具有一定存储能力,在数据链路故障或者上级站体出错的情况下,可以将采集数据暂存在本地,保障数据安全。

电源站具有高速可靠的数据发送能力。为了最大限度地减轻电源站 CPU 的负担,电源站通过FPGA实现对采集站数据帧的快速确认,以及对交叉站的快速可靠数据传输。电源站具有高速数据转发能力。纵缆上连接有多个电源站,只有直接与交叉站相连的电源站可以将数据直接发送给交叉站,其他的电源站需要经过纵缆数据转发才能与交叉站通信,转发是透明的。

电源站需要通过采集链对采集站进行供电,需要具有一定的电源管理能力。电源站结构图如图5.24和图5.25所示,主要由纵缆通信接口、采集链通信接口、电源、GPS同步和存储等部分组成。其中纵缆通信接口数据传输速率为100Mbps,用于电源站和交叉站以及电源站之间的通信,属于纵缆的高速数据通道;采集链通信接口传输速率为4.096Mbps,用于电源站和采集站以及采集站之间的通信,属于纵缆的低速数据通道。电源站需要进行时钟同步,主要是需要对采集站进行同步帧分发。此外,电源站还要对采集链进行供电,在纵缆高速数据通道出现链路故障时,对采集数据进行缓冲,所以还需要有供电管理能力和存储能力。

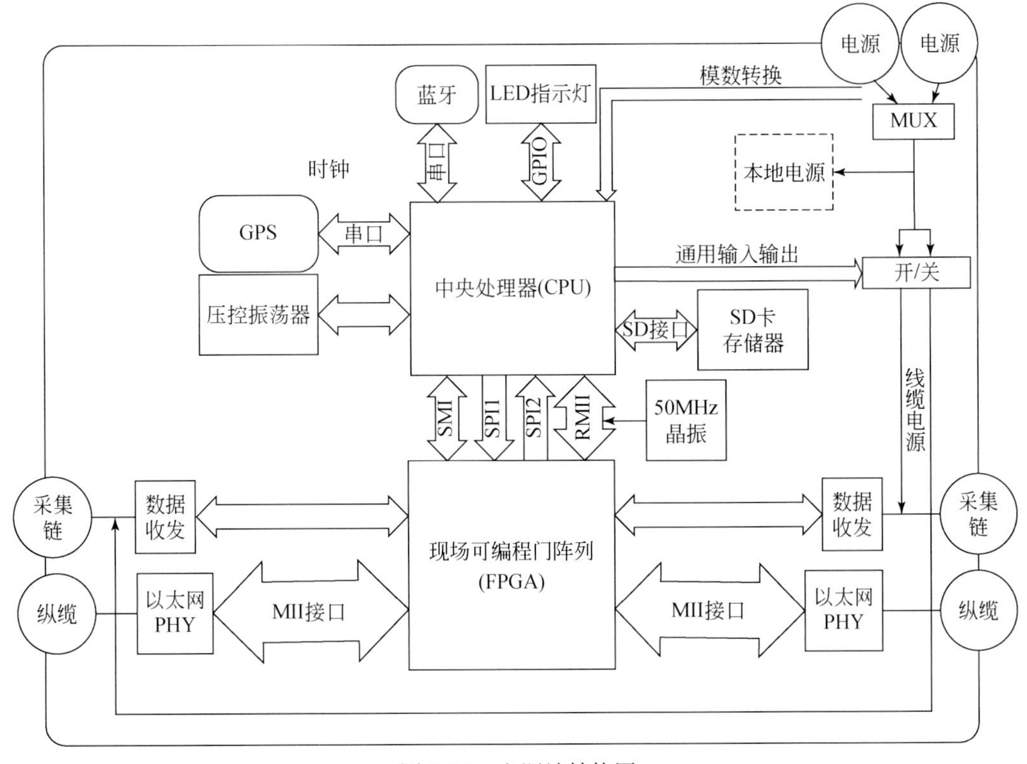

图5.24　电源站结构图

1)电源站数据传输设计

纵缆是数据采集系统中连接电源站的线缆,负责将多个电源站收集到的采集数据快速传输给交叉站,由于大量采集数据汇聚后数据率较高,要求纵缆有较高的数据率,同时兼顾电源站上的功耗。采集链是连接电源站和采集站的线缆,链上采集站数量较少,为了最大限度地减小采集站的功耗,采集链上的数据率较低。以UniQ系统为例,其采集链上的数据速率为4Mbps,纵缆上的数据率为100Mbps。

图 5.25　电源站电路实物图

当采集链和纵缆的排列方向一致时(这也是大多数情况),可以将两条传输通道放置于一条线缆内,形成高速数据通道和低速数据通道搭配的纵缆,方便施工。这种纵缆的示意图如图 5.26 所示,虽然高速数据通道和低速数据通道是同一条线缆,但两者使用不同的线缆,在物理上就是隔离的,不会对另一通道造成影响,只是简化了施工。

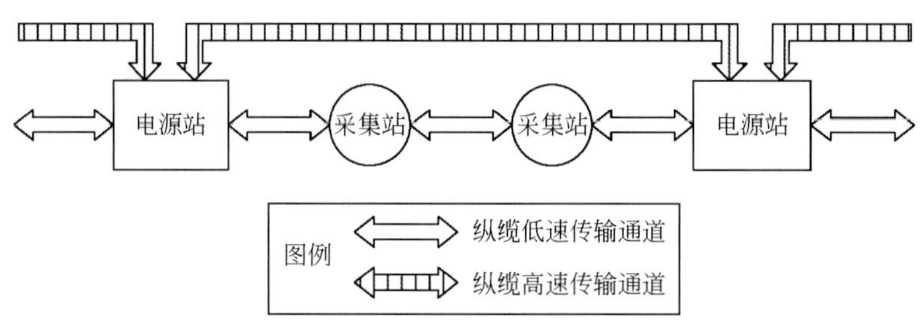

图 5.26　纵缆传输示意图

2)纵缆低速数据传输通道

纵缆低速数据传输通道,传输速率为 4.096Mbps,用于电源站和采集站,以及采集站之间的信息交换。虽然数据通道支持全双工通信,但根据数据采集系统的传输特点,其线上的信息流向为:对于命令帧,在传输通道上是进行双向传输,对于数据帧,一般只会向着电源站的方向传输,因此,电源站上的通信接口的接收数据量远大于发送。此外,根据不同的系统拓扑,电源站可能需要与多条采集链连接。使用 FPGA 实现低速数据通道,其接口如图 5.27 所示。

如图 5.27 所示,FPGA 实例化了多个低速数据通道,可以连接多条采集链。每个通道都通过一个接收 FIFO 和发送 FIFO 缓冲传输数据,对于接收,通过读取控制模块进行接收 FIFO 选择,MCU 以帧为单位进行读取。接收通道除了收到命令帧,还有可能收到大量的数据帧,很有可能达到线缆最大传输速率。考虑 4 个通道的情况,MCU 读取的速度需要达到 4 倍的采集链速度,即使考虑到编码的效率,最大数据率也将超过 13Mbps,MCU 通过 RMII 接

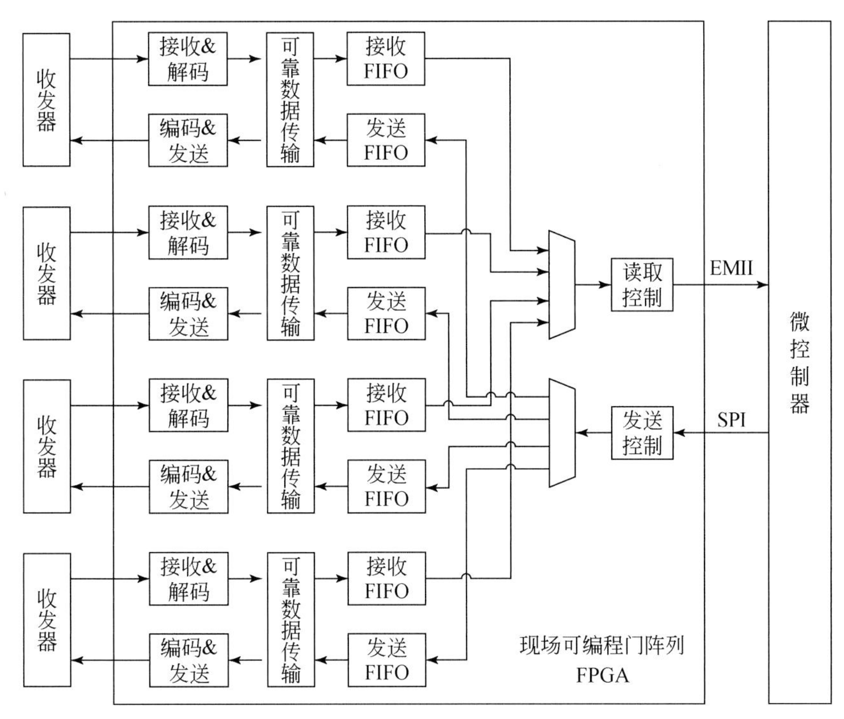

图 5.27　电源站低速数据通道接口结构图

口进行接收,最大数据传输速率 100Mbps。对于发送,主要是命令帧和确认帧,其中经过 MCU 的只有命令帧。由于命令帧对传输速度要求并不高且数量较少,MCU 通过 SPI 接口进行发送,通过发送控制模块对目标发送 FIFO 进行选择,SPI 传输速率为 5Mbps。为了降低 CPU 的负担,在低速数据通道接口中,使用 FPGA 实现可靠的数据传输。

3)纵缆高速数据传输通道

纵缆高速数据传输通道,是电源站和交叉站及电源站之间进行通信的通道。其主要功能是:负责同一纵缆上电源站和交叉站之间的通信;对横缆上其他电源站的数据进行转发。纵缆高速数据通道分为上行通道、下行通道和转发通道。其中上行通道为电源站到纵缆的高速数据通道,最大链路带宽与多条采集链的最大数据率总和相等,以 4 条采集链为例,最高速率为 13.1Mbps;下行通道为纵缆到电源站的低速命令通道,与 CPU 使用最高速率为 5Mbps 的 SPI 接口;转发通道对目标地址不是本站的帧进行转发,完全在 FPGA 内部完成,不需要 CPU 进行处理,最大传输速率为 100Mbps。纵缆高速数据接口的结构如图 5.28 所示。

在图 5.28 中,电源站有两个纵缆高速数据传输通道,可以使电源站根据需要自行选择通信方向,或者对过路数据进行转发,实现对纵缆上的数据传递,最终到达交叉站。纵缆接口使用 FPGA 实现,主要分为本地发送、本地接收和转发三部分。

对于本地发送,其特点是:需要发送大量数据帧和少量命令帧,最高速度为多条采集链上的最大数据率总和,数据来自 CPU,需要 CPU 和 FPGA 进行高速数据传输,因此,对于本地发送,使用 RMII 接口,其传输速率为 100Mbps。发送数据会先写入本地发送 FIFO,然后根据目标地址的不同,分别由两个方向上的收发控制模块进行发送,可能往一个或者两个方向

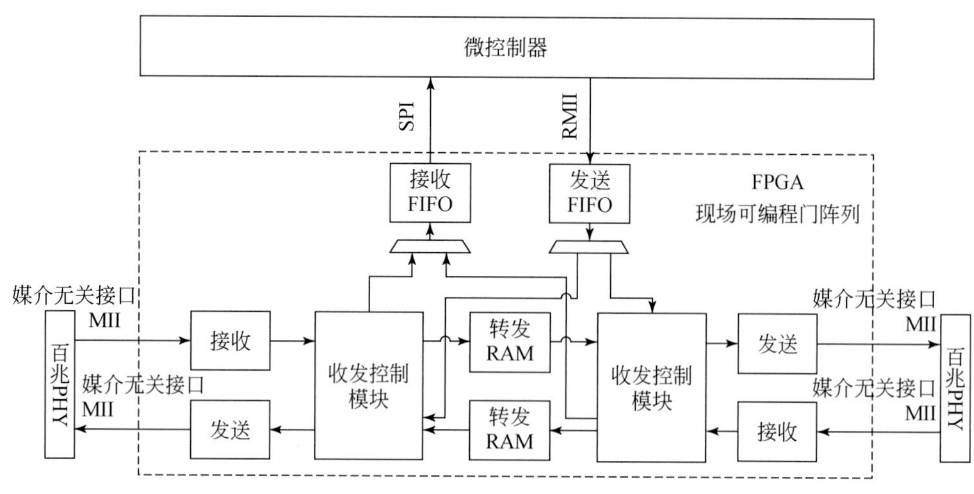

图 5.28　电源站高速数据通道接口结构图

发,取决于帧的目标地址。

对于本地接收,其特点是:只需接收少量命令帧,因此,对于本地接收,使用数据率为5Mbps的SPI接口。纵缆高速数据接口在接收帧时,会先判断帧的目标地址,如果目标地址为本地或者广播帧,收发控制模块会将帧写入缓冲FIFO或者转发FIFO,并在接收过程中进行检查,如果接收正确,通知CPU读取;如果接收出错,将接收FIFO清空。

转发是将一个端口接收到帧发送到另一个端口,实现对过路数据的中继,延长纵缆的通信距离。转发的特点是高数据率,纵缆上的数据率最高可以占满百兆通信链路,达到100Mbps。转发过程为:百兆物理层接收到帧时,根据目标地址进行判断,如果是需要转发的帧,比如目标地址非本地的帧或者广播帧,会将帧写入转发RAM中。在写入转发RAM前,收发控制模块记录写入的初始地址,如果接收出错,根据初始地址恢复到上一次写入的地址,实现对错帧的清除。在收到一个完整的帧后,另一个端口的收发控制模块会从转发RAM中读出一个完成的帧进行发送,实现纵缆高速数据通道的转发。通信接口采用对称设计,另一个端口的情况不再赘述。

电源站高速数据通道接口在FPGA中实现,利用FPGA的并行处理能力,对纵缆上高速数据进行转发不需要电源站CPU进行干预,电源站只需负责本地数据的收发。另外,在收发控制模块中也实现了可靠数据传输,CPU不需要针对每一个帧进行可靠性保证,只需在发生链路错误时进行处理,因此大大减轻了CPU负担。

4)电源站时钟同步

电源站需要进行时钟同步,主要是对管理的采集站进行时钟同步。其时钟同步功能主要分为两部分:一是实现电源站时间同步,二是向管理的采集站发送同步帧。在数据采集系统中,大量电源站和采集站分布在较广的区域内,为了使管理的所有采集站在同一时刻执行命令,需要作为授时站体的电源站首先达到时间同步。考虑到同步精度、功耗等因素,使用GPS模块对电源站进行同步,并使时钟与UTC时间同步。在电源站达到时间同步后,开始向采集站发送同步帧,采集站根据之前介绍的方法,使用单向的同步帧进行时钟频率调节和时刻同步。

电源站时间同步也分为时钟频率同步和时刻同步两部分。对于时钟频率同步,电源站和采集站一样,使用基于计时器的倍频器,其结构如图 5.29 所示。

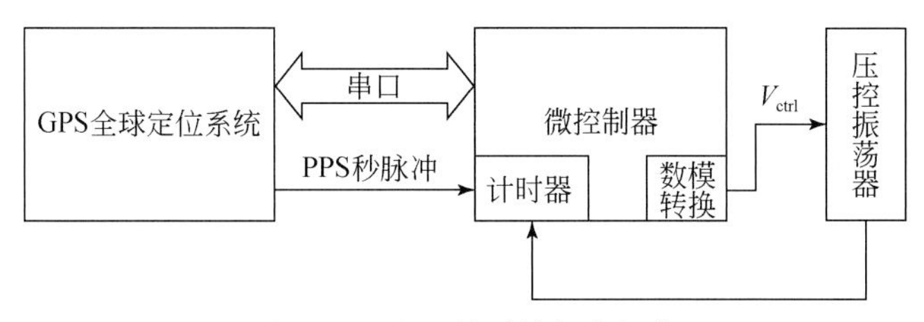

图 5.29　电源站时钟频率调节

电源站的同步时钟源为 GPS 的秒脉冲信号。GPS 模块在搜星锁定后,会输出准确的秒脉冲,秒脉冲的上升沿之间的间隔为经过 GPS 调节后较为准确的 1s,秒脉冲的宽度可以通过串口进行配置。使用基于计时器的倍频器进行时钟频率调节的过程为:GPS 输出的秒脉冲连接到计时器的锁存输入上,当秒脉冲的上升沿到来时,计时器对当前计数值进行锁存。锁存到的计数值的差与锁存信号间隔和计时器的频率有关,由于使用的是秒脉冲进行锁存,计数值差与时钟频率相等。为了方便讨论,假设驱动计时器的时钟频率为 32.768MHz,则计数值差应为 32.768M。

在每次秒脉冲锁存后,CPU 都会读取定时器的锁存值,并与上一次的值作差,得到两次秒脉冲锁存的计数差,然后对计数差进行判断,如果差值大于 32.768M,表示本地驱动计时器的时钟频率较高,需要降低频率;如果差值小于 32.768M,表示本地驱动计时器的时钟频率较低,需要提高频率;如果差值等于 32.768M,表示本地驱动计时器的时钟频率不需要调节。CPU 根据差值,使用 DAC 对压控振荡器进行调节,使其输出频率与 GPS 频率一致。由此,通过基于计时器的倍频器,实现了电源站时钟频率的调节。

基于以上方法,电源站时钟频率同步的精度,主要与计时器的驱动时钟频率和压控振荡器的控制电压调节精度有关。CPU 需要在检测到计数值的差值与预期值的不同后,才能根据结果进行时钟频率调节,越高的计时器驱动时钟频率表示计时器可以检测到越小的时钟频率差异,从而进行调节。另外,由于电压调节的精度有限,是一个离散值,电源站的压控振荡器输出的时钟频率也是一个离散值,最终可能在目标频率附近摆动。而更高的控制电压调节精度,可以缩小输出频率摆动的范围,使其更接近目标频率。

电源站的时刻同步使用 GPS 秒脉冲和通过 NMEA 协议获取的 UTC 时间进行确定。GPS 秒脉冲是在 UTC 时间的整秒数产生的,同时该 UTC 时间也会通过 GPS 模块的串口发送出来,因此,在 GPS 秒脉冲的上升沿对电源站的本地时钟进行锁存,再获得对应的 UTC 时间,就可以得到电源站和 UTC 时间的时间差。根据时间差对电源站本地时间进行修正后,就可以实现电源站的时刻同步。

电源站在获得本地和 UTC 时间的差值后,就开始向采集站广播同步帧,同步帧是单向的,并不需要采集站给出回应。同步帧内包含两个信息,一是同步帧发出时电源站的本地时刻,二是电源站和 UTC 时间的时间差,采集站根据这两个信息,利用之前介绍的方法,可以实现本地时钟频率调节,在采集站被分配地址后,可以实现采集站和电源站的时刻同步,即与 UTC 时间同步。

使用这种时钟同步方式,可以使所有的电源站与同一个时钟实现同步,使用 UTC 时间也方便中央控制单元对站体进行操作。使用基于计时器的倍频器对电源站时钟频率进行调节,结构简单,灵活性高,可以方便地实现多种同步调节算法。

5.2.3 交叉站

交叉站是纵缆和横缆的连接单元,其需要具备以下能力。

管理与之相连的纵缆上的电源站。交叉站也进行分布式管理,其管理的目标站体为下属的电源站,以此来减轻中央控制单元的管理压力。

高速可靠的纵缆数据传输能力。交叉站接收纵缆上的采集数据,需要快速向数据来源站体发送确认帧,为保证纵缆具有较大的带道能力,纵缆的最大数据率为 100Mbps。采集站拿到采集数据后,需要修改数据帧,将自己作为数据源地址,将采集数据通过横缆高速可靠地传输给中央控制单元或者数据中心,横缆的数据传输速率为 1Gbps。

对横栏上数据进行高速转发的能力。横缆连接有多个交叉站,将相连交叉站的采集数据汇聚后传输给中央控制单元或者数据中心,转发是透明的。转发依靠 FPGA 完成,以降低对交叉站 CPU 的处理能力要求。

交叉站的结构图如图 5.30 和图 5.31 所示,主要由百兆以太网接口、千兆以太网接口、中心处理单元及其他辅助模块组成。交叉站主要有 4 个数据接口,其中两个接口最大数据率为 100Mbps,为纵缆接口,可以与两条纵缆相连,将纵缆上的采集数据传输到交叉站上。另两个接口最大数据率为 1Gbps,为横缆接口,负责将交叉站接收的采集数据发送到中央控制单元或数据中心,并对其他交叉站发送到横缆上的数据进行转发。

交叉站硬件主要使用 FPGA,在纵缆接口上,实现百兆以太网物理层芯片和 MCU 之间的通信链路,在横缆上,实现千兆以太网物理层芯片和 MCU 之间的通信链路。MCU 作为主要处理单元,对于命令帧进行解析和执行等操作,对于来自纵缆上的数据帧进行向上级站体的高速可靠发送。来自横缆的数据帧不会进入 MCU,由 FPGA 直接进行转发。

1)交叉站数据传输设计

纵缆通信接口,即百兆通信接口,是交叉站和电源站通信的通道,对于命令帧和数据帧都是用同一通道,不过由于命令帧和数据帧的特点,在处理上进行一定区分。在这个接口上,对于命令帧,交叉站和纵缆实现命令帧的双向传输,对于数据帧,则是从纵缆到交叉站的单向传输。在数据采集系统实际工作中,命令帧的数量远小于数据帧。因此,纵缆通信接口通过 FPGA 逻辑实现百兆 PHY 芯片到 MCU 的传输通道时,将传输通道分为高速通道和低速通道。其中高速通道为百兆 PHY 芯片到交叉站 MCU 的通道,最大带宽为 100Mbps,与纵缆的最大传输速度一致,使用 MII 总线;低速通道交叉站 MCU 到百兆 PHY 芯片的通道,使用 SPI 接口,最大速度为 10Mbps。两个百兆以太网接口是对称设计的,其结构图如图 5.32 所示。

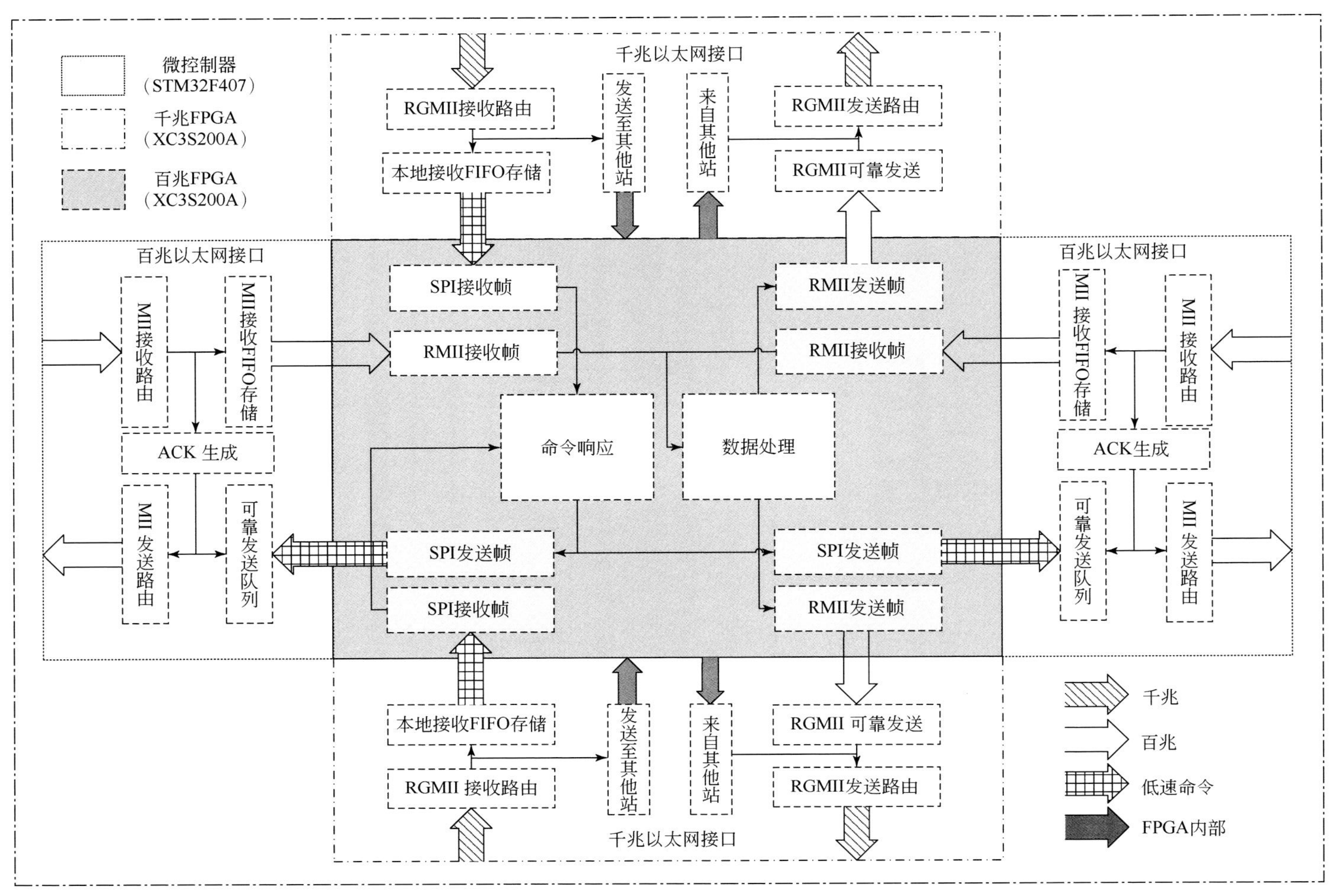
微控制器（STM32F407）
千兆FPGA（XC3S200A）
百兆FPGA（XC3S200A）
千兆以太网接口
RGMII接收路由
本地接收FIFO存储
发送至其他站
来自其他站
RGMII发送路由
RGMII可靠发送
百兆以太网接口
MII接收路由
MII接收FIFO存储
ACK 生成
MII 发送路由
可靠发送队列
SPI接收帧
RMII接收帧
命令响应
数据处理
SPI发送帧
SPI接收帧
RMII发送帧
RMII接收帧
SPI发送帧
RMII发送帧
百兆以太网接口
MII 接收FIFO存储
MII 接收路由
ACK生成
可靠发送队列
MII 发送路由
本地接收FIFO存储
RGMII 接收路由
发送至其他站
来自其他站
RGMII 可靠发送
RGMII发送路由
千兆以太网接口
千兆
百兆
低速命令
FPGA内部

图 5.30　交叉站结构图

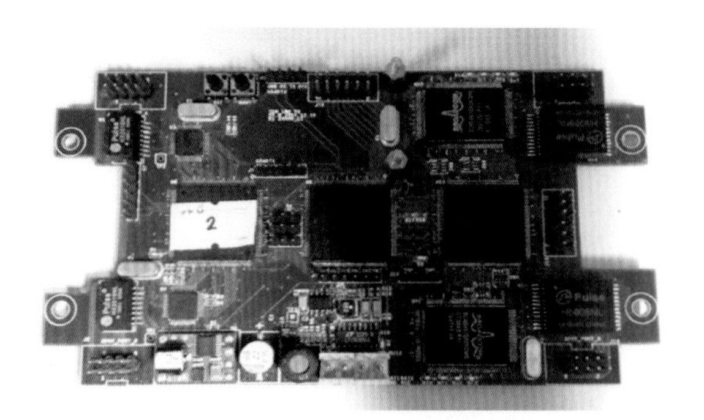

图 5.31　交叉站电路实物图

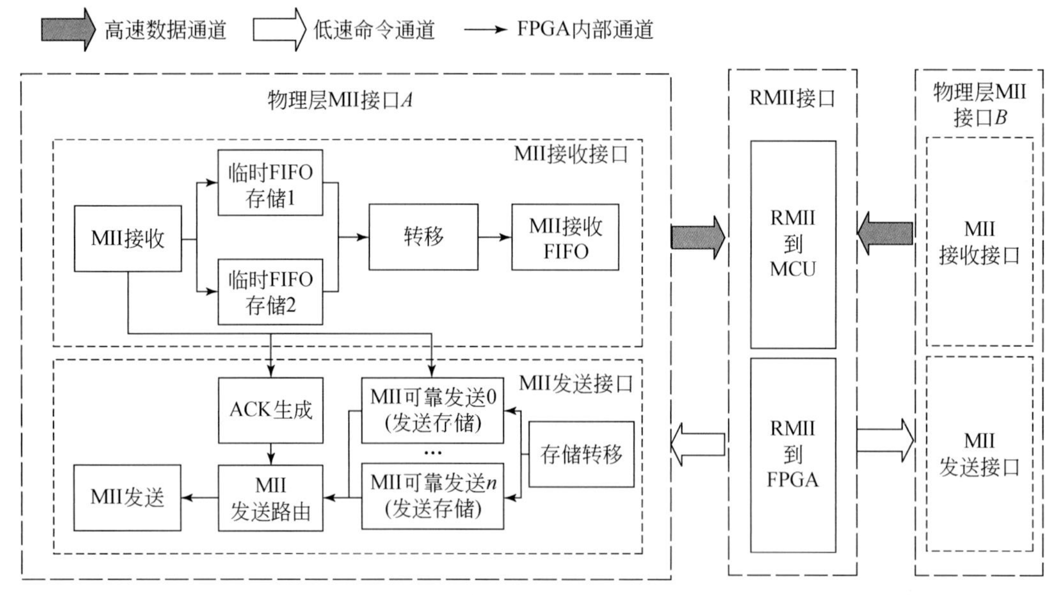

图 5.32　交叉站百兆链路结构图

如图 5.32 所示，百兆链路接口主要分为：MII 接收接口、MII 发送接口和 MCU 通信接口。

a. MII 接收接口

如上所述，在纵缆到交叉站 MCU 的方向上，最大数据率为纵缆的数据传输速率，即 100Mbps，所以 MII 接收接口在接收纵览数据时，除了保证帧的正确性外，主要是提高接收速度。在保证帧的正确性方面，MII 接收接口在收到百兆 PHY 芯片传来的接收数据后，先进行帧 CRC 校验，只有校验通过的帧才会向下继续传输，直至最后传输到交叉站 MCU 中。在保证 MII 接口接收速度上，主要使用了多个接收缓存进行乒乓操作，且接收缓存将数据传出的速度远大于百兆链路速度，保证了即使纵缆上的通信帧连续到来，也有接收缓存进行存储。

具体的接收过程为：MII_RX 模块将收到的通信帧先缓存在 TMP_FIFO 内，在缓存过程中就进行 CRC 校验，在接收完成时，对 CRC 校验结果进行判断，如果校验正确，将收到的数据帧传输到 MII_RX_FIFO 中，等待传输给 MCU；如果校验错误，通过缓存 FIFO 的同步复位信号进行清理,将错帧进行丢弃处理。除了接收通信帧,MII 接收接口还对帧类型进行解析。为了保证数据的可靠传输,接收方会在正确收到通信帧后,向发送方发送确认帧。对于大量的数据帧,确认帧的生成由 FPGA 自动完成,以减小 MCU 的负担。MII 接收接口在检测到确认帧后,会将确认信息发送到 MII 发送接口,由 MII 发送接口进行进一步判断。

b. MII 发送接口

百兆链路通信接口的发送部分,负责发送交叉站到电源站的命令帧和确认帧等,命令帧主要来自于交叉站 MCU,数量较少,大量的数据确认帧由 FPGA 自动生成和发送,无需 MCU 进行干预。

MII 发送接口需要实现硬件的可靠数据传输,主要体现在两方面:一是对于接收到数据帧后,由 MII_RX 模块自动生成确认帧,并将确认帧发送给 MII 发送接口;二是由交叉站 MCU 发出的命令帧,先暂存在发送缓冲中,在被发出后并不清理缓冲,而是等待来自 MII_RX 模块的确认帧信息。如果在超时前收到了确认帧,则发送成功,将缓冲数据清空,否则在超时后进行重发。由于可能存在多个帧同时发送的情况,MII 发送接口实例化多个缓冲空间,可以同时发送多个通信帧。确认帧和命令帧可能同时需要发送,发送的优先级由 MII_TX_ROUTER 模块决定。其中确认帧的优先级较高,以保证发送方可以快速收到响应。MII_TX_ROUTER 模块还有流量控制的功能。在本地接收压力太大时,该模块会选择性丢弃一些确认帧,使数据发送方等待超时,进行延时重发,达到控制线上数据率的功能。

c. MCU 通信接口

该接口主要完成高速数据通道(如 RMII)以及低速命令通道(如 SPI)与 FPGA 之间进行数据交换。其中数据通道与 MCU 的 MAC 控制器相连,MII_RX_FIFO 非空时将数据发送至 MAC 控制器的接收缓存,同时 MCU 内部计数信号量加 1,表明缓存中有一帧有效数据。命令通道采用 SPI 接口完成 FPGA 到 MCU 的数据交换,其中 FPGA 工作在 SPI 的从模式,当 FPGA 发送缓存完成发送后,通过中断方式通知 MCU。MCU 内维护一个表示可用发送缓存数目的计数信号量,当有命令要发送到电源站时,先查询是否有可用发送缓存,若有则启动 DMA 发送一帧数据至 FPGA,由 FPGA 完成可靠数据传输。MCU 接口还包括通过 SMI 接口对 FPGA 内部的寄存器进行配置。

交叉站有两个百兆链路接口,在从 MCU 发送通信帧到 MII 发送接口时,使用同一个 SPI 接口,由 FPGA 在接收时,根据通信帧目标地址所在的端口进行自动分配。

2)交叉站横缆数据传输设计

横缆通信接口,即千兆通信接口,是交叉站和中央控制单元或者数据中心进行通信的通道。其主要功能是:负责交叉站和横缆上其他站体之间的通信;对横缆上其他通信进行转发。千兆通信接口通过 FPGA 逻辑实现千兆 PHY 芯片到交叉站 CPU 的数据通道,链路主要分为上行通道、下行通道以及转发通道。其中上行通道为交叉站到横缆的高速数据通道,最大链路带宽与纵缆最高速率一样为 100Mbps;下行通道为横缆到交叉站的低速命令通道,其最大带宽为 10Mbps(SPI 接口最大速度);转发通道为横缆上其他交叉站的通信通道,完全在 FPGA 内部完成,不需要 CPU 进行处理。转发通道完全由 FPGA 内部实现,其数据率为 1000Mbps,千兆链路通信接口的结构如图 5.33 所示。

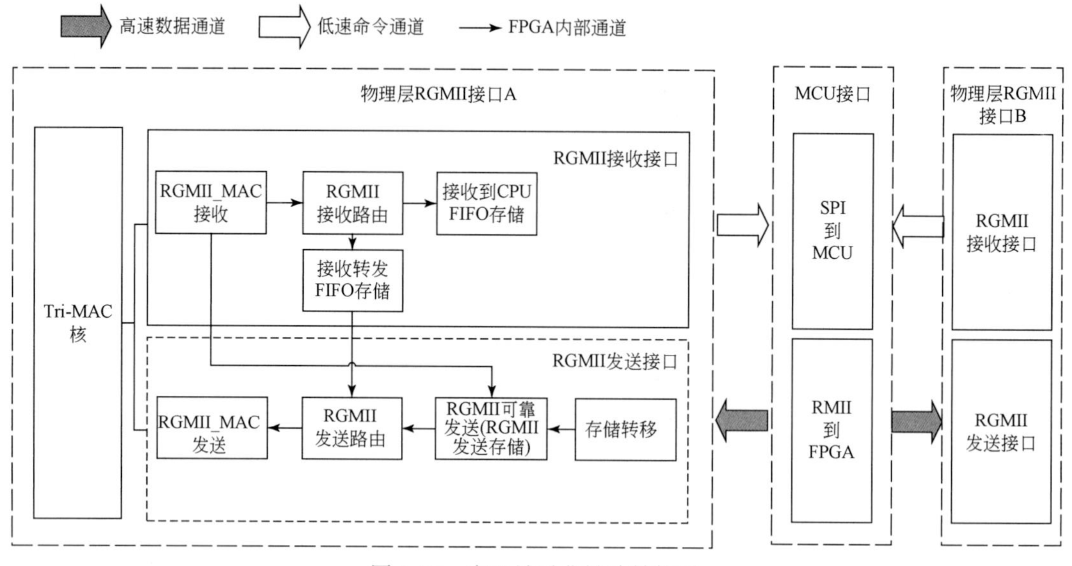

图 5. 33　交叉站千兆链路结构图

如图 5. 33 所示,横缆通信接口主要分为:Tri- MAC 核实现的千兆以太网收发模块、RGMII 发送接口、RGMII 接收接口和 MCU 接口。交叉站需要两个横缆通信接口实现对横缆数据的转发,分别为 A/B 端口。两个端口是对称设计,都通过 RGMII 接口与千兆 PHY 芯片进行数据交换,其结构也相同。

3) 本地接收与转发

交叉站在上电初始化和分配地址后,就在数据采集系统中具有唯一的地址编号,千兆链路接收通信帧时,首先判断帧目标地址,若目标地址为本站地址或者广播帧,则表明需要接收至本地,否则需要进行转发。

具体实现过程为:RGMII 接收部分使用双端口 RAM 实现本地和转发缓存,在收到开始前锁存缓存 RAM 起始地址,收到帧后分别写入本地缓存 RAM 和 转发缓存 RAM,同时进行目标地址判断。如果目标地址为本地帧,将转发缓存 RAM 的写地址恢复至起始地址,即完成转发缓存 RAM 中该帧的清除操作。对于转发帧,则清除本地缓存中相应帧即可。需要说明的是,对于广播帧,需要同时发送至本地和转发缓存 RAM,若帧内容正确,不清除本地接收或转发缓存。当本地缓存非空时,RGMII 接收模块通过中断通知 MCU,由 MCU 通过 SPI 接口发起读取操作,将本地缓存中的帧读取到 MCU。当转发缓存非空时,RGMII 接收模块则通知另一个端口的发送模块,读取转发帧并进行转发发送。与百兆链路通信接口一样,本地接收还对接收帧类型进行判断,如果是目标地址为本地的确认帧,将确认信息传递给发送模块,共同实现硬件可靠数据传输。

横缆上的数据压力主要来自于采集时产生的数据帧,不仅有与交叉站相连的纵缆上的数据帧,还有来自横缆上其他交叉站的数据帧。由于横缆上其他交叉站的数据速率最高可能达到 1000Mbps,远高于纵缆上的最高 100Mbps,为了减小转发缓存压力,发送时转发优先级大于本地发送。转发不需要进行等待数据确认,只需要将转发帧从一个端口发送到另一个端口即可。

4)RGMII发送接口

千兆链路接口的发送部分,负责发送交叉站在横缆上的命令帧和从百兆链路接口接收的数据帧。命令帧和数据帧都要经过交叉站的MCU,命令帧需要交叉站进行解析和响应,数据帧需要经过统计和控制。数据帧在到达交叉站MCU时,已经向电源站发送了数据确认帧,电源站将不再对该数据帧进行负责,变为交叉站需要将数据帧可靠地传输给上级。因此,数据帧在交叉站进行源地址和目标地址修改,然后发送到横缆上。数据的确认帧由FPGA自动判断,无需MCU进行干预,以降低MCU负担。

具体发送过程为,交叉站将需要发送的纵缆数据帧和命令帧发送到RGMII发送模块中的发送缓冲中,该发送缓冲与其他逻辑共同完成可靠发送,仅在发送成功或者失败后产生中断信号通知MCU。待发送的本地通信帧和转发帧由RGMII_TX_ROUTER模块进行优先级判断,最后发送给千兆以太网的MAC控制器,再发送到横缆上。

由于采取转发优先的策略,在横缆上转发数据率较高时,本地发送可能发生长期不能获取发送权限的问题,对本地数据缓冲产生压力。这时,一方面交叉站会通过流量控制,限制纵缆上的数据率,一方面也可以通过控制寄存器,强制在千兆链路通信接口上,优先发送本地数据。

5)MCU接口

该接口主要完成高速数据通道(如RMII)以及低速命令通道(如SPI)与FPGA之间进行数据交换。其中命令通道与百兆链路接口类似,由于命令帧数量较少,采用SPI接口完成FPGA和MCU之间的命令交换。而数据通道也采用RMII接口,不过与百兆链路接口不同的是,此时数据帧的方向是从MCU到FPGA,速率仍然与纵缆最大数据率一样为100Mbps。MCU接口还包括通过SMI接口对FPGA内部的寄存器进行配置。

交叉站有两个千兆链路接口,在从MCU发送通信帧到千兆链路通信接口的发送部分时,使用同一个SPI接口,由FPGA接收时,根据通信帧目标地址所在的端口进行自动分配。

5.2.4　基于FPGA的高速可靠数据传输

数据采集系统的重要功能,是将采集时产生的大量采集数据实时传输给中央控制单元或数据中心。在数据采集系统引入网络的概念后,传统的通信协议被广泛应用,以保证数据的可靠传输,比如传输控制协议(transmission control protocol,TCP)和可靠用户数据报协议(reliable user datagram protocol,RUDP)。

对于数据采集系统,由于工作在野外,大多采用电池供电,受限于功耗,其CPU处理能力较弱。上面提到的TCP和RUDP均对CPU的能力有一定要求,而且数据率越高,要求CPU的处理能力就越强。一方面是因为这些协议没有针对地球物理勘探数据采集系统进行优化,另一方面是所有的协议开销都由CPU承担,因而对CPU处理能力有较高要求。所以在大规模地球物理勘探设备数据采集系统的数据传输设计上,使用FPGA分担CPU的协议开销,同时,针对数据采集系统的特性,借鉴已有的可靠数据传输协议,对其进行优化。与TCP类似,设计用于数据采集系统中的传输协议主要通过帧序号、帧确认和超时重传来保证数据的可靠传输,其结构如图5.34所示。

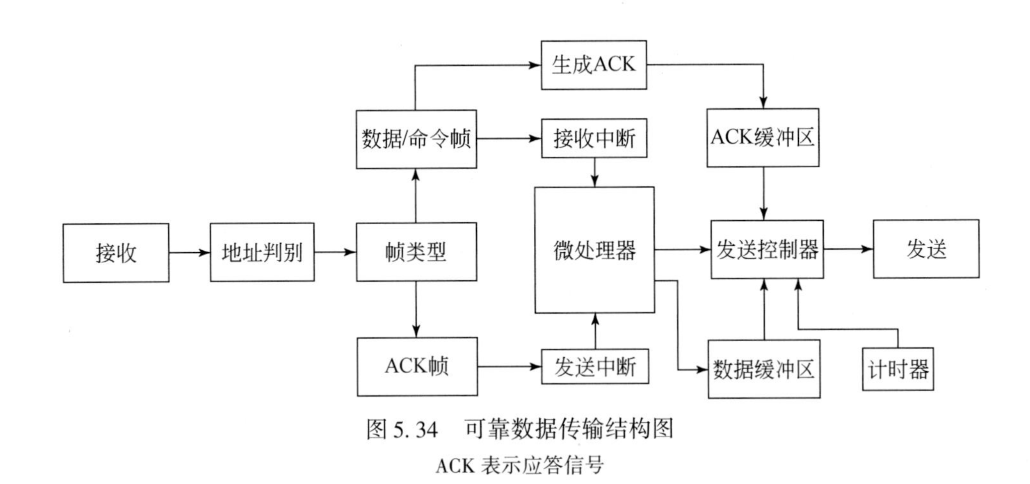

图 5.34　可靠数据传输结构图

ACK 表示应答信号

1）帧序号

在数据采集系统中，站体间进行信息交换依靠两种帧：数据帧和命令帧。数据帧的内容为采样数据，命令帧的内容为命令的发起信息和返回信息，在协议中对这两种帧的帧序号进行分开计数。

分开计数的原因主要有三个。一是数据量和 CPU 处理能力的原因，数据帧由 CPU 发出或者接收时，需要 FPGA 进行相应的确认帧的接收或者发送，如果全部由 CPU 进行处理，会大大降低传输速度，或者使 CPU 功耗大幅上升。对于连续的数据帧的帧序号，FPGA 处理起来会更加方便。二是因为数据帧的帧序号有相应的物理含义，它表示的是一次数据采集过程中，某一个采集站的采样数据顺序，结合此次采样的起始时间和采样率，可以得到每个采样数据的采样时刻。连续的数据帧序号，可以帮助上级站体及时发现是否有数据丢失，而不会使整个采样数据发生错位。三是连续的数据帧，可以使数据中心在接收数据帧时，容易使用硬件方式进行数据接收和整理。

数据中心从横缆上接收数据帧，最高传输速率可以达到 1000Mbps，每个数据帧的大小又都不大，这就对后端的数据存储造成巨大压力。数据经过接收后，一般存储在硬盘或者硬盘阵列中。硬盘在读写时，需要进行寻道，即硬盘的磁头在盘片上进行移动，由于涉及机械移动，寻道的时间较长，如果读写的数据量较小，读写数据的时间可能远小于磁头移动的时间，这将大大限制磁盘的读写速度。而在数据采集系统中，采样数据需要按照采集通道的顺序进行存储，但实际采集数据却是所有通道按时间顺序到达数据中心，使存储时磁头需要频繁寻道。

如果数据帧的帧序号连续，数据中心可以使用硬件对不同通道的数据进行自动缓冲，在缓冲够一定的数据量后，由 CPU 读出数据并写入硬盘。此时，写入的数据块较大，磁头的寻道时间相比写入时间，所占的比例并不大，因此可以有效提高数据的写入速度。基于以上考虑，通信协议中的数据帧和命令帧的帧序号进行分开计数。

命令帧的序号起始于一个随机数，该命令帧序号的有效周期包括命令的发起帧、对该命令的响应帧和对命令响应帧的确认帧。

2）帧确认

保证数据可靠传输的一个有效方法是接收后进行确认，即由接收方在收到通信帧后，向发送方发送确认帧，以表明接收方已正确接收到。

在数据采集系统通信协议中，命令帧和数据帧的处理方式并不相同，所以分开进行讨论。对于命令帧，通信协议要求命令的接收方无论命令执行的结果如何，都要对命令的发送方进行回应。命令的发送方在收到目标站体的命令执行结果时，就表示命令帧已经正确被目标站体接收，所以对于命令的发送方，命令回应帧也有确认帧的功能。对于接收到命令帧的站体，在返回命令回应帧后，需要命令发送方对发出的命令回应帧进行确认，否则将会在等待确认超时后，重发命令回应帧。对于数据帧，则只需要接收方进行确认，否则发送方在等待确认超时后，重发数据帧。

根据以上过程，几乎对于每一个通信帧，通信协议都要求进行确认，这相当于 TCP 协议中，通信的窗口为 1。窗口是 TCP 中的概念，其意义是在接收方收到将要接收的所有帧后，统一发送一次确认，同时移动窗口，等待下一批将要接收的帧。较大的窗口可以明显减少确认帧的数量，减少发送方的等待时间，有助于提高传输速度。但在数据采集系统中，多个因素限制数据接收不能使用较大的窗口。第一，大窗口要求有较大的缓冲能力，特别是在有多个站体向同一个站体发送数据时，缓冲能力随站体数量成线性增长，这对于数据采集系统中性能受限的数据收集站体，如电源站和采集站等，是很难达到的。第二，为了减轻 CPU 的压力，确认帧的生成、接收和判断完全由 FPGA 自动完成，不需要 CPU 进行干预，窗口为 1 可以简化 FPGA 的实现。第三，窗口为 1 使一个数据发送站体不能长时间占据传输链路，可以平均各个数据发送站体的缓冲压力。每个帧都进行确认的做法并不会减慢线上的数据率，因为数据的传输方向是单向的，通信线缆都为全双工通信，确认帧并不会占用数据通道。而且由于有转发的存在，在一个站体等待确认帧时，其他站体也在发送，最终使数据帧连续传输，充分利用带宽。

3）超时重传

站体在通信过程中是有可能出现异常的。导致通信异常的原因可能有多种，比如数据传输过程中出现误码、接收方为了减轻压力丢弃了帧、数据链路出现故障等。其中前两种异常的影响并不大，一般可以自行恢复，而最后一种错误比较致命，表明通信的物理条件可能已经不具备。

超时重传也属于基于 FPGA 的可靠数据传输的一部分。FPGA 发出通信帧后，等待对方返回确认帧，同时启动计时器。如果在计时器超时前未收到该通信帧的确认帧，则表示通信出现异常，FPGA 将帧内的重发计数加一，再次进行发送。无论是否经过重发，可靠数据传输模块在接收到一个通信帧的确认帧后，都认为该帧发送成功。如果可靠数据传输模块检测到一个帧的重发计数大于最大重发计数，则认为该帧发送失败，将会产生错误中断，通知 CPU 链路出现故障。超时重传能够一定程度上自行解决通信中出现的异常，无需 CPU 进行干预，仅在出现严重错误，即多次重发都失败的情况下，通知 CPU 进行错误处理，这种处理方式同样降低了 CPU 负担。

这种基于 FPGA 的数据传输方式，主要有以下优点：

（1）可以在保证数据传输可靠性的同时，大大降低 CPU 的压力，CPU 仅仅需要负责通信帧的收发和严重错误的处理,有助于降低采集系统功耗。

(2)这种处理方式实现简单,通用性强,可以用于数据采集系统中的各级站体。

(3)利用 FPGA 的并行处理能力,即使在线缆上的数据传输达到满速率时,基于 FPGA 的可靠数据传输模块仍然可以快速生成确认帧,可以充分利用传输带宽。

5.2.5 系统软件设计

软件设计是数据采集系统的重要组成部分,它规定了系统的通信方式、通信帧结构、命令处理方式等多方面的内容,因此也在一定程度上影响了采集系统的硬件设计。

1)通信基本规则

数据采集系统中,信息交换以帧为单位进行,根据类型不同,将帧分为命令帧、数据帧和确认帧。其中命令帧包含了命令内容、参数、命令返回信息等;数据帧包含了采集站获取的采样数据;确认帧没有确认含义,只是作为对命令的返回帧或者数据帧进行确认,表示收到了上一个帧。

对于命令帧,最基础的通信原则为有问必答原则,即任何一个站体必须对目标地址是自己或者目标地址为广播的命令做出回应(同步帧除外)。命令的处理,分为三个阶段:命令发送、命令回应和对回应确认,如图 5.35 所示。当站体可以执行相应命令时,站体将执行结果返回给命令发出方,当站体无法执行对应命令时,也应该向命令发送方回应不支持,此时命令的返回结果可能有三种:成功、失败和不支持。如果命令不能及时返回,接收方应该在命令超时前发送命令回应帧,表示命令仍在执行,会继续返回回应帧。对于数据帧,如图 5.35 所示,接收方在收到数据帧后,只需返回确认帧。

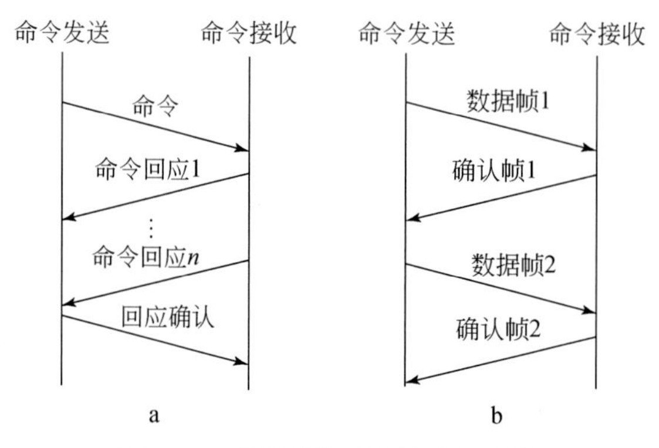

图 5.35 数据采集系统帧响应过程

a. 命令帧;b. 回应帧

命令返回包含两类信息:一是该命令执行的状态,二是命令目标站体执行的结果。对于命令执行的状态,有正确完成、未完成和带有错误完成三种。正确完成代表该命令由目标站体正确执行,且在执行过程中未出现异常;未完成代表该命令还在执行过程中,还将返回其他的命令返回帧,此次返回未完成是为了防止上级站体在等待命令时超时;带有错误完成代表该命令已被目标站体正确接收,但在命令执行的过程中出错,可能是多个站体中某一个有错误、不支持该命令、命令执行超时等多种情况。命令的目标站体可能是多个,利用这三种状态,命令发送方可以方便地知道命令执行的总体结果,只有在命令执行出错时进行错误检测。目标站体执行的结果包括:执行成功、执行失败、不支持三种,分别对应命令执行站体执行命令时出现的成功、失败和不支持三种结果。命令返回帧中的参数长度是可变的,其返回长度与目标站体的数量有关,返回帧的参数包括每个目标站体的地址的命令执行结果。

命令帧和数据帧具有独立的序号,命令响应的三个阶段中,命令帧、命令回应帧和确认帧的序号是同一帧序号;数据帧和对该数据帧的确认帧,使用同一帧序号。

帧格式定义如图5.36所示,命令帧和数据帧具有相同的帧头结构,只在帧类型中进行区分,统一的结构可以方便地使用FPGA进行帧处理。其中目标地址和源地址长度均为6字节,帧长度代表该字段之后的剩余帧长度。

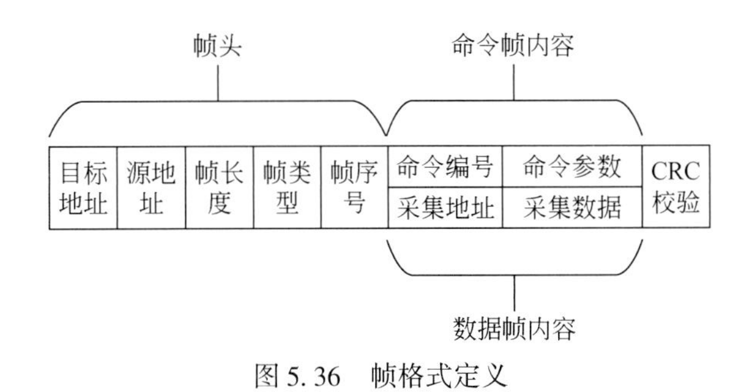

图5.36　帧格式定义

2)广播命令的处理

广播命令的处理是数据采集系统中需要解决的重要问题,同时也是数据采集系统中分布式管理思想的直接体现。随着数据采集系统中采集站数量的增多,使用中央控制单元控制每一个采集站的做法,不仅大大增加了中央控制单元的负担,也增加了命令的执行时间。

基于分布式管理思想设计的数据采集系统可以有效地解决这一问题。中央控制单元发出的广播命令,可以是针对所有站体的命令,也可以是针对部分站体的命令,根据目标站体所在区域的不同,进行一定的拆分。以一个目标地址是所有采集站的命令为例,命令在中央控制单元被拆分为多个,分别发给对应的交叉站,并期待从交叉站获得命令执行的结果,对于交叉站下管理的是哪些站体,中央控制单元并不关心。交叉站将收到的命令再次进行拆分,分别发给自己管理的电源站,并期待从电源站获得命令执行的结果,至于电源站下管理的是哪些站体,交叉站并不关心。电源站将接收到的命令进行拆分,分别发送给目标站体指定的采集站,或者作为广播发送给所有的采集站。电源站等待采集站返回命令回应帧,由于电源站可以知道自己管理的采集站有哪些,所以可以根据命令回应帧的情况对命令的执行状态进行判断,在出现采集站执行命令超时,也可以正确地知道发生超时的采集站。电源站将命令执行的结果返回给交叉站,交叉站再将命令执行的结果返回给中央控制单元,最终得到该条广播命令的执行结果。采用这种分布式管理的方式,同一级站体的命令执行可以同时进行,大大减少了命令的执行时间。

3)地址分配

交叉站、电源站和采集站都需要进行地址分配,地址分配是数据采集系统通信建立的第一步。地址分配是逐级进行的,即先对交叉站的地址进行分配,再对电源站进行分配,最后再对采集站进行分配。在上电后,未分配地址的站体向上级广播地址请求命令,该命令无需回应。

帧和确认帧。上级站体通过地址请求命令,可以对下级站体的数量进行统计。中央控制单元通过发送交叉站地址分配命令,电源站地址分配命令,采集站地址分配命令,使相应的上级站体对下级站体进行地址分配。上级站体对统计的站体数量的一半逐一进行地址分配,若统计数量为奇数,则相邻的管理站体进行协商,决定中间奇数站体的归属。经过协商后,每个上级站体对将要分配的下级站体的数量已知。

在上级站体分配过一次下级站体后,上级站体进入接收新站体状态。在此之后再接收到广播的地址请求命令,上级站体将会把该站体信息报告给主机,由中央控制单元决定进行交叉站地址分配、电源站地址分配或者采集站地址分配。这解决了末端站体的地址分配和新加入站体的地址分配问题。

上级对下级站体地址逐个进行分配。例如,中央控制单元向第一个交叉站发送地址分配命令,命令中包含可用的交叉站地址;交叉站设置完本地地址后,向主机返回分配结果。中央控制单元将可用地址加 1 后,向下一个交叉站发送地址分配命令,并等待该交叉站的分配结果。以此类推,最终对管理的所有的交叉站实现地址分配,而且分配后的站体地址递增。

4)在线升级

当设备较多时,需要数据采集系统具有在线升级功能,可以避免在需要进行软件升级时逐一操作站体,减少了施工量。在线升级分为两步,第一步先从中央控制单元获取升级文件,存储在本地的存储区中,并检查升级文件的完整性;第二步是重启站体,在重启过程中完成对代码区内容的修改,修改完成后自动重启,完成在线升级。在线升级应该保证所有站体都正确获取了升级文件,否则在通信协议有改动时,目标站体不能正确响应命令,甚至出现无法通信的情况。在线升级的结构如图 5.37 所示。

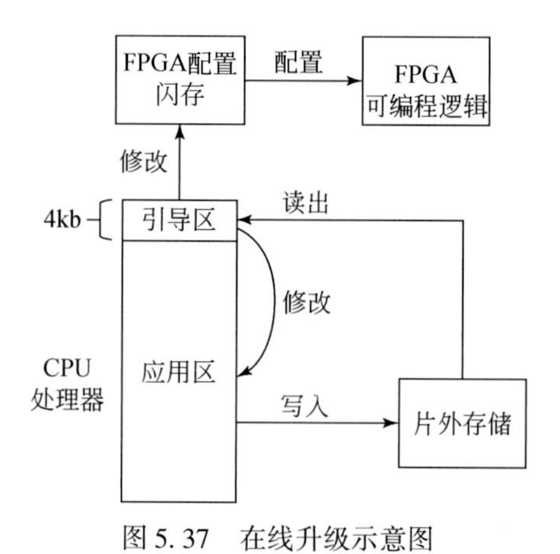

图 5.37　在线升级示意图

对于获取升级文件,CPU 升级和 FPGA 升级基本一样。升级文件一般都较大,超过了数据采集系统中帧的最大长度,中央控制单元在获得升级包后,对升级包进行拆分,分别作为广播升级命令传给升级的目标站体,同时等待目标站体的返回信息。对每个升级命令,中央控制单元都会检查目标站体的返回信息,如果出现传输出错,会及时采取重传的措施,保证每次升级命令都能正确达到每一个目标站体。当所有升级命令正确完成时,目标站体会检查整个升级包的CRC校验值,如果出错,会向上级站体返回升级包错误信息,等待重传,以上措施保证了升级包正确完整地传输到目标站体。

之后目标站体等待开始升级命令,在收到命令后,目标站体并不立即重启进行升级操作,而是启动一个倒计时定时器,在倒计时结束前,如果收到了取消升级命令,目标站体就重新等待开始升级命令或者执行其他操作,否则就在倒计时结束时,自动重启代码,开始执行升级程序。倒计时的加入,是为了使所有的站体都能同时进入升级,中央控制单元在检查到开始采集命令出错时,需要取消其他站体的升级,避免升级前后通信改变可能带来的站体无法通信问题。升级流程如图5.38所示。

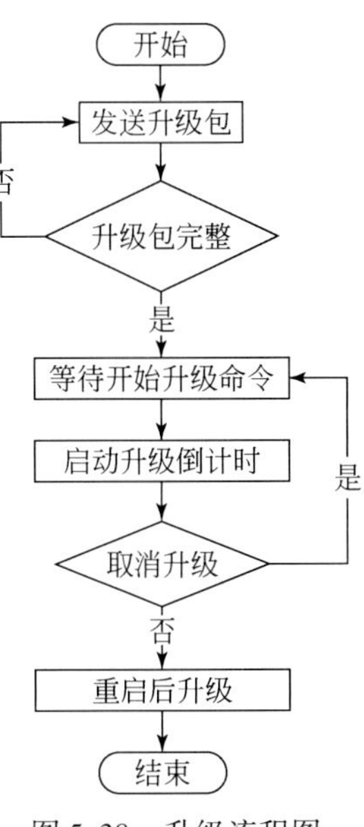

图5.38　升级流程图

在线升级主要包括CPU程序和FPGA程序的升级。对于CPU,使用的是Cortex M架构的微控制器MCU,代码位于内部集成的FLASH中,MCU在重启后,MCU从代码区中的固定位置开始执行,升级CPU程序就是修改代码区FLASH的内容。将MCU代码分为两个区域,分别为引导区和应用区,如图5.37所示。引导区的功能是:根据片外存储器中的升级文件,对CPU代码的FPGA代码进行升级。在每次重启时,先进入引导区,如果引导区发现片外存储中有升级文件需要更新,就读取升级文件,并根据升级目标,分别对CPU中应用区的FLASH进行升级或者对FPGA的配置FLASH进行修改。如果不需要升级,则从引导区直接跳转到应用区,执行正常的功能。对于FPGA升级,引导区程序在需要对FPGA升级时,修改存储FPGA配置信息的片外FLASH,然后重新配置FPGA,实现对FPGA的升级。升级完成后,引导区会清除升级标志。

5.2.6　系统设计小结

在大规模地球物理勘探设备数据采集系统中,基于分布式和分层思想,将大量的采集站划分为多个区域,由电源站管理;将多个电源站进行区域划分,由交叉站进行管理;最后由中央控制单元直接管理交叉站。这种分布式和分层思想,使数据采集系统的管理能力、授时能力、存储能力等随着采集站数量同步增长,对中央控制单元的管理压力变化不大。

本节分别介绍了采集站、电源站和交叉站。采集站是数据采集系统中的基础单元,并且在数量上占了大多数,低功耗地震勘探设备要求低功耗的数据采集系统,而实现采集站的低功耗是降低数据采集系统的重要途径。在实现采集站时,从低功耗角度出发,设计了自适应的低功耗收发器,大大降低了采集站之间的数据传输功耗;使用数字时钟数据恢复方法,在降低功耗的同时提高数据传输可靠性;使用单向同步帧时钟同步方式,利用基于计时器的倍频器和对传输延迟进行补偿,实现采集站的时间同步;使用FPGA对过路数据进行转发,不仅充分利用率传输带宽，而且使 CPU 只需对与本地有关的数据进行收发，减轻 CPU 负担。

在实现电源站时，使用 GPS 模块提供时钟源，利用基于计时器倍频器实现时钟频率同步，并使电源站时间与 UTC 时间同步；实现纵缆上低速数据接口，可以从多条采集链上快速得到采集数据，同时进行命令交换；实现纵缆上高速数据接口，可以将采集数据快速通过纵缆发往交叉站，同时通过转发，充分利用纵缆上的传输带宽；两种数据接口都使用基于 FPGA 的可靠数据传输模块，CPU 只需负责收发和出错后的异常处理，可靠性由硬件保证，大大降低了 CPU 负担；电源站使用快闪存储器卡（TF 卡）实现分布式存储，在出现链路故障时，也可以保障数据安全。

在实现交叉站时，实现了横缆上的高速数据通道和低速数据通道，分别可以使最高传输速度接近传输带宽 1000Mbps 和 100Mbps，与电源站一样，也使用基于 FPGA 的可靠数据传输模块，交叉站只需负责收发和出错后的异常处理，可靠性由硬件保证，降低了 CPU 负担；横缆高速数据接口的硬件转发模块，可以高速转发横缆上的数据，不需要本地 CPU 进行干预。

此外，数据采集系统也进行了软件设计。规定了帧格式、系统通信的基本规则和方式、广播命令的处理方式等，体现了通信的可靠性和分布式管理的思想，最后介绍了地址分配过程和升级过程。每种站体在设计时的侧重点不同。采集站作为基础站体，以低功耗为主要目标，因为其功能并不完备，需要上级站体进行管理，提供同步时钟和电能；电源站是最基础的管理站体，直接管理采集站，需要具备供电、提供同步时钟、管理、存储等功能；交叉站位于横缆和纵缆的连接处，需要具备高速可靠数据发送和转发能力。

参 考 文 献

陈瑛，宋俊磊，王典洪．2013. CAN 总线在野外地震数据传输中的应用．电子技术应用，39(9)：34-37.

丁天怀，李成，王鹏，等．2009. 地震勘探仪器的 RS-485 高速数据/能量传输．清华大学学报(自然科学版)，49(5)：688-691.

董庆运，武杰，田楷云．2015. 驱动电流可调节低功耗收发器设计．核电子学与探测技术，35(6)：531-534.

韩晓泉，穆群英，易碧金．2008. 地震勘探仪器的现状及发展趋势．物探装备，18(1)：1-6.

何智刚．2012. 高分辨率海洋地震拖缆系统同步和传输技术研究．天津大学硕士学位论文．

李玉伟，潘明海．2011. 8b/10b 编码对高速传输的影响分析．信息安全与通信保密，(3)：41-43.

刘列峰．2014. 一种可扩展的大规模地球物理勘探数据采集系统研究．中国科学技术大学博士学位论文．

刘振武，撒利明，董世泰，等．2013. 地震数据采集核心装备现状及发展方向．石油地球物理勘探，48(4)：663-675.

庞浩，俎云霄．2003. 一种新型的全数字锁相环．中国电机工程学报，23(2)：37-41.

田楷云．2015. 地球物理勘探设备中数据采集部分若干关键技术研究．中国科学技术大学博士学位论文．

王怀秀，朱国维，彭苏萍．2007. 基于 RS-485 总线的分布式多波地震仪的研制．全国第 18 届计算机技术与应用(CACIS)学术会议：937-941.

王铁军，郝会民，李国旗，等．2010. 物探装备技术进展与发展方向．中国工程科学，12(5)：78-83.

王文良．2004. 地震勘探仪器的发展，时代划分及其技术特征．石油仪器，18(1)：1-8.

谢明璞，武杰，孔阳，等．2011. 基于以太网物理层传输芯片的级联型传感器网络的非对称数据传输通道实现．吉林大学学报(工学版)，41(1)：209-213.

袁满，刘益成，佘晓宇．2008. 基于 LVDS 的地震数字信号传输系统的优化．石油仪器，22(1)：35-36.

Ellis R. 2014. Current cabled and cable-free seismic acquisition systems each have their own advantages and disadvantages-is it possible to combine the two? First Break, 32(1): 91-96.

Han Z, Wu J, Zhang J, et al. 2014. A general self-organized tree-based energy-balance routing protocol for wireless sensor network, IEEE Transactions on Nuclear Science, 61(2):732-740.

Heath B. 2008. Land seismic: The move towards the mega-channel. First Break, 26(2): 53-58.

Laine J, Mougenot D. 2014. A high-sensitivity MEMS-based accelerometer. The Leading Edge, 33(11): 1234-1242.

Wu J, Ma Y C, Zhang J, et al. 2010. A low-jitter synchronous clock distribution scheme using a DAC based PLL. IEEE Transaction on Nuclear Science, 57(2): 589-594.

Wu J, Tian K Y, Dong Q Y, et al. 2015. A low voltage low power adaptive transceiver for twisted-pair cable communication. IEEE Transactions on Nuclear Science, 62(6):3140-3147.

Zhang J, Wu J, Han Z, et al. 2013. Low power, accurate time synchronization MAC protocol for real-time wireless data acquisition. IEEE Transaction on Nuclear Science, 60(5):3683-3688.

第 6 章　MTEM 数据处理

MTEM 成像处理和解释技术的发展目前正处于初期阶段,庞大的数据量和时间域电磁计算的复杂性制约了该方法的解释技术的发展。为了处理多通道大功率电法勘探仪所采集的海量数据,需要针对多道瞬变电磁装置形式下的大地响应特征、数据处理和解释技术进行研究。

6.1　MTEM 电磁数据预处理

MTEM 电磁数据预处理主要包括噪声去除、地表一致性校正、大地脉冲响应时间剖面计算和脉冲响应峰值时刻电阻率计算等。最终获取峰值时刻对应的时间及视电阻率,得到走时–电阻率图。

6.1.1　噪声去除方法

6.1.1.1　周期噪声去除

1)数字递归陷波

周期噪声是主要的电磁干扰,陷波器常用来去除周期性的噪声,如果噪声频率固定,则称陷波器为固定型。理想的单频点固定型陷波器幅频响应为

$$H(\mathrm{e}^{j\omega})=\begin{cases}1, \Omega\neq\Omega_0\\0, \Omega=\Omega_0\end{cases} \tag{6.1}$$

式中,Ω_0 为模拟陷波频率,该点幅值响应为0,其他频率的幅值响应为1,特别地,其在直流幅值与 Nyquist 频率的幅值均为1。实际陷波器分为通带、阻带与过渡带三个频率范围。通带内,幅值基本没有衰减,幅值近似为1;阻带内最大的衰减称为陷波器的深度;通带与阻带之间称为过渡带,幅值衰减介于二者之间。一个二阶模拟陷波器的系统函数(Carney, 1963; Hirano et al., Mitra, 1974)为

$$H(s)=\frac{s^2+\Omega_0^2}{s^2+bs+\Omega_0^2} \tag{6.2}$$

式中,b 为模拟陷波带宽,如图 6.1 所示,陷波带宽是指在该频率范围内功率衰减大于 3dB,一定程度上表示陷波器的性能。可以验证,当 $s=j\Omega_0$ 时,$H(s)=0$,陷波频率的幅值为零,此时,陷波器的深度为无穷大。

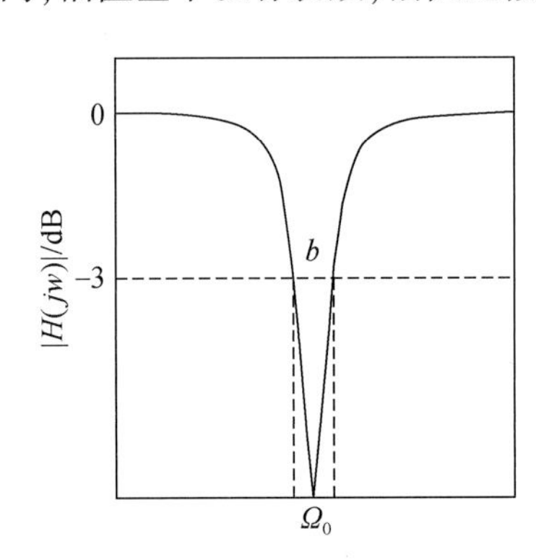

图 6.1　陷波器原理示意图

实际数据处理中通常采用数字递归陷波器,其由数字

陷波频率与数字陷波带宽决定，分别为模拟陷波频率与陷波带宽被采样率归一化的结果。设计数字递归陷波器方法有双线变换法（Carney, 1963; Hirano et al., 1974）、直接法（Strack et al., 1989）、全通滤波器法（Pei and Tseng, 1997）。二阶IIR形陷波的系统函数具有如下通用形式：

$$H(z)=\frac{b_1+b_2z^{-1}+b_1z^{-2}}{a_1+a_1z^{-1}+a_2z^{-2}} \tag{6.3}$$

式中，$a_1=b_2$，事实上只有3个未知系数，可以由陷波频率与陷波带宽求得。根据式(6.3)可以得到时间域数字递归陷波器：

$$y_n=-a_1y_{n-1}+a_2y_{n-2}+b_1x_n+b_2x_{n-1}+b_1x_{n-2} \tag{6.4}$$

该递归形式对于高阶滤波器也成立。如果已知M个初始条件，即$y_{n-1},y_{n-2},\cdots,y_{n-M}$，其中$M$为滤波器阶数，则式(6.4)结合初始条件即可以得到陷波后的输出信号，尽管初始条件的选择是任意的，但是初始条件对陷波结果影响巨大。瞬态响应是指单频点正弦波输入时陷波器的输出响应，不同初始条件会引起陷波器瞬态响应差异（Strack, 1992; Pei and Tseng, 1995; Piskorowski, 2010, 2012）。

2）正交投影算子与三类初始条件

假设信号采样点数为K，定义输入信号（记为$\boldsymbol{x}$）、真实信号（记为$\boldsymbol{s}$）、噪声（记为$\boldsymbol{n}$）分别为

$$\boldsymbol{x}=[x_0,x_1,\cdots,x_{K-1}]^{\mathrm{T}} \tag{6.5}$$

$$\boldsymbol{s}=[s_0,s_1,\cdots,s_{K-1}]^{\mathrm{T}} \tag{6.6}$$

$$\boldsymbol{n}=[n_0,n_1,\cdots,n_{K-1}]^{\mathrm{T}} \tag{6.7}$$

输入信号为真实信号与噪声的叠加

$$\boldsymbol{x}=\boldsymbol{s}+\boldsymbol{n} \tag{6.8}$$

式中，若$\boldsymbol{n}$表示正弦噪声，则其具有一般形式

$$n_k=A_0\sin(k\omega_0+\varphi_0)=A_0\sin(\varphi_0)\cos(k\omega_0)+A_0\cos(\varphi_0)\sin(k\omega_0) \tag{6.9}$$

式中，A_0、φ_0分别为噪声$\boldsymbol{n}$的振幅与相位，式(6.9)说明n_k是$\sin(k\omega_0)$与$\cos(k\omega_0)$的线性组合，且对所有$k=0,\cdots,K-1$成立，定义陷波频率矩阵$\boldsymbol{A}$为

$$\boldsymbol{A}=\begin{bmatrix}1 & \cos\omega_0 & \cdots & \cos(K-1)\omega_0\\ 0 & \sin\omega_0 & \cdots & \sin(K-1)\omega_0\end{bmatrix}^{\mathrm{T}} \tag{6.10}$$

从而$\boldsymbol{n}$在$\boldsymbol{A}$的列空间，即$\boldsymbol{n}$是$\boldsymbol{A}$的列向量的线性组合，

$$\boldsymbol{n}=\boldsymbol{A}\begin{bmatrix}A_0\sin(\varphi_0)\\ A_0\cos(\varphi_0)\end{bmatrix} \tag{6.11}$$

显然$\boldsymbol{A}$的两列线性无关，可以定义投影算子$\boldsymbol{P}$

$$\boldsymbol{P}=\boldsymbol{A}(\boldsymbol{A}^{\mathrm{T}}\boldsymbol{A})^{-1}\boldsymbol{A}^{\mathrm{T}} \tag{6.12}$$

则正弦噪声在$\boldsymbol{A}$的列空间的投影为

$$\hat{n}=\boldsymbol{P}\boldsymbol{x} \tag{6.13}$$

相应的信号分量$\hat{s}$为

$$\hat{s}=(\boldsymbol{I}-\boldsymbol{P})\boldsymbol{x} \tag{6.14}$$

式中,$\boldsymbol{I}$ 为单位矩阵。上述方法可以自然拓展到高阶形式,假设存在 M 个频率($\omega_m, m=0,1,\cdots,M-1$)的正弦噪声,则矩阵 $\boldsymbol{A}$ 形式变为

$$\boldsymbol{A}=\begin{bmatrix} 1 & \cos\omega_0 & \cdots & \cos(K-1)\omega_0 \\ 0 & \sin\omega_0 & \cdots & \sin(K-1)\omega_0 \\ \vdots & \vdots & \vdots & \vdots \\ 1 & \cos\omega_{M-1} & \cdots & \cos(K-1)\omega_{M-1} \\ 0 & \sin\omega_{M-1} & \cdots & \sin(K-1)\omega_{M-1} \end{bmatrix}^{\mathrm{T}} \tag{6.15}$$

通过投影算子,输入信号分解成信号与噪声两部分。数字递归陷波器的常用的初始条件有三类,如表 6.1 所列。

表 6.1　二阶 IIR 递归陷波器初始条件

第一类	第二类	第三类
$y_{-1}=0$	$y_{-1}=x_{-1}$	$y_1=s_1$
$y_{-2}=0$	$y_{-2}=x_{-1}$	$y_2=s_2$

第一类与第二类初始条件非常简单,第三类初始条件利用正交投影算子估计输入信号的前 K 个采样点的真实信号分量,作为初始条件。例如,若取 $K=2$,则有初始条件为 $y_0=\hat{s}_0$,$y_1=\hat{s}_1$,其中,$\hat{s}_0$ 与 $\hat{s}_1$ 为利用输入信号前两个采样点估计的信号分量;对于 $K\geqslant 2$,利用式(6.4)计算输出。

为了分析陷波器的瞬态响应,用单频正弦波作为输入,观察输出的衰减情况。如图 6.2a 所示,输入为 50Hz 正弦信号,采样率为 1kHz,陷波器数字陷波频率为 $50\times10^{-3}\times2\pi=0.1\pi$,图 6.2b、c 分别表示陷波带宽为 0.02π 与 0.01π 时的瞬态响应。不同陷波带宽条件下,第一类初始条件与第二类初始条件的瞬态响应均相同。当陷波带宽为 0.02π,瞬态响应衰减到指定幅值需要约 0.2s;当陷波带宽为 0.01π,瞬态响应衰减到指定幅值需要约 0.4s;陷波带宽越窄,瞬态响应衰减越慢。图 6.2a、b 表示陷波带宽为 0.02π,输入正弦波初始相位不为零时的瞬态响应。当初始相位不为零,第一类初始条件与第二类初始条件的瞬态响应出现分离,但是瞬态响应衰减到零的时间几乎相同。可以认为,瞬态响应主要受陷波带宽影响,

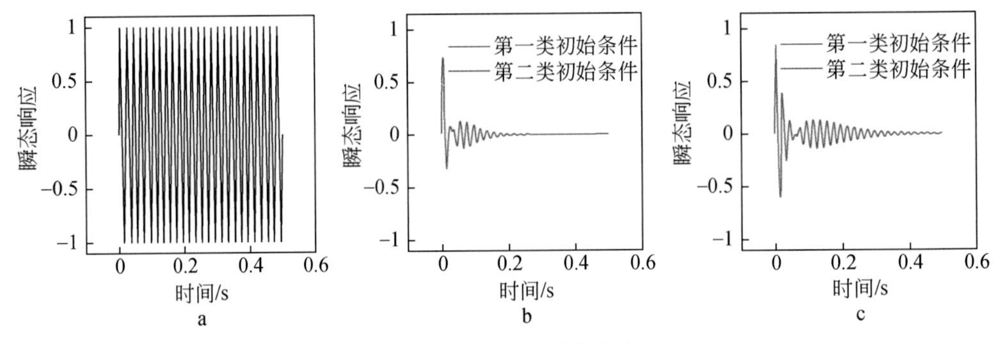

图 6.2　陷波器的瞬态响应

a. 正弦输入;b. 陷波带宽为 0.02 的瞬态响应;c. 陷波带宽为 0.01 的瞬态响应

陷波带宽越窄，瞬态响应衰减时间越长。当采用第三类初始条件，初始相位依次为0、$\frac{\pi}{4}$、$\frac{\pi}{2}$，陷波频率为0.1π，陷波带宽分别为0.02π与0.01π，数字递归陷波器的瞬态响应如图6.3所示。由图6.3可见，第三类初始条件下，不同陷波带宽与陷波频率的瞬态响应都在几乎零时刻直接衰减到接近零。

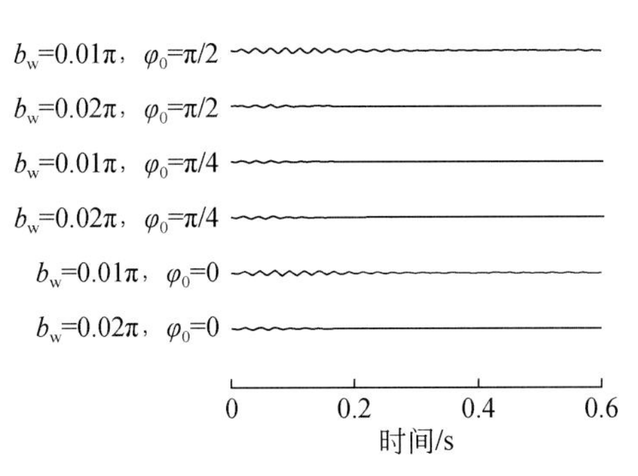

图6.3　第三类初始条件下的瞬态响应

图6.4所示的测试信号中，红线表示原始信号，蓝线表示加正弦噪声之后的信号：PRBS电流码元频率为512Hz，8阶，电流大小为1A，正弦噪声为50Hz，最大值为1A，初始相位为$\frac{\pi}{4}$（图6.4a）；电阻率25Ω·m均匀大地偏移距1000m处大地脉冲响应，正弦噪声50Hz，最大值与脉冲响应最大值相等，初始相位为$\frac{\pi}{4}$；通过PRBS电流与大地脉冲响应的卷积合成电压响应，正弦噪声50Hz，最大值与电压响应最大值相等，初始相位为$\frac{\pi}{4}$。进行第三类初始条件数字递归陷波，投影算子为2阶，陷波结果如图6.5～图6.7所示。由图6.6与图6.7可知，随着陷波带宽变窄，正弦噪声去除越干净，当陷波带宽为$\frac{\omega_0}{500}$时，正弦噪声基本完全受到压制。但是，由于Gibbs效应存在，结果并不理想。

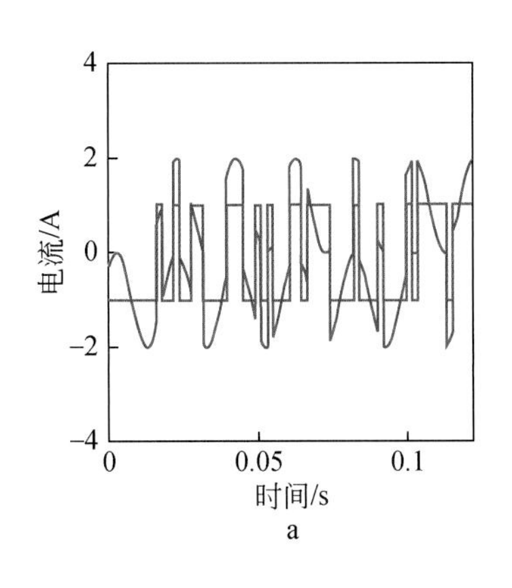

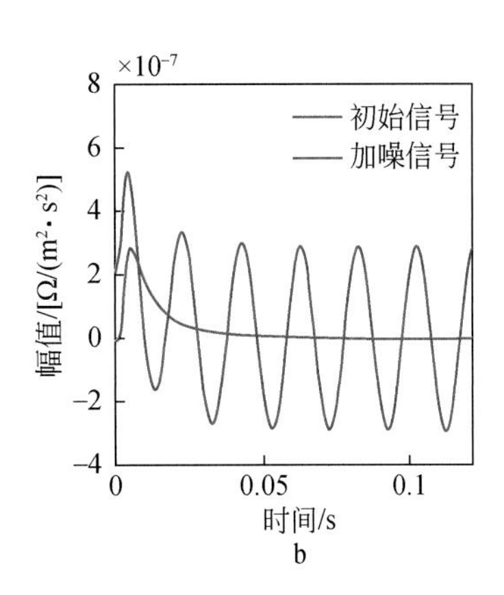

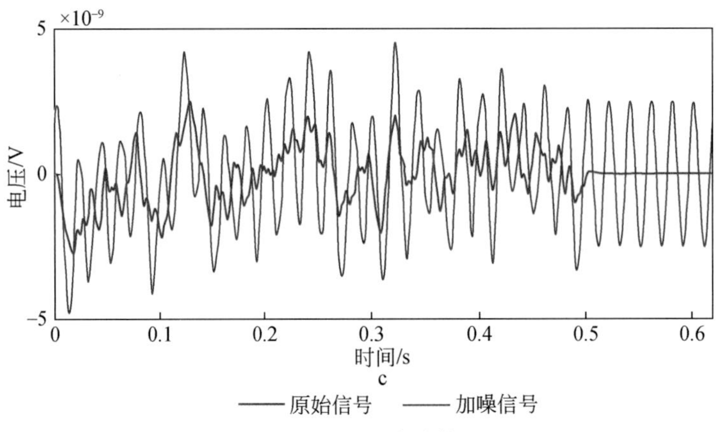

—— 原始信号　—— 加噪信号

图 6.4　MTEM 合成信号

a. 采样率为 16384Hz，正弦噪声为 50Hz，8 阶，512Hz 的 PRBS 电流；b. 25Ω · m 均匀大地偏移距 1000m 脉冲响应；c. 合成电压响应

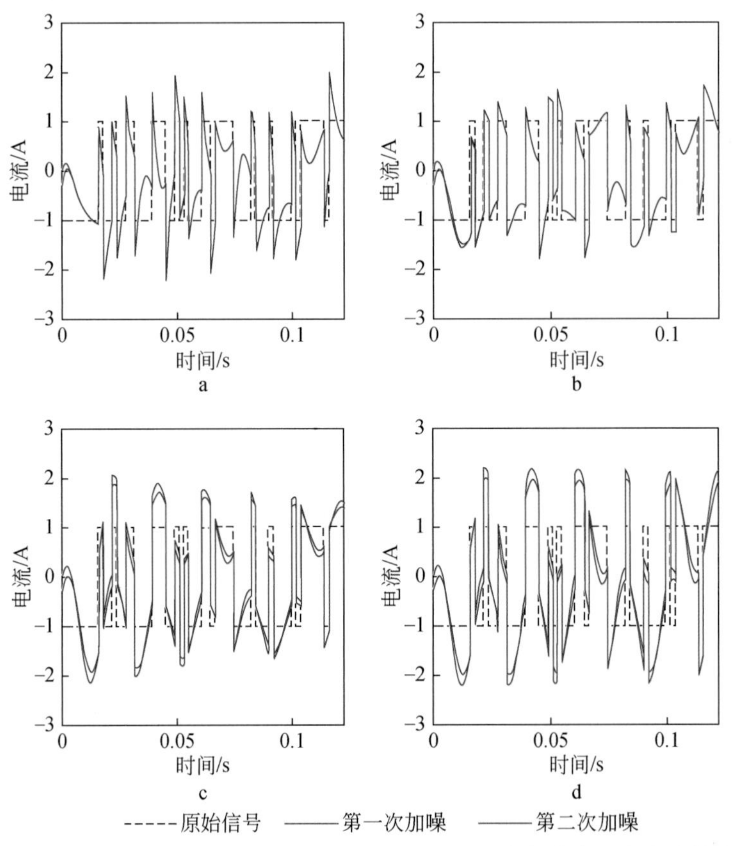

----- 原始信号　—— 第一次加噪　—— 第二次加噪

图 6.5　含噪 PRBS 电流(对应图 6.4a)第三类初始条件数字递归陷波曲线

图 a ~ d 的陷波带宽分别为 $\omega_0/2$、$\omega_0/5$、$\omega_0/50$、$\omega_0/500$

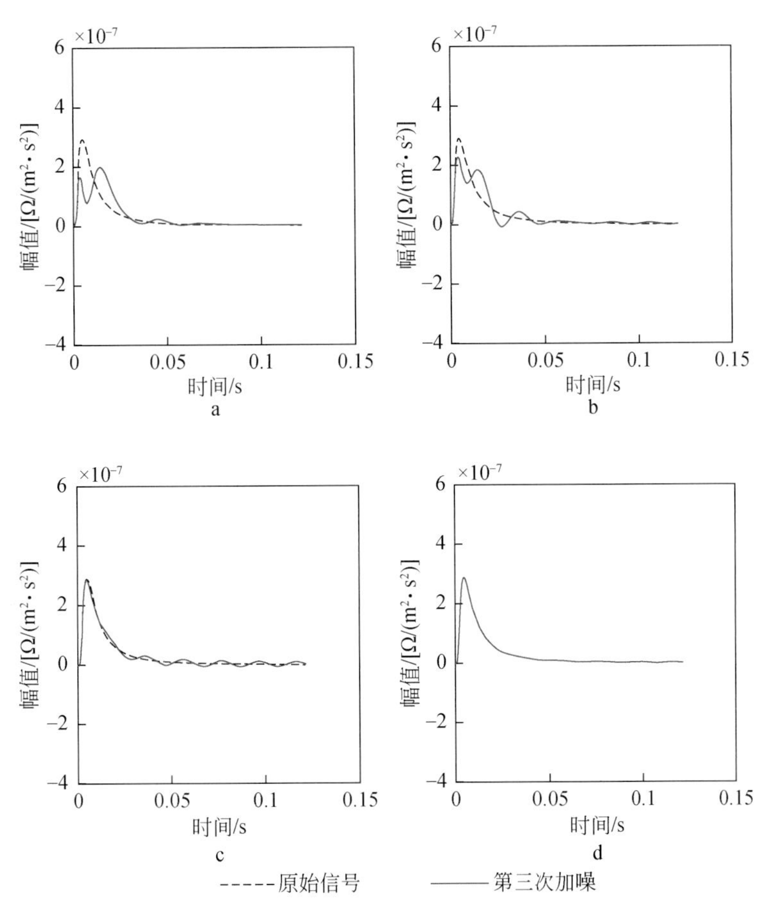

图 6.6　含噪大地脉冲响应(对应图 6.4b)第三类初始条件数字递归陷波曲线

图 a ~ d 的陷波带宽分别为 $\omega_0/2$、$\omega_0/5$、$\omega_0/50$、$\omega_0/500$

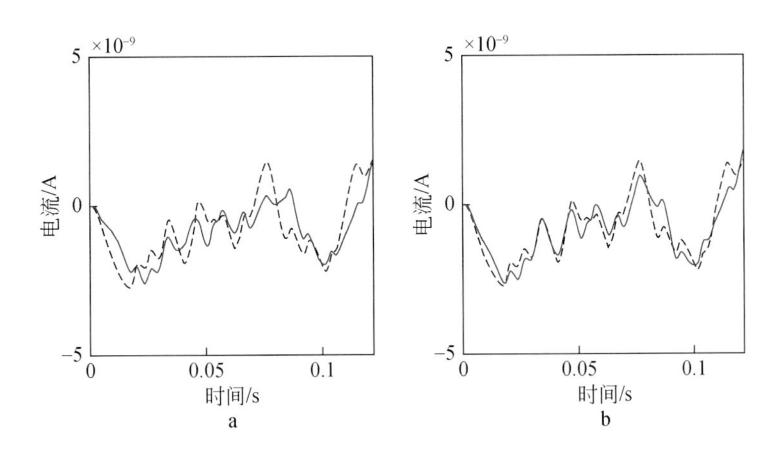

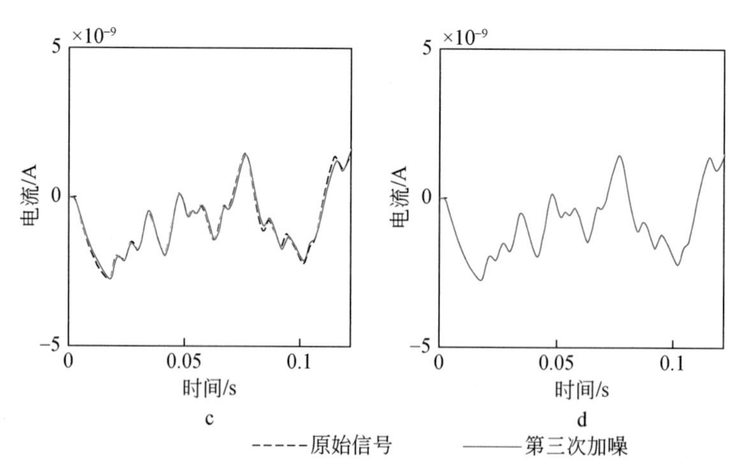

图 6.7　含噪电压响应(对应图 6.4c)第三类初始条件数字递归陷波曲线

图 a～d 的陷波带宽分别为 $\omega_0/2$、$\omega_0/5$、$\omega_0/50$、$\omega_0/500$

图 6.8 为实测电压响应,可以看出,几乎完全是周期噪声,其频谱如图 6.9 蓝线所示,从频谱图中可以看到 50Hz 及其各次谐波能量非常强。应用第三类初始条件的数字递归陷波器,依次滤除 50～450Hz 的各次谐波,模拟陷波带宽为 2Hz,采样率为 16000Hz。陷波后频谱如图 6.9 红线所示,可以看到各次谐波都得到有效压制。分别从未陷波的原始数据与陷波后数据估计大地脉冲响应,结果如图 6.10 所示,黑色虚线表示原始数据计算的大地脉冲响应,几乎完全是正弦噪声,无法识别大地脉冲响应;红线表示陷波后的数据计算的大地脉冲响应,正弦噪声得到有效压制,峰值突显出来,很容易识别峰值时刻。但是,需要注意到,陷波后数据计算的大地脉冲响应出现周期性的“洞”,这是由于数字递归陷波去除噪声的同时也去除了有效信号,从而计算的脉冲响应发生畸变。

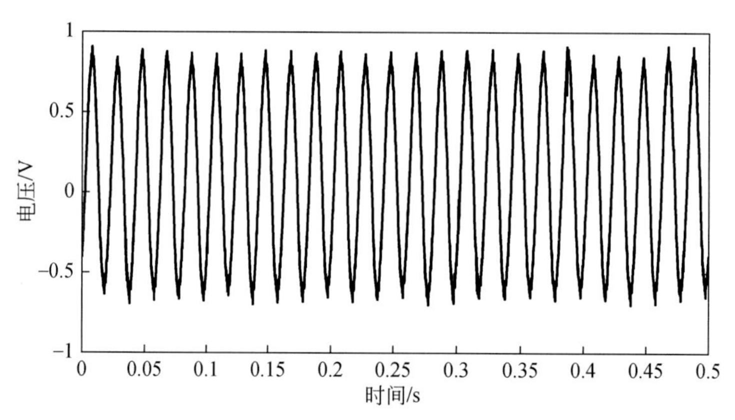

图 6.8　实测电压响应,几乎完全是周期噪声

3)最小能量陷波

由前面分析可知投影算子 $\boldsymbol{P}$ 将信号 $\boldsymbol{x}$ 投影到陷波频率矩阵 $\boldsymbol{A}$ 的列空间,投影 $\hat{\boldsymbol{n}}=\boldsymbol{P}\boldsymbol{x}$ 可以作为噪声估计。下面从另一个角度来看这个问题,导出最小能量陷波方法。对于单频点

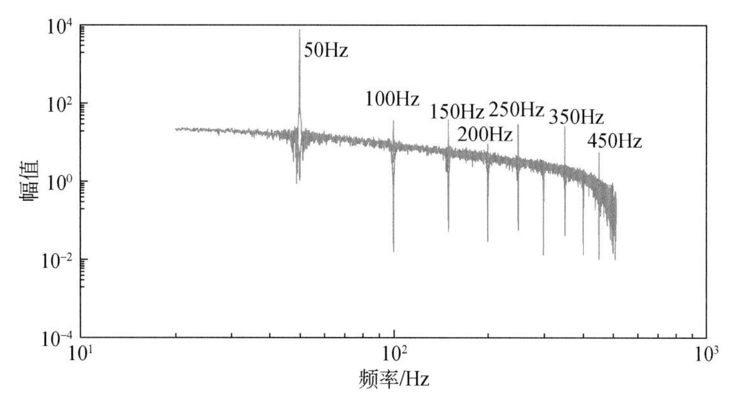

图 6.9 实测电压响应(图)频谱

蓝线,原始谱;红线,数字递归陷波后的频谱

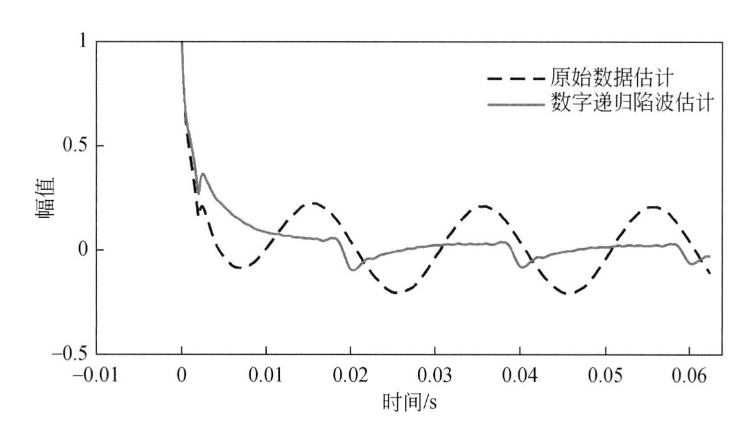

图 6.10 原始数据与数字递归陷波数据估计的大地脉冲响应

正弦噪声,其幅值与相位未知,具有一般形式

$$n_k = \boldsymbol{A}_0 \sin(\omega_0 t + \varphi_0) \triangleq \alpha_1 \cos(\omega_0 t) + \alpha_2 \sin(\omega_0 t) \tag{6.16}$$

式中,α_1 与 α_2 为等定常数,若考虑信号采样点个数为 K,则式(6.16)写成离散形式

$$n_k = \alpha_1 \cos(\omega_0 k) + \alpha_2 \sin(\omega_0 k),\ k = 0, 1, \cdots, K-1 \tag{6.17}$$

写成矩阵形式,则有

$$\boldsymbol{n} = \boldsymbol{A\alpha} \tag{6.18}$$

式中,$\boldsymbol{n}$ 与 $\boldsymbol{A}$ 分别为噪声向量与陷波频率矩阵,参见式(6.7)与式(6.10),$\boldsymbol{\alpha}$ 为待定系数

$$\boldsymbol{\alpha} = [\alpha_1, \alpha_2]^{\mathrm{T}} \tag{6.19}$$

若输入 $\boldsymbol{x}$ 为信号 $\boldsymbol{s}$ 与噪声 $\boldsymbol{n}$ 的叠加,则有

$$\boldsymbol{s} = \boldsymbol{x} - \boldsymbol{A\alpha} \tag{6.20}$$

显然,若要求信号能量最小,即求解最小二乘问题

$$\| \boldsymbol{x} - \boldsymbol{A\alpha} \|^2 \to \min \tag{6.21}$$

求解式(6.21)得到

$$\boldsymbol{\alpha} = (\boldsymbol{A}^{\mathrm{T}}\boldsymbol{A})^{-1}\boldsymbol{A}^{\mathrm{T}}\boldsymbol{x} \tag{6.22}$$

求得 $\boldsymbol{\alpha}$ 后代入式(6.20)即可去除正弦噪声,得到信号分量。上述方法是在假设信号能量最小的情况下导出的,因此,称为最小能量(minimum energy, ME)陷波。显然,上述方法可直接推广到多个陷波频率情形,陷波频率矩阵如式(6.15)所示。

如果真实信号只存在输入信号的某一段时间内,即真实信号为瞬态信号,将最小能量陷波应用于只含噪声的部分,则最小能量陷波退化为锁相陷波(lock-in, LOCKIN)(Strack, 1992)。在采集真实瞬态信号之前进行预采样,或者在瞬态信号衰减完之后继续采样,则预采样或者续采样段只包含噪声,假设噪声为固定频率的正弦波,通过待定系数 $\boldsymbol{\alpha}$ 对噪声相位与幅值进行拟合,然后通过外插值延拓噪声,最后把噪声从整个信号中减去。大地脉冲响应是一个瞬态信号,其晚期主要是噪声成分,可以利用这个特点采用锁相陷波拟合噪声,延拓到整个大地脉冲响应时间范围,然后从大地脉冲响应中减去噪声。最小能量陷波与锁相陷波的主要区别是投影算子选择不同,前者是对整个输入信号进行投影,后者只对无信号区段进行投影。

直接由图 6.8 所示实测电压波形计算的大地脉冲响应完全是正弦噪声(图 6.11 黑色虚线)。对计算的大地脉冲响应进行数字递归陷波,陷波频率为 $\omega_0=50\times2\pi/16000$,陷波带宽分别为$\frac{\omega_0}{2}$、$\frac{\omega_0}{5}$、$\frac{\omega_0}{50}$、$\frac{\omega_0}{500}$,陷波结果显示在图 6.11 中。由图 6.11 可知,真实大地脉冲响应信号不能恢复,噪声残余大,结果畸变严重,陷波带宽越窄,陷波效果越差。造成该现象的主要原因为:第一,瞬态响应未得到有效压制,可能因为空气波的存在;第二,直接计算的大地脉冲响应包含的周期噪声频率不是标准的50Hz,频率存在偏差。图 6.12 是对直接计算的大地脉冲响应进行最小能量陷波与锁相陷波的结果,图中黑色虚线为从未陷波的原始电压响应估计的大地脉冲响应,图中蓝线是从数字递归陷波处理的电压响应估计的大地脉冲响应,品红与红色分别为最小能量陷波与锁相陷波的结果。通过对比可以发现,最小能量与锁相陷波能够去除周期噪声,并且不像数字递归陷波一样引起脉冲响应畸变。这是因为最小能量与锁相陷波均先估计噪声,然后从信号中去除,噪声受压制,信号得到保护,噪声估计的好坏决定了陷波效果。同时,也必须注意到这两种陷波方法的本质是一样的,均假设信号能量最小,只是考虑的信号区间不一样。

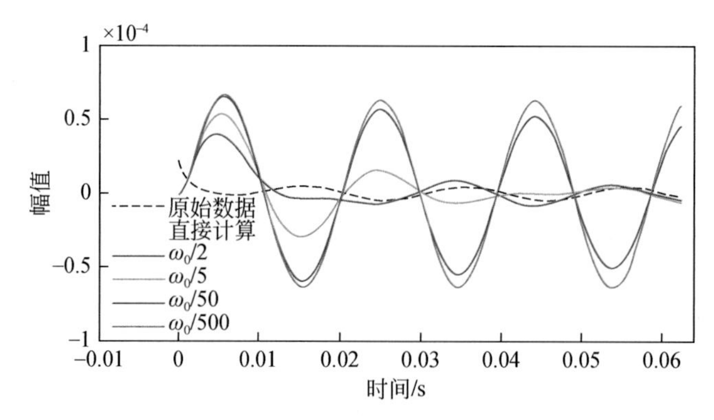

图 6.11　反褶积后数字递归陷波,陷波频率 $\omega_0=50\times2\pi/16000$

黑色虚线,实测电压响应(对应图 6.8)估计的大地脉冲响应,对该结果进行数字递归陷波;红色,陷波带宽 $\omega_0/2$;绿色,陷波带宽 $\omega_0/5$;蓝色,陷波带宽 $\omega_0/50$;品红,陷波带宽 $\omega_0/500$

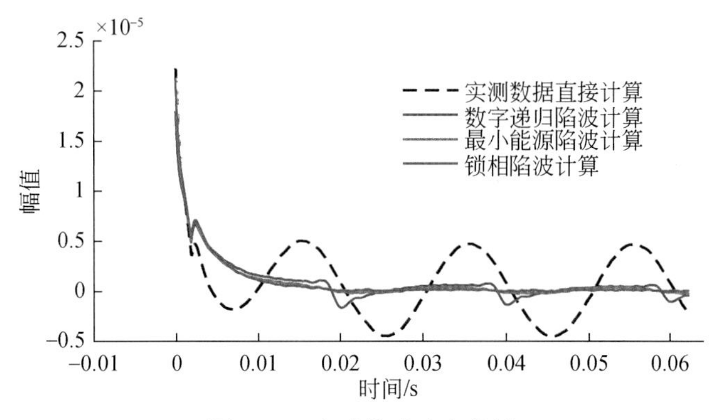

图 6.12　大地脉冲响应曲线

黑色虚线,实测电压响应(对应图 6.8)估计的大地脉冲响应;蓝线,先对电压响应(对应图 6.8)进行数字递归陷波,计算大地脉冲响应;品红线,对黑色虚线采用最小能量陷波;红线,对黑色虚线采用锁相陷波

在干扰背景下提取有效信号,需要对信号和干扰进行时频分析。对于非线性非平稳信号处理,采取时频分析和滤波方法进行去噪,噪声去除软件分为两个模块:时频谱求取模块和噪声滤除模块。

首先将信号分解为一系列的具有不同时间尺度的固有模态函数,然后对每一阶函数做希尔伯特变换,并求出响应函数的幅值谱和瞬时频率,获得信号的时频谱。非线性系统或者非平稳信号,在频域上都包含着所有的谐波成分,使得滤波后的信号失真。基于模态函数的多尺度滤波特性,对信号进行频谱分析,可以得到电磁噪声的分布特征。采用门限阈的方法,可以实现有效信号与噪声的分离,达到噪声去除和信号提取的目的。

6.1.1.2　巴特沃斯(Butterworth)滤波

数字滤波器是具有某种特定频率特征的线性时不变系统,通过给定滤波器的频率特征,求得满足该特征的传输函数。

滤波器差分方程为

$$y(n) = \sum_{i=0}^{N} a_i x(n-i) + \sum_{i=1}^{N} b_i y(n-i) \tag{6.23}$$

滤波器系统函数为

$$H(Z) = \frac{\sum_{i=0}^{M} a_i z^{-i}}{1 - \sum_{i=1}^{N} b_i z^{-i}} = A \frac{\prod_{i=1}^{M} (1 - c_i z^{-1})}{\prod_{i=1}^{N} (1 - d_i z^{-1})} \quad M \leqslant N \tag{6.24}$$

(Butterworth)滤波器以(Butterworth)函数来近似滤波器的系统函数。

(Butterworth)函数的低通模平方函数表示为

$$|H(j\Omega)|^2 = \frac{1}{1 + \left(\dfrac{j\Omega}{j\Omega_c}\right)^{2N}} \quad N=1,2,L \tag{6.25}$$

指定 Ω_p,α_p 后,将 $\Omega=\Omega_p$ 代入式(6.25),得

$$|H(j\Omega_p)|^2=\frac{1}{1+\left(\frac{\Omega_p}{\Omega_c}\right)^{2N}}=\frac{1}{1+\varepsilon^2}=10^{-0.1\alpha_p}=(1-\delta_p)^2 \tag{6.26}$$

即 $\varepsilon=\sqrt{10^{0.1\alpha_p}-1}$。当 $\alpha_p=3\text{dB}$ 时，$\varepsilon=1$。

指定 Ω_s、α_s 后，将 $\Omega=\Omega_s$ 代入式(6.26)，得到

$$|H(j\Omega_s)|^2=\frac{1}{1+\left(\frac{\Omega}{\Omega_c}\right)^{2N}}=\frac{1}{1+\lambda^2}=10^{-0.1\alpha_s}=\delta_s^2 \tag{6.27}$$

式中，$\lambda=\sqrt{10^{0.1\alpha_s}-1}$。用3dB截止频率 Ω_c 来归一化：对频率进行$\frac{\Omega}{\Omega_c}$，式(6.25)变为

$$|H(j\Omega)|^2=\frac{1}{1+(\Omega)^{2N}} \tag{6.28}$$

其设计过程如下：

按给定指标确定阶次 N

$$\varepsilon^2\left(\frac{\Omega_s}{\Omega_p}\right)^{2N}=\lambda^2 \tag{6.29}$$

$$N\geqslant\frac{\lg\sqrt{\frac{(10^{0.1\alpha_s}-1)}{(10^{0.1\alpha_p}-1)}}}{\lg(\Omega_s/\Omega_p)} \tag{6.30}$$

若给定的指标 $\alpha_p=3\text{dB}$，即通带变频 $\Omega_p=\Omega_c$ 时，$\varepsilon=1$，可求得

$$N\geqslant\frac{\lg\sqrt{(10^{0.1\alpha_s}-1)}}{\lg(\Omega_s/\Omega_p)} \tag{6.31}$$

对式(6.31)求得数值取整加1。

从幅度平方函数求系统函数 $H(S)$：

首先求极点将 $s=j\Omega$ 代入式(6.25)，得

$$1+\left(\frac{s}{j\Omega_c}\right)^{2N}=0 \tag{6.32}$$

由于$(-1)=\mathrm{e}^{j(2k-1)\pi}$，可得

$$s_k=\Omega_c\mathrm{e}^{j(2k-1)\pi/(2N)}\qquad k=1,2,L,2N$$

滤波器的极点求出后，可取左平面上所有极点构成系统函数：

$$H(s)=A\frac{1}{\prod_{i=1}^{N}(s-s_i)} \tag{6.33}$$

对于低通滤波器，为了保证在频率零点 $\Omega=0$ 处，$|H(j\Omega)|=1$，可取

$$A=(-1)^N\prod_{i=1}^{N}s_i \tag{6.34}$$

因此得

$$H(s)=(-1)^N\prod_{i=1}^{N}\frac{s_i}{(s-s_i)} \tag{6.35}$$

6.1.1.3　中值滤波

中值滤波是一种非线性平滑技术,它将每一像素点的灰度值设置为该点某邻域窗口内的所有像素点灰度值的中值。

中值滤波是基于排序统计理论的一种能有效抑制噪声的非线性信号处理技术,中值滤波的基本原理是把数字图像或数字序列中一点的值用该点的一个邻域中各点值的中值代替,让周围的像素值接近真实值,从而消除孤立的噪声点。方法是用某种结构的二维滑动模板,将板内像素按照像素值的大小进行排序,生成单调上升(或下降)的二维数据序列。二维中值滤波输出为

$$g(x,y)=\mathrm{med}\{f(x-k,y-l),(k,l)\in W\} \tag{6.36}$$

式中,$f(x,y)$,$g(x,y)$分别为原始图像和处理后图像,W为二维模板,通常为3＊3、5＊5区域,也可以是不同的形状,如线状、圆形、十字形、圆环形等。

6.1.1.4　时频谱分析

首先将信号分解为一系列的具有不同时间尺度的固有模态函数(intrinsic mode function,IMF),然后对每一阶IMF做希尔伯特变换,并求出响应函数的幅值谱和瞬时频率,获得信号的时频谱。非线性系统或者非平稳信号,在频率域上都包含着所有的谐波成分,使得滤波后的信号产生失真。基于IMF的多尺度滤波特性,对信号进行时频谱分析,可以得到电磁噪声的分布特征。采用门限阈的方法,可以实现有效信号与噪声的分解,达到噪声去除和信号提取的目的。本软件采用gabor算法进行时频谱与离散小波变换时频谱分析。

小波变换(wavelet transform,WT)是一种新的变换分析方法,它继承和发展了短时傅里叶变换局部化的思想,同时又克服了窗口大小不随频率变化等缺点,能够提供一个随频率改变的"时间-频率"窗口,是进行信号时频分析和处理的理想工具。它的主要特点是通过变换能够充分突出问题某些方面的特征,能对时间(空间)频率的局部化分析,通过伸缩平移运算对信号(函数)逐步进行多尺度细化,最终达到高频处时间细分,低频处频率细分,能自动适应时频信号分析的要求,从而可聚焦到信号的任意细节,解决了傅里叶变换的困难问题,成为继傅里叶变换以来在科学方法上的重大突破。

1)连续小波变换

设$\psi(t)$是平方可积函数,即$\psi(t)\in L^2(R)$,$\psi(t)$的傅里叶变换$\Psi(\omega)$满足条件:

$$\int_{-\infty}^{+\infty}\frac{|\Psi(\omega)|^2}{\omega}\mathrm{d}\omega<\infty \tag{6.37}$$

则称$\psi(t)$为一个基本小波或小波母函数,称式(6.37)为小波函数的可容许条件。

将小波母函数$\psi(t)$进行伸缩和平移得小波基函数:

$$\psi_{a,b}(t)=a^{-\frac{1}{2}}\psi\left(\frac{t-b}{a}\right),\quad a>0,\quad b\in R \tag{6.38}$$

式中,a为伸缩因子(又称尺度因子),b为平移因子。

连续小波变换(CWT)定义为:设函数$f(t)$平方可积,$\overline{\psi(t)}$表示$\psi(t)$的复共轭,则$f(t)$的连续小波变换为

$$\mathrm{WT}_f(a,b)=\langle f(t),\psi_{a,b}(t)\rangle=\frac{1}{\sqrt{a}}\int_{-\infty}^{+\infty}f(t)\,\overline{\psi\left(\frac{t-b}{a}\right)}\,\mathrm{d}t \tag{6.39}$$

由 CWT 的定义可知,小波变换同傅里叶变换一样,都是一种积分变换。由于小波基不同于傅里叶基,小波变换与傅里叶变换有许多不同之处,其中最重要的是,小波基具有尺度 a、平移 b 两个参数,将函数在小波基下展开,就意味着将一个时间函数投影到二维的时间–尺度相平面上。从频率域的角度来看,小波变换已经没有像傅里叶变换那样的频率点的概念,取而代之的是本质意义上的频带概念;从时间域来看,小波变换所反映的也不再是某个准确的时间点处的变化,而是体现了原信号在某个时间段内的变化情况。

2)离散小波变换

通常用冗余度这一概念来衡量函数族是否构成正交性,若信号损失部分后仍能传递同样的信息量,则称此信号有冗余,冗余的大小程度称为冗余度。连续小波变换的尺度因子 a 和移位因子 b 都是连续变化的,冗余度很大,为了减小冗余度,可以将尺度因子 a 和移位因子 b 离散化。现在的问题是,怎样离散化才能得到构成空间 $L^2(R)$ 的正交小波基。由连续小波变换的时频分析得知,小波的品质因数不变,因此我们可以对尺度因子 a 按二进的方式离散化,得到二进小波和二进小波变换,之后再将时间中心参数 b 按二进整数倍的方式离散化,从而得到正交小波和函数的小波级数表达式,真正实现小波变化的连续形式和离散形式在普通函数形式上的完全统一。

函数的连续小波变换有很大的冗余度,为了减小冗余度,可将尺度因子 a 和移位因子 b 离散化。若对尺度因子 a 按二进的方式离散化,就得到了二进小波和二进小波变换。设小波函数 $\psi(x)$ 的傅里叶变换为 $\Psi(x)$,若存在二常数 $0<A<B<\infty$,使得

$$A\leqslant\sum_{k\in Z}\left|\Psi(2^k\omega)\right|^2\leqslant B \tag{6.40}$$

则称 $\psi(x)$ 为二进母小波,式(6.40)称为二进小波的稳定性条件。对于任意的整数 j,记二进小波函数为

$$\psi_{(2^{-j},b)}=2^{\frac{j}{2}}\psi(2^j(x-b)) \tag{6.41}$$

3)希尔伯特变换

一个连续时间信号 $x(t)$ 的希尔伯特变换等于该信号通过具有冲激响应 $h(t)=1/\pi t$ 的线性系统以后的输出响应 $x_h(t)$。信号经希尔伯特变换后,在频率域各频率分量的幅度保持不变,但相位将出现 90°相移。即对正频率滞后 π/2,对负频率导前 π/2,因此希尔伯特变换器又称为 90°移相器。用希尔伯特变换描述幅度调制或相位调制的包络、瞬时频率和瞬时相位会使分析简便,在通信系统中有着重要的理论意义和实用价值。在信号理论中,希尔伯特变换是分析信号的工具,在数字信号处理中,不仅可用于信号变换,还可用于滤波,可以做成不同类型的希尔伯特滤波器。在数学与信号处理的领域中,一个实值函数的希尔伯特变换——在此标示为 H——是将信号 $s(t)$ 与 $1/(\pi t)$ 做卷积,以得到 $s'(t)$。因此,希尔伯特变换结果 $s'(t)$ 可以被解读为输入是 $s(t)$ 的线性时不变系统的输出,而此系统的脉冲响应为 $1/(\pi t)$。

理论证明,一个物理可实现的系统,由于因果性的制约($h(t)=0,t<0$)其系统函数的实部 $H_r(\Omega)$ 与虚部 $H_i(\Omega)$ 互为一对希尔伯特变换,或者说存在着希尔伯特变换的关系。

$$H(\Omega)=H_r(\Omega)+jH_i(\Omega)$$

$$H_r(\Omega)=\frac{1}{\pi\Omega}*H_i(\Omega)$$

$$H_i(\Omega)=-\frac{1}{\pi\Omega}*H_r(\Omega) \tag{6.42}$$

式中,$H(\Omega)$为$h(t)$的傅里叶变换,Ω为角频率,所以,已知$H_i(\Omega)$,则$H_r(\Omega)$就唯一地被确定,反之也一样。因此,如果给定系统函数的实部(虚部),就不能任意确定虚部(实部),否则就不能保证是因果系统。同理,一个稳定的最小相位系统,由于其对数幅度$\lg|H(\Omega)|$和对数相位$\arg[H(\Omega)]$之间互为希尔伯特变换,则该系统一定是因果系统。所以通常设计滤波器,当给定幅频特性后,则其相频特性就不能任意选择。否则,不能保证系统是稳定和因果的。理想的希尔伯特变换器是非因果系统,采用数字信号处理技术,将信号适当延迟,比较容易实现在一定频带范围内,频率特性是近似理想的。

6.1.2　地表一致性校正

电法、电磁法勘探的主要参数是视电阻率,其中使视电阻率发生畸变的主要干扰因素之一是地形影响。地形不但可以引起虚假异常,而且会掩盖地下由矿体或目标物引起的异常。

MTEM数据是全频率的时间域信号,通过反褶积消除激发源的伪随机码响应信号是全频率的时间信号。在数字信号理论中,实际信号可以看成是由各个频率的单频信号的累加而成:

$$s(t)=h_1(t)+h_2(t)+h_3(t)+\cdots=\sum_{i=1}^{n}h_i(t) \tag{6.43}$$

式中,$s(t)$为全频率实际信号;$h_i(t)$为单频时间域信号。将信号进行傅里叶变换,得到原始信号相应频谱:

$$S(f)=H_1(f_1)+H_2(f_2)+H_3(f_3)+\cdots=\sum_{i=1}^{n}H_i(f_i) \tag{6.44}$$

在瞬变电磁法中,信号为单频信号,用比值校正法对该信号$[H_i(f_i)]$进行校正,校正因子为D_i,因此借鉴瞬变电磁频率域比值校正法,计算所有离散频率的校正因子,从低频到高频得到一系列校正因子:

$$D_1\quad D_2\quad D_3\quad\cdots\quad D_i\quad\cdots\quad D_n \tag{6.45}$$

将校正因子组成行向量$\boldsymbol{D}$,信号频谱组成列向量$\boldsymbol{H}$,行向量与列向量内积对信号所有离散频率进行校正:

$$\boldsymbol{D}\cdot\boldsymbol{H}=[D_1,D_2,D_3,\cdots,D_n]\cdot\begin{bmatrix}H_1\\H_2\\H_3\\\vdots\\H_N\end{bmatrix} \tag{6.46}$$

$$=D_1\cdot H_1+D_2\cdot H_2+D_3\cdot H_3+\cdots+D_n\cdot H_n$$

行向量 $\boldsymbol{D}$，列向量 $\boldsymbol{H}$ 所对应的反傅里叶变换分别为

$$\boldsymbol{d}=[d_1,d_2,d_3,\cdots,d_n] \tag{6.47}$$

$$\boldsymbol{h}=[h_1,h_2,h_3,\cdots,h_n]^{\mathrm{T}} \tag{6.48}$$

将式(6.44)反傅里叶变换得到校正后的时间域信号：

$$\boldsymbol{s}_d=\boldsymbol{d}*\boldsymbol{h}=d*\boldsymbol{s}(t) \tag{6.49}$$

实际应用中，该技术可在时间域也可在频率域中实现。在频率域中，首先对脉冲响应曲线进行傅里叶变换得到频率域响应，计算各个离散频率的校正因子，频率域响应与校正因子乘积，最后进行反傅里叶变换；在时间域中，首先计算各个离散频率的校正因子，然后对校正因子进行反傅里叶变换获得时间域校正因子，将时间域校正因子与脉冲响应曲线进行褶积运算。

6.1.3　大地脉冲响应时间剖面计算

假设接收信号为发射系统、接收系统和大地脉冲响应的褶积，则可表示为

$$E(k,x_s,x_r,t)=i(k,x_s,t)*r(x_r,t)*g(x_s,x_r,t),k=1,2,\cdots,N \tag{6.50}$$

其中发射系统与接收系统响应可通过测量得到，因此可以从接收信号中提取出大地脉冲响应信号。

$$g(x_s,x_r,t)=E(k,x_s,x_r,t)/[i(k,x_s,t)*r(x_r,t)] \tag{6.51}$$

由于实际观测信号是带限的且含噪声，激发信号(MTEM)或者垂直分量(地震数据)的频谱常含有近零成分，导致频谱相除过程中的不稳定性。在实际的运算过程中，常采用所谓的“水准量反褶积”，即

$$G(x_s,x_r,\omega)=\frac{E(k,x_s,x_r,\omega)\overline{\mathrm{IR}}(\omega)}{\varphi(\omega)}\mathrm{GAO}(\omega) \tag{6.52}$$

式中，$\mathrm{IR}(\omega)=\mathrm{FFT}[i(t)*r(t)]$ 为系统响应的频率域表达形式，$\overline{\mathrm{IR}(\omega)}$ 为其复共轭；$\varphi(\omega)=\max[\mathrm{IR}(\omega)\overline{\mathrm{IR}}(\omega)],c\max[\mathrm{IR}(\omega)\overline{\mathrm{IR}}(\omega)])$ 为消除近零成分函数；$\mathrm{GAO}(\omega)=\mathrm{EXP}(-\omega^2/4\alpha^2)$，为高斯滤波器。$c$ 为水准量因子，控制振幅水平，即用一个水准量因子 c 与垂直分量中最大的振幅乘积来代替波形记录上较小的近零成分，使谱域相除趋于稳定；α 为高斯系数，控制高斯脉冲宽度，起到低通滤波的作用。大地脉冲响应可以在频率域内进行也可以在时间域内进行。

在频率域提取大地脉冲响应曲线的关键参数为水准量的选择与高斯参数，前者压制信号中的零极值，后者压制不规则高频信息，对信号的漂移噪声建议在去噪模块中用中值滤波压制噪声。

6.1.4　峰值时刻视电阻率计算

利用反褶积提取的大地响应时间序列，求取峰值对应的时间，通过电阻率与峰值时刻的对应关系式得到视电阻率。以共中心点位置为横坐标，以收发距为纵坐标，绘制走时-电阻

率图。主要原理如下。

脉冲信号是一种典型信号,其数学表达式为

$$x_i(t) = \begin{cases} \lim\limits_{t_0 \to 0} \dfrac{a}{t_0} & (0<t<t_0) \\ 0 & (t<0 \text{ 或 } t>t_0) \end{cases} \tag{6.53}$$

当系统输入为单位脉冲函数时,其输出为脉冲响应函数。由于 δ 函数的拉普拉斯变换等于 1,因此系统传递函数即为脉冲响应函数的象函数。

当系统输入为任一时间函数时,可将输入信号分割成 n 个脉冲。当 $n\to\infty$时,输入函数 $x(t)$ 可以看成 n 个脉冲叠加而成。

按比例和时间平移的方法,可知 τ_k 时刻的响应为 $x(\tau_k)g(t-\tau_k)\cdot\Delta\tau$。所以有

$$\begin{aligned} y(t) &= \lim_{n\to\infty}\sum_{k=0}^{n} x(\tau_k)g(t-\tau_k)\cdot\Delta\tau \\ &= \int_0^t x(\tau)g(t-\tau)\,\mathrm{d}\tau \end{aligned} \tag{6.54}$$

输出响应为输入函数与脉冲响应函数的卷积。

时间域分析性能指标是以系统对单位脉冲输入的瞬时响应形式给出的。

根据脉冲响应的峰值时刻(tpeak),计算视电阻率:

$$\rho_{\mathrm{H}} = \frac{\mu r^2}{10 t_{\mathrm{peak},r}} \tag{6.55}$$

对式(6.55)相对偏移距进行求导,得到

$$\frac{\mathrm{d}t_{\mathrm{peak},r}}{\mathrm{d}r} = \frac{\mu r}{5\rho} \tag{6.56}$$

利用式(6.56)可以定义层视电阻率(Ziolkowski et al., 2007),与峰值视电阻率定义类似,如果相同收发距情况下,均匀大地模型的脉冲响应与观测点的计算大地脉冲响应的峰值时刻相同,则把假设的均匀大地模型的背景电阻率定义为该记录点的层视电阻率:

$$\rho_1 = \mu r\left(\frac{\mathrm{d}t_{\mathrm{peak},r}}{\mathrm{d}r}\right)^{-1} \tag{6.57}$$

视电阻率主要提供快速解释手段,可用于实时数据质量监测与初始模型建立。因此,峰值时刻视电阻率与层视电阻率的实用性更强,首先,大地脉冲响应的峰值时刻或者同相轴不受静态效应影响;其次,尽管正则化会引起大地脉冲响应主峰展宽,但是峰值时刻所受影响相对较小。

层视电阻率与峰值时刻视电阻率均是一种近似的几何测深解释,一个脉冲响应对应一个视电阻率。图 6.13 为 20Ω · m 均匀大地不同偏移距的峰值时刻视电阻率与层视电阻率,视电阻率不因偏移不同而发生变化,与均匀大地真实电阻率一致。均匀大地脉冲响应采用 Empymod(Werthmüller, 2017)软件包正演模拟。发射源为水平接地电偶极子源,接收阵列从偏移距 500m 到 12000m,接收点距为 100m。正演时不同偏移距选择不同的时间窗,求得的峰值时刻存在细微偏差。层视电阻率与峰值时刻对偏移距导数的倒数成正比,因此,对峰值时刻偏差非常敏感。图 6.13 的层视电阻率(蓝线)存在轻微振荡。

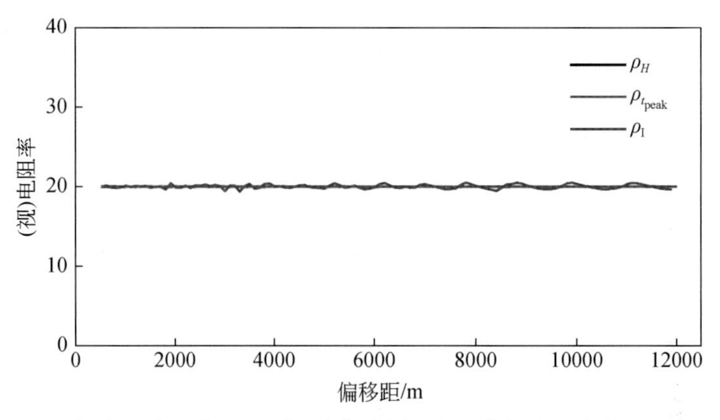

图 6.13　视电阻率、层视电阻率、峰值时刻视电阻率与大地真实电阻率比较

黑线表示均匀大地真实电阻率;红线表示峰值时刻视电阻率;蓝线表示层视电阻率

图 6.14 是一个三层油储模型,该模型油层厚度为 25m,顶界面埋深为 500m,电阻率为 500Ω · m,背景电阻率为 20Ω · m。对每个脉冲响应计算峰值视电阻率,画在共中心点-共偏移距坐标下,如图 6.15 所示。可以看出,当偏移距为 2000 ~ 4000m,即为异常埋深的 4 ~ 8 倍时,峰值视电阻率变高,异常显著,因为高阻油层引起大地脉冲的峰值提前,视电阻率增加;当偏移距较大或者较小时,峰值时刻视电阻率逐渐过渡到背景电阻率。当然,从视电阻率剖面很难直接解释出异常深度,勘探目标的深度与厚度以及异常电阻率大小都会观测到异常的偏移距与位置不同,因此,目标的深度与规模不能直接从峰值时刻视电阻率剖面获得。但是,视电阻率剖面可以用于初步解释,并为进一步反演解释提供初始参考模型。

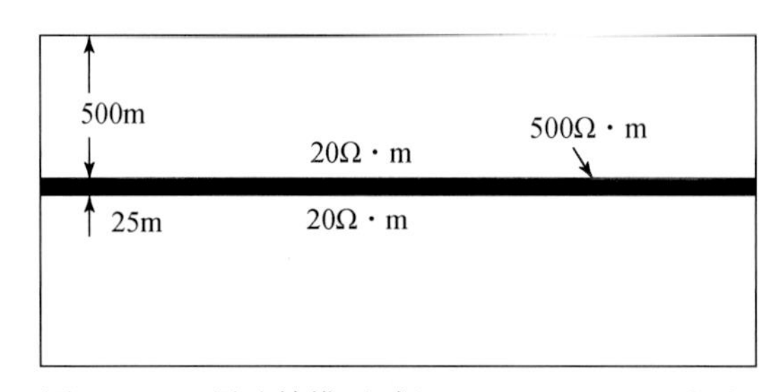

图 6.14　三层油储模型(据 Ziolkowski, 2007 重画)

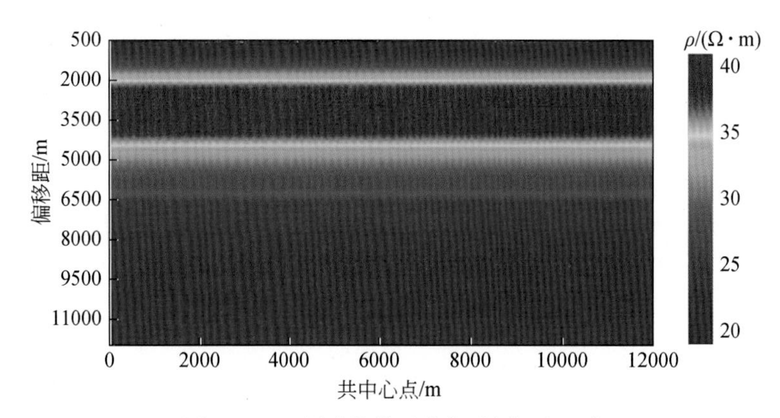

图 6.15　三层油储模型峰值时刻视电阻率

考虑图 6.14 所示三层油储模型的不同偏移距对应的层视电阻率,并与峰值时刻视电阻率进行对比,如图 6.16 所示。可以看出,层视电阻率比峰值时刻视电阻率异常更突出,最大异常的偏移距为 2000m,为异常埋深的 4 倍。当偏移距大于 5000m 时,层视电阻率趋于背景电阻率,而且,层视电阻率趋于背景电阻率的速度远快于峰值时刻视电阻率。因此,层视电阻率比峰值时刻视电阻率具有更高的垂向分辨能力。但是,与均匀半空间类似,层视电阻率曲线也存在细微振荡,抗干扰能力弱于峰值时刻视电阻率。

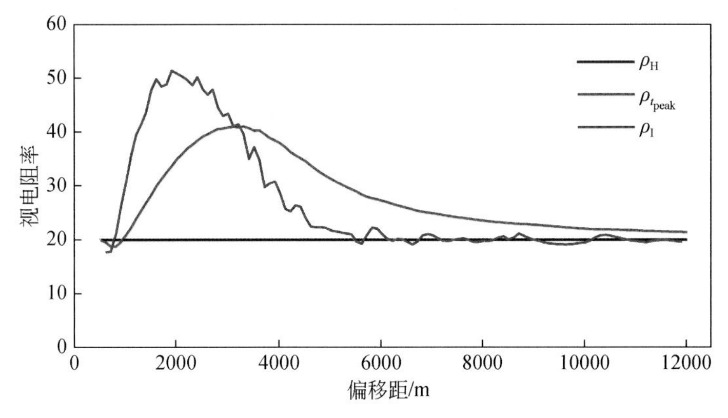

图 6.16　三层油储模型峰值时刻视电阻率与层视电阻率

由以上的分析可知,峰值时刻视电阻率能够反映整体异常,层视电阻率具有更高的垂向分辨能力。但是,层视电阻率与峰值时刻相对偏移距的导数成反比,抗干扰能力弱。细微的峰值时刻估计偏差,会引起层视电阻率振荡,甚至得到错误的地电模型。Wright 和 Ziolkow ski (2007)假设峰值时刻随偏移距变化平缓,用多项式拟合时距曲线,使层视电阻率计算更加稳健。

图 6.17 为 20Ω · m 均匀大地的层视电阻率,正演模拟时变换时间窗引入峰值时刻估计偏差,蓝线是直接对时距曲线求导计算的层视电阻率,红线是先用二次式拟合时距曲线然后求导的计算结果,可以看出,拟合计算结果可以抑制数值噪声,得到无振荡的均匀大地真实电阻率。图 6.18 为三层油储模型(图 6.14)的层视电阻率计算结果,采用 10 次多项式拟合时距曲线,数值噪声得到很好压制。

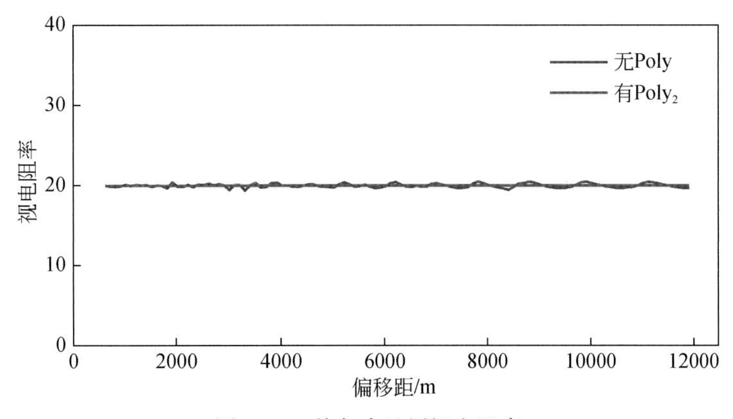

图 6.17　均匀大地层视电阻率

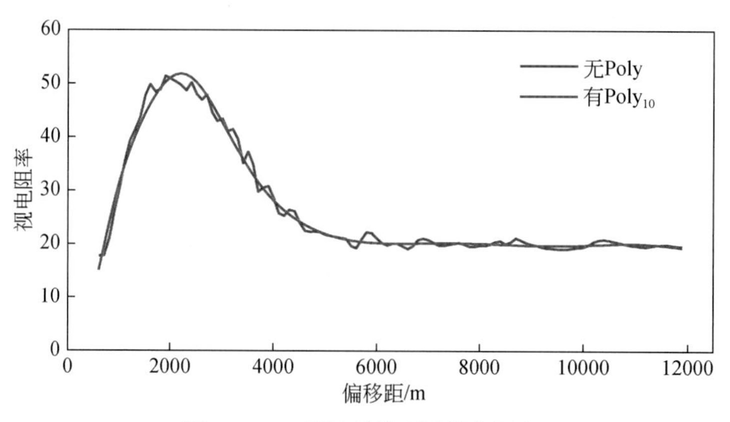

图 6.18　三层油储模型层视电阻率

6.2　应 用 实 例

本节介绍 MTEM 数据处理的效果。MTEM 系统在野外采集到的为全波形时间序列,图 6.19 中黑色曲线表示野外实测数据记录,采用 50Hz 陷波器去除数据记录中的工频干扰,红色曲线给出了去噪后的实测数据记录。

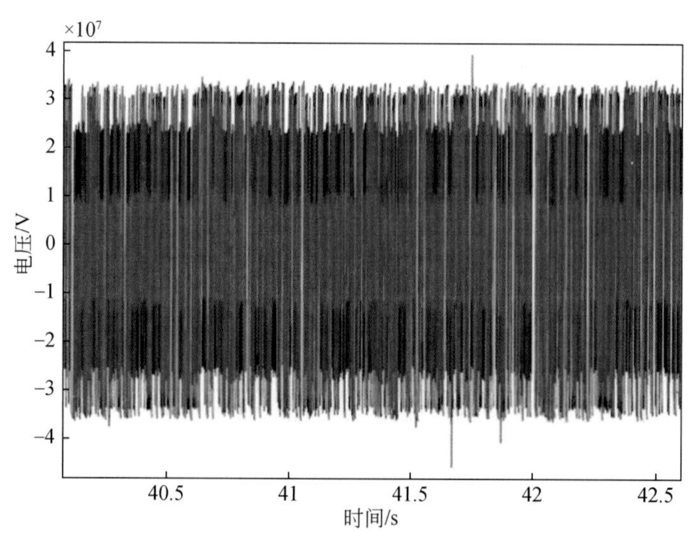

图 6.19　去噪前后的实测全波形数据记录

黑色曲线表示去噪前;红色曲线表示去噪后

在去除野外数据记录中的噪声干扰后,采用大地脉冲响应时间剖面计算软件从源波形数据和大地响应数据中提取大地脉冲响应。图 6.20 中,绿色曲线表示提取得到的典型大地脉冲响应曲线。由于在测区范围内存在地形起伏,因此采用了地表一致性校正软件消除由地形带来的大地脉冲响应畸变。红色曲线表示对绿色曲线进行地形校正后的结果。通过地形校正,大地脉冲响应中的峰值时刻误差漂移被消除,能够获得更为准确的视电阻率值。

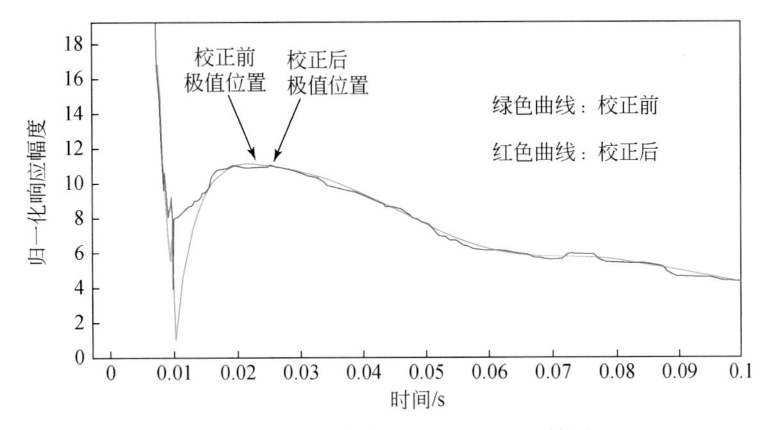

图 6.20　大地脉冲响应及地形校正效果

在经过上述处理后,可采用峰值时刻视电阻率计算软件拾取大地脉冲响应峰值时刻,并计算得到视电阻率值,如图 6.21 所示。计算测线上每一个测点的大地脉冲响应,并计算相应的峰值时刻视电阻率,组合后即可获得如图 6.22 所示的视电阻率-偏移距拟断面图。该视电阻率拟断面图是地下介质的电阻率分布的一个定性分布。同时,每个测点的大地脉冲响应是后续数据反演和成像的数据基础。

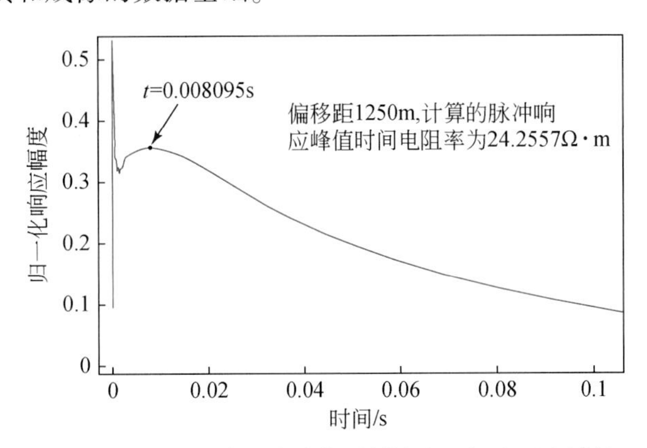

图 6.21　大地脉冲响应峰值时刻拾取和视电阻率计算

国家重大科研装备研制项目“深部资源探测核心装备研发”下属的第 5 个子项目“多通道大功率电法勘探仪”(MTEM)(ZDYZ2012-1-05),由中国科学院地质与地球物理研究所承担,中国科学院电子学研究所、中国科学技术大学、北京工业大学、中国地质大学(北京)等相关单位参加,旨在自主研制大功率多通道电磁法数据采集系统。目前,MTEM 系统工程样机发射功率可达 50kW,最高可发射 12 阶 PRBS 电流,具备进行多通道瞬变电磁勘探的能力。

通过搜集地质资料和实地勘查,选择在内蒙古兴和县曹四夭钼矿区进行 MTEM 野外勘探试验。内蒙古兴和县曹四夭钼矿区是新发现的超大型钼矿床,相对围岩呈现高阻特性,埋深较浅,适合开展试验。矿区位于华北地台北缘内蒙古台隆凉城断隆东部,大同-尚义北东向构造-岩浆岩带中段,大同-尚义北东向构造-岩浆岩带与商都-蔚县北西向构造-岩浆岩

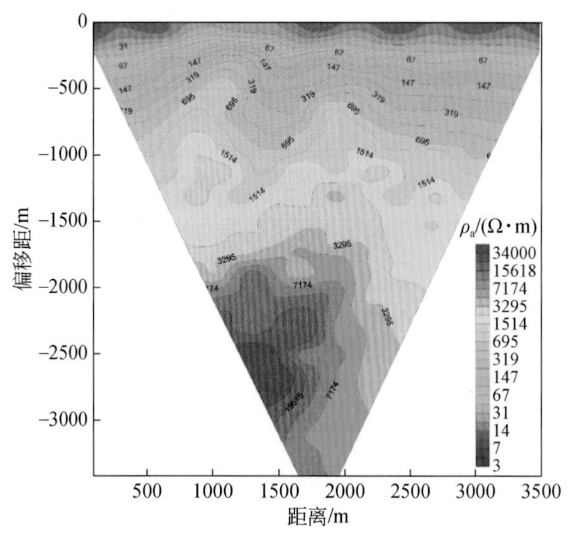

图 6.22　峰值时刻视电阻率-偏移距拟断面图

带交汇部位西南侧。矿区内主要岩石为太古宙麻粒岩相结晶基底和沉积盖层,发育多期褶皱构造、韧性剪切变形及断裂构造,形成错综复杂的构造特征。经过预查、普查,目前曹四夭钼矿已控制矿体东西长 1900m,南北宽 1400m,单孔最大见矿厚度大于 900m。

如图 6.23 所示,布置的 MTEM 测线跨过矿体,北西端 0 号点坐标为 40°50′16.55″N、113°51′50.76″E,南东端 4800m 点坐标为 40°48′13.83″N、113°53′56.66″E,测线长度为 4800m,测线沿南东约 142°方向。发射电流为 512Hz、12 阶的 PRBS 电流,循环 30 个周期。接收阵列 30 道,点距为 40m,一个排列长度 1200m,共四个排列,测量时按每个排列滚动前进,如图 6.24 所示。

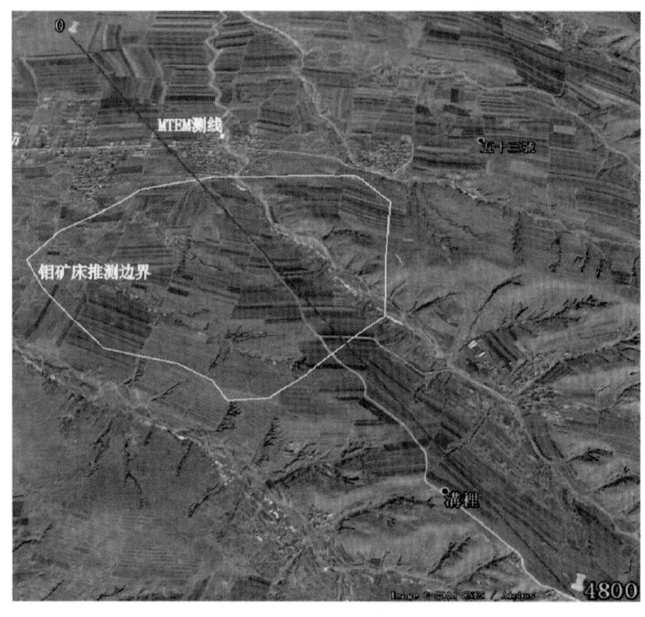

图 6.23　曹四夭 MTEM 测线,矿体边界用黄色线圈表示

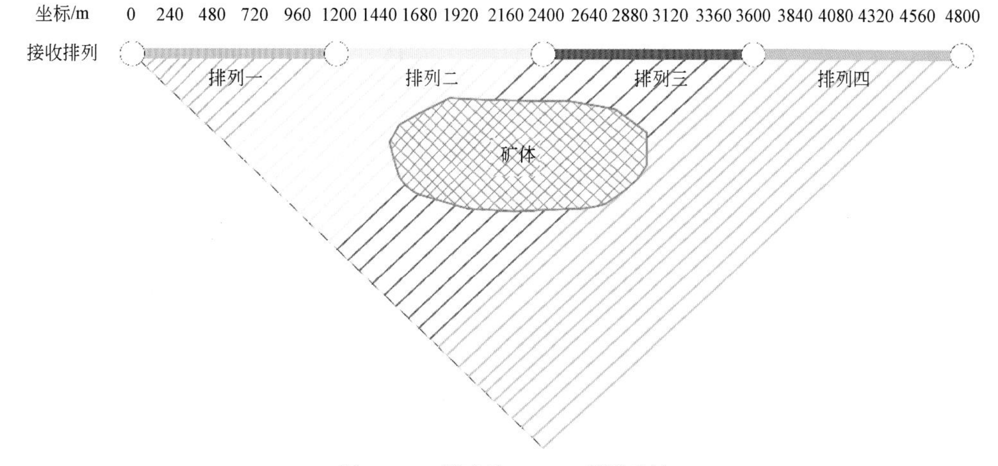

图6.24　曹四夭MTEM观测系统

曹四夭MTEM测线穿过村庄和高压线,工频干扰严重(图6.25)。图6.26中420m点与900m点是典型的接收信号,呈现与发射电流一致的充电曲线;2100m、2820m、4020m、4500m、4780m处接收信号变弱,干扰信号开始突出;2580m、2816m、3620m处工频噪声尤其严重。因此,曹四夭数据处理的重要任务就是去除工频干扰。图6.27a为偏移距1180m处记录的电压响应,其附近有变压器与农房(图6.27a即从该测点附近拍摄),因此,原始电压响应主要为正弦噪声。数据处理时,先求取大地脉冲响应(图6.27b),正弦噪声仍然非常强,无法拾取到脉冲响应的峰值时刻。对图6.27b的脉冲响应采用最小能量陷波的结果如图6.27c所示,可以看出正弦噪声基本压制,脉冲响应峰值突显出来。发射点在2520m,接收点依次在2560~3580m,大地脉冲响应结果如图6.28所示。从图中可以看到,脉冲响应峰值时刻随偏移距增加而增加,且脉冲主瓣的展宽也增加。从脉冲响应可以计算视电阻率,共中心点-共偏移距坐标下视电阻率拟断面图如图6.29所示。图中对第四系覆盖层及矿体位置均有明显反映,与实际地质资料吻合。

图6.25　曹四夭电力线分布

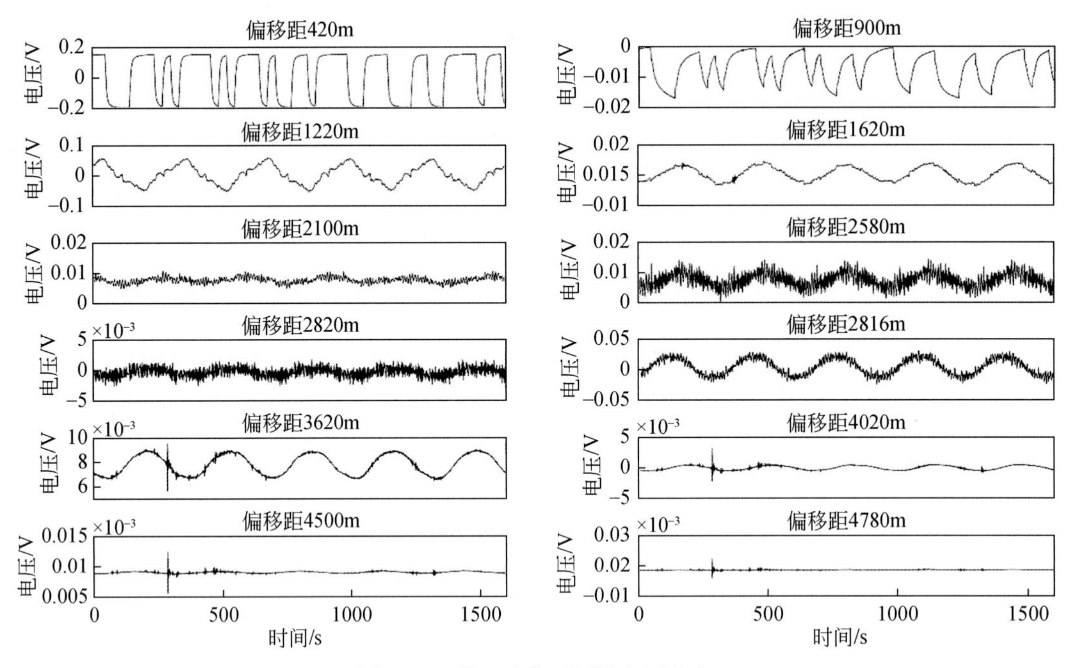

图 6.26　曹四夭典型原始电压响应

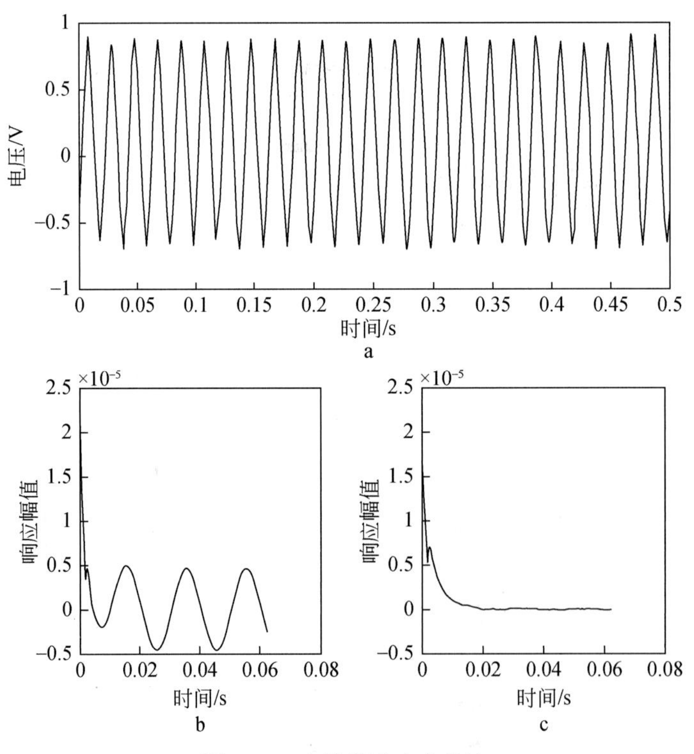

图 6.27　大地脉冲响应估计

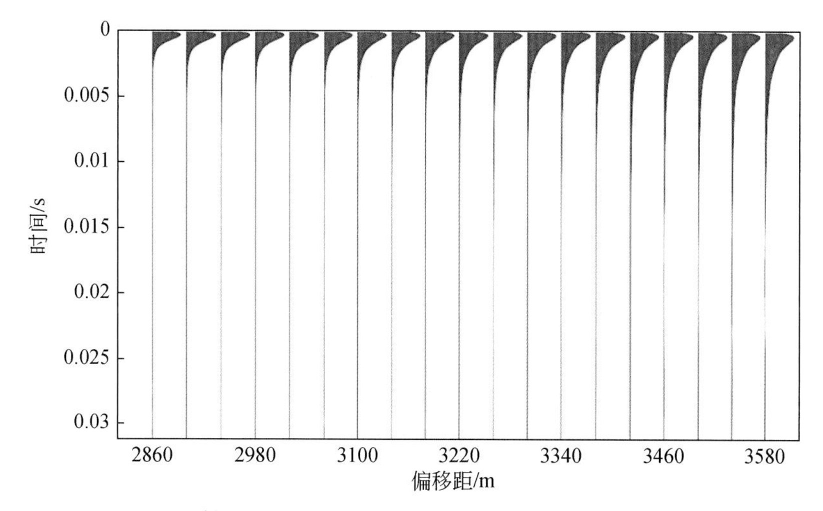

图 6.28　发射点在 2520m,接收点在 2860 ~ 3580m 的大地脉冲响应

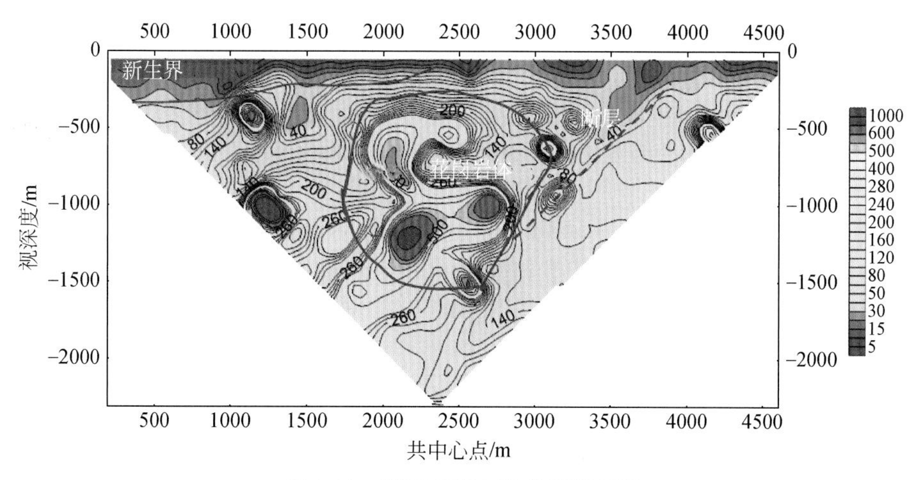

图 6.29　曹四夭视电阻率拟断面图

参 考 文 献

陈本池, 李金铭, 周凤桐. 1999. 瞬变电磁场的波长变换算法. 石油地球物理勘探, 34 (5): 539-545.

陈海龙, 李宏. 2005. 基于 MATLAB 的伪随机序列的产生和分析. 计算机仿真, 22: 98-100.

程佩青. 2007. 数字信号处理教程(第三版). 北京:清华大学出版社.

董敏煜. 1989. 地震勘探信号分析. 东营:石油大学出版社.

方文藻,李予国,李貅. 1993. 瞬变电磁测深法原理. 西安:西北工业大学出版社.

傅君眉, 冯恩信. 2000. 高等电磁理论. 西安: 西安交通大学出版社.

葛德彪, 闫玉波. 2005. 电磁波有限差分法(第二版). 西安: 西安电子科技大学出版社.

李貅, 薛国强. 2013. 瞬变电磁法拟地震偏移成像研究. 北京: 科学出版社.

李貅, 薛国强, 宋建平,等. 2005. 从瞬变电磁场到波场的优化算法. 地球物理学报,48 (5): 1185-1190.

李展辉, 黄清华. 2014. 复频率参数完全匹配层吸收边界在瞬变电磁法正演中的应用. 地球物理学报, 57

(4): 1292-1299.
林可祥,汪一飞. 1977. 伪随机码的原理与应用. 北京:人民邮电出版社.
米萨克 N 纳比吉安. 1992. 勘查地球物理电磁法 第一卷 理论. 赵经详等译. 北京:地质出版社.
朴化荣. 1990. 电磁测深法原理. 北京:地质出版社.
戚志鹏, 李貅, 吴琼,等. 2013. 从瞬变电磁扩散场到拟地震波场的全时域反变换算法. 地球物理学报,56(10): 3581-3595.
齐彦福, 殷长春, 王若,等. 2015. 多通道瞬变电磁 m 序列全时正演模拟与反演. 地球物理学报,58 (7): 2566-2577.
孙怀凤, 李貅, 李术才,等. 2013. 考虑关断时间的回线源激发 TEM 三维时域有限差分正演. 地球物理学报, 56(3): 1049-1064.
滕吉文. 2010. 强化第二深度空间金属矿产资源探查, 加速发展地球物理勘探新技术与仪器设备的研制及产业化. 地球物理学进展,25(3) : 729-748.
涂小磊. 2015. 多通道瞬变电磁法时域正演模拟. 中国科学院地质与地球物理研究所硕士学位论文.
王长清, 祝西里. 2014. 电磁场计算中的时域有限差分法(第二版). 北京: 北京大学出版社.
王华忠, 蔡杰雄, 孔祥宁,等. 2010. 适于大规模数据的三维 Kirchhoff 积分法体偏移实现方案. 地球物理学报, 53(7): 1699-1709.
王若. 2005. 人工源频率域大地电磁法正反演研究. 中国科学院地质与地球物理研究所博士学位论文.
王若. 2016. 2D M-TEM 电性源有限元法正演模拟软件成果报告. 中国科学院地质与地球物理研究所.
王若, 王妙月, 底青云. 2006. 频率域线源大地电磁法有限元正演模拟. 地球物理学报, 49(6): 1856-1866.
王若,王妙月,底青云,等. 2016. 伪随机编码源激发下的时域电磁信号合成. 地球物理学报,59(12): 4414-4423.
王若, 王妙月, 底青云, 等. 2018. 多通道瞬变电磁法 2D 有限元模拟. 地球物理学报,61(12):5084-5095.
薛国强, 李貅, 底青云. 2007. 瞬变电磁法理论与应用研究进展. 地球物理学进展, 22(4):1195-1200.
薛国强, 陈卫营, 周楠楠, 等. 2013. 接地源瞬变电磁短偏移深部探测技术. 地球物理学报, 56(1): 255-261.
薛国强, 闫述, 底青云, 等. 2015. 多道瞬变电磁法 (MTEM) 技术分析. 地球科学与环境学报, 37(01): 94-100.
闫述. 2016. 3D M-TEM 正演模拟软件开发成果报告. 江苏大学.
殷长春, 齐彦福. 2016. 1D M-TEM 电偶极源正演模拟软件成果报告. 吉林大学.
殷长春,黄威,贲放. 2013. 时间域航空电磁系统瞬变全时响应正演模拟,地球物理学报,56 (9): 3153-3162.
Anderson W L. 1982. Calculation of transient soundings for a coincident loop system. U. S. Geol. Surv. Open - File Report: 82-378.
Carney R. 1963. Design of a digital notch filter with tracking requirements. IEEE Transactions on Space Electronics and Telemetry, 9(4): 109-114.
Chave A D, Cox C S. 1982. Controlled electromagnetic sources for measuring electrical conductivity beneath the oceans: 1. Forward problem and model study. Journal of Geophysical Research: Solid Earth (1978-2012), 87: 5327-5338.
Commer M, Newman G. 2004. A parallel finite-difference approach for 3D transient electromagnetic modeling with galvanic sources. Geophysics, 69(5): 1192-1202.
Edwards R,Chave A. 1986. A transient electric dipole-dipole method for mapping the conductivity of the sea floor. Geophysics, 51: 984-987.
Everett M E. 2009. Transient electromagnetic response of a loop source over a rough geological medium.

Geophysical Journal International, 177(2): 421-429.

Fisher E, Mcmechan G A, Annan A P. 1992. Acquisition and processing of wide- aperture ground- penetrating radar data. Geophysics, 57: 495-504.

Golomb S W, Welch L R, Goldstein R M, et al. 1982. Shift Register Sequences. Aegean Park Press Laguna Hills, CA.

Hirano K, Nishimura S, Mitra S. 1974. Design of digital notch filters. IEEE Transactions on Circuits and Systems, 21(4): 540-546.

Hobbs B, Ziolkowski A, Wright D. 2006. Multi-Transient Electromagnetics (MTEM)-controlled source equipment for subsurface resistivity investigation. 18th IAGA WG, 1: 17-23.

Lee S, Memechan G A. 1987. Phase- field imaging: The electromagnetic equivalent of seismic migration. Geophysics, 52 (5): 678-693.

Li J, Farquharson C G. 2015. Two effective inverse Laplace transform algorithms for computing time-domain electromagnetic responses. SEG Technical Program Expanded Abstracts: 957-962

Li J H, Zhu Z Q, Liu S C, et al. 2011. 3D numerical simulation for the transient electromagnetic field excited by the central loop based on the vector finite- element method. Journal of Geophysics and Engineering, 8(4): 560-567.

Li S C, Sun H, Lu X S, et al. 2014. Three- dimensional modeling of transient electromagnetic responses of water-bearing structures in front of a tunnel face. Journal of Environmental & Engineering Geophysics, 19(1): 13-32.

Li Y G, Constable S. 2010. Transient electromagnetic in shallow water: Insights from 1D modeling. Chinese Journal of Geophysics: 53(3): 737-742.

Løseth L, Ursin B. 2007. Electromagnetic fields in planarly layered anisotropic media. Geophysical Journal International, 170: 44-80.

Munkholm M S, Auken E. 1996. Electromagnetic noise contamination on transient electromagnetic soundings in culturally disturbed environments. Journal of Environmental and Engineering Geophysics, 1: 119-127.

Mutagi R. 1996. Pseudo noise sequences for engineers. Electronics & Communication Engineering Journal, 8: 79-87.

Newman G A, Hohmann G W, Anderson W L. 1986. Transient electromagneticresponse of a three- dimensional body in a layered earth. Geophysics, 51(8): 1608-1627.

Oristagiio M L, Hohmann G W. 1984. Diffusion of electromagnetic fields into a two- dimensional earth: A finite-difference approach. Geophysics, 49(7): 870-894.

Pei S C, Tseng C C. 1995. Elimination of AC interference in electrocardiogram using IIR notch filter with transient suppression. IEEE Transactions on Biomedical Engineering, 42(11): 1128.

Pei S C, Tseng C C. 1997. IIR multiple notch filter design based on allpass filter. IEEE Transactions on Circuits and Systems II: Analog and Digital Signal Processing, 44(2), 133-136.

Piskorowski J. 2010. Digital Q- varying notch iir filter with transient suppression. IEEE Transactions on Instrumentation & Measurement, 59(4): 866-872.

Piskorowski J. 2012. Suppressing harmonic powerline interference using multiple- notch filtering methods with improved transient behavior. Measurement, 45(6): 1350-1361.

RichardL B, Faires J D. 2001. Numerical Analysis(the 7th edition). Thomson Learning, Inc. Stamford, Connecticut.

Strack K M. 1992. Exploration With Deep Transient Electromagnetics. Netherlands: Elsevier Science.

Strack K M, Hanstein T H, Eilenz H N. 1989. LOTEM data processing for areas with high cultural noise levels. Physics of the Earth & Planetary Interiors, 53(3):261-269.

Um E S, Harris J M, Alumbaugh D L. 2010. 3D time-domain simulation of electromagnetic diffusion phenomena: A finite-element electric-field approach. Geophysics, 75(4): 115-126.

Wait J. 2012. Geo-Electromagnetism. Netherlands: Elsevier Science.

Wang T, Hohmann G W. 1993. A finite-difference, time-domain solution for three-dimensional electromagnetic modeling. Geophysics, 58(6): 797-809.

Wannamaker P E, Hohmann G W, Sanfilipo W A. 1984. Electromagnetic modeling of three-dimensional bodies in layered earths using integral equations. Geophysics, 49: 60-74.

Weir G. 1980. Transient electromagnetic fields about an infinitesimally long grounded horizontal electric dipole on the surface of a uniform half-space. Geophysical Journal International, 61: 41-56.

Werthmüller D. 2017. An open-source full 3D electromagnetic modeler for 1D VTI media in Python: Empymod. Geophysics, 82(6): 9-19.

Wright D A. 2003. Detection of hydrocarbons and their movement in a reservoir using time-lapse multi-transient electromagnetic (MTEM) data . Edinburgh: University of Edinburgh.

Wright D A, Ziolkowski A. 2007. Suppression of Noise in MTEM data. In SEG / San Antonio 2007 Annual Meeting: 549-553.

Wright D A, Ziolkowski A, Hobbs B A. 2001. Hydrocarbon detection with a multi-channel transient electromagnetic survey //SEG. SEG Technical Program Expanded Abstracts 2001. Tulsa: SEG: 1435-1438.

Wright D A, Ziolkowski A, Hobbs B. 2002. Hydrocarbon detection and monitoring with a multicomponent transient electromagnetic (MTEM) survey. The Leading Edge, 21: 852-864.

Wright D A, Ziolkowski A, Hobbs B A. 2005. Detection of subsurface resistivity contrasts with application to location of fluids. USA, US6914433 B2. 2005-07-07.

Xue G Q, Yan Y J, Li X. 2007. Pseudo-seismic wavelet transformation of transient electromagnetic response in geophysical exploration. Geophysical Research Letters, 34: L16405.

Yee K S. 1996. Numerical solution of initial boundary problems involving Maxwell's equations in isotropic media. IEEE Trans. Ant. Prop. , AP-14: 302-309.

Zhdanov M S. 2010. Electromagnetic geophysics: Notes from the past and the road ahead. Geophysics, 75: 49-66.

Ziolkowski A, Hobbs B A, Wright D. 2007. Multi-transient electromagnetic demonstration survey in France. Geophysics, 72(4): 197-209.

Ziolkowski A, Parr R, Wright D, et al. 2010. Multi-transient electromagnetic repeatability experiment over the North Sea Harding field. Geophysical prospecting, 58: 1159-1176.

第 7 章　MTEM 响应模拟

MTEM 是由英国爱丁堡大学的 Wright 等(2002)提出的一种新的电磁勘探技术,数值模拟是深入理解该技术的必要手段,也是研究数据前期处理及后期反演的基础。

本章根据 MTEM 信号发射与接收所遵循的物理规律,进行 1D、2D 和 3D 的大地脉冲响应数值模拟,以及伪随机码响应合成。在模拟中,大地脉冲响应的模拟是核心,能够为进一步反演解释奠定基础,但伪随机码响应合成也必不可少,可为数据处理的仿真测试提供资料,并可以用来检测后续数据处理技术的效果。由于在 1D、2D 和 3D 计算中,从大地脉冲响应计算得到伪随机码响应的技术相同,因此仅在 1D MTEM 数据模拟中介绍伪随机码的合成技术,在 2D 和 3D 数值模拟中着重介绍大地脉冲响应的模拟方法及结果。

在本章中,1D 和 2D MTEM 数值模拟采用先计算频率域响应,后进行频时转换的策略;3D 模拟则直接从时间域出发计算大地脉冲响应。

7.1　1D MTEM 数值模拟

本节根据信号传播所遵循的物理规律,选择均匀半空间模型、伪随机编码源、发射接地系统和接收接地系统的响应、噪声类型等参数,实现伪随机编码源激发下的电磁信号合成。

首先用解析公式获得频率域响应,然后通过余弦变换得到时间域阶跃响应,接下来用阶跃响应的时间导数得到大地的脉冲响应,通过将大地的脉冲响应与伪随机编码源的褶积得到理想接收信号,最后用一个带限滤波器模拟发射-接收设备的带宽限制并添加噪声,得到最终的伪随机码响应。本节的撰写参考了国家重大科研装备研制项目的子项目——“多通道大功率电法勘探仪”中与 1D MTEM 数值模拟相关的报告及文章成果。

7.1.1　基本公式

若将大地假设为线性时不变系统,则接收端所采集到的信号可以表示为

$$v(t)=i(t)*g(t)*r(t)+n(t) \tag{7.1}$$

式中,$v(t)$为接收机在接收点接收的信号;$i(t)$为发射系统向大地发射的电流;$g(t)$为经由大地滤波后在接收点处的大地脉冲响应;$r(t)$为接收机带限的影响;$n(t)$为接收点处的噪声,所有这些信号都是随时间变化的。在式(7.1)中,如果 $i(t)$为编码电流,则 $r(t)$为发射机带限和接收机带限的综合响应。

从式(7.1)可以看出,只要获得不同模型的大地脉冲响应 $g(t)$、伪随机发射源信号$i(t)$、仪器带限响应 $r(t)$及噪声 $n(t)$,就可计算出接收信号 $v(t)$。

7.1.2　1D 介质中的大地脉冲响应

当向地下输入一个脉冲信号(在数值模拟中为 δ-函数源)时,在不考虑发射机接地系统、接收机接地系统以及噪声时,接收机测量的输出即大地脉冲响应。但在实际中,时间域电磁法的发射源信号一般为方波,理想的 δ-函数难以作为源信号。在数值模拟时,先计算频率域响应,然后通过余弦变换转换到时间域。若转换成大地阶跃响应,需要进一步计算阶跃响应的时间导数来得到大地脉冲响应。

1)频率域响应

根据 Wright 等(2002),只有与源同方向的电场可提供有用信息,其他方向的场分量不包含额外的信息。因此,此处仅计算与源同方向的电场响应。假设源的方向为 x 方向,则频率域中同方向的电场可写为

$$E_x = \frac{P_E \rho_1}{2\pi r^3}[3\cos^2\varphi - 2 + (1 + k_1 r)e^{-k_1 r}] \tag{7.2}$$

式中,P_E 为电偶极矩;ρ_1 为均匀半空间的视电阻率;r 为偏移距;φ 为接收点与发射中点的连线和发射偶极的交角;k_1 为波数,$k_1^2 = -i\omega\mu_0\sigma_1$,$\sigma_1$ 为均匀半空间的电导率,μ_0 为磁导率,ω 为角频率,i 表示纯虚数。

2)频时变换

用于频率域到时间域变换的方法较多,如正弦变换、余弦变换、折线法。这三种方法属于傅里叶逆变换,正弦变换与余弦变换需要计算较宽频带内的频率响应,其频带宽度与时间点有关。折线法相对快速,也相对粗糙。此外,还有基于拉普拉斯(Laplace)逆变换的系列算法,这类算法的优势在于可以用较少的滤波系数得到较精确的结果,但其对计算机精度的要求太高(4 倍精度)。所以本节最终选择了余弦变换作为频率域向时间域变换的方法。

余弦变换的表达式为

$$f(t) = \int_0^\infty \frac{F(\omega)}{i\omega}\cos(\omega t)\,d\omega \tag{7.3}$$

参考 Anderson 的方法,选用函数对

$$\int_0^\infty \exp(-a^2\omega^2)\cos(\omega t)\,d\omega = \sqrt{\pi}\exp(-t^2/4a^2)/2a \tag{7.4}$$

来求余弦变换的滤波权系数,利用滤波系数可将式(7.3)写为

$$f(t) = \left\{\sum_{i=N_1}^{N_2} C_i F(\exp(A_i - x)\right\}/t \tag{7.5}$$

式中,C_i 为余弦变换的滤波权系数;$A_i - x$ 为移动的横坐标;N_1 和 N_2 的大小由积分时间自动调节。

3)大地脉冲响应

利用阶跃响应与电流时间导数的褶积代替脉冲响应与电流褶积成功实现了任意波形全时响应的计算,避免了记录时间 $t>0$ 时大地脉冲奇异值的出现,但只考虑了电流变化感应出的电磁场,并没有考虑电流自身产生的直流场,所以还需再将直流场加进感应的场中。本节采用直接计算阶跃响应的时间导数来得到大地脉冲响应,$t>0$ 处的值用第一个阶跃值与该处

时间的比值来代替,通过将起始时间设计得较小(如 0.01ms)来减小 $t>0$ 时的误差。

设计一个电阻率是 100Ω · m 的均匀半空间模型,假设源的方向为 x 方向,源的长度为 200m,计算点位于源的延长线上且离源中心点 500m 处,电场的频率域响应曲线如图 7.1a 所示。图 7.1a 显示了从 10^{-7}Hz 到 10^{7}Hz 的计算结果,以适用于余弦变换所有时间点所需的频带宽度。从图 7.1a 可以看出,在高频和在低频一定范围内,电场曲线保持水平,不受频率的影响。将这个结果通过余弦变换[式(7.3)]转换到时间域,得到如图 7.1b 所示的阶跃响应,将其与解析公式[式(7.2)]计算的结果对比,发现二者的吻合程度非常高。采用前面提到的阶跃响应的时间导数来计算脉冲响应,如图 7.1c 所示,对 x 方向电场来说,出现了一个峰值,之后电场开始衰减。这个峰值对后续的处理非常重要,因不是本书的研究内容,所以不进行阐述。为了突出峰值的形态,对曲线进行了截断。

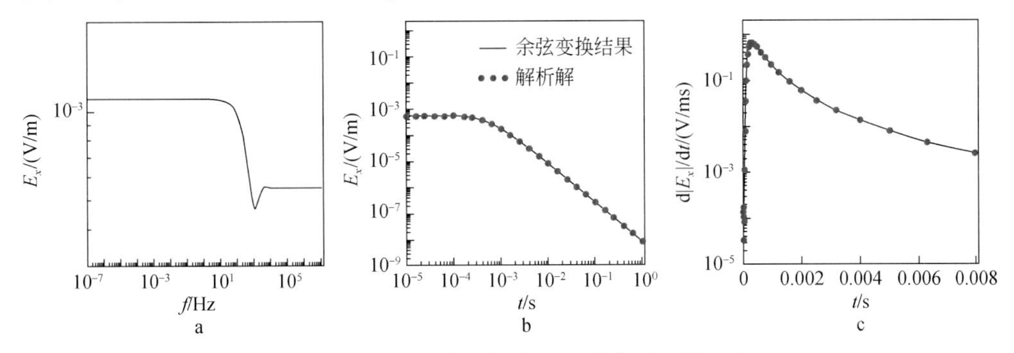

图 7.1 均匀半空间模型的频率域与时间域响应

a. 频率域大地响应曲线;b. 时间域大地阶跃响应;c. 时间域大地脉冲响应

7.1.3 伪随机编码源下的信号合成

伪随机编码源激发下的电磁信号合成是给定一个 m 序列伪随机编码源,在编码源的激发下,模拟大地及发射、接收系统和噪声的共同响应,继而合成一个仿真的野外观测信号。

在野外工作中,用两个接地电极发射交变电流信号,在离发射电极一定距离处用接地电极排列接收相邻电极间的电位差。编码电信号由发射机发出,经过导线、发射电极、大地、接收电极等,由接收系统采集得到综合响应。在勘探工作中,大地是我们探测的目标,如果大地对电信号的响应作为有用信号,那么其他影响因素会引起有用信号的畸变,在数据处理时需要将这种畸变校正掉。因此,正演模拟需要将这种畸变加到有用信号上,以模拟野外实际工作所能够采集到的信号。这些引起信号畸变的因素包括电极附近的极化效应、接收器的频率响应限制(即带限)、发射和接收电线的感抗等。从数字信号处理的观点,每一部分的影响相当于在有用信号上加一个滤波器,所以接收的信号是一个经过多次滤波后的综合信号。不仅如此,接收信号中还会混合进各种噪声,所以电磁信号合成工作应考虑噪声因素的影响。然而,现实中有些因素的影响是不易模拟的或相对较小的,比如发射系统和接收系统的响应,所以在本书中,我们只考虑仪器部分影响,且将发射和接收系统的响应综合成一个滤波器来考虑。

1) 仪器频带限制的影响

仪器是有频带限制的,即发射机和接收器自身的频带宽度是有限的,作为理论研究,可以设定为有一定带宽的低通滤波器。

低通滤波器的设计方法有多种,不同的方法得到的滤波器的旁瓣幅值大小以及从主瓣到旁瓣的过渡带宽度不同。理想滤波器是过渡带尽可能窄,旁瓣幅值尽可能小,以减小能量的泄露,使能量尽可能多地保留在主瓣内。本书选用海明窗函数法作为滤波器的设计方法,因为海明窗可将99.963%的能量集中在窗谱的主瓣内,旁瓣的峰值小于主瓣峰值的1%。

海明窗函数为

$$h(n)=\begin{cases}\dfrac{\omega_c}{\pi}\dfrac{\sin[\omega_c(n-\alpha)]}{\omega_c(n-\alpha)}\cdot\left[0.54-0.46\cos\left(\dfrac{\pi n}{\alpha}\right)\right] & 0\leqslant n\leqslant N-1\\ \dfrac{\omega_c}{\pi} & n=\alpha\\ 0 & n\geqslant N\end{cases}\tag{7.6}$$

式中,n 为滤波点数;ω_c 为截止频率;α 为滤波器的中心,$\alpha=\dfrac{N-1}{2}$,N 为物理滤波器的阶数。

参考频率域电磁仪器的频带,设计一个低通滤波器,其通带为8192Hz,阻带为9600Hz。理想的低通滤波器的幅频特性如图7.2a所示,通带内的信号可以通过,通带外全是阻带,阻带内的信号全部被滤除。理想的低通滤波器如图7.2c中的黑实线所示(实际为无限长信号,为了和加窗后的信号相比,只显示了其中的一部分)。图7.2b是海明窗,用海明窗对图7.2c中的信号进行截断,截断后的信号如图7.2c中的红色离散点所示,将加窗后的滤波器变换到频率域,如图7.2d所示,相对于理想低通滤波器的频带(图7.2a),出现了通带与阻带之间的过渡带,但较窄,阻带出现了小幅振荡(因其相对于主瓣来说,能量较小,振荡不明显,若放大该部分,可以看到振荡现象),可以看出所设计的滤波器过渡带较窄,阻带能量泄漏很小,是一个性能优良的滤波器。

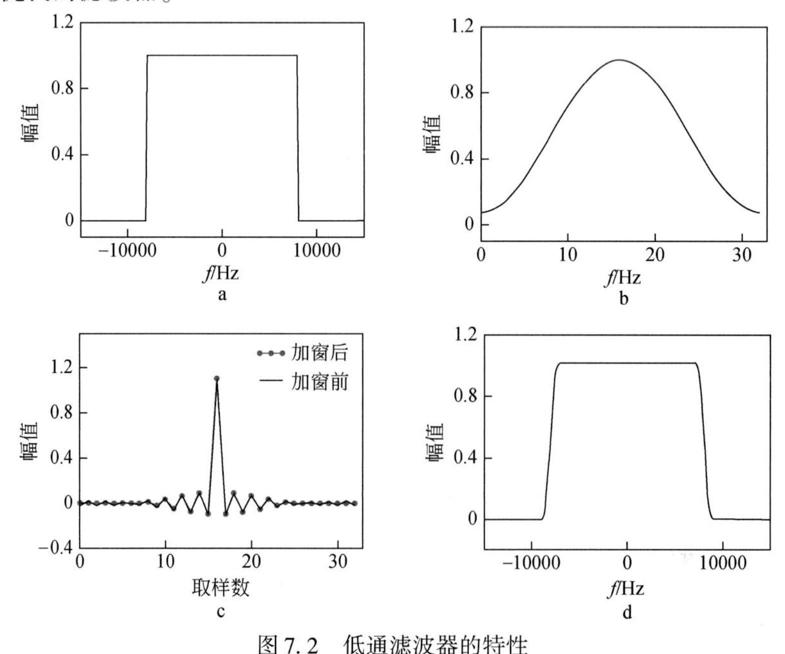

图7.2　低通滤波器的特性

a. 理想的低通滤波器的谱;b. 海明窗;c. 理想的低通滤波器与经过海明窗截断后的滤波器对比;d. 加窗后的信号对应的低通滤波器的谱

2）噪声的加入

当用电磁法在野外工作时，常遇到的噪声类型有两种，一是白噪声，二是 50Hz 的工频噪声。

a. 白噪声

用正态分布随机数来模拟噪声：

$$n_1 = \mu + \sigma \frac{\left(\sum_{i=1}^{m} N_i\right) - \frac{m}{2}}{\sqrt{m/12}} \tag{7.7}$$

式中，n_1 为所求的正态分布随机数；μ 为正态分布的均值，本书 μ 为观测资料；σ^2 为正态分布的方差，本书 σ 为观测值与噪声水平之积；N_i 为 0 到 1 之间均匀分布的随机数；m 为随机数的个数。

b. 50Hz 噪声

用一个频率是 50Hz 的正弦波来模拟工频噪声：

$$n_2 = A\sin(100\pi t) \tag{7.8}$$

式中，n_2 为噪声值；A 为 50Hz 工频噪声的振幅。

3）信号合成

用式(7.1)中的相关项将以上内容进行组合，便可分别得到理想接收信号、加带限的信号和带噪声的信号。

以 4 阶 m 序列伪随机编码源作为激发源(图 7.3a)，将其与均匀半空间大地脉冲响应(图 7.3c)做褶积，得到编码源激发下的电场响应(图 7.3b)。考虑了带限影响的电场信号如图 7.3c 所示。通过对比可知，在不加带限前信号比较平滑，加了带限后信号出现了一些毛刺状的干扰。

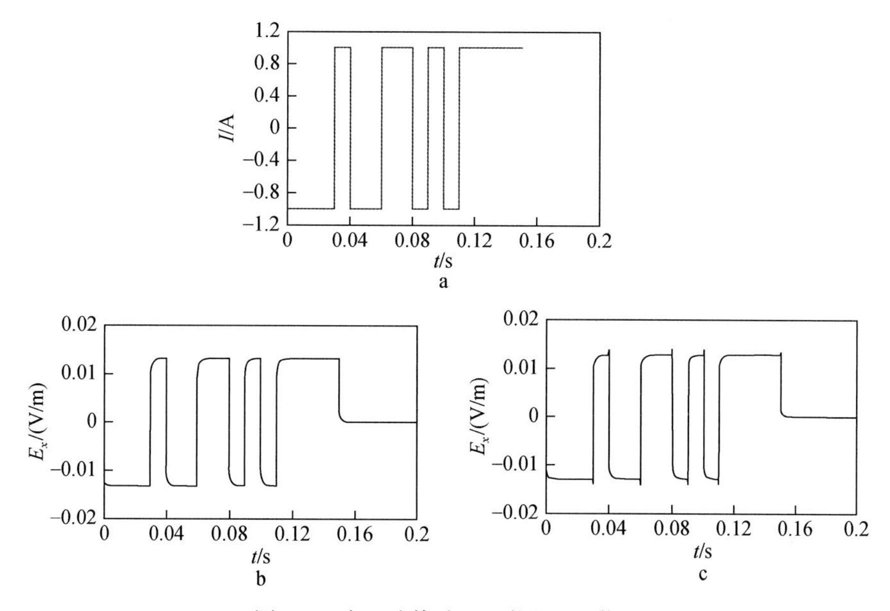

图 7.3　在 4 阶伪随机源激发下的信号

a. 4 阶伪随机源；b. 不考虑带限的 E_x 理想信号；c. 考虑带限的 E_x 信号

对加了带限的信号分别添加5%及10%的白噪声，如图7.4a和b所示，噪声叠加在原来的信号之上，当噪声达到10%时，形成的干扰已非常明显。图7.4c为干扰信号，其幅值是有用信号的4倍，图7.4d为干扰信号和有用信号叠加后的信号。可以看出，有用信号湮没在了50Hz干扰信号中。

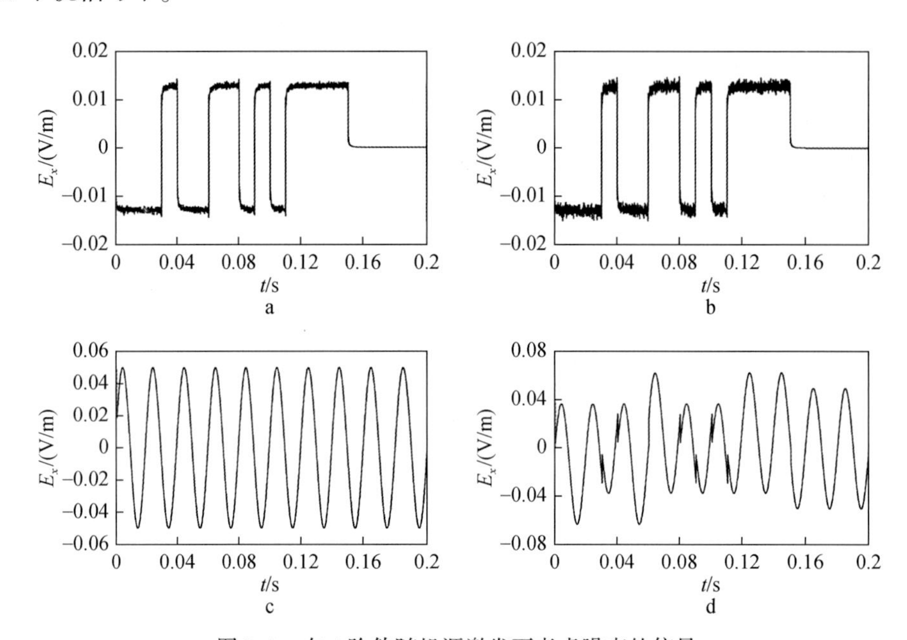

图7.4　在4阶伪随机源激发下考虑噪声的信号

a. 加5%白噪声；b. 加10%白噪声；c. 50Hz干扰噪声；d. 加50Hz干扰噪声

7.2　2D MTEM数值模拟

本节介绍MTEM 2D有限元法正演模拟。首先将用于有源大地电磁法中的2D有限元法进行频率扩展，对高频和低频结果进行校正，实现频率域宽频带有源电磁勘探方法的正演模拟，然后通过频时变换变换到时间域，得到瞬变电磁法的阶跃响应，最后通过求取阶跃响应的时间导数，得到大地脉冲响应。

由于模拟2D MTEM时，装置形式和常规的装置形式有两个不同之处：一是常规的装置用的是偶极源，而在2D模拟中，用的是线源；二是在常规装置中用的是同轴装置，即测线走向在源偶极的向外延长线上，而在2D模拟中，只能在和线源垂直的方向上布设测线。虽然有这两点不同，但2D模拟结果仍可为认识MTEM提供有价值的参考。本节的编辑撰写参考了国家重大科研装备研制项目的子项目——“多通道大功率电法勘探仪”中与2D MTEM数值模拟相关的报告及文章成果。

7.2.1　2D有限元正演模拟方法的实现

若电磁场的时间因子为$e^{-i\omega t}$，含源麦克斯韦(Maxwell)方程可写为

$$\begin{cases}\nabla\times\boldsymbol{E}=i\omega\mu\boldsymbol{H}\\ \nabla\times\boldsymbol{H}=(\sigma-i\omega\varepsilon)\boldsymbol{E}+\boldsymbol{J}_{\mathrm{c}}\end{cases}\tag{7.9}$$

式中,$\boldsymbol{E}$ 为电场矢量;$\boldsymbol{H}$ 为磁场矢量;$\boldsymbol{J}_{\mathrm{c}}$ 为外加源矢量;ω 为角频率;μ 为介质的磁导率;σ 为电导率;ε 为介电常数。

假定地下电性结构是二维的,将原点取在地面上,走向方向为 x 轴,垂直向下的方向为 z 轴,位于地面与 x 轴垂直的方向为 y 轴,外加源的方向为 x 方向,此时只存在不随走向而变的 x 方向的电场。

将式(7.9)的第二式展开:

$$\frac{\partial H_z}{\partial y}-\frac{\partial H_y}{\partial z}=(\sigma-i\omega\varepsilon)E_x+J_{\mathrm{c}x}\tag{7.10}$$

式中,$J_{\mathrm{c}x}=I\delta(y)\delta(z)$。将式(7.9)第一式展开,并考虑到只有 x 方向的电场,有

$$\begin{cases}\dfrac{\partial E_x}{\partial z}=i\omega\mu H_y\\ -\dfrac{\partial E_x}{\partial y}=i\omega\mu H_z\end{cases}\tag{7.11}$$

将式(7.11)变形后代入式(7.10):

$$\frac{\partial}{\partial y}\left(\frac{1}{i\omega\mu}\frac{\partial E_x}{\partial y}\right)+\frac{\partial}{\partial z}\left(\frac{1}{i\omega\mu}\frac{\partial E_x}{\partial z}\right)+(\sigma-i\omega\varepsilon)E_x=-J_{\mathrm{c}x}\tag{7.12}$$

令 $p=\dfrac{1}{i\omega\mu}$,$q=\sigma-i\omega\varepsilon$,$u=E_x$,$g=-J_{\mathrm{c}x}$,式(7.12)可写作

$$\frac{\partial}{\partial y}\left(p\frac{\partial u}{\partial y}\right)+\frac{\partial}{\partial z}\left(p\frac{\partial u}{\partial z}\right)+qu=g\tag{7.13}$$

1)外边界条件

外边界条件选用第三类边界条件。取外边界足够大,如图 7.5 所示,使局部不均匀体的异常场在外边界上为零。图中,“·”为源的位置,圆圈为局部异常体,1 和 2 分别表示围岩和异常体两种不同的介质,Γ_1 为异常体的边界。

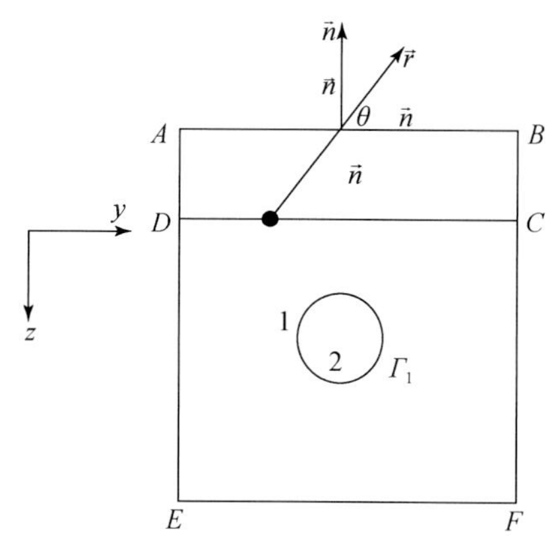

图 7.5　研究区域示意图

在空中边界 $DABC$ 上,电磁场满足

$$\frac{\partial u}{\partial n}+k_0\cos\theta u=0 \tag{7.14}$$

在地层中的边界 ED 和 FC、EF 上,边界条件可写为

$$\frac{\partial u}{\partial n}+k\cos\theta u=0 \tag{7.15}$$

式中,k_0 和 k 分别为空气和地层中的波数,$k=\sqrt{\omega^2\varepsilon\mu-i\omega\mu\sigma}$;$\omega$ 为圆频率;ε 和 μ 分别为地层中的介电常数和磁导率。

2)内边界条件

在介质的分界面上电场的法向分量连续,即

$$u_1=u_2 \tag{7.16}$$

切向分量满足

$$p_1\frac{\partial u_1}{\partial n}=p_2\frac{\partial u_2}{\partial n} \tag{7.17}$$

式(7.13)~式(7.17)构成了二维电磁场的边值问题,联合写为

$$\begin{cases}\nabla\cdot(p\nabla u)+qu=g & \in\Omega\\ \dfrac{\partial u}{\partial n}+k_0\cos\theta u=0 & \in DABC\\ \dfrac{\partial u}{\partial n}+k\cos\theta u=0 & \in DEFC\\ u_1=u_2 & \in\Gamma_1\\ p_1\dfrac{\partial u_1}{\partial n}=p_2\dfrac{\partial u_2}{\partial n} & \in\Gamma_1\end{cases} \tag{7.18}$$

3)变分问题

相应式(7.18)中的边值问题,构造如下泛函:

$$I(u)=\int_\Omega\left[\frac{1}{2}p(\nabla u)^2-\frac{1}{2}qu^2+gu\right]\mathrm{d}\Omega \tag{7.19}$$

其变分为

$$\delta I(u)=\int_\Omega p\nabla u\cdot\nabla\delta u\mathrm{d}\Omega-\int_\Omega(qu-g)\delta u\mathrm{d}\Omega \tag{7.20}$$

将边界条件代入上式,经过变形有

$$\delta\left[I(u)+\oint_{DABC}\frac{1}{2}pk_0\cos\theta u^2\mathrm{d}\Gamma+\oint_{DEFC}\frac{1}{2}pk\cos\theta u^2\mathrm{d}\Gamma\right]=0 \tag{7.21}$$

所以边值问题与下列变分等价:

$$\begin{cases}F(u)=\int_\Omega\left[\frac{1}{2}p(\nabla u)^2-\frac{1}{2}qu^2+gu\right]\mathrm{d}\Omega+\oint_{DABC}\frac{1}{2}pk_0\cos\theta u^2\mathrm{d}\Gamma+\oint_{DEFC}\frac{1}{2}pk\cos\theta u^2\mathrm{d}\Gamma]\\ \delta F(u)=0\end{cases} \tag{7.22}$$

4)有限元法

用双线性插值函数来近似表示小单元内的场值。小单元子单元、母单元的编号如图 7.6

所示,图中 1、2、3、4 为小单元角点的编号,a、b 为小单元的边长,y、z 为子单元中所用的坐标系,(x_0,y_0)为子单元中点的坐标。ξ、η 为母单元中所用的坐标系,二者有如下对应关系:

$$y=y_0+\frac{a}{2}\xi \quad z=z_0+\frac{b}{2}\eta \tag{7.23}$$

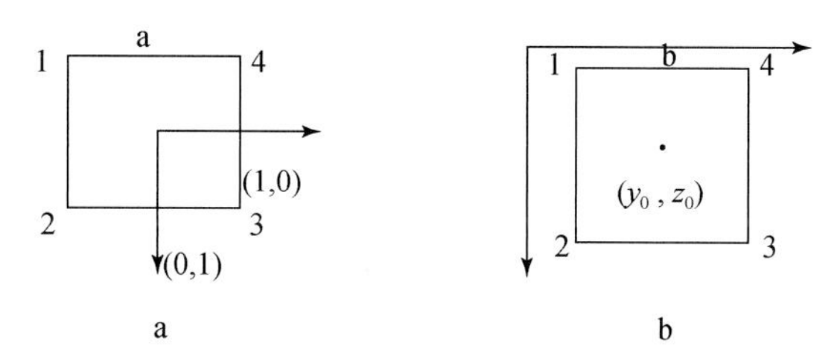

图 7.6　小单元编号及坐标转换

a. 母单元;b. 子单元

插值时所用的形函数为

$$\begin{cases} N_1=\dfrac{1}{4}(1-\xi)(1-\eta) \\ N_2=\dfrac{1}{4}(1-\xi)(1+\eta) \\ N_3=\dfrac{1}{4}(1+\xi)(1+\eta) \\ N_4=\dfrac{1}{4}(1+\xi)(1-\eta) \end{cases} \tag{7.24}$$

单元中的场值 u 可用形函数表示为

$$u=\sum_{i=1}^{4}N_iu_i \tag{7.25}$$

式中,u_i 为单元的四个角点的待定场值。

将式(7.22)第一式写为

$$F(u)=\int_\Omega \frac{1}{2}p(\nabla u)^2\mathrm{d}\Omega-\int_\Omega \frac{1}{2}qu^2\mathrm{d}\Omega+\int_\Omega gu\mathrm{d}\Omega+\oint_{DABC}\frac{1}{2}pk_0\cos\theta u^2\mathrm{d}\Gamma + \oint_{DEFC}\frac{1}{2}pk\cos\theta u^2\mathrm{d}\Gamma \tag{7.26}$$

将式(7.25)代入式(7.26),经整理,第一项积分可写成单元积分的形式:

$$\int_{\Omega_e}\frac{1}{2}p(\nabla u)^2\mathrm{d}\Omega=\frac{1}{2}\boldsymbol{U}_e^{\mathrm{T}}(k_{ij}^{1e})\boldsymbol{U}_e=\frac{1}{2}\boldsymbol{U}_e^{\mathrm{T}}\boldsymbol{K}^{1e}\boldsymbol{U}_e \tag{7.27}$$

式中,

$$k_{ij}^{1e}=\iint_e p\left(\frac{\partial N_i}{\partial y}\frac{\partial N_j}{\partial y}+\frac{\partial N_i}{\partial z}\frac{\partial N_j}{\partial z}\right)\mathrm{d}y\mathrm{d}z=\int_{-1}^{1}\int_{-1}^{1}p\left(\frac{\partial N_i}{\partial \xi}\frac{\partial N_j}{\partial \xi}\frac{4}{a^2}+\frac{\partial N_i}{\partial \eta}\frac{\partial N_j}{\partial \eta}\frac{4}{b^2}\right)\frac{ab}{4}\mathrm{d}\xi\mathrm{d}\eta \tag{7.28}$$

具体为

$$\boldsymbol{K}^{1e}=\begin{pmatrix}2\alpha+2\beta & & & \\ \alpha-2\beta & 2\alpha+2\beta & & \\ -\alpha-\beta & -2\alpha+\beta & 2\alpha+2\beta & \\ -2\alpha+\beta & -\alpha-\beta & \alpha-2\beta & 2\alpha+2\beta\end{pmatrix} \tag{7.29}$$

这里只给出了下三角元素,其上三角元素与下三角元素对称,其中,

$$\alpha=\frac{p}{6}\frac{b}{a}\quad \beta=\frac{p}{6}\frac{a}{b}$$

第二项的单元积分:

$$\int_e \frac{1}{2}qu^2\mathrm{d}\Omega=\frac{1}{2}\boldsymbol{U}_e^{\mathrm{T}}(k_{ij}^{2e})\,\boldsymbol{U}_e=\frac{1}{2}\boldsymbol{U}_e^{\mathrm{T}}\,\boldsymbol{K}_{2e}\,\boldsymbol{U}_e \tag{7.30}$$

其中,

$$k_{ij}^{2e}=\iint_e qN_iN_j\mathrm{d}y\mathrm{d}z=\int_{-1}^{1}\int_{-1}^{1}qN_iN_j\frac{ab}{4}\mathrm{d}\xi\mathrm{d}\eta \tag{7.31}$$

具体为

$$\boldsymbol{K}^{2e}=\alpha\begin{pmatrix}4 & & & \\ 2 & 4 & & \\ 1 & 2 & 4 & \\ 2 & 1 & 2 & 4\end{pmatrix} \tag{7.32}$$

上三角元素与下三角元素对称,其中,

$$\alpha=\frac{ab}{36}q$$

第三项的单元积分:

$$\int_e gu\mathrm{d}\Omega=\int_e -I\delta(y)\delta(z)u\mathrm{d}\Omega=-\frac{1}{2}\boldsymbol{U}^{\mathrm{T}}I=-\boldsymbol{U}^{\mathrm{T}}P \tag{7.33}$$

式中,$\boldsymbol{P}=\left[\frac{1}{2}I,0,0,0\right]$。

第四项的单元积分:

$$\int_{EABF}\frac{1}{2}pk_0\cos\theta u^2\mathrm{d}\Gamma=\frac{1}{2}\boldsymbol{U}^{\mathrm{T}}\,\boldsymbol{K}^{4e}\boldsymbol{U} \tag{7.34}$$

$$K_{ij}^{4e}=\int_{EABF}pk_0\cos\theta N_iN_j\mathrm{d}\Gamma \tag{7.35}$$

第五项的单元积分:

$$\int_{ECDF}\frac{1}{2}pk\cos\theta u^2\mathrm{d}\Gamma=\frac{1}{2}\boldsymbol{U}^{\mathrm{T}}\,\boldsymbol{K}^{5e}\boldsymbol{U} \tag{7.36}$$

$$K_{ij}^{5e}=\int_{ECDF}pk\cos\theta N_iN_j\mathrm{d}\Gamma \tag{7.37}$$

将$\boldsymbol{K}^{1e}$、$\boldsymbol{K}^{2e}$、$\boldsymbol{P}$、$\boldsymbol{K}^{4e}$、$\boldsymbol{K}^{5e}$扩展成全体节点的矩阵,然后将式(7.27)、式(7.30)、式(7.33)、式(7.34)、式(7.36)代入式(7.26)中得

$$F(u)=\frac{1}{2}\boldsymbol{U}^{\mathrm{T}}\,\overline{\boldsymbol{K}}^{1e}\boldsymbol{U}-\frac{1}{2}\boldsymbol{U}^{\mathrm{T}}\,\overline{\boldsymbol{K}}^{2e}\boldsymbol{U}-\frac{1}{2}\boldsymbol{U}^{\mathrm{T}}\boldsymbol{P}+\frac{1}{2}\boldsymbol{U}^{\mathrm{T}}\,\overline{\boldsymbol{K}}^{4e}\boldsymbol{U}+\frac{1}{2}\boldsymbol{U}^{\mathrm{T}}\,\overline{\boldsymbol{K}}^{5e}\boldsymbol{U} \tag{7.38}$$

对式(7.38)取变分

$$\delta F(u)=\overline{K}^{1e}U-\overline{K}^{2e}U-P+\overline{K}^{4e}U+\overline{K}^{5e}U=0 \tag{7.39}$$

得到线性方程组：

$$KU=P \tag{7.40}$$

式中，$K=\overline{K}^{1e}-\overline{K}^{2e}+\overline{K}^{4e}+\overline{K}^{5e}$。解方程组，即可得到各节点的电场值。

5）宽频带 2D 有限元结果的修正

我们已用 2D 有限元法实现了有源电磁法（CSAMT）的正演模拟，并取得了精度较高的结果。相较于已发表文章中所用的频带范围（0.25～8192Hz），多通道瞬变电磁法中的 2D 有限元法需要的频带范围要宽得多，带宽从 10^{-6}Hz 到 10^{6}Hz。因此，把源程序代码移植于多通道瞬变电磁法前，需要对其精度进行二次检验。这里针对 100Ω · m 的均匀半空间模型，分别用 2D 有限元法及解析公式计算地面电磁场，其对比结果如图 7.7 所示。

图 7.7a 中的电场频谱图有三条曲线，蓝色曲线为 2D 有限元计算的宽频带谱图，绿色曲线为用相同程序计算的有源电磁法宽频带谱图，黑色曲线为用解析公式计算的宽频带谱图，图 7.7b 为磁场谱图。从图中可以看出，在比有源电磁法稍宽一些的频带范围内，2D 有限元的计算结果与解析结果基本吻合，但对电场的频谱来说，在宽频带的高频（>8192Hz）与低频（<0.003Hz）部分，2D 有限元的计算结果显著偏离了解析解，磁场在低频部分与解析解偏离时的频点更高一些。

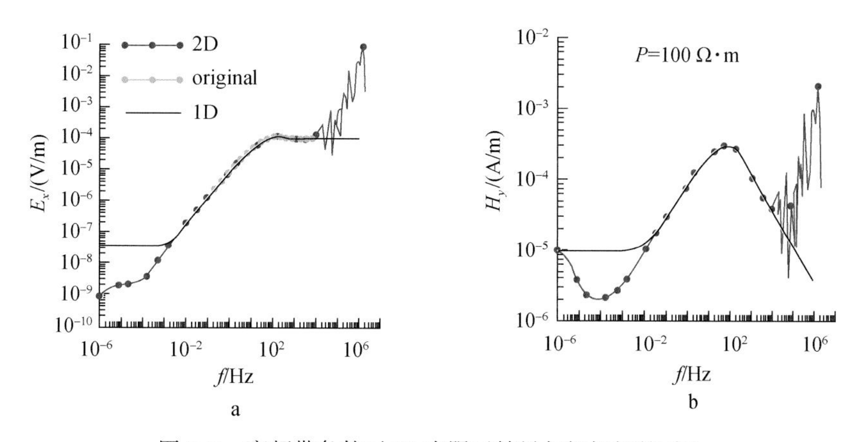

图 7.7　宽频带条件下 2D 有限元结果与解析解的对比

a. 电场频谱；b. 磁场频谱

通过分析发现：造成 2D 有限元法在高频和低频与解析解偏离的原因互不相同。高频时 2D 有限元法的误差应是数值频散造成的，在相同网格剖分的情况下，频率越高，频散越严重。低频时的误差应是边界条件的影响引起的，在低频时，电磁波波长较长，传播较远，衰减较慢，即便将边界设置得离源很远，对于低频电磁波来说，随着传播时间的加长，在边界上的电磁场值将不为零，使得边界条件不再适用，因此导致低频时结果偏离解析解，频率越低，偏移程度越高。

根据上面的分析，解决方式有两种，一是通过加密网格降低频散影响，通过将边界设置得更远以保证场在边界上的值为零。但是这种解决方案无疑会大大增加网格的剖分数量，对于有限元法来说，即便是在2D条件下实施，也会引起内存及计算时间的大量消耗。二是根据电磁波的传播理论，在本书所说的高频时，电磁波的能量主要集中于浅层，甚至是表层中，满足远区条件，因此可以用远区的近似公式来代替有限元法获得高频部分的解答；同样，对于低频，电磁波的传播满足近区传播规律，用近区公式来代替有限元法计算低频的解，便可得到整个宽频带内的电磁场解。采用这种方法对2D有限元法进行修正，在不显著增加有限元的计算时间及内存的前提下，可得到较准确的解。

本书采用第二种方法对2D有限元结果进行修正，修正后的结果如图7.8所示。由图7.8可见，2D有限元的电磁场计算结果与解析解吻合程度较高，说明所用的校正方法可行。

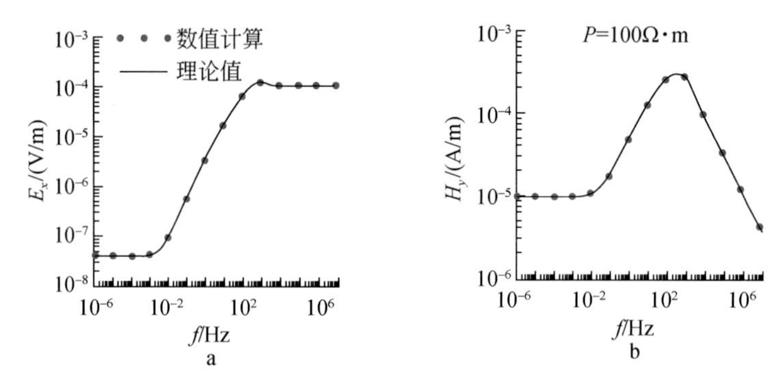

图7.8　校正后的2D有限元结果与解析解的对比

a. 电场频谱；b. 磁场频谱

7.2.2　2D瞬变电磁脉冲响应

和1D模拟时相同，本节仍选择余弦变换作为频时变换的手段。频率域的计算结果经余弦变换得到的是阶跃响应，通过对阶跃响应求取时间的导数即可得到脉冲响应。

图7.8中的频率域结果所对应的阶跃响应与大地脉冲响应如图7.9所示。为了检验频时变换的准确性，将变换后的结果与解析解对比发现，2D有限元结果经余弦变换后，得到的阶跃响应与解析结果基本吻合，电场的吻合度要高于磁场的吻合度，经过对时间求导后，磁场与解析解的差异进一步缩小。为了突出电场的脉冲响应，将图7.9c的时间轴做了截断，只保留早期部分。

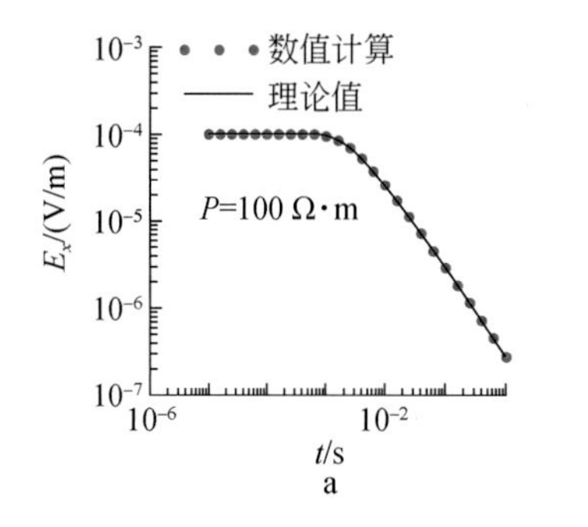

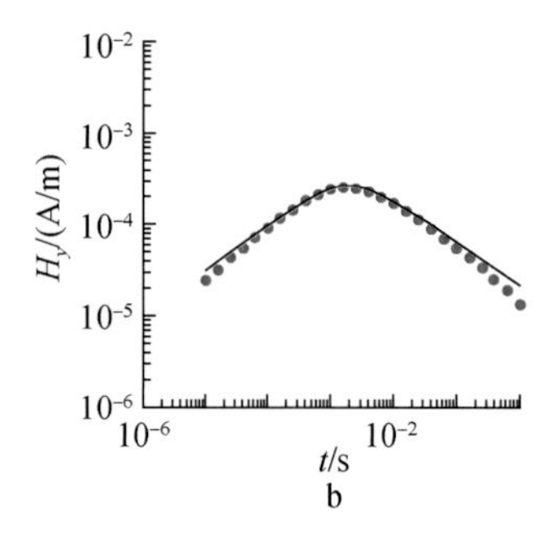

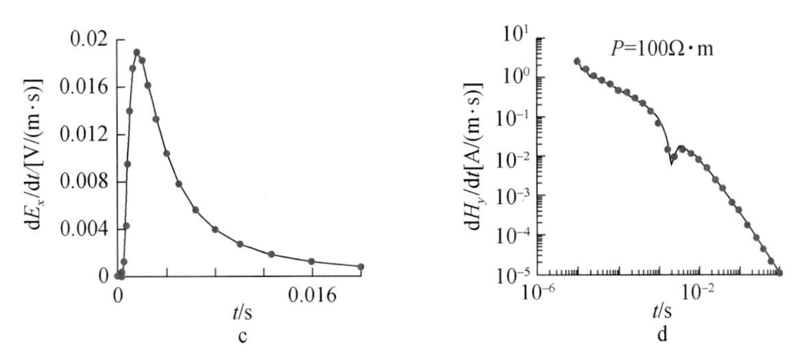

图 7.9　由 2D 有限元得到的均匀半空间阶跃响应、大地脉冲响应与解析结果的对比

a. 电场阶跃响应；b. 磁场阶跃响应；c. 电场脉冲响应；d. 磁场脉冲响应

7.2.3　多通道瞬变电磁法数值模拟

在程序验证正确的基础上，本小节给出了由两个实际问题简化而成的数值模型的 2D MTEM 模拟结果，一是经常遇到的静态模型，二是顺层展布的、有一定埋深的矿脉模型。

1）静态模型

静态效应是由地形和电阻率的浅部的横向变化引起，这些非均匀体表面上电荷的分布可能使频率域电场数据向上或向下移动一个数值，这个数值与频率无关。在一条剖面上的断面图上，则表现为存在一个由高频向低频延伸的异常带。

a. 模型设计

在 100Ω · m 的均匀半空间近地表有三个异常体，这三个异常体将产生静态影响。假设源的中心位于地面上的坐标原点。三个异常体的中心分别位于距源 3164m、4164m、5164m 处，且按高阻、低阻、高阻排列，其电阻率分别为 1000Ω · m，20Ω · m 和 1000Ω · m。模型示意图如图 7.10 所示。

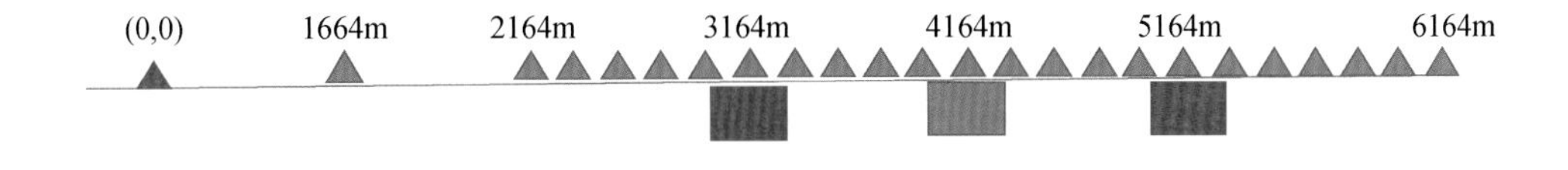

图 7.10　静态效应模型示意图

沿地面布置一条 4km 的测线，测线覆盖三个异常体，共 21 个电极，点距 200m，起点与终点距源分别为 2164m 和 6164m。

另外，在远离这三个异常体的 1664m 处，布设另外一个电极，用来计算无静态的大地脉冲响应。

b. 频率域结果

先用2D有限元法计算宽频带频率域结果，因为在多通道瞬变电磁法中，只用到电场结果，而在频率域电磁法中，卡尼亚视电阻率结果是常用的物理量，因此，这里只展示电场与视电阻率断面图，如图7.11所示。从两幅图可以看出，近地表异常体引起的静态效应（三个异常对应的位置为3164m、4164m、5164m）对从高频开始的一定频段都有影响，在视电阻率断面图上显示的影响更为明显，低阻体的影响范围更大。

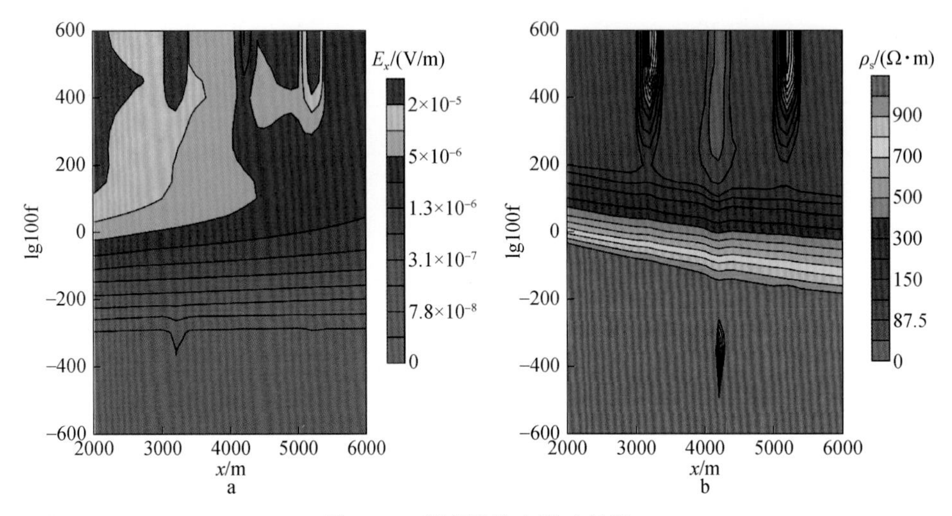

图7.11 频率域静态影响效果

a. 电场；b. 视电阻率

c. 时间域结果

将资料从频率域转换到时间域，静态影响效果如图7.12所示。图7.12a是半对数电场脉冲响应曲线。黑线表示距源2164m时的响应，此处没有异常体，为均匀半空间的异常响应。蓝线和粉线为存在高阻异常体的3164m和5164m处的电场响应。红线为存在低阻异常体时的4164m处的大地脉冲响应，由图可见，随着离源距离的增大，电场的幅值快速衰减。各条曲线的形态不同，和均匀半空间的单峰曲线相比，近地表存在异常处的曲线出现了双峰。经过分析，电磁波传播的早期明显受到了近地表异常的影响，因此三条带颜色的曲线第一个峰为异常体影响导致的，随着时间的推移及电磁波的扩散，异常体的影响逐渐减小，均匀大地的响应逐渐增强，因此第二个峰为耦合了异常体后均匀大地的脉冲响应。

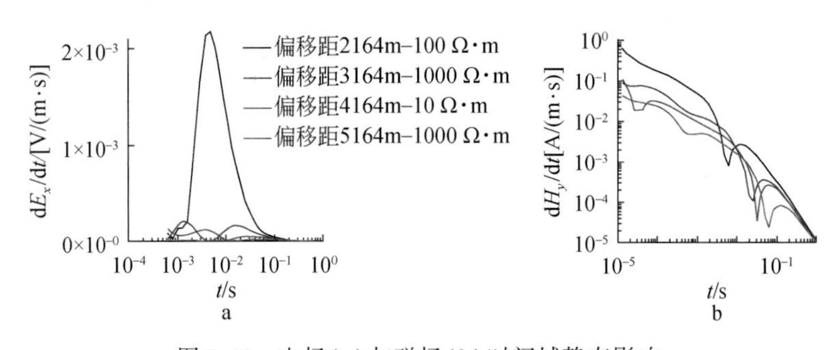

图7.12 电场（a）与磁场（b）时间域静态影响

通过以上分析可以看出,由于异常体位于浅表,所以从大地脉冲响应的早期可以识别异常体的存在。

2)矿脉模型

根据山东某铁矿测区已知的地质资料,涉及的主要岩层有:第四系松散沉积层,变质岩层和侵入花岗岩等。变质岩层的岩性主要有:黑云变粒岩、斜长角闪岩夹浅粒岩、大理岩、石榴黑云变粒岩、透闪透辉岩、角闪片岩、黑云石英片岩。其中,含矿地层在变质岩层中,岩石成分有:磁铁黑云变粒岩、磁铁石榴黑云变粒岩、磁铁黑云透辉变粒岩、磁铁石英岩等。侵入岩类为花岗岩,呈较大岩体或岩基形式。辉绿岩脉顺层侵入,最大厚度可达百米。

依据经验粗略估算以上岩石的电阻率值,第四系松散层一般在几十至 100 余欧姆米,富含片状矿物的在几百至上千欧姆米,较多暗色矿物达几千欧姆米。新鲜花岗岩可达几万欧姆米,辉绿岩达几百至几千欧姆米。

根据以上信息及此工区此前进行的 CSAMT 探测结果,我们设计了以下含矿模型(图 7.13)。

若将第一次发射源的位置定为坐标原点,则矿脉两端在地表的投影分别为 2000m 和 2500m。在地面布设一条长度为 4400m 的观测剖面,位置从 100m 到 4500m,测点间距设定为 100m。与 2D 反射地震勘探的野外装置和高密度电法中的装置类似,采用电性源多次发射的方式,第一次发射源位于 0m 点,沿测线移动发射源,每次移动 200m,移动至 4600m 结束发射,共计发射 24 次。每移动一次源,整条剖面上的所有测点记录一次信号,并将源-接收点的中心作为记录位置,若以偏移距(源与接收点之间的距离)的相反数为纵轴,以地面的记录位置为横轴,则得到如图 7.14 所示的观测装置图。

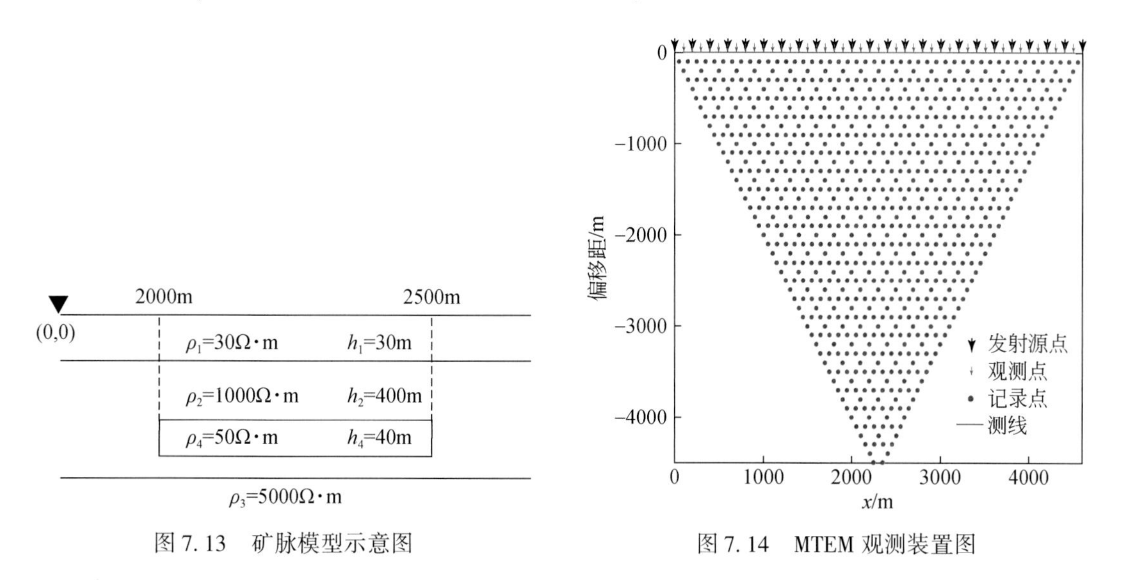

图 7.13　矿脉模型示意图　　图 7.14　MTEM 观测装置图

该模型频率域响应如图 7.15 所示。在图 7.15a、b 上,不容易分辨含矿异常的影响,但用总场减去背景(层状半空间)场后,会看到明显的纯异常场,且其横向位置与异常体的位置吻合较好。

选取 4 个点来展示大地脉冲响应,这四个点分别距源 1000m、2000m、2300m、3500m

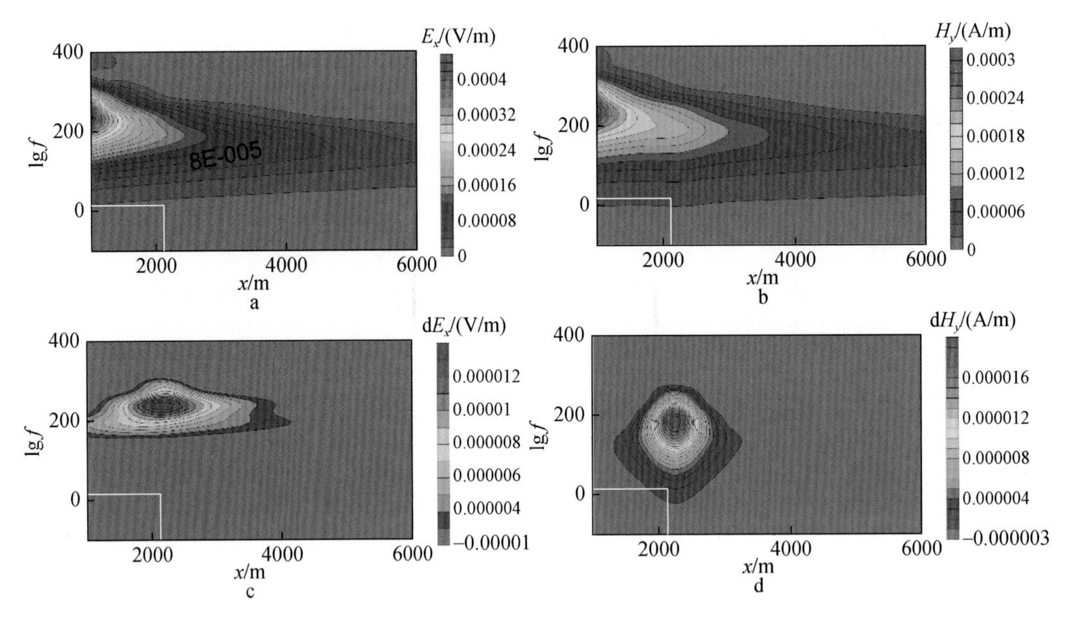

图 7.15　金属矿模型频率域电磁场响应

a. 电场总场；b. 磁场总场；c. 电场异常场；d. 磁场异常场

(图 7.16)，其中偏移距为 2000m 的点为矿体左边界在地面的投影，而偏移距为 2300m 的点为矿体上方的点在地面的投影。

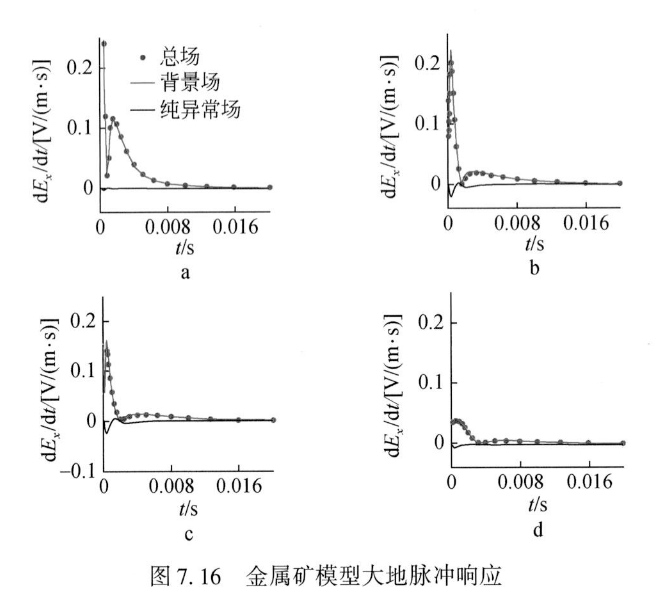

图 7.16　金属矿模型大地脉冲响应

a. 1000m；b. 2000m；c. 2300m；d. 2500m

从图 7.15 和图 7.16 可以看出，对于埋深较深的异常体来说，无论从频率域的总场还是时间域的大地脉冲响应来看，单个发射源(源位于原点)都无法突出矿体的响应。要想突出异常响应，必须去掉相应的背景介质的响应。在实际工作中，背景介质的电性分布是未知的，所以，应该寻求更好的方式来直观地展示异常。多通道瞬变电磁法的观测装置为多样化地、有效地展示观测结果提供了便利与可能。

考虑到背景为层状介质时,等偏移距的电磁波在各个点的传播速度一致,也就是说,偏移距相同时,每个记录位置同一时间道的穿透深度一致。若有异常体存在,会对层状介质的大地脉冲响应产生干扰,引起异常。因此,可以用记录位置作为横轴,绘制大地脉冲响应的等时剖面曲线,来探究矿体的影响。图7.17是偏移距为300m、记录时间为100ms时三层介质包含和不包含矿体时得到的等时剖面,可以看出,当矿体不存在时,等时剖面曲线是一条直线(蓝色直线),而当矿体存在时,可以看到很明显的异常场存在(红色曲线),曲线低值异常的中心对应着矿体的中心在地面的投影($x=2250$m)。由此可见,用等时剖面曲线作为显示图件,可以突出矿体异常响应。

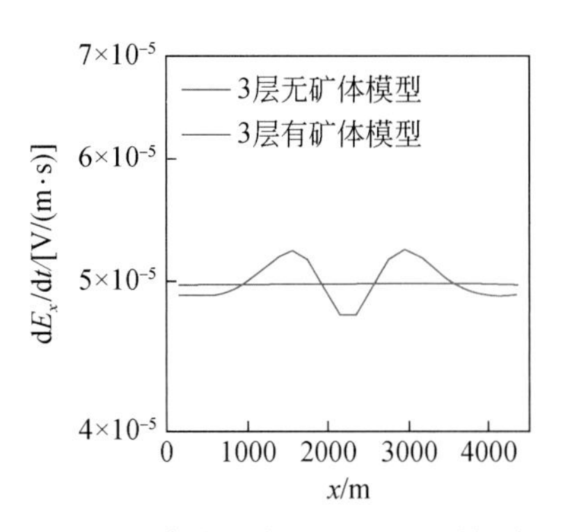

图7.17　偏移距为300m、记录时间为100ms时三层介质中有矿体和无矿体时大地脉冲响应的等时曲线

因此,用等时曲线图与等时断面图来展现MTEM的探测效果。

为了研究图7.13模型中的矿体在图7.14所示的观测装置下的异常响应特征,将不同偏移距的等时曲线显示于同一张图中,如图7.18所示。图7.18给出了四张图片,分别展示了时间是0.01ms、1ms、100ms和1s时5个偏移距的等时剖面曲线。

在图7.18a中,因为$t=0.01$ms时表示电磁波的扩散仍处于早期,而且第一层为低阻层,所以电磁波穿透较浅,给出的所有偏移距的等时曲线均为直线,说明电磁波还未抵达矿体所在的位置。偏移距越大,大地脉冲响应幅值越小,说明电场随时间的变化越小。

随着时间推移,电磁波继续向地下扩散,矿体对大地脉冲响应的扰动逐渐显现。当观测时间为1ms时,除了偏移距是2000m外,其他四个偏移距的等时曲线均显示了较好的异常。图7.18c中是记录时间为100ms时的等时曲线,其中,偏移距小于等于500m时,矿体引起的异常均很明显。偏移距是1000m时的黄色曲线却趋于成直线,这是因为随着时间的推移,电磁波的扩散范围增大,体积效应使得矿体引起的异常场减小,各记录点电场随时间的变化率越来越趋于相同。图7.18d中的异常均进一步减小。

由图7.18可以看出,从早期到晚期,在等时剖面图上,矿体的影响在合适的偏移距处都能分辨出来,这说明除了对特别早的早期结果矿体不产生影响外,对接近矿体埋深的偏移距上,矿体对各个时间道都有影响。由此说明对多通道瞬变电磁法来说,用等时剖面图来展示异常体的影响是非常有效的。

考虑到对有一定埋深且顺层产出的矿体,用等时曲线表示能突出异常的特点,为了充分利用多通道瞬变电磁法所获得的大量资料,将图7.18中四个时间点记录的大地脉冲响应资料抽取出来,形成记录点–偏移距等时断面图,以便直观地了解矿体异常的空间特征,如图7.19所示。

从图7.19可以看出,在$t=1$ms和$t=100$ms的等时断面图中,当偏移距小于1000m时,在2000~2500m的记录点处,可以看到矿体引起的扰动。而在$t=0.01$ms的早期和$t=1$s的晚期,更多体现的均是地层的信息。

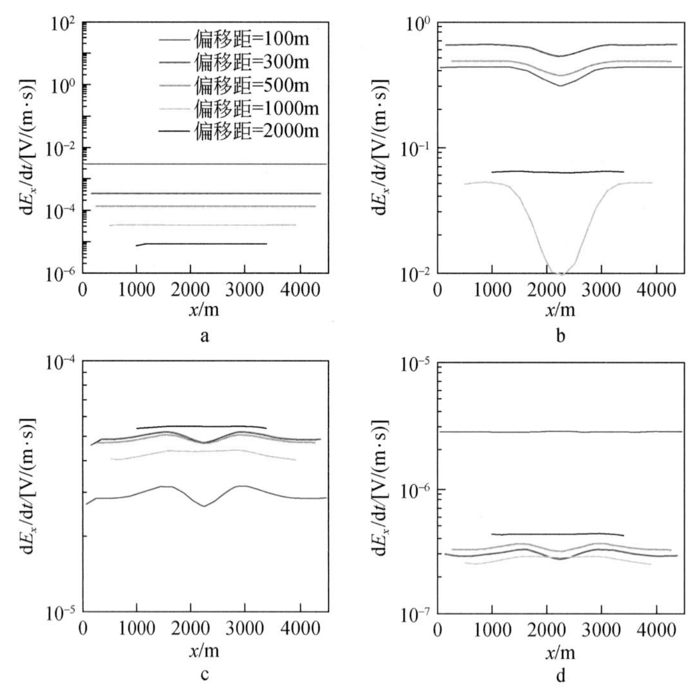

图 7.18　不同偏移距的大地脉冲响应的等时曲线

a. t=0.01ms；b. t=1 ms；c. t=100ms；d. t=1s

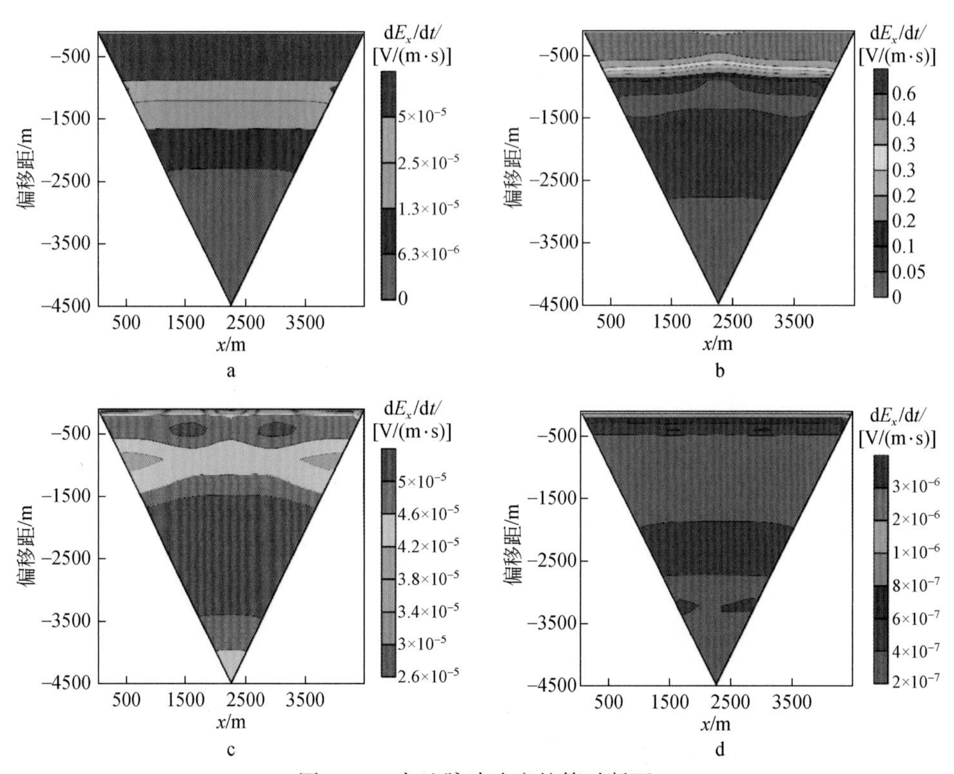

图 7.19　大地脉冲响应的等时断面

a. t=0.01ms；b. t=1ms；c. t=100m；d. t=1s

7.3　MTEM 野外实际观测数据仿真

中国科学院底青云团队在河北张北地区进行了 MTEM 野外试验。用长度为 300m 的接地电偶极发射 12 阶的伪随机编码源。在源的轴向位置,采用电极距为 60m 的电偶极子组成阵列接收耦合了大地响应及各种影响的响应信号。为了和野外信号对比,在室内也进行了数值模拟。根据测区已知资料,采用电阻率为 100Ω · m 的均匀半空间模型来近似地下介质。源信号为由移位寄存器生成的 12 阶 m 序列,其形态如图 7. 20a 所示。采用和野外试验一致的码元长度及采样率(码元长度为 1/1024s,采样率为 16kHz,发射一个周期的信号大约需要 4s),为展示波形细节,仅展示某区间内的响应曲线。值得注意的是,室内的编码序列和室外的编码序列是不一致的,因为对于任何级的移位寄存器来说,可以产生很多种型式编码,级数越多,能产生的编码型式也越多,所以并未刻意和野外用相同的编码型式。模拟时,分别在偏移距由近及远的位置接收信号,300m 和 2700m 处的脉冲响应如图 7. 20b 和 c 所示,离源较近的接收点脉冲响应的信号很强,并且和离源较远时的接收到的脉冲响应形态有差异,这是因为离源近,信号接近饱和。离源越远,得到的脉冲响应越平缓,且峰值时刻也越来越晚。

由于本节所依据的理论是电偶极子理论,当发射偶极与接收偶极子距离较近时,对发射偶极源进行离散叠加。对 300m 的偏移距,将偶极源划分成一系列 5m 长的小偶极子,离散后的小偶极子是 300m 偏移距的 1/60,满足偶极子理论,同时大大减小了线间的感应耦合。

我们计算了部分点的接收信号,并和野外实际接收信号进行对比,发现二者的相似程度较高。此处只展示偏移距是 300m 时的合成信号,如图 7. 20d 所示,从图中可以看出,通过和野外 300m 处接收信号的图 7. 20e 对比,可以看出信号的相似度较高。二者不尽相同的原因有三个:一是所用的编码型式不同,二是地下介质的电阻率不同,这两个在前面也有所描述,三是在野外实测中所受的干扰更多,如电极附近的极化效应,接收电线的感抗等,而在数值模拟中只是模拟了较为典型的干扰。即便如此,二者较高的相似度说明了本书信号合成过程是正确的。

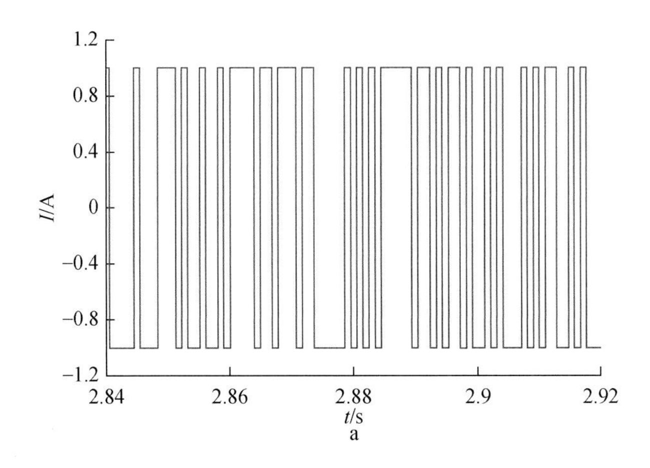

a

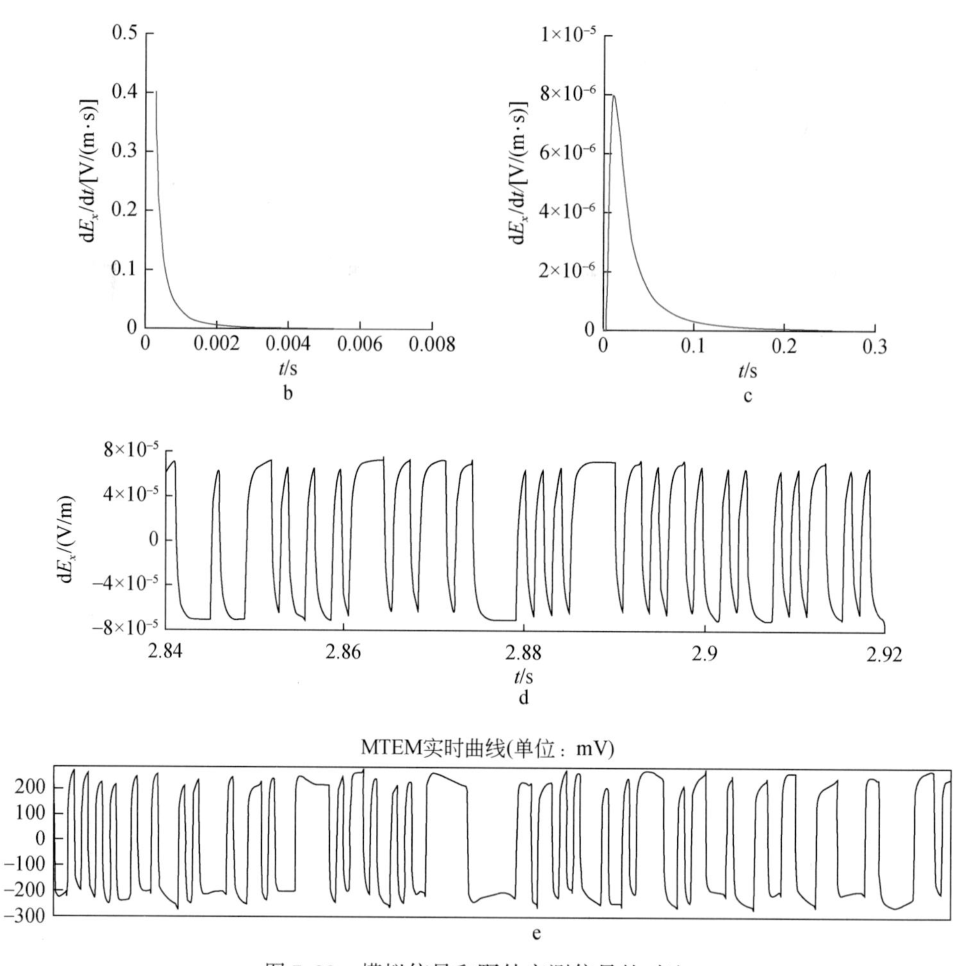

图 7.20　模拟信号和野外实测信号的对比

a. 12 级 m 序列伪随机信号部分波形；b. 偏移距是 300m 时的 E_x 脉冲响应；
c. 偏移距是 2700m 时的 E_x 脉冲响应；d. 偏移距是 300m 时的 E_x 计算信号；
e. 偏移距是 300m 时的 E_x 实测信号

7.4　3D MTEM 数值模拟

电磁法数值模拟与通常的电磁场数值模拟一样，需要解决的关键问题为源和边界条件的处理。但由于地球物理电磁场的特殊性，这两个问题的处理既有自身的便利性，又有自身需要解决的特殊问题。如空中的非观测区可用延拓压缩运算量，也有似稳性质导致了人为设置的虚拟介电常数，吸收边界条件失效等。本节根据 3D MTEM 有限差分正演模拟报告及相关论文整理。

7.4.1　3D 有限差分法

7.4.1.1　控制方程与 Yee 网格

在各向同性、线性、分区均匀的时不变非磁性导电媒质中，时域 Maxwell 方程如下：

$$\begin{cases} \nabla\times\boldsymbol{e}(\boldsymbol{r},t)=-\dfrac{\partial\boldsymbol{b}(\boldsymbol{r},t)}{\partial t} \\ \nabla\times\boldsymbol{h}(\boldsymbol{r},t)=\dfrac{\partial\boldsymbol{d}(\boldsymbol{r},t)}{\partial t}+\sigma(\boldsymbol{r})\boldsymbol{e}(\boldsymbol{r},t)+\boldsymbol{J}'(\boldsymbol{r},t) \\ \nabla\cdot\boldsymbol{e}(\boldsymbol{r},t)=0 \\ \nabla\cdot\boldsymbol{b}(\boldsymbol{r},t)=0 \end{cases} \tag{7.41}$$

式中，$\boldsymbol{e}(\boldsymbol{r},t)$ 为电场强度（V/m）；$\boldsymbol{h}(\boldsymbol{r},t)$ 为磁场强度（A/m）；$\boldsymbol{b}(\boldsymbol{r},t)=\mu_0(\boldsymbol{r})\boldsymbol{h}(\boldsymbol{r},t)$ 为磁感应强度(T)，其中 $\mu_0(\boldsymbol{r})=4\pi\times10^{-7}$ 为真空磁导率（H/m）；$\boldsymbol{d}(\boldsymbol{r},t)=\varepsilon(\boldsymbol{r})\boldsymbol{e}(\boldsymbol{r},t)$ 为电位移矢量（C/m^2），其中 $\varepsilon(\boldsymbol{r})$ 为介电常数（F/m）；$\boldsymbol{J}'(\boldsymbol{r},t)$ 为源电流密度（A/m^2）。

时间域有限差分（finite-difference time-domain，FDTD）算法，用如图 7.21 所示的 Yee 网格直接离散式(7.41)中的两个旋度方程。每一个电场（磁场）分量均由 4 个磁场（电场）分量包围，这样的电场、磁场空间分布形式自然符合 Faraday 电磁感应定律和 Ampere 环路定理的结构形式，同时也满足 Maxwell 方程组的差分计算要求。

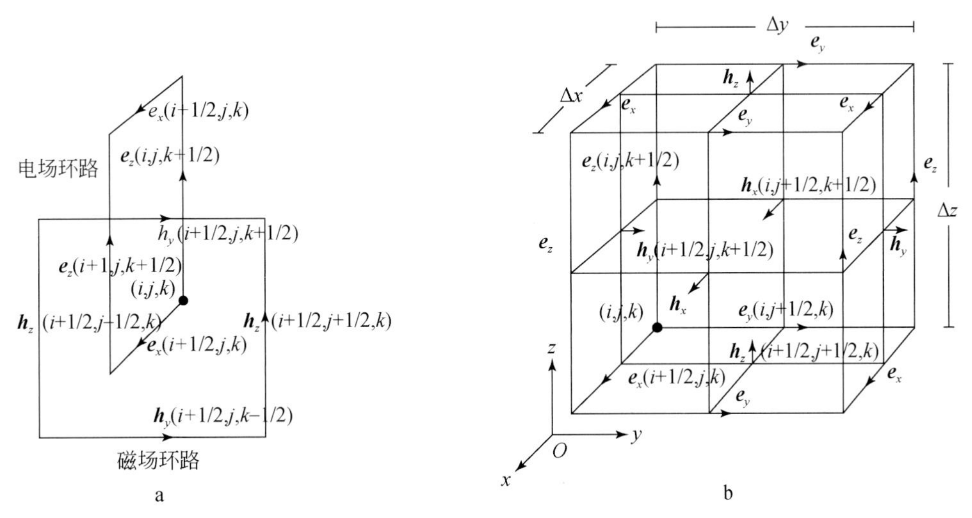

图 7.21　场的环路和 Yee 元胞网格格式

a. 电场和磁场的环路；b. Yee 元胞网格格式

电场和磁场在空间和时间上的采样规则如下：空间采样完全遵循 Yee 元胞网格格式的要求，电场和磁场在空间中交替出现；对于时间采样，同一时刻仅有电场或磁场采样，在时间轴上，电场和磁场交替采样，均匀时间网格划分时，采样间隔为半个时间步（图 7.22）。这样的空间与时间采样设置，构成了显式的 Maxwell 方程时间域差分格式，通过迭代求解离散后的差分方程,即可得到不同时刻电磁场的空间分布。以 $f(x,y,z,t)$ 表示电场或磁场在直角坐标系中的某一分量,采用表 7.1 中的约定在时间和空间上进行采样,得到电磁场各分量一阶偏导数的差分表达式:

$$
\begin{cases}
\left.\dfrac{\partial f(x,y,z,t)}{\partial x}\right|_{x=i\Delta x}=\dfrac{f^n(i+1/2,j,k)-f^n(i-1/2,j,k)}{\Delta x}+O(\Delta x) \\
\left.\dfrac{\partial f(x,y,z,t)}{\partial y}\right|_{x=j\Delta y}=\dfrac{f^n(i,j+1/2,k)-f^n(i,j-1/2,k)}{\Delta y}+O(\Delta y) \\
\left.\dfrac{\partial f(x,y,z,t)}{\partial z}\right|_{x=i\Delta z}=\dfrac{f^n(i,j,k+1/2)-f^n(i,j,k-1/2)}{\Delta z}+O(\Delta z) \\
\left.\dfrac{\partial f(x,y,z,t)}{\partial t}\right|_{x=i\Delta x}=\dfrac{f^n(i,j,k)-f^{n-1/2}(i,j,k)}{\Delta t}+O(\Delta t)
\end{cases}
\tag{7.42}
$$

式中,$O(\Delta t)$ 为高阶无穷小。

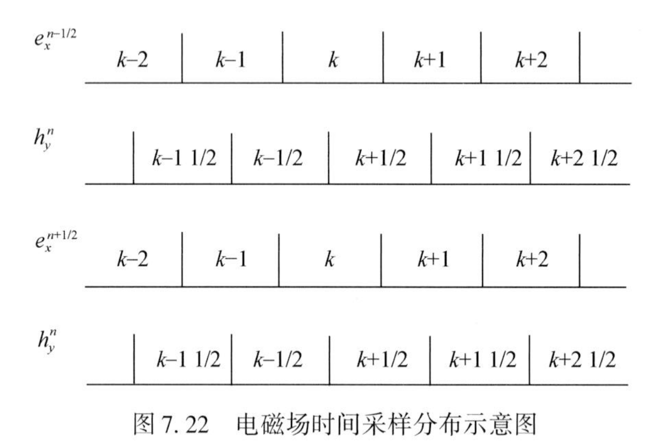

图 7.22　电磁场时间采样分布示意图

表 7.1　Yee 元胞的场分量的空间和时间采样约定

电磁场分量		空间分量采样			时间采样
		x 坐标	y 坐标	z 坐标	
E 节点	E_x	$i+1/2$	j	k	
	E_y	i	$j+1/2$	k	n
	E_z	i	j	$k+1/2$	
H 节点	H_x	$i+1/2$	$j+1/2$	$k+1/2$	
	H_y	$i+1/2$	j	$k+1/2$	$n+1/2$
	H_z	$i+1/2$	$j+1/2$	k	

由于 FDTD 以模拟的方式将源注入,离散公式中不包括源电流密度 $\boldsymbol{J}'(\boldsymbol{r},t)$。另外,由于地球物理电磁场的似稳性质,旋度方程[式(7.41)]中的位移电流项 $\partial\boldsymbol{d}(\boldsymbol{r},t)/\partial t=\varepsilon(\boldsymbol{r})\partial\boldsymbol{e}(\boldsymbol{r},t)/\partial t$ 随时间的流逝趋于 0,故将其中的介电常数 $\varepsilon(\boldsymbol{r})$ 用 γ 替代,称为虚拟介电常数,包含 γ 的项具有电流的量纲,称为虚拟位移电流。γ 的取值需要满足一定的条件才能够既保证计算结果稳定又保持电磁场的扩散特性。研究发现引入该虚拟位移电流项并给定合适的 γ 取值能够既放松 FDTD 迭代过程中对时间网格的划分要求又不影响计算结果。根据上

述差分格式和电磁场的采样约定,式(7.41)中旋度方程的各偏导数分量,采用改进的 DuFort-Frankel 方法构建的显式无条件稳定差分格式如下:

$$\begin{cases}e_x^{n+1}(i+1/2,j,k)=\dfrac{2\gamma-\sigma(i+1/2,j,k)\Delta t}{2\gamma+\sigma(i+1/2,j,k)\Delta t}e_x^n(i+1/2,j,k)\\+\dfrac{2\Delta t}{2\gamma+\sigma(i+1/2,j,k)\Delta t}\left[\dfrac{h_z^{n+1/2}(i+1/2,j+1/2,k)-h_z^{n+1/2}(i+1/2,j-1/2,k)}{\Delta y}\right.\\\left.-\dfrac{h_y^{n+1/2}(i+1/2,j,k+1/2)-h_y^{n+1/2}(i+1/2,j,k-1/2)}{\Delta z}\right]\\e_x^{n+1}(i+1/2,j,k)=\dfrac{2\gamma-\sigma(i+1/2,j,k)\Delta t}{2\gamma+\sigma(i+1/2,j,k)\Delta t}e_x^n(i+1/2,j,k)\\+\dfrac{2\Delta t}{2\gamma+\sigma(i,j+1/2,k)\Delta t}\left[\dfrac{h_x^{n+1/2}(i,j+1/2,k+1/2)-h_x^{n+1/2}(i,j+1/2,k-1/2)}{\Delta z}\right.\\\left.-\dfrac{h_z^{n+1/2}(i+1/2,j+1/2,k)-h_z^{n+1/2}(i-1/2,j+1/2,k)}{\Delta x}\right]\\e_z^{n+1}(i,j,k+1/2)=\dfrac{2\gamma-\sigma(i,j,k+1/2)\Delta t}{2\gamma+\sigma(i,j,k+1/2)\Delta t}e_z^n(i+1/2,j,k)\\+\dfrac{2\Delta t}{2\gamma+\sigma(i,j,k+1/2)\Delta t}\left[\dfrac{h_y^{n+1/2}(i+1/2,j,k+1/2)-h_z^{n+1/2}(i-1/2,j,k+1/2)}{\Delta x}\right.\\\left.-\dfrac{h_y^{n+1/2}(i,j+1/2,k+1/2)-h_y^{n+1/2}(i,j-1/2,k+1/2)}{\Delta y}\right]\end{cases}\tag{7.43}$$

$$\begin{cases}b_x^{n+1}(i,j+1/2,k+1/2)=b_x^{n-1/2}(i,j+1/2,k+1/2)-\dfrac{\Delta t_{n-1}+\Delta t_n}{2}\\\cdot\left[\dfrac{e_z^n(i,j+1/2,k+1/2)-e_z^n(i,j,k+1/2)}{\Delta y}-\dfrac{e_y^{n+1/2}(i,j+1/2,k+1)-e_y^n(i,j+1/2,k)}{\Delta z}\right]\\b_y^{n+1/2}(i+1/2,j,k+1/2)=b_y^{n-1/2}(i+1/2,j,k+1/2)-\dfrac{\Delta t_{n-1}+\Delta t_n}{2}\\\cdot\left[\dfrac{e_x^n(i+1/2,j,k+1)-e_z^n(i+1/2,j,k)}{\Delta z}-\dfrac{e_z^n(i+1,j,k+1/2)-e_y^n(i,j,k+1/2)}{\Delta x}\right]\\e_z^{n+1/2}(i+1/2,j+1/2,k)=e_z^{n+1/2}(i+1/2,j+1/2,k+1)\\+\Delta z\left[\dfrac{e_x^{n+1/2}(i+1,j+1/2,k+1/2)-e_x^{n+1/2}(i,j+1/2,k+1/2)}{\Delta x}\right.\\+\dfrac{b_y^{n+1/2}(i+1/2,j+1,k+1/2)-b_y^{n+1/2}(i+1/2,j,k+1/2)}{\Delta y}\end{cases}\tag{7.44}$$

为在保证精度的前提下减小计算量,可采用不均匀 Yee 网格剖分求解区域:根据场变化的剧烈程度,在源附近和地–空边界处,网格较为细密,远离源和地层的下部网络较为稀疏(图 7.23)。由于电场在 Yee 元胞的棱边上采样,故电阻率的取值需要根据对电场空间采样位置有贡献的周围 Yee 元胞共同确定,以上方程中电导率的平均值按如下公式计算:

$$
\begin{cases}
\sigma(i+1/2,j,k)=\dfrac{1}{4}[\sigma(i+1/2,j-1,k-1)+\sigma(i+1/2,j-1,k) \\
+\sigma(i+1/2,j,k-1)+\sigma(i+1/2,j,k)] \\
\sigma(i,j+1/2,k)=\dfrac{1}{4}[\sigma(i-1,j+1/2,k-1)+\sigma(i-1,j+1/2,k) \\
+\sigma(i,j+1/2,k-1)+\sigma(i,j+1/2,k)] \\
\sigma(i,j,k+1/2)=\dfrac{1}{4}[\sigma(i-1,j-1,k+1/2)+\sigma(i,j-1,k+1/2) \\
+\sigma(i-1,j,k+1/2)+\sigma(i,j,k+1/2)]
\end{cases}
\tag{7.45}
$$

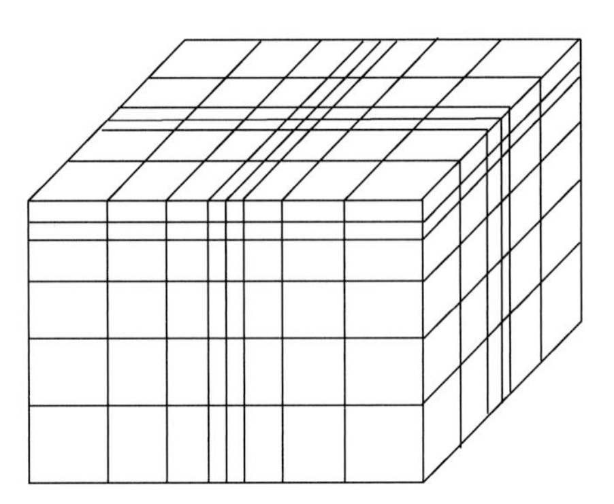

图 7.23　非均匀剖分的网格

7.4.1.2　激励源的加载

传统的 TEM 时域数值模拟中,源的加载方式主要有:①利用时间域场显式的因果关系,将浅层大地设为均匀的,在极短的初始时刻,用均匀半空间的解析解作为初始值,把含源非齐次 Maxwell 方程化成齐次方程的初值问题。②利用接地导线源阶跃响应和直流电法响应之间的联系,认为下降沿的初值可取为直流响应。这是一种适合用阶跃函数激励的,接地导线源的方法。③借鉴地震勘探震源的处理方式,在离散 Maxwell 方程时也离散源项。这种源的加载方式能精确地控制发射波形。

理论上,第 3 种源的加载方式更适合波形复杂的地球物理问题。但由于多通道 MTEM 发射波形为极性反转的伪随机码信号,同时 Maxwell 方程的黏性极强,这对于模拟 MTEM 伪随机码响应是难以克服的障碍。因此,此处采用初值替代以降低激励源的奇异性,获得稳定的伪随机码响应。

在波形模拟方面,计算电磁学通常采用 Gauss 函数及类似函数,在地球物理时间域电磁场法中,通常采用与实际激励源更为接近的梯形波方式。为适应单极性的伪随机码信号,采用 Gauss 脉冲是恰当的,且在对 Gauss 脉冲采样时,根据 Gauss 函数各段变化的急缓程度改变采样间隔,可以在模拟精度和计算效率两方面达到较好的均衡。当然,Gauss 脉冲急缓的变化与自身的宽度 δ_s 有关,如

$$
\delta(t)=\frac{1}{\sqrt{2\pi\delta_s}}\exp\left(-\frac{t^2}{2\delta_s^2}\right)
\tag{7.46}
$$

图 7.24 是 $\delta_s = 1\mu s$,采样区间$[-5\delta_s, 5\delta_s]$的 Gauss 函数的均匀采样和非均匀采样的对比。图中蓝色线条是传统的沿时间轴(横轴)均匀采样,这种采样方式下时间域电磁场模拟编程简单,但由于 Gauss 源的能量相对集中,在函数的快速变化区域,易造成不连续点,影响差分计算的稳定。若均以快速变化区的采样率为全程采样率,则增加的运算量并不能提高计算精度。为此,采用纵向均匀间隔采样的方式(如图中红色线条所示),在计算稳定性、精度和计算效率方面达到了较好的均衡。

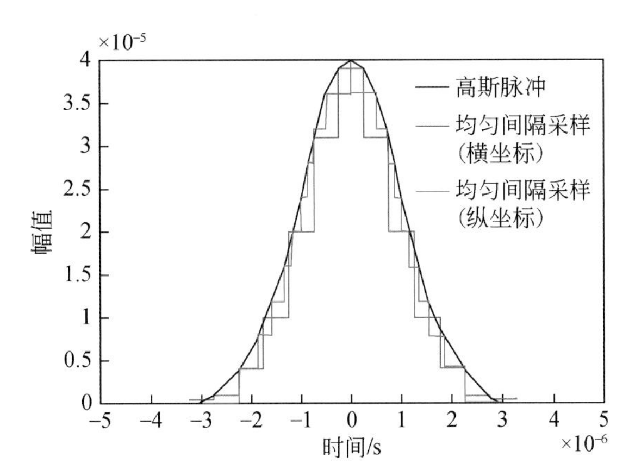

图 7.24　Gauss 激励源的均匀与非均匀采样对比示意图

$\delta_s = 1\mu s$, $[-5\delta_s, 5\delta_s]$,采样点数 22 个

7.4.1.3　边界条件的处理

边界条件是 FDTD 模拟中需要解决的关键问题。在地球物理 FDTD 模拟中,涉及了两种边界:①地-空边界;②地下侧边界与底边界。

1) 地-空边界的处理

经典的地-空边界处理方法为:首先忽略空中忽略位移电流,其次根据电场或磁场在空中所满足 Laplace 方程的解析性质,将地-空边界向上延拓一个网格。这大大缩减了空中计算区域,是充分运用时间域场因果律的成功范例。

对于 MTEM 急剧翻转的伪随机码序列,在每一次翻转变化的早期阶段,忽略空中电磁场的波动性质将引起较大的计算误差。为此引入地震勘探中的 Kirchhoff 积分延拓公式:

$$u(x,y,z,t) = -\frac{1}{2\pi}\iint_A \frac{\cos\theta}{Rv}\left[\frac{v}{R}u\left(x_0,y_0,0,t-\frac{R}{v}\right)+\frac{\partial u\left(x_0,y_0,0,t-\frac{R}{v}\right)}{\partial t}\right]\mathrm{d}x_0\mathrm{d}y_0 \tag{7.47}$$

式中,$\cos\theta = z/R$,$R=\sqrt{(x-x_0)^2+(y-y_0)^2+z^2}$为从空中一点$(x,y,z)$到地面点$(x_0,y_0,z)$的距离;$A$ 为偏移孔径;v 为地震波的传播速度。将式(7.47)与电磁波类比后,式(7.47)即为标量的延拓公式。电磁场的任一直角坐标分量都满足式(7.47),合成各分量后,用于 FDTD 的矢量 Kirchhoff 积分:

$$\boldsymbol{b}(x,y,z,t)=-\frac{1}{2\pi}\iint_{A}\frac{\cos\theta}{Rv}\left[\frac{v}{R}\boldsymbol{b}\left(x_0,y_0,0,t-\frac{R}{v}\right)+\nabla\times u\left(x_0,y_0,0,t-\frac{R}{v}\right)\right]\mathrm{d}x_0\mathrm{d}y_0 \tag{7.48}$$

式中，$v=1/\sqrt{\mu\varepsilon}$。在空中 $v=1/\sqrt{\mu_0\varepsilon_0}$ 等于真空中的光速 c。当认为光速无限大时，即认为空中电场和磁场波动方程

$$\begin{cases}\nabla^2\boldsymbol{e}(x,y,z,t)-\mu\varepsilon\dfrac{\partial^2\boldsymbol{e}(x,y,z,t)}{\partial t^2}=0\\\nabla^2\boldsymbol{b}(x,y,z,t)-\mu\varepsilon\dfrac{\partial^2\boldsymbol{b}(x,y,z,t)}{\partial t^2}=0\end{cases} \tag{7.49}$$

中的系数 $k^2=\mu\varepsilon=0$。那么，式(7.48)只有右边第一项，即

$$\boldsymbol{b}(x,y,z,t)=-\frac{1}{2\pi}\iint_{A}\frac{\cos\theta}{R^2}\boldsymbol{b}(x_0,y_0,0,t)\mathrm{d}x_0\mathrm{d}y_0 \tag{7.50}$$

2）地下边界辐射条件与 Gauss 滤波

地下边界的处理方式包括：①将均匀大地应用解析解设为 Dirichlet 边界条件。这种方法要求异常体远离边界，限制了可模拟的地电构造的种类。②将在计算电磁学中普遍应用的吸收边界条件（absorbing boundary condition，ABC）应用于地球物理电磁场的研究。指出了完全匹配层（perfectly matched layer，PML）在 TEM 正演中失效的原因，选用复频率参数（complex frequency shifted，CFS）PML，通过考察 CFS-PML 各项参数对吸收效果的影响，取得了相当的进展。在多通道 MTEM 正演中，考虑对并行计算有更多的依赖，决定仍以 Dirichlet 条件为解决方案。为取消异常体远离边界的限制，根据辐射条件：若空间有耗，分布在有限空间中的场源，在无限远处的场的任一横向分量 e_t、h_t 满足 $(e_t \text{ or } h_t)|_{r\to\infty}=0$，地中边界的 Dirichlet 条件为最简单的 $e_t=0$ 或 $h_t=0$。把地电模型嵌在一个理想导体中。在取消对异常体位置的限制后，为了减弱辐射边界条件所要求的远离源的要求，适当控制模型的大小，我们用 Gauss 函数作为过渡。即当电磁波传播到边界后以单边 Gauss 函数过渡到等于 0 的 Dirichlet 条件。这相当于在边界区域加载了一个低通滤波器：高频电磁波很快被吸收，低频电磁波缓慢衰减到 0。虽然这种处理手段并不能完全消除边界处理想导体假设带来的吸引效应，但因单一的 Dirichlet 条件带来的益处，计算精度有所提高，且特别适合并行实现。

7.4.1.4　稳定性问题与数值色散

1）稳定性问题

为了保证数值计算的稳定性，应该满足时间域场的因果率，即数值模拟的速度小于电磁波在媒质中的传播速度，否则会造成在电磁波传播到下一个网格之前得到场值所带来的不稳定性。阻尼波动方程中电磁波传播的速度为 $v=1/\mu\gamma$，其中的 γ 是虚拟介电常数，替代旋度方程［式(7.41)］中的介电常数 ε，以便保持晚期时间步运行，故考虑稳定性时应考虑 γ 的选取对传播速度的影响。在此前提下，要求的稳定性条件为

$$v\Delta t\leqslant\frac{1}{\sqrt{\dfrac{1}{(\Delta x)^2}+\dfrac{1}{(\Delta y)^2}+\dfrac{1}{(\Delta z)^2}}} \tag{7.51}$$

当采用均匀网格划分时，由式(7.51)得到对时间网格划分的要求

$$\Delta t \leqslant \delta \sqrt{\frac{\gamma\mu}{3}} \tag{7.52}$$

对于非均匀网格，式(7.51)的 δ 是最小网格元胞的边长。

从式(7.52)可以看出，通过适当放大虚拟介电常数 γ 的值可以使时间间隔 Δt 的取值适当增大，减少迭代次数。虽然 γ 与 Δt 的相互依赖关系使问题更加复杂。但是，虚拟位移电流是为了方便构建显式的 FDTD 差分格式引入的，须对虚拟位移电流项有适当的限制，不至于过大淹没了扩散场的特性。此处采用如下经验公式

$$\Delta t_{\max} = \alpha\delta \sqrt{\frac{\mu\sigma t}{6}} \tag{7.53}$$

式中，α 的取值建议范围为 0.1 ~0.2。

在编程实现过程中，电流关断后的时间步取值，先按照式(7.53)得到满足要求的时间步网格，然后通过式(7.52)求出适当的虚拟介电常数，以此满足 Courant 稳定性要求。为了保证激发源能够产生合适的一次场，在开始至电流关断的时间范围内采用真实介电常数代替 γ。

采用上述的稳定性条件后，对 301×301×100 网格的均匀大地模型进行 FDTD 计算时可迭代几十万步不发散。

2）数值色散

即使是非色散媒质在使用 FDTD 进行数值模拟的过程中也会产生数值色散现象，这是数值差分造成的。由数值色散造成的误差与 FDTD 在空间和时间上的采样密度有关。空间采样密度取决于电磁波的波长，随着同格尺寸的变化，FDTD 存在慢波效应，并且 FDTD 模拟的电磁波传播速度误差随着网格的减半降为原误差的$\frac{1}{4}$左右。通用的网格尺寸抑制数值色散条件为

$$\delta \leqslant \frac{\lambda}{12} \tag{7.54}$$

式中，λ 为波长。

1MHz 电磁波在真空中传播时的波长约为 300m，此时要求网格尺寸不大于 25m，瞬变电磁勘探虽然是宽频带场，但在有耗媒质中高频电磁波被迅速吸收，仅用下低频谐波成分为主的电磁波，且电磁波在有耗媒质中的传播速度小于在真空中的传播速度，频谱分布范围小于 1MHz，空间间隔人工剖分时满足式(7.54)即可。对于远离激发源的网格，电磁波传播到该区域时仅剩下低频谐波成分，所以格尺寸可较 25m 大很多。

时间采样的限制可以类似地按照空间采样的方法选择，通用的时间网格抑制数值色散的条件为

$$\Delta t \leqslant \frac{T}{12} \tag{7.55}$$

式中，T 为电磁波的周期。

同样对于 1 MHz 的电磁波，周期为 10^{-6} s，此时要求时间间隔不大于 0.83×10^{-7}s，越低频的电磁波对最大时间间隔的要求越宽松。时间采样抑制数值色散的相对稳定性条件将更

加宽松，在满足稳定性条件的情况下，抑制电磁波数值色散的条件会得到自然满足。

7.4.1.5　数值模拟实例

1）大地对 PRBS 的色散作用

采用伪随机码作为发射波形，是 MTEM 的一大特色，模拟 PRBS 经过导电大地后波形的变化，是 FDTD 数值模拟的一个基本内容。图 7.25 是一个 7 阶 PRBS 的理论波形，以 20A 的电流强度，通过铺设在 100Ω · m 大地表面上长 500m 的接地导线注入地下。实用波形是宽度为 0.5ms 的 Gauss 脉冲。接地线源位于网格中心，采用非均匀网格，网格从 5m×5m×5m（x,y,z）逐渐增加到 240m×240m×240m（x,y,z），网格总数 195×195×80（x,y,z）。图 7.26 是轴线上与源的距离分别为 262m、899m、1940m 处电场的 E_x 分量。可以看出，随着偏移距的增加，不仅电场的振幅衰减，而且波形发生了变化。当场点在轴线上 262m 时，即可观察到波形的细微变化；当距离增加到 899m 时，波形的畸变已经比较明显了；在 1940m 处，波形仅保留了 7 阶伪随机码的包络形状。

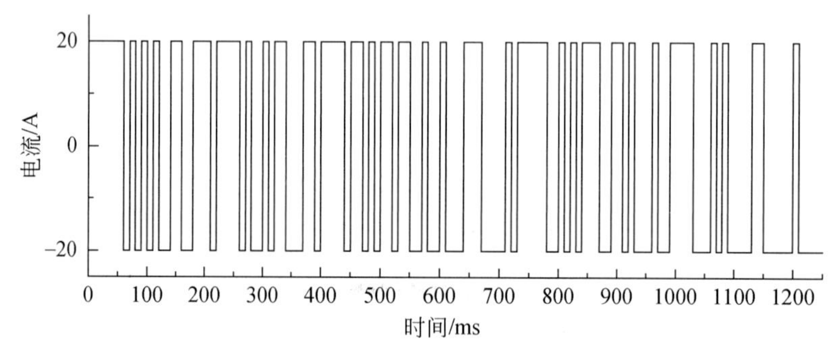

图 7.25　7 阶 PRBS 理论波形

a

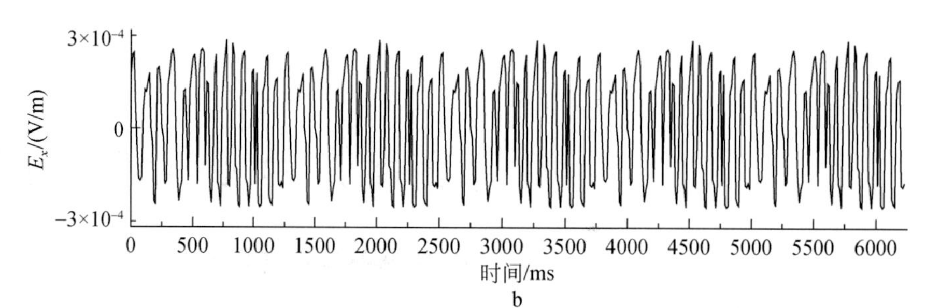

b

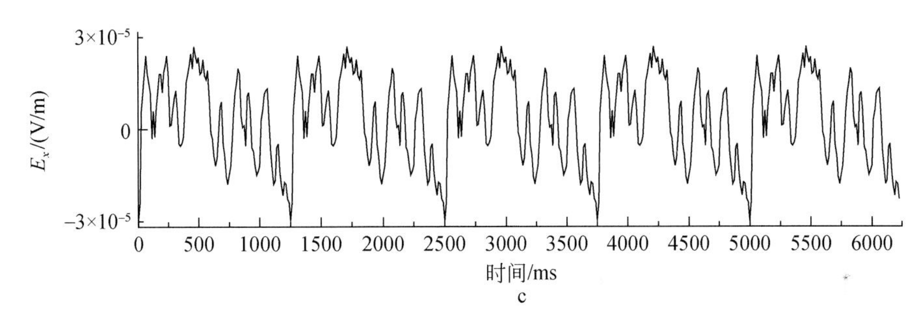

图 7.26　轴线上的电场 E_x 分量

a. 距源 262m 处轴线上的 E_x 分量；b. 距源 899m 处轴线上的 E_x 分量；c. 距源 1940m 处轴线上的 E_x 分量

2)高阻油气薄层的响应

回线源的电流线平行地层流动，仅有电场的切向分量，故对低阻层敏感，是金属矿等低阻目标体的常用探测方法。特别地，在近似水平层状煤田水文地质勘探中，已经成为首选的探测方法。接地导线源由于电流线与层状地层相交，在探测低阻层和高阻层两个方面有较为均衡的探测能力。接地导线源的轴向电场分量，在地层分界面上感应电荷，由此获得高阻探测能力，故在石油天然气勘探中，接地导线源装置的应用非常普遍。以下是同样采用接地导线源的 MTEM，通过数值模拟对高阻油气薄层探测能力和响应特征的分析。

图 7.27 是一个陆上沉积盆地的油气田模型。高阻油气层顶部埋深 1000m，厚 50m，沿 x 方向油气层延伸 1000m，y 方向延伸 1500m。接地导线源沿 x 轴正向布置，发射电流 20A、导线长 1000m，梯形脉冲。三维 FDTD 网格总数 301×301×150(x,y,z)，网格最小 50m×50m×50m，从网格中心以 1.1～1.25 等比递增逐渐增大。

图 7.28 是地面上场的各分量在轴线上相同的 6 个偏移距随时间变化的曲线。其中红色曲线的接收点位于油气藏中心和源之间，其他 5 个接收点均位于油气藏中心远离发射源的一侧，故该处 E_x,B_x,B_y,B_z 的形态略有不同。总体来说，电场的二次场形状更为“尖窄”，边缘也更为陡峭，且随着偏移距的增大，幅值衰减也更快。与此相比，磁感应强度的变化要平缓得多。这也证明了，电场比磁感应强度对高阻的油气藏薄层要敏感得多。从二次场的幅值来看，电场轴向分量 E_x 明显强于 E_y 和 E_z，其中电场的垂直分量 E_z 最弱(地表的电场垂直分量不便实测，图中给出的是地下 20m 处的值)。磁感应强度的 3 个分量中，B_x 低于 B_y，与电场的情况类似，磁场垂直分量 B_z 最弱，当然，对于非磁性大地，在地-空界面上磁场的垂直分量连续。

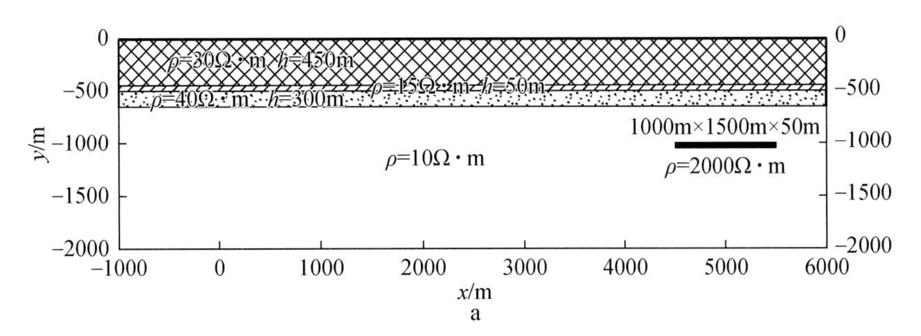

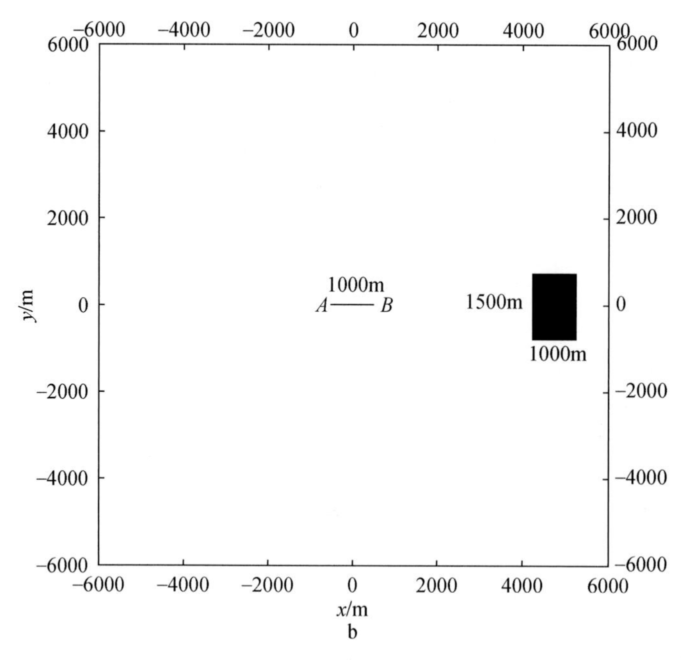

图 7.27　高阻油气薄层的地电模型

a. 模型的剖面图(局部);b. 模型的顶视图

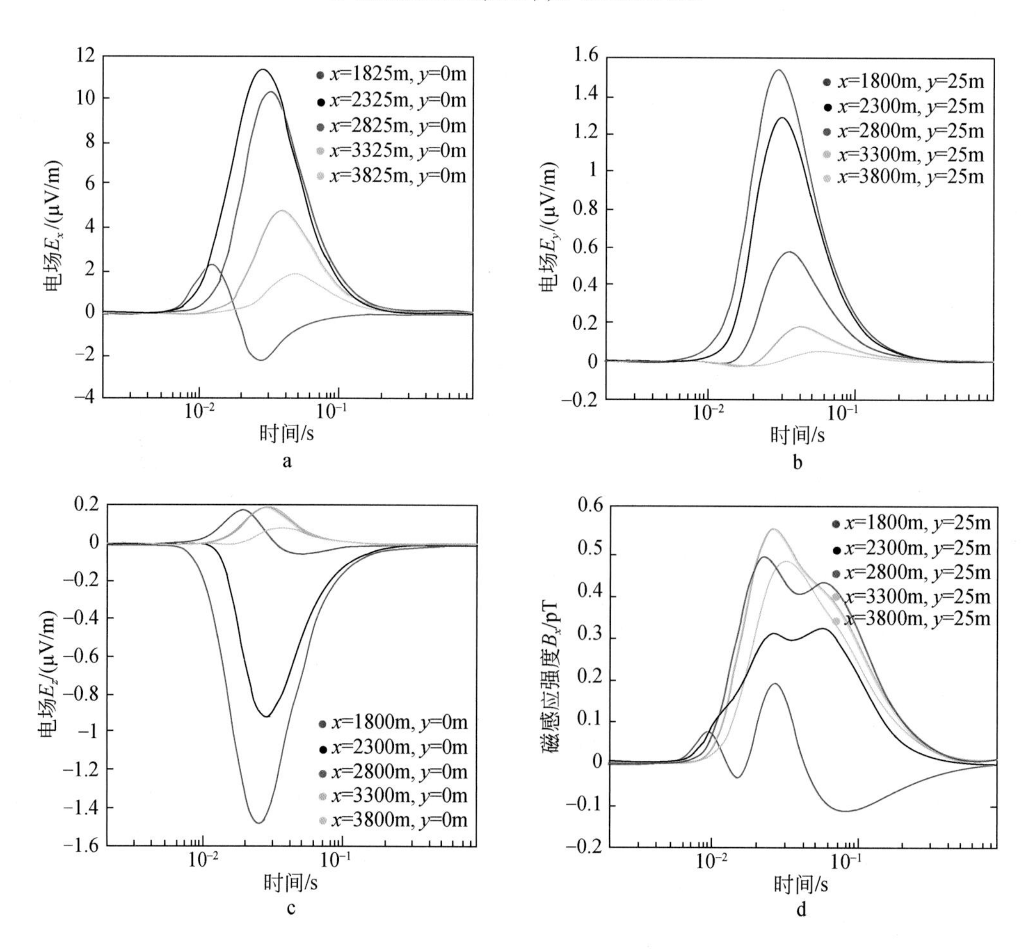

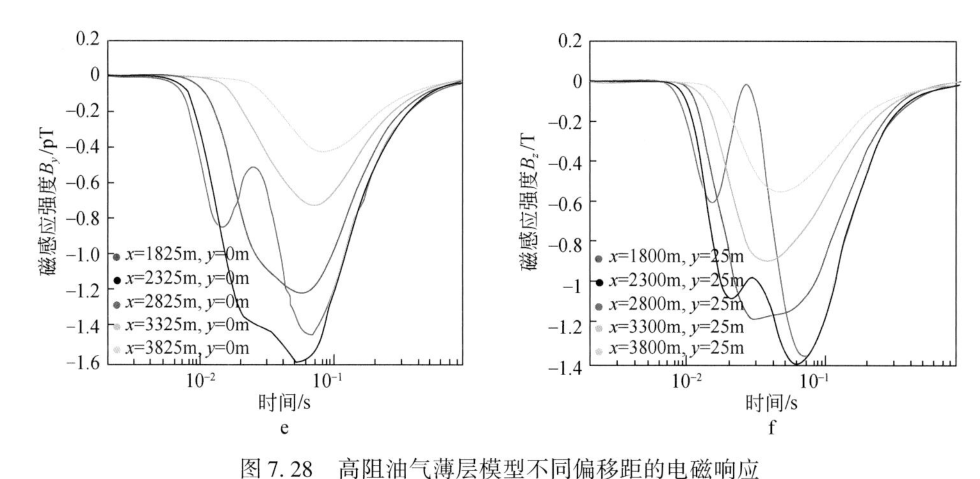

图7.28　高阻油气薄层模型不同偏移距的电磁响应

a. 不同偏移距的E_x分量；b. 不同偏移距的E_y分量；c. 不同偏移距的E_z分量；d. 不同偏移距的B_x分量；
e. 不同偏移距的B_y分量；f. 不同偏移距的B_z分量

图7.29反映了电磁场不同分量对高阻油气藏的分辨力和灵敏度。从绝对值上讲，电场轴向分量E_x强于E_y分量，垂直分量E_z最弱；与之相反的是，磁场H_y分量最强，垂直分量H_z次之，H_x最弱。同样地，电场比磁场对油气藏的反应要灵敏。其中电场的纵向分量E_z曲线形态不仅陡峭且异常幅度为单峰并与油气藏的赋存位置相对应。故在油气勘探中，可以采取打浅钻的方式实现E_z分量的探测，这对石油地球物理勘探来讲，成本效益是可接受的。不过，E_z分量场强较低是探测中的不利因素。

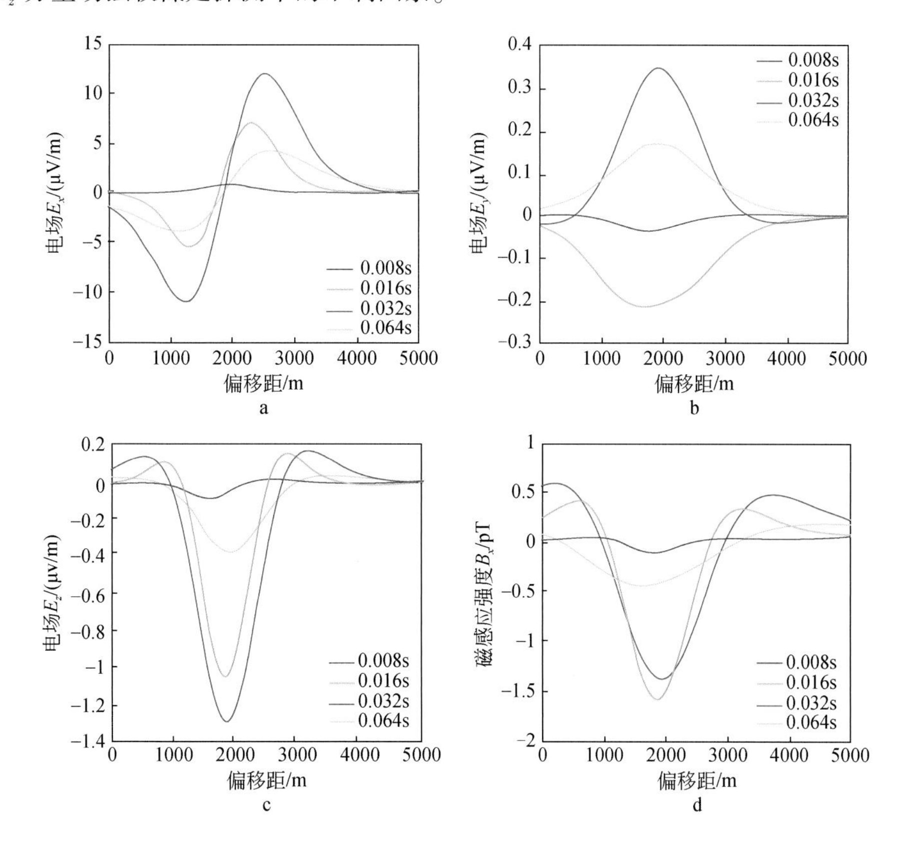

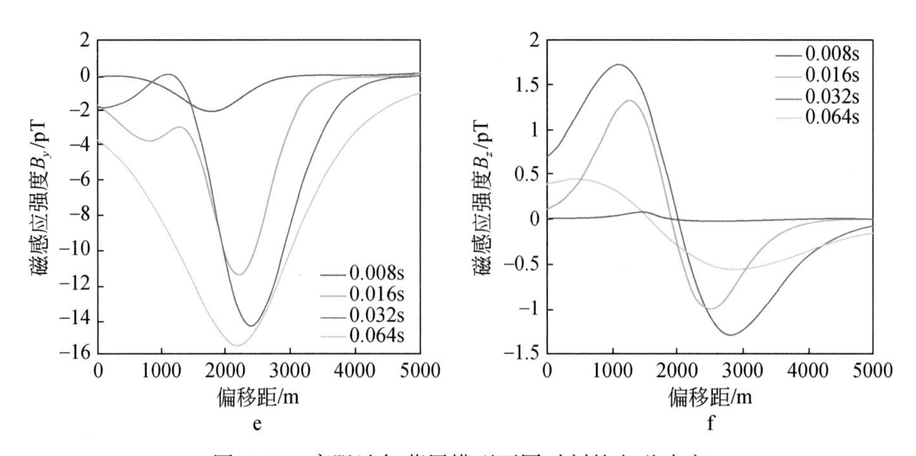

图 7.29　高阻油气薄层模型不同时刻的电磁响应

a. 不同时刻的 E_x 分量;b. 不同时刻的 E_y 分量;c. 不同时刻的 E_z 分量;d. 不同时刻的 B_x 分量;e. 不同时刻的 B_y 分量;f. 不同时刻的 B_z 分量

3)海水盐丘模型响应

图 7.30 是海水下的盐丘和油气藏复杂模型的切片显示。发射源在图中坐标原点位置,长度 500m。图 7.31 是偏移距不同的 6 个观测道处电场 E_x 分量脉冲响应的总场和背景场的对比曲线。这些曲线在形态上边线为两个波峰,前一个波峰在 6 个偏移距处对应的走时基本不变,且振幅随着偏移距的增加大致呈三次方衰减,这是空气波基本的特征,判断为空气波;后一个波峰振幅小得多,且随着偏移距的增加,衰减的速率快于空气波,是对勘探有利的有效波。但空气波的振幅比有效波要强,不过从背景场曲线的对比中可以观察到,在油气在海平面上投影的位置(偏移距−3475m 和−3975m 的两个观测道)背景场和总场的差异最大,且较为明显,理论上可辨识出异常体。

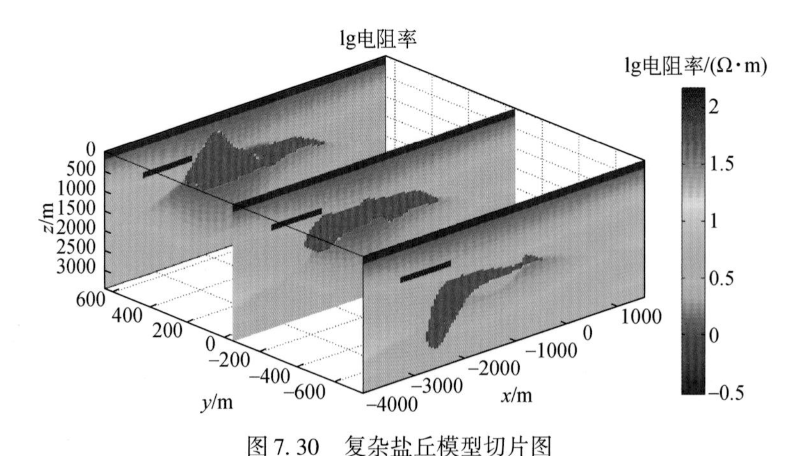

图 7.30　复杂盐丘模型切片图

红色:盐丘,电阻率 100m;棕色:油气藏,电阻率 150m,尺寸 1000m×2000m×200m;深蓝:海水,电阻率 0.33m,深度 150m ~ 200m;背景电阻率 10m

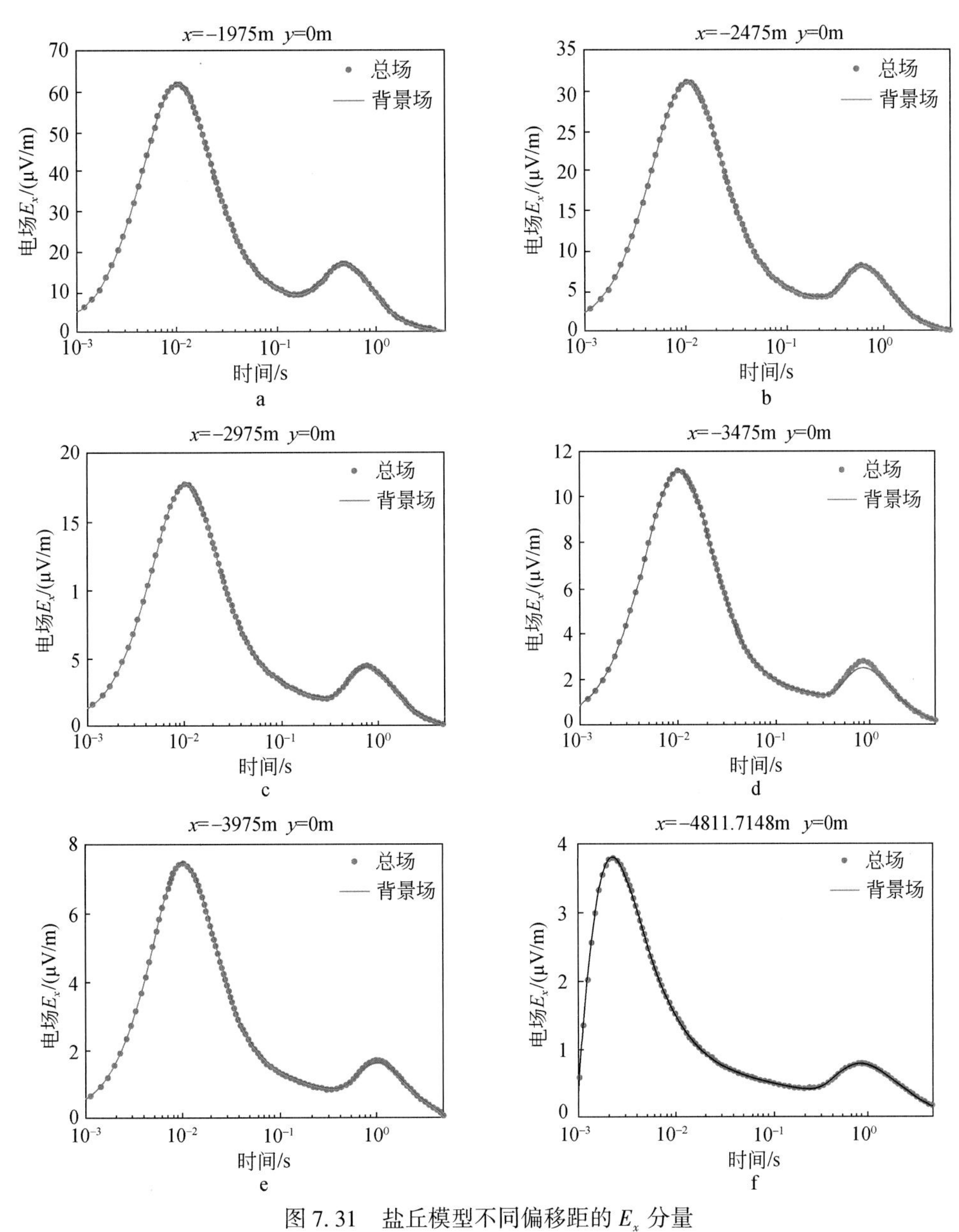

图 7.31　盐丘模型不同偏移距的 E_x 分量

a. 偏移距 1975m 处；b. 偏移距 2475m 处；c. 偏移距 2975m 处；d. 偏移距 3475m 处；
e. 偏移距 3975m 处；f. 偏移距 4811 m 处

7.4.2　3D 有限体积法

7.4.2.1　Maxwell 方程组弱解形式

有限体积法求解 Maxwell 方程组是通过求解其所谓的弱解形式，弱解是通过引入积分函

数降低对场可微性的要求。对准静态 Maxwell 方程组

$$\nabla\times\boldsymbol{E}=-\frac{\partial \boldsymbol{B}}{\partial t}$$
$$\nabla\times\frac{\boldsymbol{B}}{\mu}=\sigma\boldsymbol{E}+s \tag{7.56}$$

假设通量函数 $\boldsymbol{F}$ 与磁感应强度 $\boldsymbol{B}$ 有相同的函数空间,而通量函数 $\boldsymbol{W}$ 与电场强度 $\boldsymbol{E}$ 有相同的函数空间。定义对任意的矢量场 $\boldsymbol{A}$ 和通量 $\boldsymbol{G}$ 的内积:

$$(\boldsymbol{A},\boldsymbol{G})=\int_{\Omega}\boldsymbol{A}\cdot\boldsymbol{G}\mathrm{d}x \tag{7.57}$$

用通量函数 $\boldsymbol{F}$ 与式(7.56)的第一式作内积,通量函数 $\boldsymbol{W}$ 与式(7.56)的第二式作内积,并假设函数 $\boldsymbol{F}$ 和 $\boldsymbol{W}$ 具有时不变性,得到 Maxwell 方程组的弱解形式:

$$\frac{\partial}{\partial t}(\boldsymbol{B},\boldsymbol{F})+(\nabla\times\boldsymbol{E},\boldsymbol{F})=0$$
$$(\nabla\times\mu^{-1}\boldsymbol{B},\boldsymbol{W})-(\sigma\boldsymbol{E},\boldsymbol{W})=(s,\boldsymbol{W}) \tag{7.58}$$

对$(\nabla\times\mu^{-1}\boldsymbol{B},\boldsymbol{W})$做分部积分,得

$$(\nabla\times\mu^{-1}\boldsymbol{B},\boldsymbol{W})=(\mu^{-1}\boldsymbol{B},\nabla\times\boldsymbol{W})+\int_{\partial\Omega}\mu^{-1}\boldsymbol{W}\cdot(\boldsymbol{B}\times\boldsymbol{n})\mathrm{d}S \tag{7.59}$$

假设磁感应强度 $\boldsymbol{B}$ 在边界上为 0,即 $\boldsymbol{B}\times\boldsymbol{n}=0|_{\partial\Omega}$,则式(7.59)的边界项可以省略,将省略后的式(7.59)代入式(7.58)可得

$$\frac{\partial}{\partial t}(\boldsymbol{B},\boldsymbol{F})+(\nabla\times\boldsymbol{E},\boldsymbol{F})=0$$
$$(\mu^{-1}\boldsymbol{B},\nabla\times\boldsymbol{W})-(\sigma\boldsymbol{E},\boldsymbol{W})=(s,\boldsymbol{W}) \tag{7.60}$$

弱解形式即式(7.60)避免了对磁感应强度 $\boldsymbol{B}$ 取旋度的计算。由于通量函数 $\boldsymbol{W}$ 和电场强度 $\boldsymbol{E}$ 属于相同的函数空间,可只对电场 $\boldsymbol{E}$ 的场空间取旋度,以此可对方程进行离散并得到对称离散的线性方程。

7.4.2.2　时间与空间离散

对空间网格离散如图 7.23 所示,将电场离散到棱边,磁场离散到面上。对散度的离散,采用有限体积法的积分形式

$$\begin{aligned}\nabla\cdot\boldsymbol{B}&\approx\frac{1}{v_{ijk}}\int_{\Omega_{ijk}}\nabla\cdot\boldsymbol{B}\mathrm{d}V\\&\approx v_{ijk}^{-1}\left((a_xB_x)_{i+\frac{1}{2},j,k}-(a_xB_x)_{i-\frac{1}{2},j,k}+(a_yB_y)_{i,j+\frac{1}{2},k}-(a_yB_y)_{i,j-\frac{1}{2},k}+(a_zB_z)_{i,j,+\frac{1}{2}k}-(a_xB_x)_{i,j,k-\frac{1}{2}}\right)\end{aligned} \tag{7.61}$$

其中 $\boldsymbol{B}=(B_x,B_y,B_z)$,面积向量 $\boldsymbol{a}=(a_x,a_y,a_z)$。

令 $\boldsymbol{F}=\mathrm{diag}(\boldsymbol{a})$,$\boldsymbol{V}=\mathrm{diag}(\boldsymbol{v})$,则式(7.61)可写为向量形式

$$\nabla\cdot\boldsymbol{B}=\mathbf{DIV}\boldsymbol{B} \tag{7.62}$$

式中,$\mathbf{DIV}=\boldsymbol{V}^{-1}\boldsymbol{D}\boldsymbol{F}$,$\boldsymbol{D}$ 为包含±1 的向量。

对旋度的离散有

$$
\begin{aligned}
(\nabla\times \boldsymbol{E})_x &\approx \frac{1}{|S|}\int_l \nabla\times \boldsymbol{E}\cdot \mathrm{d}S \\
&= \frac{1}{a_{i+\frac{1}{2},j,k}}\left((l_zE_z)_{i+\frac{1}{2},j+\frac{1}{2},k} - (l_zE_z)_{i+\frac{1}{2},j-\frac{1}{2},k} + (l_yE_y)_{i+\frac{1}{2},j,k-\frac{1}{2}} - (l_zE_z)_{i+\frac{1}{2},j,k+\frac{1}{2}}\right)
\end{aligned}
\tag{7.63}
$$

同样，令 $\boldsymbol{F}=\mathrm{diag}(\boldsymbol{a})$，$\boldsymbol{L}=\mathrm{diag}(\boldsymbol{l})$，则(7.63)可写为

$$\nabla\times\boldsymbol{E}=\mathbf{CURL}\ \boldsymbol{F}^{-1}\boldsymbol{CL} \tag{7.64}$$

式中，$\boldsymbol{C}$ 为对角线为±1 的矩阵。

对内积($\boldsymbol{B}$,$\boldsymbol{F}$)的离散，在 x 方向上有

$$
\begin{aligned}
\int_\Omega B_xF_x\mathrm{d}V &\approx \sum \frac{v_{i,j,k}}{2}\left((B_xF_x)_{i+\frac{1}{2},j,k} + (B_xF_x)_{i-\frac{1}{2},j,k}\right) \\
&\approx \boldsymbol{v}^{\mathrm{T}}\boldsymbol{A}_{f_x}(\boldsymbol{B}_x\odot \boldsymbol{F}_x) \\
&= \boldsymbol{F}_x^{\mathrm{T}}\mathrm{diag}(\boldsymbol{A}_{f_x}^{\mathrm{T}}\boldsymbol{v})\ \boldsymbol{B}_x
\end{aligned}
\tag{7.65}
$$

式中，$\boldsymbol{A}_{f_x}$ 为对角线为$\frac{1}{2}$的矩阵，同理对 y 方向和 z 方向有

$$
\begin{aligned}
\int_\Omega B_yF_y\mathrm{d}V &\approx \boldsymbol{F}_y^{\mathrm{T}}\mathrm{diag}(\boldsymbol{A}_{f_y}^{T}\boldsymbol{v})\ \boldsymbol{B}_y \\
\int_\Omega B_zF_z\mathrm{d}V &\approx \boldsymbol{F}_z^{\mathrm{T}}\mathrm{diag}(\boldsymbol{A}_{f_z}^{\mathrm{T}}\boldsymbol{v})\ \boldsymbol{B}_z
\end{aligned}
\tag{7.66}
$$

将式(7.65)和式(7.66)合并，可得

$$(\boldsymbol{B},\boldsymbol{F})\approx\boldsymbol{F}^{\mathrm{T}}\ \boldsymbol{M}_f\boldsymbol{B} \tag{7.67}$$

其中

$$\boldsymbol{M}_f=\mathrm{diag}\begin{pmatrix}\boldsymbol{A}_{f_x}^{\mathrm{T}}\boldsymbol{v}\\ \boldsymbol{A}_{f_y}^{\mathrm{T}}\boldsymbol{v}\\ \boldsymbol{A}_{f_z}^{\mathrm{T}}\boldsymbol{v}\end{pmatrix} \tag{7.68}$$

同理可得

$$
\begin{aligned}
(\mu^{-1}\boldsymbol{B},\boldsymbol{F}) &\approx \boldsymbol{F}^{\mathrm{T}}\ \boldsymbol{M}_{\mu^{-1}f}\boldsymbol{B} \\
(\boldsymbol{E},\boldsymbol{W}) &\approx \boldsymbol{W}^{\mathrm{T}}\ \boldsymbol{M}_e\boldsymbol{E} \\
(\sigma\boldsymbol{E},\boldsymbol{W}) &\approx \boldsymbol{W}^{\mathrm{T}}\ \boldsymbol{M}_{\sigma e}\boldsymbol{E}
\end{aligned}
\tag{7.69}
$$

根据式(7.67)和式(7.69)得空间网格离散，对方程组(7.56)空间离散后得

$$
\begin{aligned}
&\frac{\partial}{\partial t}\boldsymbol{f}^{\mathrm{T}}\ \boldsymbol{M}_f\boldsymbol{b}+\boldsymbol{f}^{\mathrm{T}}\ \boldsymbol{M}_f\mathbf{CURL}\boldsymbol{e}=0 \\
&\boldsymbol{w}^{\mathrm{T}}\mathbf{CURL}^{\mathrm{T}}\ \boldsymbol{M}_{f\mu}\boldsymbol{b}-\boldsymbol{w}^{\mathrm{T}}\ \boldsymbol{M}_{e\sigma}\boldsymbol{e}=\boldsymbol{w}^{\mathrm{T}}\boldsymbol{s}
\end{aligned}
\tag{7.70}
$$

式中，$\boldsymbol{b}$ 和 $\boldsymbol{e}$ 分别为离散后得磁场和电场；$\boldsymbol{f}$ 和 $\boldsymbol{w}$ 为离散后的 $\boldsymbol{F}$ 和 $\boldsymbol{W}$。由于式(7.70)对任意的 $\boldsymbol{f}$,$\boldsymbol{w}$ 均成立，因此可得

$$
\begin{aligned}
&\frac{\partial}{\partial t}\boldsymbol{b}+\mathbf{CURL}\boldsymbol{e}=0 \\
&\mathbf{CURL}^{\mathrm{T}}\ \boldsymbol{M}_{f\mu}\boldsymbol{b}-\boldsymbol{M}_{e\sigma}\boldsymbol{e}=\boldsymbol{s}
\end{aligned}
\tag{7.71}
$$

为保证无条件稳定,本书对时间步的离散采用欧拉向后隐式差分,将方程(7.71)的第二项代入第一项消去磁场分量 $\boldsymbol{b}$,并采用隐式差分得

$$(\Delta t^{-1}\boldsymbol{M}_{e\sigma}+\mathbf{CURL}^{\mathrm{T}}\boldsymbol{M}_{f\mu}\mathbf{CURL})\boldsymbol{e}^{n}=\Delta t^{-1}\boldsymbol{M}_{e\sigma}\boldsymbol{e}^{n-1}-\frac{\partial s^{n}}{\partial t} \tag{7.72}$$

对于源项 s 的模拟,仍然采用 Gauss 脉冲源。

7.4.2.3　方程求解

方程(7.72)是一个大型线性方程组,可简化为

$$\boldsymbol{Ae}=(\boldsymbol{K}+\Delta t^{-1}\boldsymbol{M}_{e\sigma})\boldsymbol{e}=\boldsymbol{q} \tag{7.73}$$

式中,$\boldsymbol{K}=\mathbf{CURL}^{\mathrm{T}}\boldsymbol{M}_{f\mu}\mathbf{CURL}$,包含对旋度的离散;$\boldsymbol{q}$ 为式(7.72)的右端项,对上述方程的求解可采用两种方式:迭代法和直接法。

1)迭代法

相比于直接法,迭代法对计算机内存需求较少,在单机上运行效率高。然而,时间域电磁法得到的线性方程组往往是病态的,条件数较大,如果直接应用迭代法求解,收敛速度会特别慢,甚至不收敛。在实际应用中,有两种方法可以改善矩阵的病态性:其一是重新构造线性方程组,使其有更好的数值特性;其二,通过在式(7.73)的两边同时乘以预条件矩阵 $\boldsymbol{P}$,进而重新求解新的方程组

$$(\boldsymbol{PA})\boldsymbol{e}=\boldsymbol{Pq} \tag{7.74}$$

新构造的系数矩阵 $\boldsymbol{PA}$ 比原始矩阵 $\boldsymbol{A}$ 拥有更小的条件数,可改善方程的病态性。

2)直接法

在求解大型方程组时,迭代法虽然对计算机的要求不高,但在时间域电磁法中需要对每一个发射源的每一个时间步进行求解。对单一的时间步,大型线性方程需要被求解至少 $N_{\mathrm{s}}\times 2$ 次(N_{s} 为源的个数)。对于大多数实际时间域电磁法勘探中,N_{s} 往往非常大,可达几百至上万,此时对每一个时间步中,方程组需被求解上万次,因此在时间域电磁法的整个模拟中,迭代法的计算量是十分巨大的。针对此问题,目前为止,直接因式分解法是一种很好的求解方法。在直接法中,最常用的是 Gauss 消去法或者 LU 分解法,以下是 LU 分解法:

$$\boldsymbol{A}=\boldsymbol{LU} \tag{7.75}$$

式中,$\boldsymbol{L}$ 为下三角矩阵,$\boldsymbol{U}$ 为上三角矩阵。直接法可从两个方面降低多源和多时间步方程求解的计算量。首先,在同一个时间步,对于确定的计算区域,每个源对应的系数矩阵 $\boldsymbol{A}$ 是不变的,因此可将同一个时间步中的 $\boldsymbol{A}$ 进行一次 LU 分解后,存储矩阵 $\boldsymbol{L}$ 和矩阵 $\boldsymbol{U}$,在每一个源的计算中矩阵 $\boldsymbol{L}$ 和 $\boldsymbol{U}$ 可以重复利用;其次,在不同的迭代时刻,只要时间步长 Δt 不改变,矩阵 $\boldsymbol{A}$ 也是不变的,故而 $\boldsymbol{A}$ 分解后的矩阵 $\boldsymbol{L}$ 和矩阵 $\boldsymbol{U}$ 也可以重复利用,避免了重复的分解计算。

尽管对大型线性方程组的直接法求解可以降低总体计算量,且通过借助并行直接法的求解软件,比如 MUMPS 或者 superLU,还可以提高计算速度,然而对 3D 的时间域电磁法来说,每一步对矩阵 $\boldsymbol{A}$ 进行 LU 分解仍然是非常费时的,而且对计算机的硬件要求较高。

7.4.2.4　数值模拟实例

1)MTEM 油田注水动态监测

油田在开采过程中,利用注水设备将符合质量要求的水从注水井注入油层(图 7.32),

以此保持油层压力，以水作为驱替剂将更多的原油从油层中驱替出来，从而有效提高油田的开发速度和采收率(简成和杨志，2016)。而对注水过程中，作为驱替剂的水以及剩余油的分布的监测一直是个关键问题。目前，一般通过物质守恒原理及流体力学的理论，建立关于注水系统的能量、效率、能耗以及相关水力参数的数学模型，用数值方法从理论上研究注水的分布(郭越等，2016)。然而，地下地层的分布及岩石孔隙的状态是复杂的，纯理论的计算方法并不能很好地预测驱替剂的分布和剩余油的状态。用水作为驱替剂注入岩层，会使岩石孔隙充水，进而降低岩石的电阻率，而未被水填充的孔隙，由于仍富含油，呈现出高阻，这种电阻率的明显差异，为 MTEM 监测注水过程中水的分布和剩余油的分布提供了物理基础。

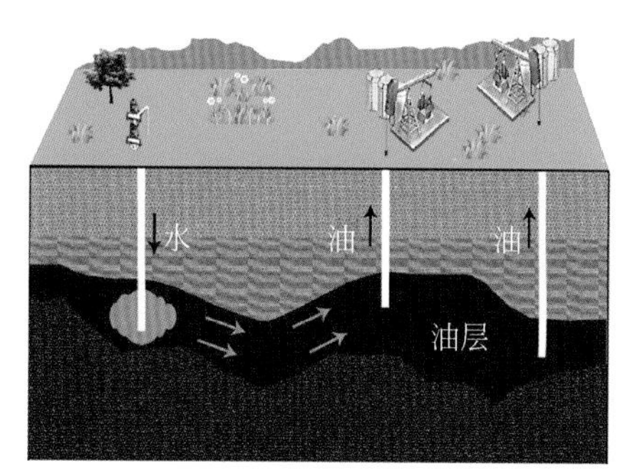

图 7.32　油田注水过程示意图

图中黑色区域代表油层，蓝色区域代表注水，蓝色箭头代表水运移方向

根据图 7.32 所示的油田注水过程，建立了如图 7.33a 所示的油田储层模型。储层在 Y 方向长 1000m，从 4.3768×10^4 m 延伸至 4.4768×10^4m；在 x 方向长 1500m，从 4.3468×10^4m 延伸至 4.4968×10^4m，如图 7.33b 所示，储层位于在地下 400～700m 的深度范围，厚度为 100m，如图 7.33c所示，围岩电阻率为 200Ω · m。在储层的正上方，沿 x 方向布设一条长度为 4350m 的 MTEM 测线，测点间距 50m，测线在 x 轴从 4.2068×10^4 m 延伸至 4.4243×10^4m(图 7.33 中蓝色圆点)，在储层正上方，测线的中心位置，即 4.4243×10^4m，布置一长 100m 的发射源(图 7.33 中红色圆点)，发射电流 50A。当储层中全部充满油气时，如图 7.33c 所示，电阻率为 2000Ω · m；在储层的左端向储层中注水，当储层中约一半注满水时，如图 7.33d 所示，红色填充部分为注满水的部分，电阻率为 20Ω · m，青色代表仍含油气，电阻率依旧为 2000Ω · m；继续向储层中注水，当储层全部注满水时，如图 7.33e 所示，整个储层的电阻率为 20Ω · m。

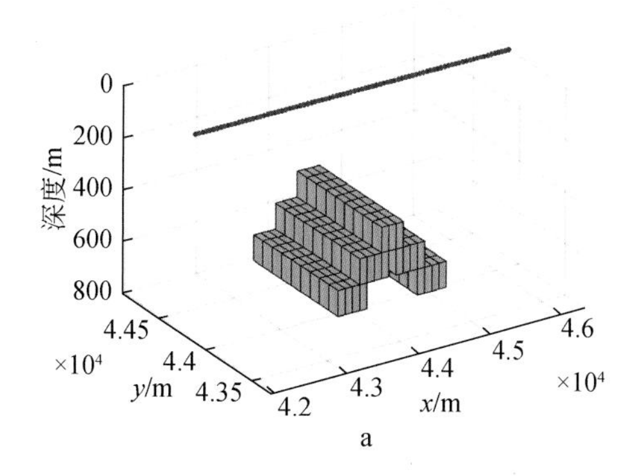

a

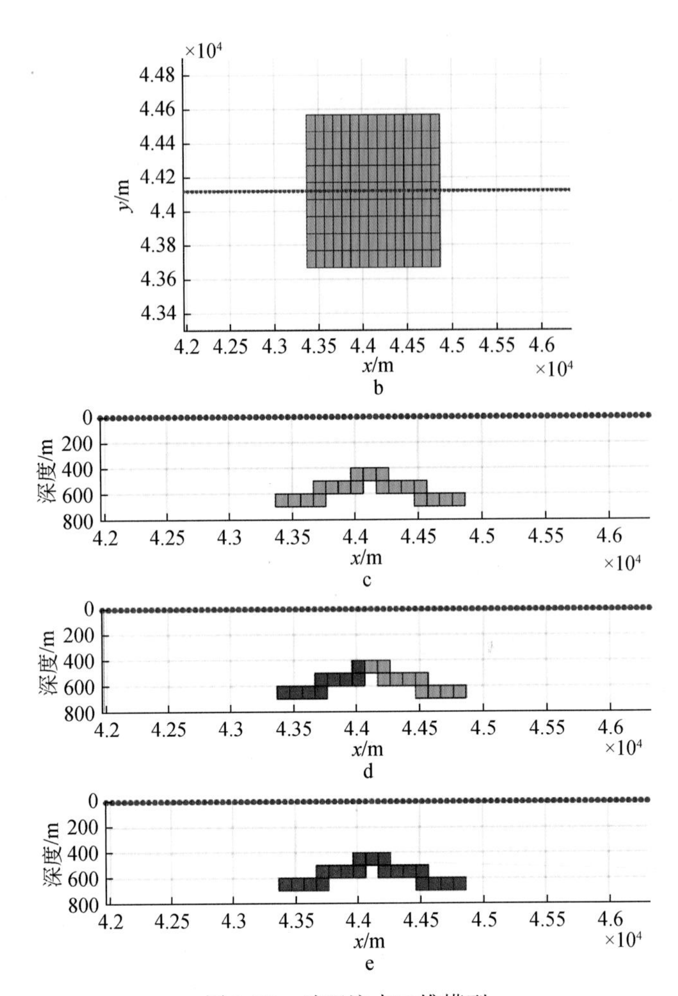

图 7.33　油田注水三维模型

a. 3D 油田储层模型,储层在 y 方向长 1000m,在 x 方向长 1500m,位于地下 400 ~ 700m 的深度范围,有厚度为 100m,围岩电阻率为 200Ω · m;红色圆点为激发源,蓝色圆点为接收点。b. 储层俯视图。c. 储层未注水时 xz 剖面图,此时储层全部含油,电阻率为2000Ω · m。d. 储层为注一半水时 xz 剖面图,此时储层一半含油一半含水,其中青色代表含油部分,电阻率为2000Ω · m,红色代表含水部分电阻率为20Ω · m。e. 储层全注水时 xz 剖面图,此时储层全部含水,电阻率为 20Ω · m

对储层中全部含油、注一半水剩一半油及全部注满水三种情况下开展 MTEM 正演,以监测注水过程中的地表电场的响应。为能准确展现电场 E_x 在注水过程中的变化,本书采用 E_x 的二次场变化来衡量变化过程:

$$\Delta E_x = E_x^{\text{Total}} - E_x^{\text{Homogeneous}} \tag{7.76}$$

式中,E_x^{Total} 为 MTEM 总场响应;$E_x^{\text{Homogeneous}}$ 为均匀半空间下 MTEM 响应。注水过程中的二次场响应变化如图 7.34 所示。

图 7.34a 为注水之前(对应图 7.33c 模型),储层全含油时的 MTEM 响应,从图中可看出,在距离发射点的两侧电场均显示出对称的高值,这是由于地下油层呈现高阻,电场响应幅值较高,而高值分布在距离发射源中心的 −500 ~ −1400m(4.267×10^4 ~ 4.3618×10^4m)和

500～1400m(4.4618×10^4～4.547×10^4m)的位置,主要是由于油层赋存在 400～700m 的深度,因而在偏移距为油藏深度约两倍的范围内显示出异常反映,而异常的幅值最大可达 0.05V/m,说明 MTEM 准确反映了地下高阻储层的存在。

图 7.34b 为注一半水(对应图 7.33d 模型),即地下储层中一半含水一半含油时的 MTEM 响应,在发射的源左侧由于注水呈现低阻,而右侧为含油高阻,因此在 MTEM 的响应上,距离发射源的左侧 1450m 的范围内(4.262×10^4～4.4118×10^4m)二次场呈现负值,主要是由于地下低阻引起电场幅值降低,低于均匀半空间的电场幅值,而在发射源右侧 1250m 的范围内(4.4118×10^4～4.537×10^4m),由于地下仍是含油的高阻,总电场幅值高于均匀半空间,因此二次场幅值表现为正值。

对比图 7.34a 和 b 的正值的幅值范围可知,图 7.34a 和 b 中的高阻异常幅值相近,范围相似,说明图 7.34b 中在发射源右侧的含油高阻响应并未明显受左侧低阻的严重影响,但由于电磁法对低阻比高阻更灵敏的本质特性,图 7.34b 中低阻异常幅值响应范围比高阻更大。

图 7.34c 为注满水(对应图 7.33e 模型),即整个储层为含水储层时的 MTEM 响应,由于地下是大范围的低阻,因此在 MTEM 的二次场响应拟断面图上表现为二次场为负值,负值的延伸范围为 4.232×10^4～4.592×10^4m,相比于地下纯高阻的油层时的响应(图 7.34a),地下为低阻时 MTEM 的响应范围更大,而且持续时间将近 0.01s,大于高阻油层时的 0.0025s。

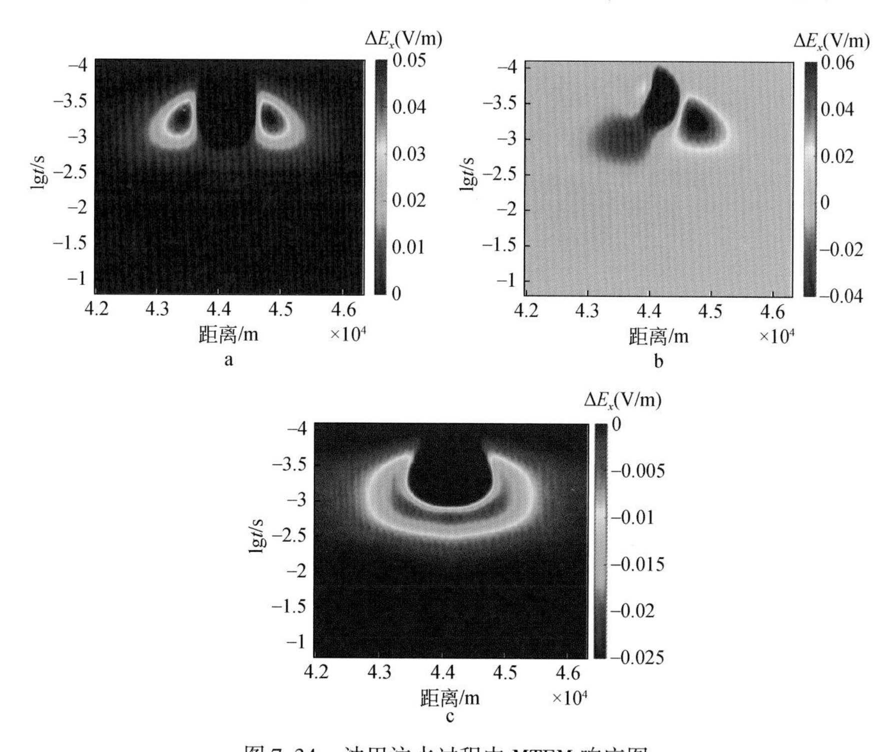

图 7.34　油田注水过程中 MTEM 响应图

a. 未注水时 MTEM 响应;b. 注一半水,半水半油时 MTEM 响应;c. 全注满水时 MTEM 响应

从以上分析中可见,根据油田注水过程中引起岩石电阻率的差异,采用 MTEM 的 E_x 场的响应可直接监测地下储层中注入的水与剩余油的分布情况。而且对比图 7.34a 储层全部

含油时的 MTEM 响应与图 7. 34c 储层全部含水时的 MTEM 响应差异可知,通过 MTEM 电场的响应可直接判断储层为含油储层还是含水储层,因此在油气勘探中,MTEM 与地震勘探相结合可直接有效地辨别储层性质。

2)地形效应的影响

野外实际中,地形并不是一成不变而是起伏变化,尤其对山区地带,地形变化剧烈。为进一步了解地形对 MTEM 的影响,设计了三维地堑模型、三维地垒模型以及山谷模型和山脊模型。由于 MTEM 响应可由发射波形和脉冲响应褶积得到,因此不同地形模型对 MTEM 的影响主要是对大地脉冲响应的影响。

a. 地堑模型

地堑是地壳上广泛发育的一种地质构造,为两侧被高角度断层围限, 中间下降的槽形断块构造。仅在一侧为断层所限的断陷, 称为半地堑或箕状构造。野外实际中,水流冲刷、山坡滑坡后,甚至地层的下陷、干涸的湖泊等会形成类似地堑构造的“小地堑”,根据“小地堑”的地质构造,设计了一个小规模的三维地堑构造(图 7. 35),图 7. 35b 是沿图 7. 35a 中,过地堑正中心的 AA' 线的剖面示意图。整个“小地堑”长宽均为 180m,深 120m,发射源 BB' 位于“小地堑”底部,长度为 120m。在地表,距离发射源 1050 ~ 2000m 范围,均匀分布间隔 50m 的测点。岩体电阻率为 1000Ω · m。

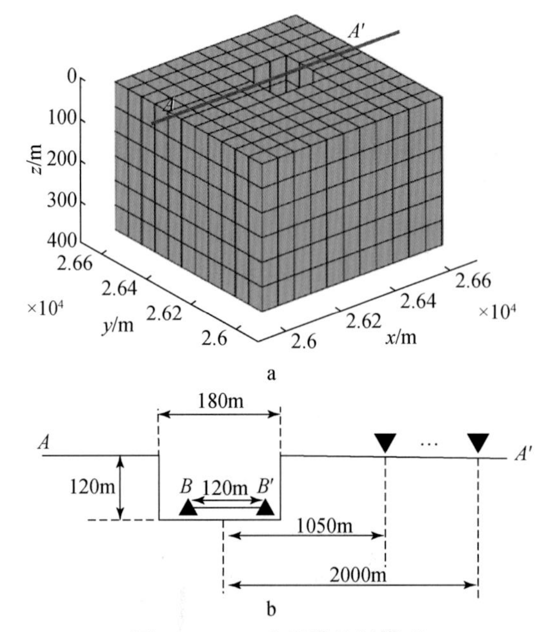

图 7. 35　3D 小规模地堑模型

a. 小规模地堑模型三维展示图;b. 沿图 a 中红色 AA' 线的剖面图,其中正三角 BB' 为发射源,长度 120m,位于地堑谷底,倒三角为接收点,分布在距离发射源中心点 1050 ~ 2000m 范围,间隔 50m

对该地堑模型进行三维有限体积法正演计算,同时计算了无该地堑情况下均匀半空间的响应,为能够得到均匀半空间下的空气波的响应,对均匀半空间仍旧采用三维有限体积法进行正演计算,结果如图 7. 36 所示。图 7. 36a 是所有观测点的时间记录图,由于电场幅值随偏移的变化范围较大，为方便对比，对同一个观测点的幅值进行了相同的归一化的处理，蓝色填充线是无地堑模型时的均匀半空间的响应，红色填充线是有地堑模型时的均匀半空间响应。从图 7.36a 可看出，对所有观测点，空气波的到达时刻均大约为 3×10^{-6}s，而大地脉冲响应的到达时刻随偏移距的增加而向后延迟，由于有地堑的存在，大地脉冲响应比不存在地堑模型时的幅值要高。进一步截取偏移距为 1050m 和 2000m 点的大地脉冲响应进行对比（图 7.36b），不同偏移距的幅值有一定的变化，但受地堑模型的影响是一致的，即存在地堑模型时的幅值比不存在地堑模型时的幅值偏高。主要原因是存在地堑模型时，等效于在源的上方添加了一个高阻块体，电磁波在导体中传播时，高阻体对电磁波吸收较弱，故而到达观测点的电磁波能量更强，具体表现为幅值较高。

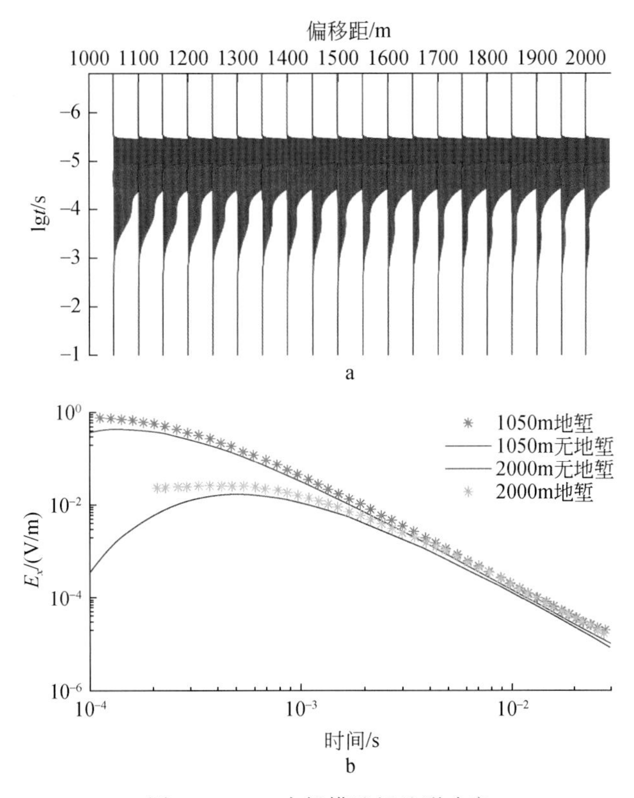

图 7.36　3D 小规模地堑地形响应

a. 共发射点的响应对比；蓝色为均匀半空间响应，红色为小规模地堑地形的响应。b. 偏移距分别为 1050m（蓝色）和 2000m（棕色），存在小规模地堑模型（星号）和不存在小规模地堑模型的响应对比（实线）

以上探讨了小规模地堑模型对场源的影响，实际中除遇到小规模的地堑外，往往是大规模的地质构造对地表产生严重的起伏影响。当地堑规模较大时，接收点处会产生类似图 7.37的地堑模型。在图 7.37 中，发射源 BB'位于水平面，在距离发射源中心点 210m 处，地层下陷，下陷深度 120m，接收点位于地堑中，分布在距离发射源中心点 1050～2000m 的范围，点距 50m，半空间的电阻率为 200Ω · m。在源正下方，距离地表埋深 120m 的深度，有一长、宽、高分别为 420m、420m、180m 的异常体。

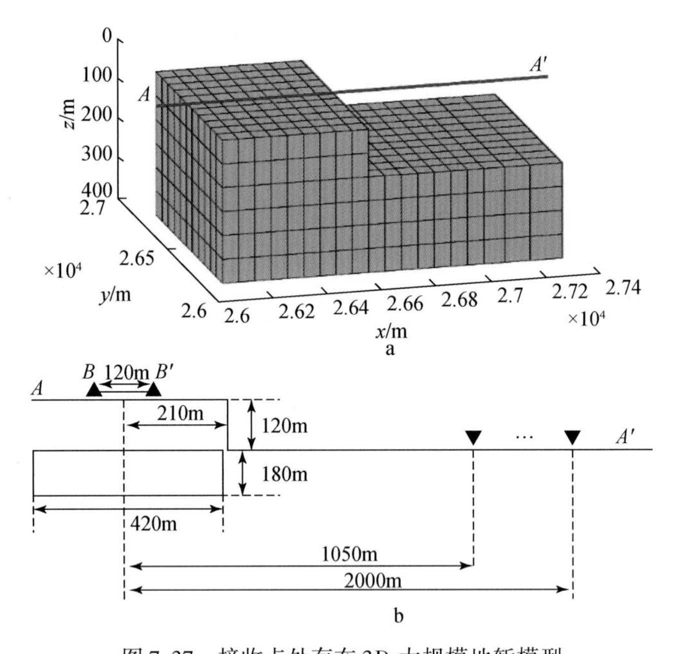

图 7.37　接收点处存在 3D 大规模地堑模型

a. 大规模地堑模型三维展示图；b. 沿图 a 中红色 AA'线的剖面图，其中正三角 BB'为发射源，长度 120m，位于地堑边缘，倒三角为接收点，位于地堑谷底，分布在距离发射源中心点 1050～2000m 范围，间隔 50m

采用三维有限体积法分别计算了不存在地堑地形不存在异常体、存在地堑地形不存在异常体和存在地堑地形存在异常体的情况下的电场响应（图 7.38）。而异常体存在时，又分别计算了异常体为高阻 5000Ω · m 和低阻 50Ω · m 两种情况。图 7.38 中，实线表示偏移距为 1050m，虚线表示偏移距 1800m。从图中可看出，当仅存在地堑时，受地堑地形的影响，电场 E_x的幅值明显低于均匀半空间下无地堑地形。当地堑地形下存在低阻异常体时，由于低阻体对电磁波能量衰减较大，观测点处电磁波能量较低，表现为 E_x幅值明显低于不存在异常体时的电场 E_x幅值；当异常体为高阻体时，在接收点处存在高阻异常体时的电场 E_x幅值要高于不存在异常体时的电场 E_x幅值，而且由于地堑地形的存在，即使地下存在高阻体时，观测点电场 E_x幅值仍旧低于均匀半空间下电场 E_x幅值，由此可看出地形对场的幅值影响较大，不容忽视。

图 7.39 为均匀半空间与无异常体存在的地堑地形模型的共激发点的电场 E_x剖面，电场 E_x进行了归一化，蓝色为均匀半空间电场 E_x，红色为无异常体存在的地堑地形的电场 E_x。从图中可看出，受地堑地形的影响，每个接收点的电场 E_x幅值均低于均匀半空间电场 E_x幅值。在偏移距为 1050m 处，均匀半空间电场 E_x幅值远大于地堑地形下的电场 E_x幅值，而在偏移距为 2000m 处，均匀半空间电场 E_x幅值仅稍高于地堑地形下的电场 E_x幅值，说明随着接收点距离的增大，地形的影响逐渐减弱。

图 7.40a 和 b 分别对比了在地堑地形下异常体为低阻异常和高阻异常与不存在异常体的地堑地形的共激发点电场 E_x响应，其中红色表示不存在异常体的地堑地形的电场，而绿色表示存在异常体时的地堑地形的电场，从图中可看出，低阻异常体使整个剖面的电场幅值降

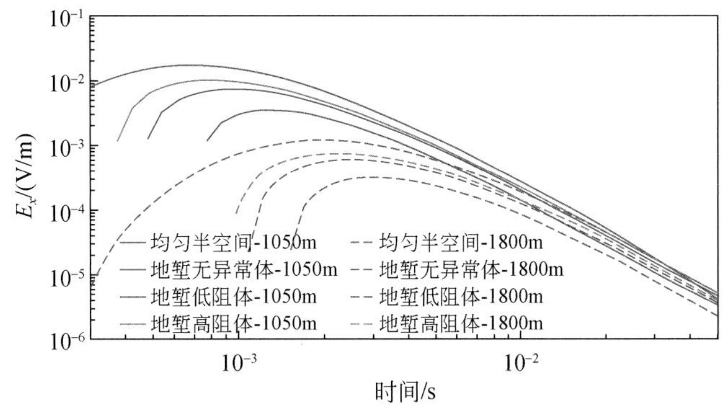

图7.38　大规模地堑地形下不同异常体响应

图中实线代表偏移距1050m，虚线代表偏移距1800m；蓝色代表均匀半空间响应，红色代表无异常体时地堑地形的响应，棕色代表在地堑地形下有一低阻体的响应，粉红色代表地堑地形下有一高阻体的响应

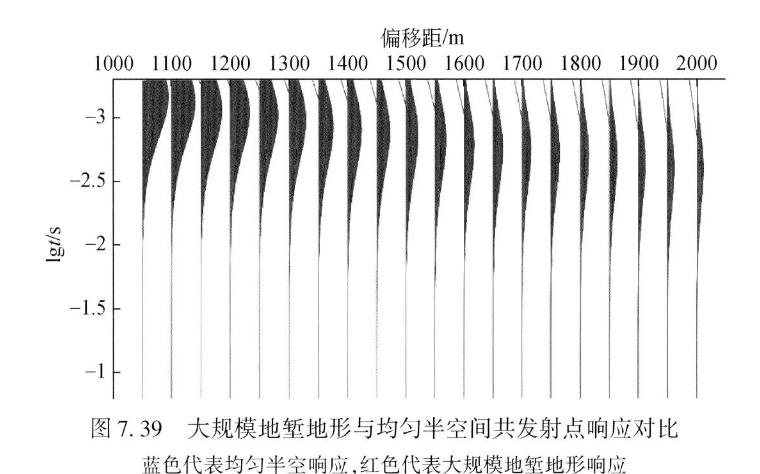

图7.39　大规模地堑地形与均匀半空间共发射点响应对比

蓝色代表均匀半空响应，红色代表大规模地堑地形响应

低而高阻异常体使电场幅值升高，而不论高阻还是低阻，其影响随偏移距的增大而减弱。在偏移距为2000m处时，存在高阻异常体时的电场幅值与不存在异常体时的电场幅值相近，而存在低阻异常体时的电场幅值明显低于不存在异常体时的电场幅值，说明低阻异常体对源的影响要大于高阻异常体，由此可看出电磁法对低阻更灵敏。

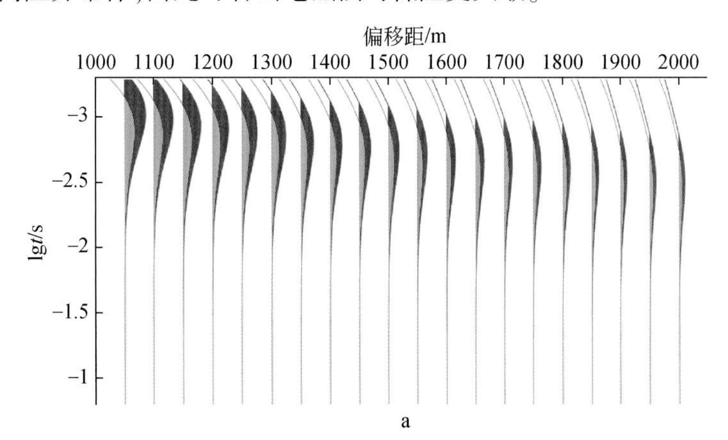

a

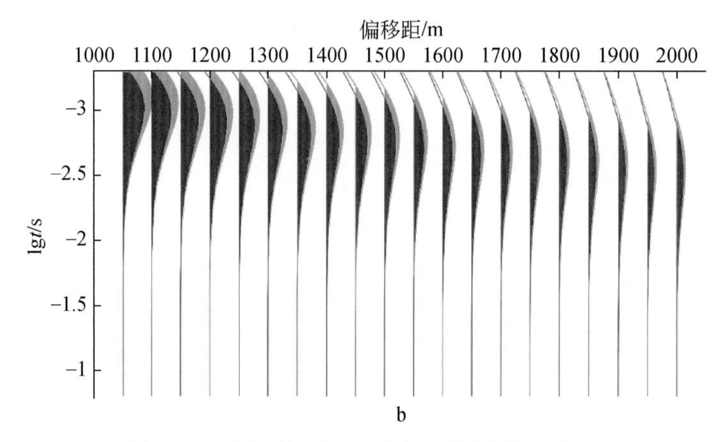

图 7.40　大规模地堑地形下不同异常体的响应

图 a 中红色代表不含异常体的地堑地形响应，绿色代表地堑地形下存在低阻异常体时的响应；
图 b 中红色代表不含异常体的地堑地形响应，绿色代表地堑地形下存在高阻异常体时的响应

b. 地垒模型

地垒在地质上是指两个同性质断层之间的上升断块，由倾向相背的高角度正断层(呈 50°～70°的倾角)形成，其规模大小不等，在地形上表现为断块山。在实际地形中，小的山包或者测线横跨山脊会形成类似的“小地垒”。为探究“小地垒”地形对 MTEM 的影响，本书设计了如图 7.41 所示的“小地垒”模型，图 7.41b 是沿图 7.41a 中的 AA'线的剖面图。地垒长和宽均为 180m，高 120m，在地垒上方的中心位置有一长为 120m 的发射源 BB'，在地表，距离发射源 1050～2000m 范围，均匀分布间隔 50m 的测点。岩体电阻率为 1000Ω · m。

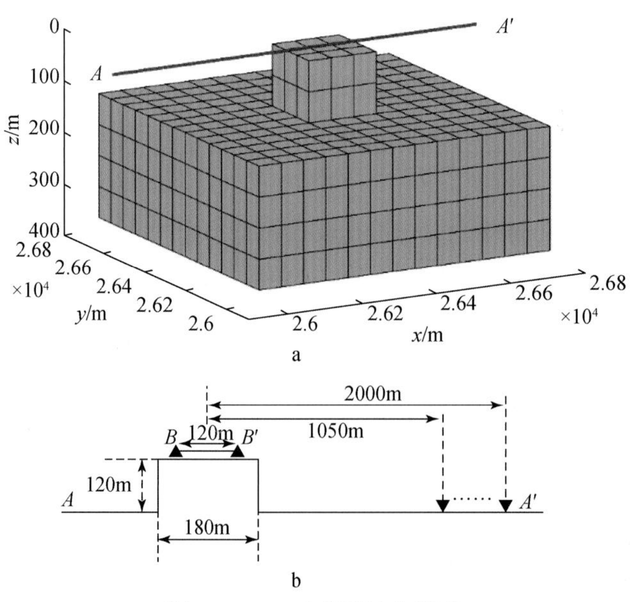

图 7.41　3D 小规模地垒模型

a. 小规模地垒模型三维展示；b. 沿图 a 中红色 AA'线的剖面图，其中正三角 BB'为发射源，长度 120m，位于地垒正上方，倒三角为接收点，分布在距离发射源中心点 1050～2000m 范围，间隔 50m

对该模型开展三维有限体积法的正演计算,并与均匀半空间对比,共偏移距的对比结果如图 7.42 所示。图 7.42 中,对空气波进行了切除,仅显示大地脉冲响应,蓝色线表示均匀半空间电场,红色线表示存在地台模型时的电场,电场幅值进行了归一化处理。从图 7.42 中可看出,由于地垒的存在,等效于在源的下方存在低阻异常体,电磁波在低阻体中的能量被消耗,因此到达接收点时场的幅值较弱。

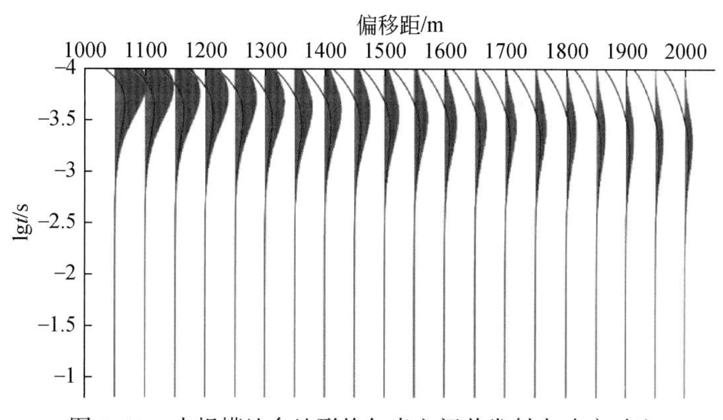

图 7.42　小规模地台地形均匀半空间共发射点响应对比

蓝色代表均匀半空响应,红色代表大规模地堑地形响应

当地垒位于接收点一侧,且规模较大时,会形成图 7.43a 所示的地垒地形模型。沿 AA' 的剖面如图 7.43b 所示,发射源 BB' 位于水平面,在距离发射源中心点 210m 处,地层抬升形

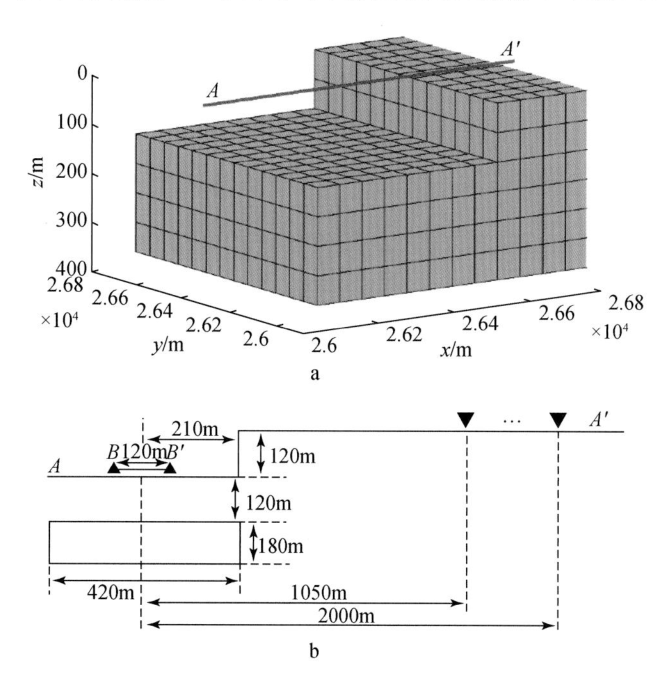

图 7.43　接收点处存在 3D 大规模地垒模型

a. 大规模地垒模型三维展示图;b. 沿图 a 中红色 AA'线的剖面图,其中正三角 BB'为发射源,长度 120m,位于地垒边缘,倒三角为接收点,位于地垒上方,分布在距离发射源中心点 1050～2000m 范围,间隔 50m

成地垒,抬升高度 120m,接收点位于地垒上,分布在距离发射源中心点水平距离 1050 ~ 2000m 的范围,点距 50m,半空间的电阻率为 200Ω · m。在源正下方,距离地表埋深 120m 的深度,有一长、宽、高分别为 420m、420m、180m 的异常体。

图 7.44 为均匀半空间与无异常体存在的地垒地形的共激发点的响应,在共激发点剖面中,电场 E_x进行了归一化,蓝色为均匀半空间电场 E_x,红色为无异常体存在的地垒地形的电场 E_x,从图中可看出,受地垒地形的影响,每个接收点的电场 E_x 幅值均高于均匀半空间电场 E_x 幅值,在偏移距为 1050m 处,地垒地形下电场 E_x幅值远大于均匀半空间电场 E_x幅值,而在偏移距 2000m 处,地垒地形下的电场 E_x幅值仅稍高于均匀半空间电场 E_x幅值,说明随着接收点距离的增大,地垒地形的影响逐渐减弱。

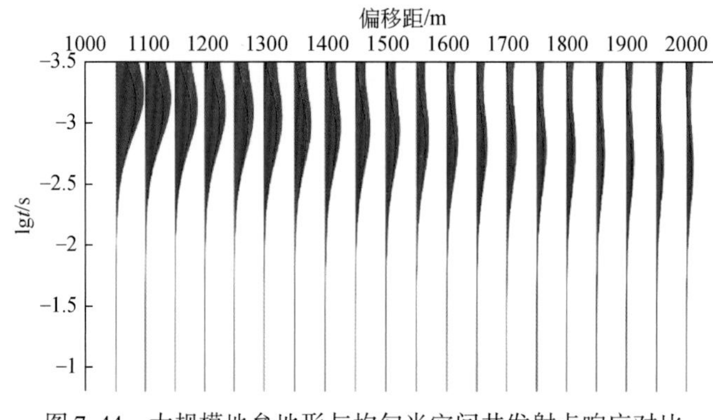

图 7.44　大规模地垒地形与均匀半空间共发射点响应对比
蓝色代表均匀半空响应,红色代表大规模地堑地形响应

图 7.45a 和 b 分别对比了在地垒地形下异常体分别为低阻异常和高阻异常与不存在异常体的地堑地形的共激发点响应,其中红色表示不存在异常体的地垒地形的电场,而绿色表示存在异常体时的地垒地形的电场。异常体为高阻时,电阻率为 5000Ω · m;低阻时,电阻率为 50Ω · m。对比图 7.45a 和 b 可看出,低阻异常体使整个剖面的电场幅值降低而高阻异常体使电场幅值升高,而不论高阻还是低阻,其影响随接收点距离的增大而减弱。在偏移距 2000m 处时,存在高阻异常体时的电场幅值与不存在异常体时的电场幅值相近,而存在低阻异常体时的电场幅值仍明显低于不存在异常体时的电场幅值,说明低阻异常体对源的影响要大于高阻异常体。

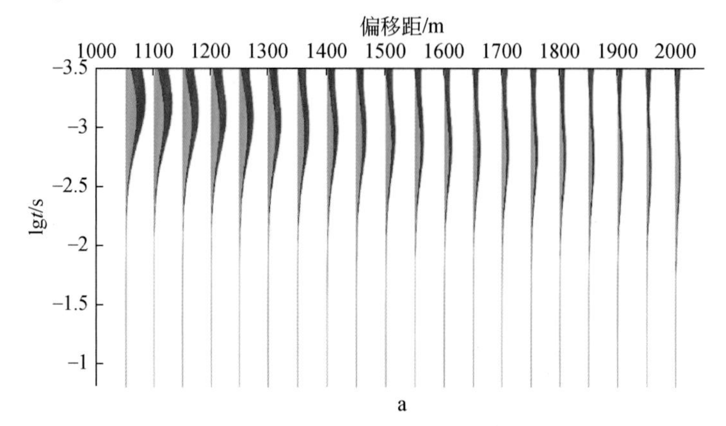

a

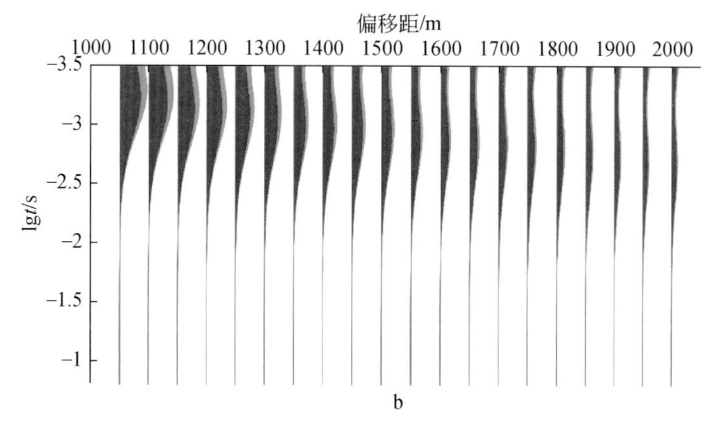

图7.45 大规模地堑地形下不同异常体的响应

图a中红色代表不含异常体的地堑地形响应,绿色代表地堑地形下存在低阻异常体时的响应;
图b中红色代表不含异常体的地堑地形响应,绿色代表地堑地形下存在高阻异常体时的响应

c. 山脊模型

山脊是由两个坡向相反坡度不一的斜坡相遇组合而成条形脊状延伸的凸形地貌形态。根据山脊的地貌形态特征,本书设计了如图7.46a所示的山脊模型,沿图7.46a中的AA'的横剖面如图7.46b所示,山脊的下部宽540m,高240m,在山脊正上方,有一长120m发射源BB',在山脊一侧,距离发射源中心点1050~2000m范围,均匀分布间隔50m的测点。岩体电阻率为1000Ω·m。

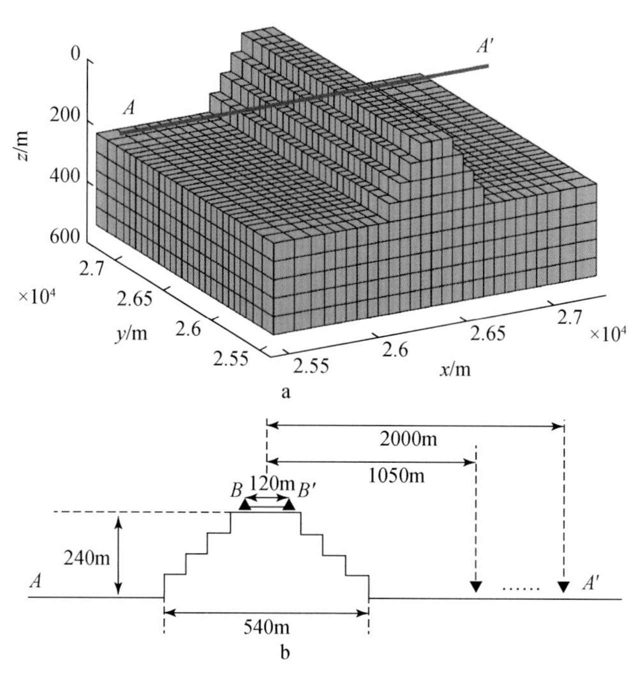

图7.46 3D山脊模型

a. 山脊模型三维展示;b. 沿图a中红色AA'线的剖面图,其中正三角BB'为发射源,长度120m,位于山脊顶端,倒三角为接收点,位于山脊外平地,分布在距离发射源中心点1050~2000m范围,间隔50m

对山脊模型开展三维有限体积法的正演计算，并将计算结果与均匀半空间对比（图 7.47）。图 7.47 中蓝色线是均匀半空间结果，红色线是山脊模型结果，幅值进行了归一化。由于山脊模型的存在，场的幅值明显降低，相比于均匀半空间结果，场的尖峰时刻到达得更晚。主要是山脊模型等效于一个大规模低阻异常体，电磁波在低阻体中传播速度更慢，能量消耗更大，故在地表的观测结果是幅值降低，尖峰时刻较晚。

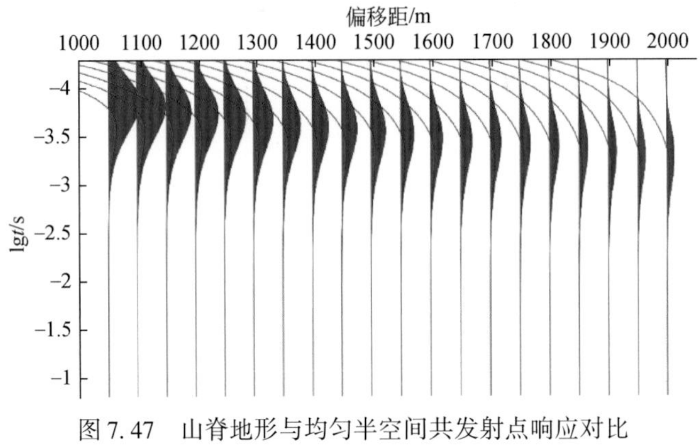

图 7.47　山脊地形与均匀半空间共发射点响应对比

蓝色代表均匀半空间响应，红色代表山脊地形响应

d. 山谷模型

山谷是指两山之间狭窄低凹而且有坡度的地方，可由断层或者褶皱等内力形成或者流水、冰川等外力侵蚀形成。在野外，山谷是较为常见的地貌。根据山谷的地貌特征，本书设计了如图 7.48a 所示的山谷模型，图 7.48b 是沿图 7.48a 中的 AA'的剖面示意图。山谷在地表的宽度为 540m，谷底宽 180m，深 240m，在谷底放置一长度为 120m 的发射源 BB'，在山谷一侧，距离发射源中心点 1050～2000m 范围，均匀分布间隔 50m 的测点。岩体电阻率为 1000Ω · m。

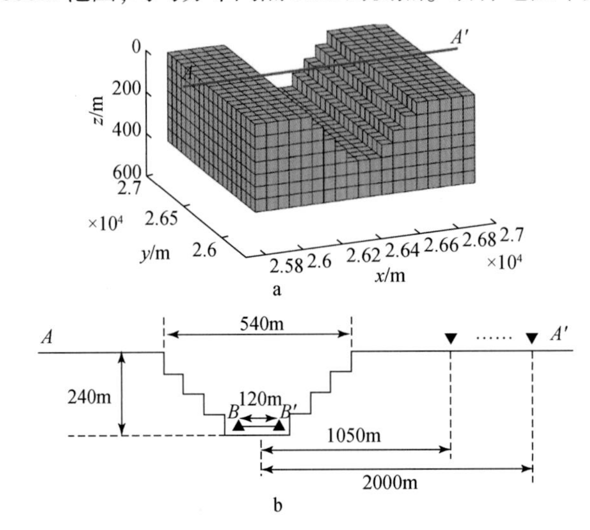

图 7.48　3D 山谷模型

a. 山谷模型三维展示；b. 沿图 a 中红色 AA'线的剖面图，其中正三角 BB'为发射源，长度 120m，位于山谷谷底，倒三角为接收点，位于山谷外平地，分布在距离发射源中心点 1050～2000m 范围，间隔 50m

对山谷模型开展有限体积法的三维正演计算，与均匀半空间对比，如图 7.49 所示。图 7.49中，蓝色线是均匀半空间结果，红色线是山谷模型结果，幅值进行了归一化。可看出，相比均匀半空间响应，受山谷地形影响场的响应幅值更大，尖峰时刻更早，这是由于山谷模型等效于在源附近存在大规模高阻体，电磁波在高阻中传播更快，衰减更慢。

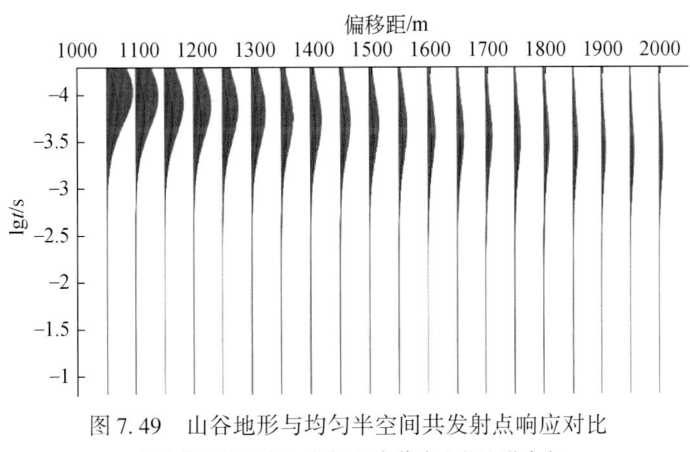

图 7.49　山谷地形与均匀半空间共发射点响应对比

蓝色代表均匀半空响应，红色代表山谷地形响应

本节分析了小规模地堑和地垒、大规模地堑和地垒以及山谷和山脊地形对 MTEM 的观测值影响。抬升类的地形如地垒、山脊，可等效为在源下方有一低阻体，会使观测到的脉冲响应的幅值降低；而下降类的地形如地堑、山谷，可等效为在源上方有一高阻体，会使观测到的脉冲响应幅值升高。随偏移距的增大，抬升类地形和下降类地形的影响都会逐渐减弱。当地下有异常体存在时，地形的响应会与异常体的响应叠加，严重影响观测曲线的形态。因此，MTEM 在野外施工时应关注地形的变化，尤其发射源附近的地形。从地形效应的影响也说明了开展三维 MTEM 正反演的必要性。

参考文献

陈本池，李金铭，周凤桐. 1999. 瞬变电磁场的波长变换算法. 石油地球物理勘探，34（5）：539-545.

陈海龙，李宏. 2005. 基于 MATLAB 的伪随机序列的产生和分析. 计算机仿真，22：98-100.

程佩青. 2007. 数字信号处理教程（第三版）. 北京：清华大学出版社.

董敏煜. 1989. 地震勘探信号分析. 东营：石油大学出版社.

方文藻，李予国，李貅. 1993. 瞬变电磁测深法原理. 西安：西北工业大学出版社.

傅君眉，冯恩信. 2000. 高等电磁理论. 西安：西安交通大学出版社.

葛德彪，闫玉波. 2005. 电磁波有限差分法（第二版）. 西安：西安电子科技大学出版社.

郭越，唐海，吕栋梁，等. 2016. 阶段水驱指数、存水率与含水率的合理关系式. 油气藏评价与开发，6（1）：32-35.

简成，杨志. 2016. 浅谈我国油田注水开发及发展趋势. 中国石油和化工标准与质量，36（19）：82-83.

李貅，薛国强，宋建平，等. 2005. 从瞬变电磁场到波场的优化算法. 地球物理学报，48（5）：1185-1190.

李貅，薛国强. 2013. 瞬变电磁法拟地震偏移成像研究. 北京：科学出版社.

李展辉，黄清华. 2014. 复频率参数完全匹配层吸收边界在瞬变电磁法正演中的应用. 地球物理学报，57（4）：1292-1299.

林可祥,汪一飞. 1977. 伪随机码的原理与应用. 北京:人民邮电出版社.

米萨克 N 纳比吉安. 1992. 勘查地球物理电磁法(第一卷 理论). 赵经详等译. 北京:地质出版社.

朴化荣. 1990. 电磁测深法原理. 北京:地质出版社.

戚志鹏, 李貅, 吴琼,等. 2013. 从瞬变电磁扩散场到拟地震波场的全时域反变换算法. 地球物理学报, 56 (10): 3581-3595

齐彦福, 殷长春, 王若,等. 2015. 多通道瞬变电磁 m 序列全时正演模拟与反演. 地球物理学报,58 (7): 2566-2577.

孙怀凤, 李貅, 李术才,等. 2013. 考虑关断时间的回线源激发 TEM 三维时域有限差分正演. 地球物理学报, 56(3): 1049-1064.

滕吉文. 2010. 强化第二深度空间金属矿产资源探查, 加速发展地球物理勘探新技术与仪器设备的研制及产业化. 地球物理学进展,25(3) : 729-748.

涂小磊. 2015. 多通道瞬变电磁法时域正演模拟. 中国科学院地质与地球物理研究所硕士学位论文.

王长清, 祝西里. 2014. 电磁场计算中的时域有限差分法(第二版). 北京: 北京大学出版社.

王华忠, 蔡杰雄, 孔祥宁,等. 2010. 适于大规模数据的三维 Kirchhoff 积分法体偏移实现方案. 地球物理学报, 53(7): 1699-1709.

王若, 王妙月, 底青云, 等. 2018. 多通道瞬变电磁法 2D 有限元模拟. 地球物理学报,61(12):5084-5095.

王若, 王妙月, 底青云. 2006. 频率域线源大地电磁法有限元正演模拟. 地球物理学报, 49(6): 1856-1866.

王若,王妙月,底青云,等. 2016. 伪随机编码源激发下的时域电磁信号合成. 地球物理学报,59(12): 4414-4423.

王若. 2005. 人工源频率域大地电磁法正反演研究. 中国科学院地质与地球物理研究所博士学位论文.

王若. 2016. 2D M-TEM 电性源有限元法正演模拟软件成果报告. 中国科学院地质与地球物理研究所.

薛国强, 陈卫营, 周楠楠, 等. 2013. 接地源瞬变电磁短偏移深部探测技术. 地球物理学报, 56(1): 255-261.

薛国强, 李貅, 底青云. 2007. 瞬变电磁法理论与应用研究进展. 地球物理学进展, 22(4):1195-1200.

薛国强, 闫述, 底青云, 等. 2015. 多道瞬变电磁法 (MTEM) 技术分析. 地球科学与环境学报, 37(01): 94-100.

闫述. 2016. 3D M-TEM 正演模拟软件开发成果报告. 江苏大学.

殷长春,黄威,贲放. 2013. 时间域航空电磁系统瞬变全时响应正演模拟, 地球物理学报, 56 (9): 3153-3162.

Anderson W L. 1982. Calculation of transient soundings for a coincident loop system. U. S. Geol. Surv. Open-File Report: 82-378.

Chave A D, Cox C S. 1982. Controlled electromagnetic sources for measuring electrical conductivity beneath the oceans: 1. Forward problem and model study. Journal of Geophysical Research: Solid Earth (1978-012), 87: 5327-5338.

Commer M, Newman G. 2004. A parallel finite-difference approach for 3D transient electromagnetic modeling with galvanic sources. Geophysics, 69(5): 1192-1202.

Edwards R,Chave A. 1986. A transient electric dipole-dipole method for mapping the conductivity of the sea floor. Geophysics, 51: 984-987.

Everett M E. 2009. Transient electromagnetic response of a loop source over a rough geological medium. Geophysical Journal International, 177(2): 421-429.

Fisher E,Mcmechan G A, Annan A P. 1992. Acquisition and processing of wide- aperture ground- penetrating radar data. Geophysics, 57: 495-504.

Golomb S W, Welch L R, Goldstein R M, et al. 1982. Shift Register Sequences. Aegean Park Press Laguna Hills, CA.

Hobbs B,Ziolkowski A, Wright D. 2006. Multi-Transient Electromagnetics (MTEM)-controlled source equipment for subsurface resistivity investigation. 18th IAGA WG, 1: 17-23.

Lee S, Memechan G A. 1987. Phase- field imaging: The electromagnetic equivalent of seismic migration. Geophysics, 52 (5): 678-693.

Li J H, Zhu Z Q, Liu S C, et al. 2011. 3D numerical simulation for the transient electromagnetic field excited by the central loop based on the vector finite- element method. Journal of Geophysics and Engineering, 8(4): 560-567.

Li J,Farquharson C G. 2015. Two effective inverse Laplace transform algorithms for computing time-domain electromagnetic responses. SEG Technical Program Expanded Abstracts: 957-962.

Li S C, Sun H, Lu X S,et al. 2014. Three-dimensional modeling of transient electromagnetic responses of water-bearing structures in front of a tunnel face. Journal of Environmental & Engineering Geophysics, 19(1): 13-32.

Li Y G, Constable S. 2010. Transient electromagnetic in shallow water: Insights from 1D modeling. Chinese Journal of Geophysics: 53(3): 737-742.

Løseth L, Ursin B. 2007. Electromagnetic fields in planarly layered anisotropic media. Geophysical Journal International, 170: 44-80.

Munkholm M S, Auken E. 1996. Electromagnetic noise contamination on transient electromagnetic soundings in culturally disturbed environments. Journal of Environmental and Engineering Geophysics, 1: 119-127.

Mutagi R. 1996. Pseudo noise sequences for engineers. Electronics & Communication Engineering Journal, 8: 79-87.

Newman G A,Hohmann G W, Anderson W L. 1986. Transient electromagnetic response of a three-dimensional body in a layered earth. Geophysics, 51(8): 1608-1627.

Oristagiio M L, Hohmann G W. 1984. Diffusion of electromagnetic fields into a two-dimensional earth: A finite-difference approach. Geophysics, 49(7): 870-894.

RichardL B, Faires J D. 2001. Numerical Analysis,(the 7th edition). Thomson Learning, Inc. Stamford, Connecticut.

Strack K M. 1992. Exploration with deep transient electromagnetics. Netherlands: Elsevier Science Publishers.

Um E S, Harris J M,Alumbaugh D L. 2010. 3D time-domain simulation of electromagnetic diffusion phenomena: A finite-element electric-field approach. Geophysics, 75(4): F115-F126.

Wait J. 2012. Geo-Electromagnetism. Netherlands: Elsevier Science Publishers.

Wang T,Hohmann G W. 1993. A finite-difference, time-domain solution for three-dimensional electromagnetic modeling. Geophysics, 58(6): 797-809.

Wannamaker P E,Hohmann G W, Sanfilipo W A. 1984. Electromagnetic modeling of three-dimensional bodies in layered earths using integral equations. Geophysics, 49: 60-74.

Weir G. 1980. Transient electromagnetic fields about an infinitesimally long grounded horizontal electric dipole on the surface of a uniform half-space. Geophysical Journal International, 61: 41-56.

Wright D A. 2003. Detection of hydrocarbons and their movement in a reservoir using time-lapse multi-transient electromagnetic (MTEM) data . Edinburgh: University of Edinburgh.

Wright D A, Ziolkowski A, Hobbs B A. 2001. Hydrocarbon detection with a multi-channel transient electromagnetic survey//SEG. SEG Technical Program Expanded Abstracts 2001. Tulsa: SEG: 1435-1438.

Wright D A,Ziolkowski A, Hobbs B. 2002. Hydrocarbon detection and monitoring with a multicomponent transient electromagnetic (MTEM) survey. The Leading Edge, 21: 852-864.

Wright D A, Ziolkowski A, Hobbs B A. 2005. Detection of subsurface resistivity contrasts with application to location of fluids. USA, US6914433 B2. 2005-07-07.

Xue G Q, Yan Y J, Li X. 2007. Pseudo-seismic wavelet transformation of transient electromagnetic response in geophysical exploration. Geophysical Research Letters, 34: L16405.

Yee K S. 1966. Numerical solution of initial boundary problems involving Maxwell's equations in isotropic media. IEEE Trans. Ant. Prop., AP-14: 302-309.

Zhdanov M S. 2010. Electromagnetic geophysics: Notes from the past and the road ahead. Geophysics, 75: 49-66.

Ziolkowski A, Hobbs B A, Wright D. 2007. Multi-transient electromagnetic demonstration survey in France. Geophysics, 72(4): F197-F209.

Ziolkowski A, Parr R, Wright D, et al. 2010. Multi-transient electromagnetic repeatability experiment over the North Sea Harding field. Geophysical prospecting, 58: 1159-1176.

第 8 章 MTEM 数据反演成像

8.1 MTEM 1D 反演方法

MTEM 1D 反演针对 MTEM 电磁数据预处理获得的大地脉冲响应,采用 OCCAM 算法进行拟合迭代反演。本节首先介绍 OCCAM 算法基本理论,然后采用数据算例验证算法的正确性,最后给出对实测数据的处理效果。

8.1.1 基本理论

OCCAM 算法在电磁数据反演中得到广泛应用,该算法通过在目标函数中引入模型粗糙度相关的正则化项,通过求解目标函数的极小值,得到满足目标拟合残差的最光滑模型。对于 1D 反演,模型参数可用向量 $\boldsymbol{m}=(m_1,m_2,\cdots,m_N)$ 表示,为此,可将连续地下介质模型进行离散化,采用如下方式将模型向量中各模型参数的取值与深度范围对应:

$$m(z)=m_i,z_{i-1}<z<z_i,i=1,2,\cdots,N \tag{8.1}$$

式中,z 为深度,$z_0=0\text{m}$,深度向量 $z=(z_1,z_2,\cdots,z_n)$ 与模型向量 $\boldsymbol{m}$ 具有相同的维度。因此,可以通过模型参数向量定义模型的粗糙度,一阶模型粗糙度 R_1 和二阶模型粗糙度 R_2 分别定义为

$$R_1=\sum_{i=2}^{N}(m_i-m_{i-1})^2 \tag{8.2}$$

$$R_2=\sum_{i=2}^{N-1}(m_{i+1}-2m_i+m_{i-1})^2 \tag{8.3}$$

引入算子 $N\times N$ 的矩阵算子 $\boldsymbol{\alpha}$

$$\boldsymbol{\alpha}=\begin{pmatrix} 0 & & & & 0 \\ -1 & 1 & & & \\ & -1 & 1 & & \\ & & \cdots & \cdots & \\ 0 & & & -1 & 1 \end{pmatrix} \tag{8.4}$$

此时,可将一阶和二阶模型粗糙度分别采用式(8.4)中的算子表示

$$R_1=\|\boldsymbol{\alpha m}\|^2 \tag{8.5}$$

$$R_2=\|\boldsymbol{\alpha}^2\boldsymbol{m}\|^2 \tag{8.6}$$

在电磁数据反演中,拟合残差 χ 通常定义为

$$\chi^2=\sum_{j=1}^{M}(d_j-F[\boldsymbol{m}])^2/\sigma_j^2 \tag{8.7}$$

式中,M 为数据个数;d_j,F 和 $\sigma_j(j=1,2\cdots,M)$ 分别为数据、正演算子、数据的标准偏差。为此,根据上述定义的一阶模型粗糙度和拟合残差计算式,得到 OCCAM 反演的目标函数为

$$U=\|\boldsymbol{\alpha m}\|^2+\mu^{-1}\{\|\boldsymbol{Wd}-\boldsymbol{WF}[\boldsymbol{m}]\|^2-\chi_*^2\} \tag{8.8}$$

式中,$\boldsymbol{m}=(m_1,m_2,\cdots,m_N)$ 为模型参数向量;$\boldsymbol{d}=(d_1,d_2,\cdots,d_M)$ 为数据向量;$\boldsymbol{W}=\mathrm{diag}(1/\delta_1,1/\delta_2,\cdots,1/\delta_M)$ 为误差加权矩阵;$1/\delta_i$ 为各个数据点的标准偏差;χ_*^2 为目标拟合残差。

OCCAM 算法采用局部线性化的思想,根据泰勒定理,有

$$F(\boldsymbol{m}^k+\Delta\boldsymbol{m})\approx F(\boldsymbol{m}^k)+\boldsymbol{J}(\boldsymbol{m}^k)\Delta\boldsymbol{m} \tag{8.9}$$

式中,$\boldsymbol{m}^k+\Delta\boldsymbol{m}=\boldsymbol{m}^{k+1}$;$\boldsymbol{J}(\boldsymbol{m}^k)$ 为雅可比矩阵:

$$\boldsymbol{J}(\boldsymbol{m}^k)=\begin{bmatrix}\dfrac{\partial F_1(\boldsymbol{m}^k)}{\partial m_1} & \cdots & \dfrac{\partial F_1(\boldsymbol{m}^k)}{\partial m_n}\\ \vdots & \ddots & \vdots\\ \dfrac{\partial F_m(\boldsymbol{m}^k)}{\partial m_1} & \cdots & \dfrac{\partial F_m(\boldsymbol{x})}{\partial m_n}\end{bmatrix} \tag{8.10}$$

将式(8.9)代入目标函数,可以得到

$$U=\|\boldsymbol{\alpha m}\|^2+\mu^{-1}\{\|\boldsymbol{Wd}-\boldsymbol{WJm}\|^2-\chi_*^2\} \tag{8.11}$$

式中,$\boldsymbol{d}=\boldsymbol{d}-F[\boldsymbol{m}]+\boldsymbol{Jm}$。此时,非线性正则化最小二乘转换为线性最小二乘问题,由线性理论可得到模型的迭代求解式:

$$\boldsymbol{m}^{k+1}=\boldsymbol{m}^k+\Delta\boldsymbol{m}=(\boldsymbol{J}_k^{\mathrm{T}}\boldsymbol{J}_k+\mu^{-1}\boldsymbol{\alpha}^{\mathrm{T}}\boldsymbol{\alpha})\boldsymbol{J}_k^{\mathrm{T}}\boldsymbol{d}_k \tag{8.12}$$

对于多道瞬变电磁法共中心点道集数据,采用多个偏移距下的响应进行联合反演,共同产生一个地电模型。假设共中心点道集内,不同偏移距响应数量为 k,则在反演过程中,数据向量、正演算子、雅可比矩阵均应进行拓展

$$\boldsymbol{W}_d=\mathrm{diag}(1/\delta_1,1/\delta_2,\cdots,1/\delta_{M*k}) \tag{8.13}$$

$$\boldsymbol{d}=\begin{pmatrix}\boldsymbol{d}_1(r_1)\\ \boldsymbol{d}_2(r_2)\\ \cdots\\ \boldsymbol{d}_k(r_k)\end{pmatrix}\quad \boldsymbol{F}=\begin{pmatrix}F_1(\boldsymbol{m},r_1)\\ F_2(\boldsymbol{m},r_2)\\ \cdots\\ F_k(\boldsymbol{m},r_k)\end{pmatrix}\quad \boldsymbol{J}=\begin{pmatrix}\boldsymbol{J}_1(r_1)\\ \boldsymbol{J}_2(r_2)\\ \cdots\\ \boldsymbol{J}_k(r_k)\end{pmatrix} \tag{8.14}$$

式中,数据向量 $\boldsymbol{d}$ 和正演函数 $\boldsymbol{F}$ 为元素个数为 $M*k$ 的向量;加权矩阵 $\boldsymbol{W}$ 为 $(M*k)\times(M*k)$ 的矩阵;雅可比矩阵 $\boldsymbol{J}$ 为 $(M*k)\times N$ 的矩阵。

在多道瞬变电磁法的观测方式中,探测深度与偏移距呈正相关,同时与电阻率相关。另外,由于多道瞬变电磁法最终得到的是多个时间道的电磁响应,随着电磁场的扩散,时间与深度之间本身存在对应关系。因此,为了充分利用共中心点道集内不同偏移距对不同深度范围的覆盖,提高多道瞬变电磁法在各个深度范围的分辨率。我们根据共中心点道集内偏移距不同,对反演中的灵敏度矩阵进行加权处理。

构造一个灵敏度加权矩阵 $\boldsymbol{W}_{\mathrm{m}}$,对不同偏移距范围的灵敏度函数进行加权。在多道瞬变电磁法中,对不同深度范围内的目标体存在一个最佳探测偏移距。对于深度为 d 处的目标体,其最佳探测偏移距 r 为 $2d<r<4d$。以此为基础,灵敏度矩阵的加权算法为:对于偏移距为 r 的响应,当模型参数 m_i 所对应的深度 $d_i<r/4$ 时,其对应灵敏度函数的权值设置为 100%;

当 $r/4<d_i<r/2$，对应权值设置为 75%；当 $d_i>r/2$，对应权值为 50%；最后，共中心点道集内偏移距最大的响应所对应的灵敏度函数不加权。最终，得到的灵敏度矩阵为

$$\boldsymbol{J}_{\mathrm{w}}=\boldsymbol{W}_{\mathrm{d}}\boldsymbol{J}\boldsymbol{W}_{\mathrm{m}} \tag{8.15}$$

将得到的灵敏度矩阵代入式(8.12)，通过一维线性搜索选择 μ。在拟合残差达到目标拟合残差后，引入模型粗糙度，最终得到满足目标拟合残差的最光滑模型。

8.1.2　数值验证

1) H 型模型

首先，将反演算法应用于 H 型模型正演所得到的数据。所设计的 H 型模型各层的电阻率分别为 100Ω · m、10Ω · m 和 100Ω · m，深度分别为 0 ~ 500m、500 ~ 600m、600m。所采用的响应数据为发射源轴向、偏移距为 1000m 处的电场强度。反演模型的深度为 2500m，每一层的厚度为 50m。目标拟合残差为 0.8，经过 10 次迭代后，最终得到的模型的实际拟合残差为 0.80，模型的粗糙度为 0.25。图 8.1 给出了 H 型模型的反演结果。

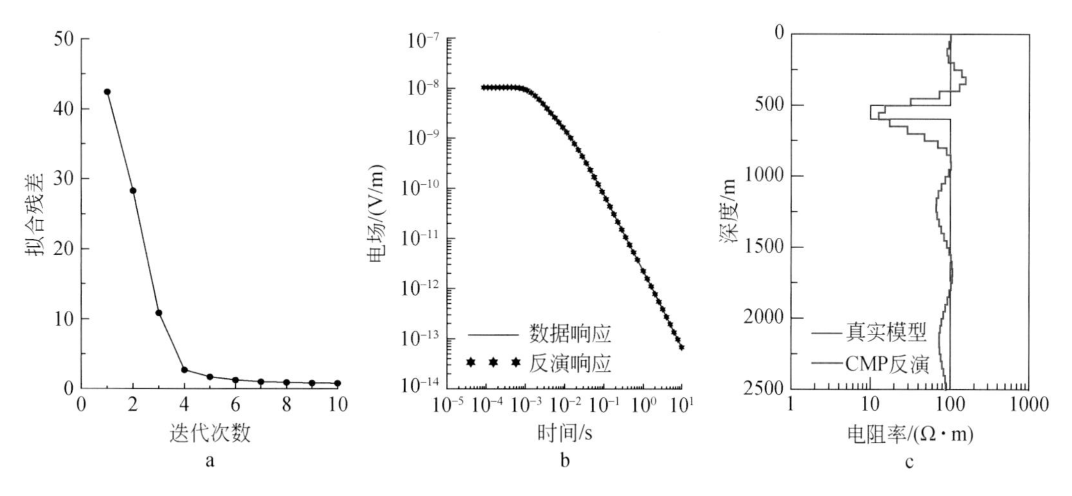

图 8.1　H 型模型反演结果

a. 拟合残差随迭代次数的变换关系；b. 反演响应与数据响应的拟合情况；c. 反演模型与真实模型对比

根据 OCCAM 算法基本原理，反演前期迭代的主要目的是减小拟合残差。反演算法经过 4 ~ 5 次迭代后拟合残差减小到一个较小的水平。此时，反演程序在迭代过程中，引入模型粗糙度。在后续迭代中，在模型粗糙度满足一定要求的条件下，减小模型粗糙度，最终得到满足拟合残差要求的最光滑模型。反演模型能够很好地分辨出 H 模型低阻层的电阻率和深度，表明多道瞬变电磁法轴向观测方式下，对低阻层具有较好的分辨能力。

2) K 型模型

将反演算法应用于高阻目标层的 K 型模型。真实 K 型模型三层的电阻率分别为 10Ω · m、100Ω · m 和 10Ω · m，深度分别为 0 ~ 500m、500 ~ 600m、600m。同样地，所采用的响应为发射源轴向数据，偏移距为 1000m 处的电场强度。反演模型的深度为 2500m，每一层的厚度为 50m。目标拟合残差为 0.8，经过 10 次迭代后，最终得到的模型的实际拟合残差为 0.79，模

型的粗糙度为0.11。图8.2给出了K型模型的反演结果。目标拟合残差为0.8,实际拟合残差为0.79,模型粗糙度为0.11。

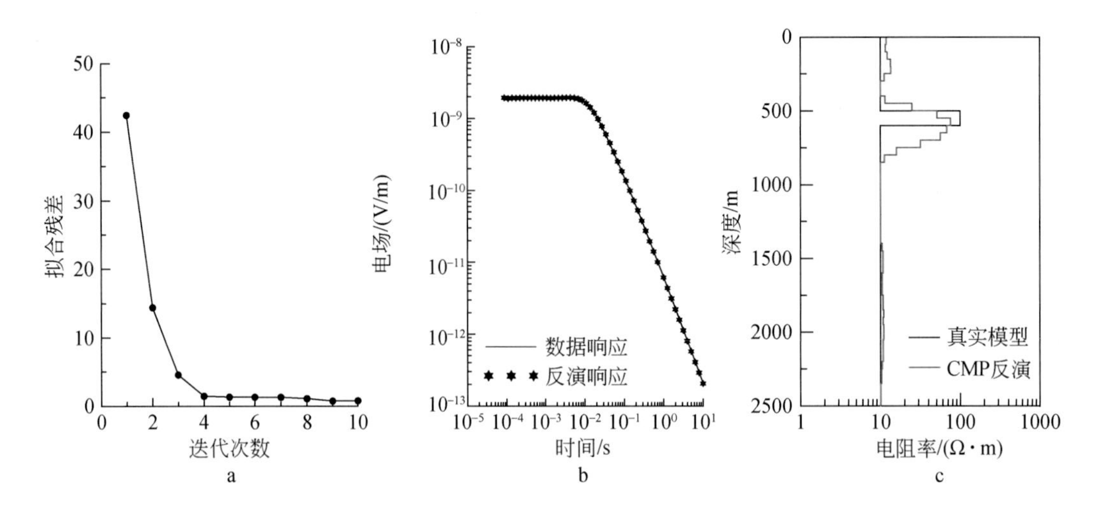

图8.2　K型模型反演结果

a. 拟合残差随迭代次数的变换关系;b. 反演响应与数据响应的拟合情况;c. 反演模型与真实模型对比

反演拟合残差在4～5次迭代后减小到一个较低的水平。反演模型能够很好地分辨出K型模型高阻层的电阻率和深度。与H型模型的反演结果相比,K型模型的反演结果对目标层之外的背景层的反演结果波动更小、更接近真实模型。K型模型的反演结果表明多道瞬变电磁法轴向观测方式下,对高阻层同样具有较好的分辨能力。

3)共中心点集数据反演

多道瞬变电磁法采用类似于反射地震的接收阵列进行响应数据的采集,在每个测点可以多次覆盖的共中心点集数据以提高数据的纵向分辨率。本节将分别采用传统瞬变电磁法的单支曲线数据和多道瞬变电磁法共中心点集数据进行反演,并将反演结果进行对比,在验证算法的有效性的同时,从一维反演的角度分析共中心点集对纵向分辨率的提升能力。

低阻屏蔽层下分别设置高阻目标层和低阻目标层,用来分析多道瞬变电磁法轴向观测方式对低阻屏蔽层下方目标层的分辨能力。在模拟数据中添加均值为零、标准偏差为3%的高斯噪声。该噪声模型所生成的数据采用对数等间距积分采样,并对采样得到的数据按时间道进行多次叠加。因此,生成噪声数据随时间衰减,符合瞬变电磁响应曲线的衰减特性。

图8.3给出了低阻屏蔽层下高阻目标层的反演结果。在图8.3a～c中,低阻屏蔽层的深度为500m,厚度为50m。高阻目标层位于低阻目标层下方,其深度分别为600m、700m、800m,厚度为100m。将偏移距为2400m、2600m、2800m、3000m处的响应数据整理成共中心点集进行反演。为了进行对比,分别采用2400m、2600m和2800m的单支曲线分别对图8.3a～c所示模型进行反演。图8.3中,黑色曲线表示真实模型,红色曲线表示共中心点集反演结果,蓝色曲线表示单支曲线反演结果。

在图 8.3 的反演结果中可以看到,对于不同深度的高阻目标层,反演结果均能较好地恢复高阻目标层的存在。随着目标层与低阻屏蔽层距离增加,反演结果对高阻目标层的电阻率和深度的反映更准确。通过对比单支曲线的反演结果和共中心点集的反演结果可知,共中心点集反演恢复的目标层的深度和电阻率更接近真实模型,由此证明在一维反演的角度上,多道瞬变电磁法的多次覆盖观测方式能够提高纵向分辨率。

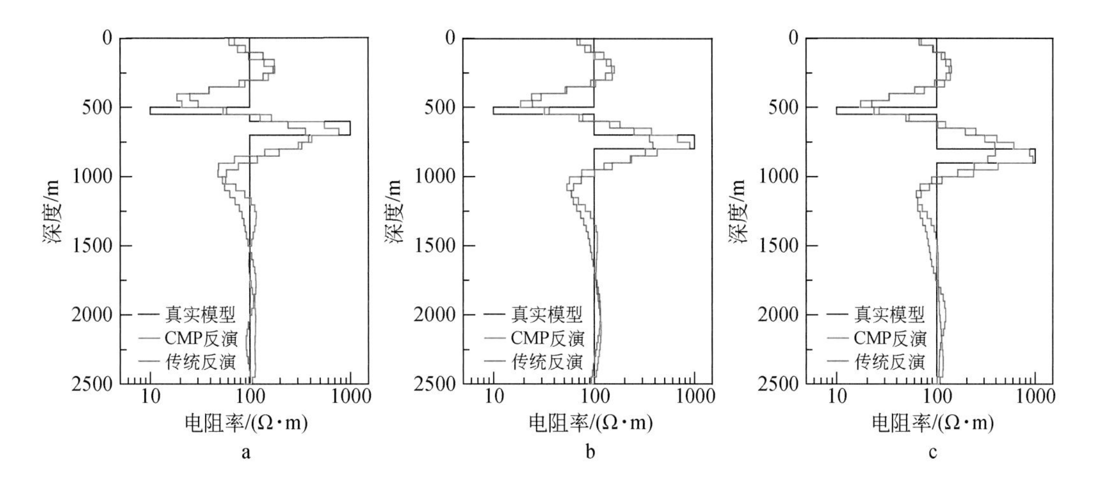

图 8.3　低阻屏蔽层下高阻目标层单支曲线和共中心点集反演结果

低阻屏蔽层的深度为 500m,高阻目标层的深度分别为 600m(a);700m(b);800m(c)

图 8.4 给出了低阻屏蔽层下低阻目标层的反演结果。反演参数与前述低阻屏蔽层下高阻目标层的反演结果相同。从反演结果可以看出,当低阻目标层离低阻屏蔽层距离较近时,反演结果无法分辨出两层低阻层。随着低阻目标层深度的增大,低阻目标层离低阻屏蔽层的距离增大,反演结果可以分辨出两层低阻层。与高阻目标层的计算结果类似,共中心点集反演所恢复模型的高阻目标层的电阻率和深度更接近真实模型,反演效果更好。

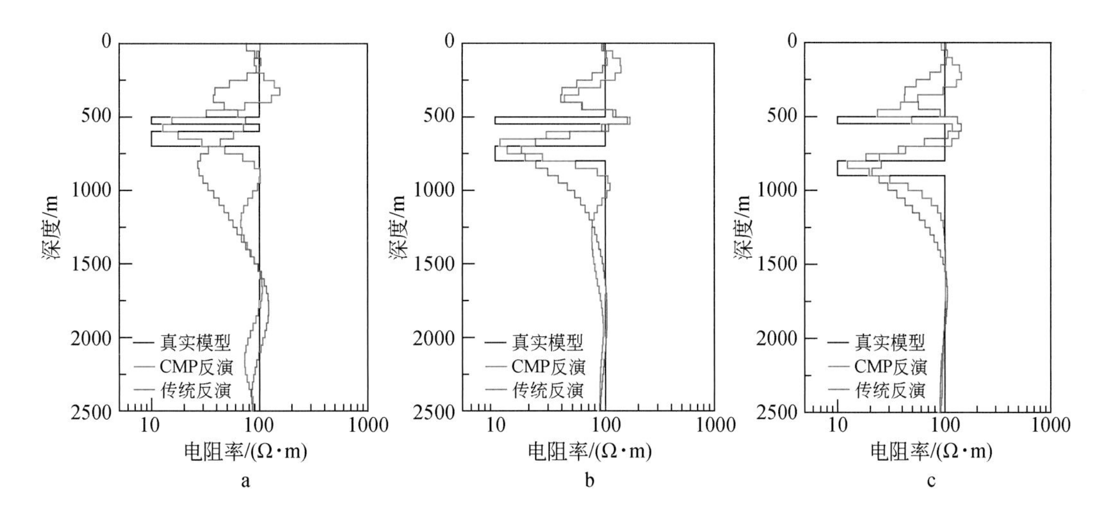

图 8.4　低阻屏蔽层下低阻目标层单支曲线和共中心点集反演结果

低阻屏蔽层的深度为 500m,低阻目标层的深度分别为 600m(a);700m(b);800m(c)

8.1.3　应用实例

针对内蒙古乌兰察布市兴和县曹四夭钼矿区探测试验所采集的MTEM实测数据进行了1D OCCAM反演研究。此数据采集时间为2015年7月20日至2015年8月3日。在长度为4.8km的测线上，共获得240个记录点处的响应数据。

试验地点位于内蒙古兴和县境内，北距兴和县城约5km。测区位置如图8.5右上角红色矩形框所示，测线位置如图8.5中蓝色线段所示，粉色圆点表示测线上的测点位置。测线南端的经纬度分别为40°48′13.83″N、113°53′56.66″E，测线北端的经纬度分别为40°50′16.55″N、113°51′50.76″E。

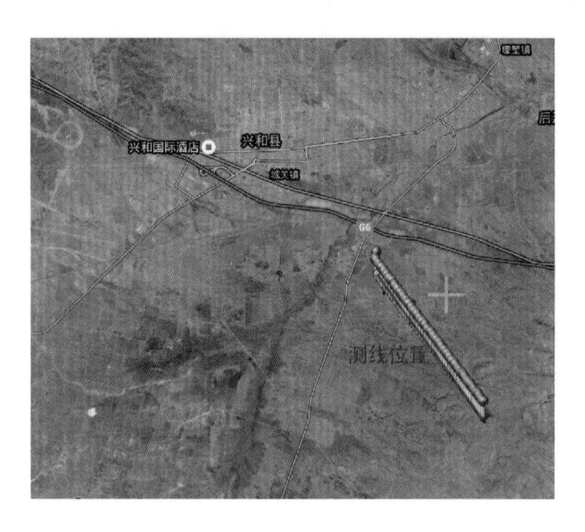

图8.5　曹四夭钼矿探测试验测线位置示意图

曹四夭钼矿区的区域地质背景介绍如下。

区域出露地层主要为：中太古界集宁群黄土窑组，中生界中侏罗统长汉沟组，新生界古近系渐新统呼尔井组和乌兰戈楚组，新近系中新统老梁底组、汉诺坝组，上新统宝格达乌拉组。区域岩浆活动频繁，以中、新太古代变质深成体为主，其次为中生代晚侏罗世中细粒似斑状花岗岩，少量早白垩世花岗斑岩，其中早白垩世曹四夭花岗斑岩为目标矿种的成矿母岩。另外，北西向及北东辉绿岩脉、正长斑岩脉、石英斑岩脉极其发育。断裂构造主要发育有北西向、北东向、北北东向及近南北向断裂，以北东向为主，其次为北西向、近南北向，区域大断裂发育的次级断裂束为燕山期花岗岩熔浆向外接触带侵入形成岩枝或微小岩株的主要通道。

多道瞬变电磁法试验采用全波形数据采集方式。采用接地电极向地下注入源电流，根据接地条件的不同，发射电流峰值为41～74A，发射电极距为240m。发射源电流波形为PRBS码，阶数为12，码元频率为512Hz、1024Hz、2048Hz和4096Hz。图8.6为不同偏移距下，12阶PRBS码激发、码元频率为512Hz，同一时间段的归一化原始数据记录。随着偏移距的增大，接收响应中激励源数据衰减迅速，信噪比逐渐降低。当偏移距为2400m时，所接收到的电压响应中以工频干扰为主，难以直接观测到PRBS码源波形。因此，在偏移距较大时采用 9 阶 PRBS 码,并采用 64Hz、128Hz 和 256Hz 码元频率以提高接收响应的信噪比。采用接地电极对采集电压响应数据,电极间距为 40m。接收机的采样率为 16kHz,为了压制数据中的随机噪声,循环发射 PRBS 码并接收响应数据。根据 PRBS 码元频率的不同,循环次数为 30 ~ 240 次。

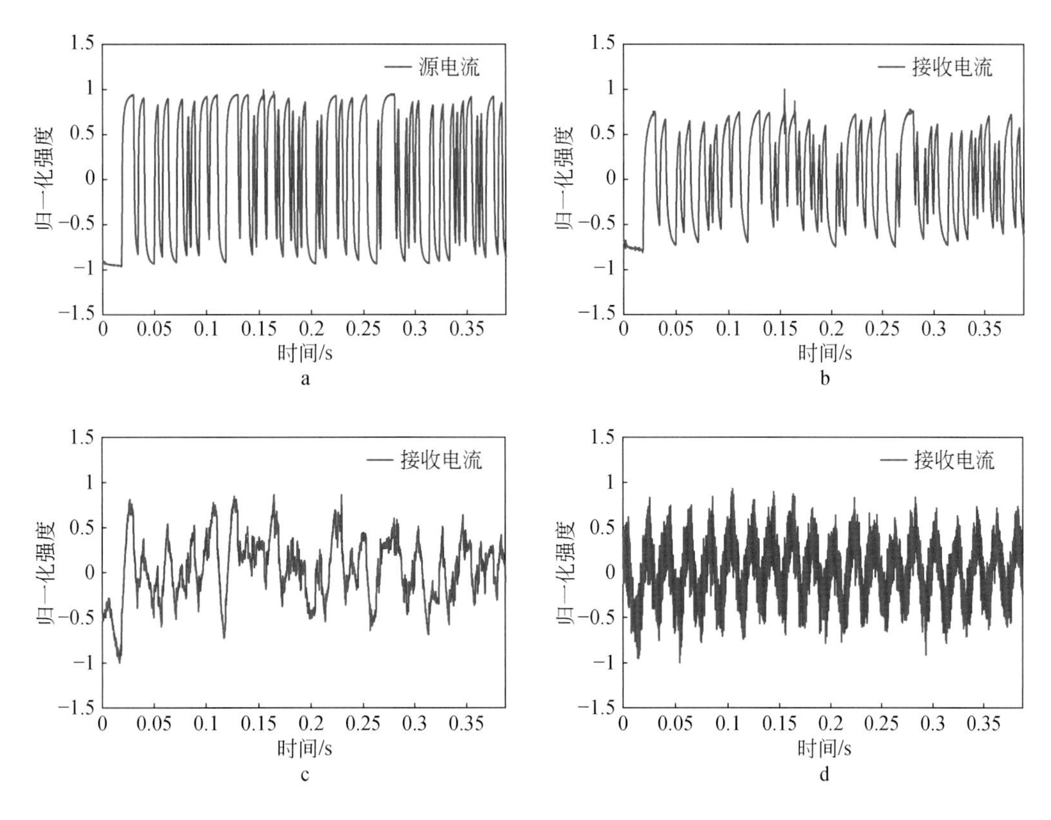

图 8.6　不同偏移距归一化原始数据记录

偏移距分别为 520m(a);800m(b);1200m(c);2400m(d)

此次多道瞬变电磁试验采用 10 台接收机同时进行数据采集。每台接收机可负载 4 个接收道。在数据采集过程中,为了采集水平磁场数据,采用两个接收机为一组,每组采集 6 个电场数据和 1 个磁场数据。整个接收排列可同时采集 30 个电压道的数据,覆盖 1200m 的测线长度。如此,4800m 测线长度需要布置 4 个接收排列。在接收机排列布置好后,发射位置沿测线移动进行数据采集。图 8.7 为数据点多次覆盖示意图,其中横坐标表示记录点位置,纵坐标表示偏移距。由图可知,对于此次野外数据,记录点最多可获得 10 个不同偏移距下的响应数据(如记录点 2400m 处),形成对地下不同深度范围的多次覆盖。

对于图 8.7 所示的数据点,采用 MTEM 电磁数据预处理方法从采集的电压响应信号与源信号中提取出纯二次场大地脉冲响应。为了对大地脉冲响应的提取结果进行质量控制,将大地脉冲响应绘制成共炮点道集。通过所绘制的共炮点道集的曲线形态,可以直观地分析大地脉冲响应的提取结果,剔除大地脉冲响应中的坏点。图 8.8 为不同发射点处,偏移距

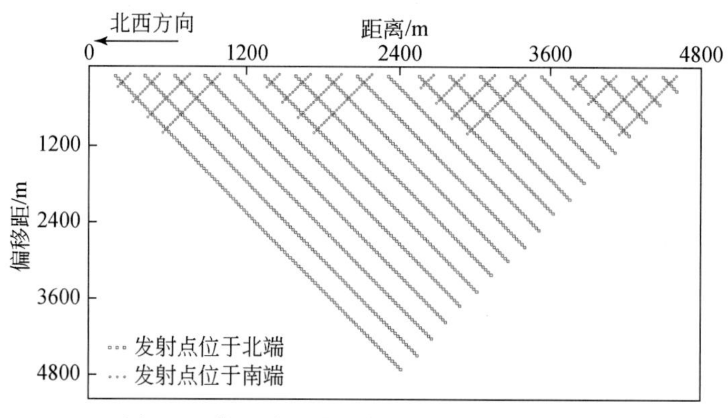

图 8.7　曹四夭试验区数据点多次覆盖示意图

为 620～1060m 的归一化大地脉冲响应共炮点道集。大地脉冲响应早期受空气波的影响，而反卷积无法准确地恢复空气波的幅值。因此，受幅值不稳定的空气波的影响，图 8.8 中的归一化大地脉冲响应的幅值随偏移距并无明显的变换规律。通过分析，图 8.8a～c 所提取的大地脉冲响应满足上述基本规律，为合格的大地脉冲响应。图 8.8d 中第 11 和第 12 道的大地脉冲响应为数据坏点，应予以剔除。

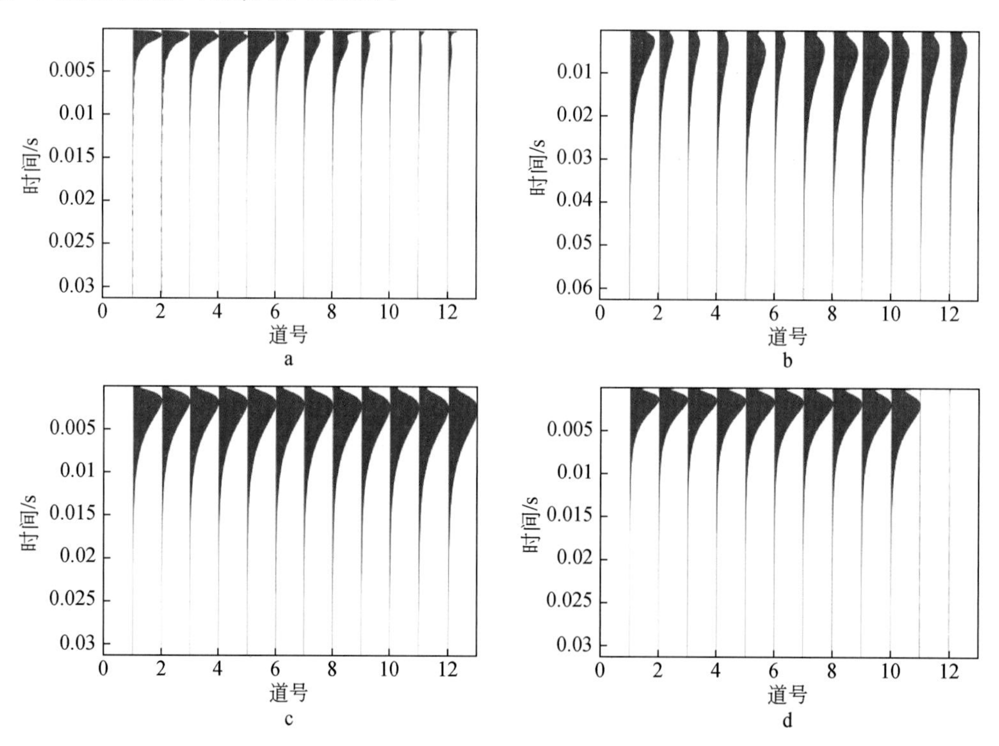

图 8.8　曹四夭钼矿探测试验典型发射点大地脉冲响应共炮点道集

发射点分别位于 600m(a)；840m(b)；3480m(c)；3720m(d)

图 8.9 为对图 8.7 中每个数据点提取大地脉冲响应，获得每个记录点的大地脉冲响应峰值时刻视电阻率，并进行二维电阻率反演获得的电阻率-深度反演剖面。图 8.9b 为对

每个记录点处,偏移距为 620 ~ 2420m 的大地脉冲响应进行 OCCAM 反演所获得的电阻率深度反演剖面。通过将两种不同的数据处理方法得到的解释结果相互印证,并与测区已知的地质资料和地球物理探测结果进行对比分析,可以对多道瞬变电磁法的探测能力进行分析。

底青云等(2015)采用自主研制的地面电磁探测系统(SEP)与 V8、GDP32-II 在该测区进行了 CSAMT 和 MT 对比试验。其探测成果揭示了浅部呈低阻特征的第四纪地层,以及中部呈高阻特征的矿体和由地下深部向地表穿插的早白垩世花岗斑岩岩脉。能够为本次试验的探测成果提供电磁探测对比依据。

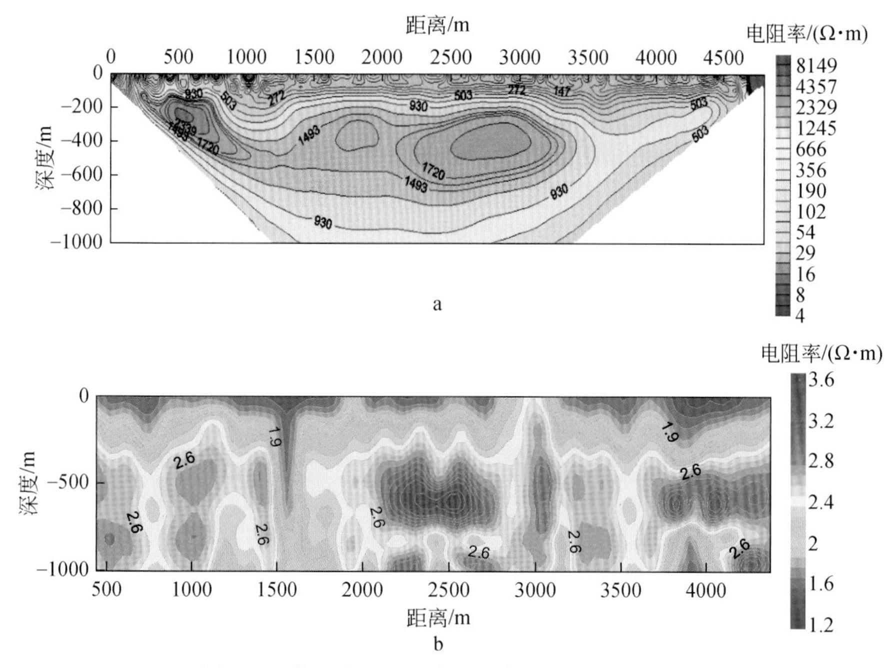

图 8.9　曹四夭钼矿试验电阻率-深度剖面示意图

a. 二维直流电阻率反演电阻率-深度剖面;b. 一维 OCCAM 反演电阻率-深度剖面

图 8.9a 和 b 所恢复的电阻率-深度剖面中,在浅部约为 50m 处,存在与浅表第四系对应的低阻表层。在测线 2000 ~ 3000m、深度为 200 ~ 700m 存在高阻区域,该区域与已知钼矿体的位置能够较好吻合。同时,该高阻异常区与底青云等(2015)所揭示的呈高阻特征的矿体和由地下深部向地表穿插的早白垩世花岗斑岩岩脉的位置相吻合,验证了多道瞬变电磁法观测方式和处理方法的可行性和正确性。

8.2　MTEM 3D 反演方法

8.2.1　目标函数构建

反演是通过给定的观测数据求解模型参数的过程。在大多数的反演中,受仪器设备及时间和空间的限制，观测资料总是有限的，用有限维的观测数据去确定无限维的模型参数，必然会产生非唯一解。而且，由于各种人文干扰和不可避免的观测误差，测量到的数据中包含有真实信号和噪声信号两种成分，噪声误差的存在会使反演不稳定，进一步加剧反演解的非唯一性。因此，反演的最终目标是在同等信息量的条件下，最大限度地提高解与真解的接近程度。而对于电磁数据的反演来说，需找到最佳地电模型使其在地表的理论响应与观测数据达到最优拟合。为解决反演问题的非唯一性，一般有两种途径：一种是扩大观测范围以获得更多的观测信息；另一种是在反演过程中进行约束。在观测数据确定的情况下，只能在反演过程中增加约束，Tikhonov 的正则化思想为寻找地球物理反演问题稳定解提供了思路。为减少解的非唯一性，增强解的稳定性，MTEM 的三维反演目标函数采用 Tikhonov 正则化方法来构建：

$$\min_{m}\varphi(\boldsymbol{m})=\varphi_{\mathrm{d}}(\boldsymbol{m})+\alpha R(\boldsymbol{m}) \tag{8.16}$$

式中，$\varphi_{\mathrm{d}}(\boldsymbol{m})$ 为失配函数，即观测数据与理论数据的拟合差函数，反映反演模型响应数据相对于观测数据的拟合程度；$R(\boldsymbol{m})$ 为正则化函数，包含反演模型的先验信息或者设定模型反演中的偏好程度；α 为 Tikhonov 正则化因子，控制数据拟合函数 $\varphi_{\mathrm{d}}(\boldsymbol{m})$ 与正则化函数 $R(\boldsymbol{m})$ 在目标函数中的权重；$\boldsymbol{m}$ 为模型参数向量，在 MTEM 的反演中指电导率，但由于电导率的变化幅值范围较大可能会造成反演过程的不稳定，而且为避免反演过程中出现不合理的负值，模型参数设为电导率的对数，即 $\boldsymbol{m}=[\ln\sigma_1,\ln\sigma_2,\cdots,\ln\sigma_{N_{\mathrm{m}}}]^{\mathrm{T}}$（$N_{\mathrm{m}}$ 为模型参量个数）。

当模型是光滑的或者寻找光滑解时，经常使用基于 L_2 范数的正则化方法。相比于 L_1 范数、L_0 范数，L_2 范数能够防止过拟合提升模型的泛化能力，而且数值计算和最优化中，L_2 范数有助于处理条件数不好的情况下矩阵求逆很困难的问题。基于 L_2 范数的数据拟合差函数 $\varphi_{\mathrm{d}}(\boldsymbol{m})$ 为

$$\varphi_{\mathrm{d}}(\boldsymbol{m})=\frac{1}{2}\left\|\boldsymbol{W}_{\mathrm{d}}[\boldsymbol{A}(\boldsymbol{m})-\boldsymbol{d}^{\mathrm{obs}}]\right\|_{\mathrm{L}_2}=\frac{1}{2}[\boldsymbol{A}(\boldsymbol{m})-\boldsymbol{d}^{\mathrm{obs}}]^{\mathrm{T}}\boldsymbol{C}_{\mathrm{d}}^{-1}[\boldsymbol{A}(\boldsymbol{m})-\boldsymbol{d}^{\mathrm{obs}}] \tag{8.17}$$

式中，$\boldsymbol{A}(\boldsymbol{m})$ 为正演算子，得到模型的正演预测数据；$\boldsymbol{d}^{\mathrm{obs}}$ 为 $N_{\mathrm{d}}\times 1$ 的观测数据向量；$\boldsymbol{W}_{\mathrm{d}}$ 为数据权重矩阵；$\boldsymbol{C}_{\mathrm{d}}$ 为数据协方差矩阵，通常假定观测数据之间是相互独立的，此时 $\boldsymbol{C}_{\mathrm{d}}$ 为对角矩阵，可表示为

$$\boldsymbol{C}_{\mathrm{d}}^{-1}=\boldsymbol{W}_{\mathrm{d}}^{\mathrm{T}}\boldsymbol{W}_{\mathrm{d}}=\mathrm{Diag}\left[\left(\frac{1}{\delta_{\mathrm{r}}\,|d^{\mathrm{obs}}|+\varepsilon}\right)\right] \tag{8.18}$$

式中，δ_{r} 为数据相对误差；ε 为常数，用于设定观测数据的误差下限。

正则化函数 $R(\boldsymbol{m})$ 本质上是对目标函数施加的约束项，其构建过程可采用 L_1 范数也可采用 L_2 范数。相比于 L_2 范数，L_1 范数正则化会产生更稀疏的解。在 20 世纪 70～80 年代，L_1 范数被地球物理学家广泛应用于反演中，构建所谓的尖峰解。现已证明，在某些严格条件下，反演问题的解具有稀疏性，因此 L_1 范数也常被用来构建反演问题的似稀疏解。Rudin 等（1992）利用 L_1 范数构建了全变差的正则化函数：

$$R(\boldsymbol{m})=\|\boldsymbol{m}\|_{\mathrm{L}_1}=\sum_{j}|\nabla m_j| \tag{8.19}$$

由于 L_1 范数非二次，不可微，会造成求解过程的困难，需对 L_1 范数的正则化函数进行改造，使其具有可微性，对全变差正则化因子进行改进：

$$R(\boldsymbol{m}) = \| \boldsymbol{m} \|_{1,\varepsilon} = \sum_i \sqrt{\nabla m_i^2 + \varepsilon} \tag{8.20}$$

式中,ε 为特别小的数,全变差正则化因子并不需要模型参数 m 连续,只要分段光滑即可(Vogel and Oman,1998),因此可剔除模型参数的振荡,得到尖锐边界的反演模型。根据Zhdanov(2015)的研究,最小支持泛函和最小梯度支持泛函作为正则化函数同样能产生尖锐边界的反演结果,而且这两种正则化函数能够使反演结果聚焦。对于最小支持泛函,模型正则化函数为

$$R(\boldsymbol{m}) = \frac{1}{2} \sum \frac{(\boldsymbol{m} - \boldsymbol{m}_{\text{pre}})^2}{(\boldsymbol{m} - \boldsymbol{m}_{\text{pre}})^2 + \eta^2} \tag{8.21}$$

对于最小梯度支持泛函,模型的正则化函数为

$$R(\boldsymbol{m}) = \frac{1}{2} \sum \frac{|\nabla(\boldsymbol{m} - \boldsymbol{m}_{\text{pre}})|^2}{|\nabla(\boldsymbol{m} - \boldsymbol{m}_{\text{pre}})|^2 + \eta^2} \tag{8.22}$$

在大部分情况下,地质结构是连续变化的,不会发生突变,故基于 L_2 范数更合理

$$R(\boldsymbol{m}) = \frac{1}{2} \| W_{\text{m}} [\boldsymbol{m} - \boldsymbol{m}_{\text{pre}}] \|_{L_2} = \frac{1}{2} (\boldsymbol{m} - \boldsymbol{m}_{\text{pre}})^{\text{T}} \boldsymbol{C}_{\text{m}}^{-1} (\boldsymbol{m} - \boldsymbol{m}_{\text{pre}}) \tag{8.23}$$

式中,$\boldsymbol{m}_{\text{pre}}$ 为先验模型,包含各种先验信息,如已知的电阻率分布特征或者电阻率变化范围、地质构造特征甚至测井、钻孔信息等;$\boldsymbol{C}_{\text{m}}$ 为模型参数的协方差矩阵,反映模型参数的相互关系,进而可限制反演模型的特征,比如对最小偏差模型有

$$\boldsymbol{C}_{\text{m}}^{-1} = \boldsymbol{I} \tag{8.24}$$

式中,$\boldsymbol{I}$ 为单位矩阵;对最平缓模型有

$$\boldsymbol{C}_{\text{m}}^{-1} = \boldsymbol{D}^{\text{T}} \boldsymbol{D} \tag{8.25}$$

式中,$\boldsymbol{D}$ 为一阶差分矩阵;对最平滑模型有

$$\boldsymbol{C}_{m}^{-1} = \boldsymbol{L}^{\text{T}} \boldsymbol{L} \tag{8.26}$$

式中,$\boldsymbol{L}$ 为拉普拉斯矩阵。也可将不同的模型协方差矩阵结合起来,构成混合正则化函数。考虑到实际地质结构的平缓性,以下应用最小偏差模型和最平缓模型组合的正则化函数:

$$\boldsymbol{C}_{\text{m}}^{-1} = \alpha_{\text{s}} \boldsymbol{I} + \alpha_x \boldsymbol{D}_x^{\text{T}} \boldsymbol{D}_x + \alpha_y \boldsymbol{D}_y^{\text{T}} \boldsymbol{D}_y + \alpha_z \boldsymbol{D}_z^{\text{T}} \boldsymbol{D}_z \tag{8.27}$$

式中,$\boldsymbol{D}_x$,$\boldsymbol{D}_y$,$\boldsymbol{D}_z$ 分别为 x,y,z 方向上的一阶差分;参数 α_x,α_y,α_z 用于调节在 x,y,z 三个方向上的平缓程度。该混合正则化函数一方面使反演模型近似于参考模型,另一方面使反演模型在不同方向上有不同平缓度。如此构造的混合正则化函数可将更多的先验信息集中到协方差矩阵中。

8.2.2　高斯牛顿法反演

电磁数据的三维反演属于典型的非线性最优化,通过寻找最优的地电模型,使其既能符合先验模型信息又能使预测响应值与观测数据达到最佳的数据拟合,进而使目标函数[式(8.16)]最小。目前,关于最优化问题有众多的数值求解算法,可主要分为两类:基于概率的随机性最优化方法和基于梯度的确定性最优化方法。随机性最优化方法,如贝叶斯反演、模拟退火反演、遗传反演等,本质上是对模型空间进行多次采样,在概率上重复多次采样能够使目标函数收敛到最优值。随机性最优化方法能够在整个模型空间开展全局搜索,不

依赖于初始值,不易陷入局部极小值,被广泛应用到一维和二维的电磁数据反演中(Johnson and Aizebeokhai,2017;Nguyen and Nestorovic,2016;Aleardi and Mazzotti,2017;李锋平等,2017)。然而,对模型空间的多次采样会产生大量的正演计算,尤其对三维的电磁数据反演来说,正演和反演的计算量和数据量是巨大的,此时随机性的最优化方法的计算量对当下的计算技术难以承受。因此,对三维反演,目前广泛应用的是基于梯度的最优化方法。梯度类最优化方法是根据梯度信息确定迭代搜索的方向,进而沿搜索方向确定合适的更新步长,最终得到模型迭代的更新量。梯度类最优化方法利用的是函数的梯度信息,对初始值有一定的依赖性,根据所用梯度的不同,可分为最速下降法、共轭梯度法、牛顿法、高斯牛顿法和拟牛顿法等。最速下降法和共轭梯度法利用的是函数的一阶梯度信息,更新收敛速度较慢,而牛顿类方法利用了函数的二阶梯度信息,收敛速度大大加快。本书反演应用的是牛顿类方法中的高斯牛顿法。

8.2.2.1　灵敏度矩阵的计算

梯度类方法离不开灵敏度矩阵的计算,目标函数的梯度和 Hessian 矩阵均需通过灵敏度矩阵求得。灵敏度矩阵是正演预测数据对模型参数的一阶导数,描述了模型参数的变化引起的预测数据响应的变化,根据灵敏度的定义,灵敏度 $\boldsymbol{J}$ 可表示为

$$J_{ij}=\frac{\partial d_i}{\partial m_j},i=1,2,\cdots,N_{\mathrm{d}},j=1,2,\cdots,N_{\mathrm{m}} \tag{8.28}$$

式中,N_{m},N_{d}分别为模型参数个数和观测数据个数。对于 MTEM,假定每个观测数据相互独立,则观测数据的个数为发射源的个数 N_{s}、时间步的个数 N_{t} 和观测点个数 N_{r} 的乘积。式(8.28)为灵敏度的显式表达方式,而对于电磁法数据,通常将灵敏度矩阵的求解转换为“拟正演”的计算,对时间域电磁的正演问题,可写为

$$\boldsymbol{C}(\boldsymbol{e},\boldsymbol{m})=0 \tag{8.29}$$

式(8.29)对 $\boldsymbol{m}$ 取全微分得

$$\nabla_{\boldsymbol{m}}\boldsymbol{C}(\boldsymbol{e},\boldsymbol{m})\delta\boldsymbol{m}+\nabla_{\boldsymbol{e}}\boldsymbol{C}(\boldsymbol{e},\boldsymbol{m})\delta\boldsymbol{e}=0 \tag{8.30}$$

整理可得

$$\delta\boldsymbol{e}=-(\nabla_{\boldsymbol{e}}\boldsymbol{C}(\boldsymbol{m},\boldsymbol{e}))^{-1}\nabla_{\boldsymbol{m}}\boldsymbol{C}(\boldsymbol{e},\boldsymbol{m})\delta\boldsymbol{m} \tag{8.31}$$

因此,灵敏度矩阵的计算公式可写为

$$\boldsymbol{J}=-\boldsymbol{P}(\nabla_{\boldsymbol{e}}\boldsymbol{C}(\boldsymbol{m},\boldsymbol{e}))^{-1}\nabla_{\boldsymbol{m}}\boldsymbol{C}(\boldsymbol{e},\boldsymbol{m}) \tag{8.32}$$

式中,$\boldsymbol{J}$ 为所求得灵敏度矩阵;$\boldsymbol{P}$ 为从电场 $\boldsymbol{e}$ 到观测数据的运算。为求得 MTEM 的灵敏度矩阵,对 MTEM 的正演公式可改写为式(8.29)的矩阵形式:

$$\boldsymbol{C}(\boldsymbol{e},\boldsymbol{m})=\begin{pmatrix}\boldsymbol{A}(\boldsymbol{m}) & & & \\ \boldsymbol{B}(\boldsymbol{m}) & \boldsymbol{A}(\boldsymbol{m}) & & \\ & \ddots & \ddots & \\ & & \boldsymbol{B}(\boldsymbol{m}) & \boldsymbol{A}(\boldsymbol{m})\end{pmatrix}\begin{pmatrix}\boldsymbol{e}_1\\ \vdots \\ \boldsymbol{e}_n\end{pmatrix}-\begin{pmatrix}\boldsymbol{s}_1\\ \vdots \\ \boldsymbol{s}_n\end{pmatrix}=0 \tag{8.33}$$

式中,$\boldsymbol{A}(\boldsymbol{m})=\mathbf{CURL}^{\mathrm{T}}\boldsymbol{M}_{f\mu}\mathbf{CURL}+\Delta t_n^{-1}\boldsymbol{M}_{em}$,$\boldsymbol{B}(\boldsymbol{m})=-\Delta t_n^{-1}\boldsymbol{M}_{em}$,$\boldsymbol{M}_{em}=\mathrm{diag}(\boldsymbol{A}_v^{\mathrm{T}}(\boldsymbol{v}\odot\boldsymbol{m}))$;$\boldsymbol{s}_n$ 为源项。

根据式(8.32),欲得到 MTEM 的灵敏度矩阵,必须求出矩阵 $C(\boldsymbol{e},\boldsymbol{m})$ 对电场 $\boldsymbol{e}$ 和模型参

数 $\boldsymbol{m}$ 的导数。C($\boldsymbol{e},\boldsymbol{m}$)对电场 $\boldsymbol{e}$ 的导数可直接由式(8.33)得

$$\nabla_e \boldsymbol{C}(\boldsymbol{e},\boldsymbol{m})=\begin{pmatrix} \boldsymbol{A}(\boldsymbol{m}) & & & \\ \boldsymbol{B}(\boldsymbol{m}) & \boldsymbol{A}(\boldsymbol{m}) & & \\ & \ddots & \ddots & \\ & & \boldsymbol{B}(\boldsymbol{m}) & \boldsymbol{A}(\boldsymbol{m}) \end{pmatrix} \tag{8.34}$$

而模型参数 $\boldsymbol{m}$ 在矩阵 $\boldsymbol{A}$ 和 $\boldsymbol{B}$ 中,由于 $\boldsymbol{m}$ 不随时间变化,而矩阵 $\boldsymbol{K}=\mathbf{CURL}^{\mathrm{T}}\boldsymbol{M}_{f\mu}\mathbf{CURL}$ 与 $\boldsymbol{m}$ 无关,因此可得到 $\boldsymbol{C}(\boldsymbol{e},\boldsymbol{m})$ 对 $\boldsymbol{m}$ 的微分:

$$\begin{aligned}\nabla_{\boldsymbol{m}} \boldsymbol{C}(\boldsymbol{e},\boldsymbol{m}) &=\nabla_{\boldsymbol{m}}\begin{pmatrix} \Delta t_1^{-1}\boldsymbol{M}_{em} & & & \\ -\Delta t_2^{-1}\boldsymbol{M}_{em} & \boldsymbol{K}+\Delta t_2^{-1}\boldsymbol{M}_{em} & & \\ & \ddots & \ddots & \\ & & -\Delta t_n^{-1}\boldsymbol{M}_{em} & \boldsymbol{K}+\Delta t_n^{-1}\boldsymbol{M}_{em} \end{pmatrix}\begin{pmatrix} \boldsymbol{e}_1 \\ \vdots \\ \boldsymbol{e}_n \end{pmatrix} \\ &=\nabla_{\boldsymbol{m}}\begin{pmatrix} \Delta t_1^{-1}\boldsymbol{M}_{em}\boldsymbol{e}^1 \\ \Delta t_2^{-1}\boldsymbol{M}_{em}(\boldsymbol{e}^2-\boldsymbol{e}^1) \\ \vdots \\ \Delta t_n^{-1}\boldsymbol{M}_{em}(\boldsymbol{e}^n-\boldsymbol{e}^{n-1}) \end{pmatrix} \\ &=\begin{pmatrix} \Delta t_1^{-1}\mathrm{diag}(\boldsymbol{e}^1) \\ \Delta t_2^{-1}\mathrm{diag}(\boldsymbol{e}^2-\boldsymbol{e}^1) \\ \vdots \\ \Delta t_n^{-1}\mathrm{diag}(\boldsymbol{e}^n-\boldsymbol{e}^{n-1}) \end{pmatrix}\boldsymbol{A}_v^{\mathrm{T}}\mathrm{diag}(\boldsymbol{v})\end{aligned} \tag{8.35}$$

将式(8.35)和式(8.34)代入式(8.32),可得到 MTEM 的灵敏度矩阵的迭代计算公式:

$$\boldsymbol{J}=-\boldsymbol{P}\begin{pmatrix} \boldsymbol{A}(\boldsymbol{m}) & & & \\ \boldsymbol{B}(\boldsymbol{m}) & \boldsymbol{A}(\boldsymbol{m}) & & \\ & \ddots & \ddots & \\ & & \boldsymbol{B}(\boldsymbol{m}) & \boldsymbol{A}(\boldsymbol{m}) \end{pmatrix}^{-1}\begin{pmatrix} \Delta t_1^{-1}\mathrm{diag}(\boldsymbol{e}^1) \\ \Delta t_2^{-1}\mathrm{diag}(\boldsymbol{e}^2-\boldsymbol{e}^1) \\ \vdots \\ \Delta t_n^{-1}\mathrm{diag}(\boldsymbol{e}^n-\boldsymbol{e}^{n-1}) \end{pmatrix}\boldsymbol{A}_v^{\mathrm{T}}\mathrm{diag}(\boldsymbol{v}) \tag{8.36}$$

由式(8.32)知,灵敏度矩阵由三部分组成:矩阵 $\boldsymbol{P}$,矩阵$\nabla_e\boldsymbol{C}$ 和矩阵$\nabla_{\boldsymbol{m}}\boldsymbol{C}$,而矩阵$(\nabla_e\boldsymbol{C})^{-1}$是一个密集矩阵,故灵敏度的求解是密集而且巨大的,对大尺度问题灵敏度的计算几乎是不可能的。然而,实际中的大多数问题,并不需要直接计算灵敏度矩阵,而需要计算灵敏度矩阵或灵敏度矩阵的转置与向量的积,即 $\boldsymbol{Jv}$ 或 $\boldsymbol{J}^{\mathrm{T}}\boldsymbol{w}$。对灵敏度与向量的乘积,可分为三步进行计算:第一步,对向量 $\boldsymbol{v}$ 乘以矩阵$\nabla_{\boldsymbol{m}}\boldsymbol{C}$;第二步,求解线性方程组$(\nabla_e\boldsymbol{C})\boldsymbol{y}=(\nabla_{\boldsymbol{m}}\boldsymbol{C})\boldsymbol{v}$;第三步,计算乘积$-\boldsymbol{Py}$ 即可得到 $\boldsymbol{Jv}$ 的结果。同样,对灵敏度矩阵转置与向量的乘积也分为三步,首先计算 $\boldsymbol{P}^{\mathrm{T}}\boldsymbol{w}$,然后求解方程组$(\nabla_e\boldsymbol{C})^{\mathrm{T}}\boldsymbol{y}=\boldsymbol{P}^{\mathrm{T}}\boldsymbol{w}$,最后计算乘积$-(\nabla_{\boldsymbol{m}}\boldsymbol{C})^{\mathrm{T}}\boldsymbol{y}$ 得到 $\boldsymbol{J}^{\mathrm{T}}\boldsymbol{w}$。当需要直接计算灵敏度矩阵时,可由式(8.32)直接计算,此时,需要求解 N_{m} 次线性方程组$(\nabla_e\boldsymbol{C}(\boldsymbol{m},\boldsymbol{e}))\boldsymbol{J}=-\boldsymbol{P}\,\nabla_{\boldsymbol{m}}\boldsymbol{C}(\boldsymbol{e},\boldsymbol{m})$,其计算量相当于 N_{m} 次正演。而对式(8.32)进行转置得

$$\boldsymbol{J}=-[(\nabla_{\boldsymbol{m}}\boldsymbol{C}(\boldsymbol{e},\boldsymbol{m}))^{\mathrm{T}}((\nabla_e\boldsymbol{C}(\boldsymbol{m},\boldsymbol{e}))^{-\mathrm{T}}\boldsymbol{P}^{\mathrm{T}})]^{\mathrm{T}} \tag{8.37}$$

即对灵敏度矩阵的计算首先计算乘积$((\nabla_e\boldsymbol{C}(\boldsymbol{m},\boldsymbol{e}))^{-\mathrm{T}}\boldsymbol{P}^{\mathrm{T}})$,然后乘以矩阵$(\nabla_{\boldsymbol{m}}\boldsymbol{C}(\boldsymbol{e},\boldsymbol{m}))^{\mathrm{T}}$,

最后将得到的结果转置。计算式(8.37)仅需要 N_r 次正演(N_r 为观测点个数)。在实际测量中,模型参数 N_m 要远远大于观测点数 N_r,因此由式(8.37)计算灵敏度矩阵比直接计算式(8.32)计算量更小,效率更高。

8.2.2.2　高斯牛顿法

高斯牛顿法是由牛顿法发展而来,由于其同样应用了二次导数的信息,因此收敛效率较高,目前被广泛应用到地球物理反演中。高斯牛顿法的迭代过程可从反演目标函数出发,根据目标函数

$$\min_{m}\varphi(\boldsymbol{m})=\varphi_{\mathrm{d}}(\boldsymbol{m})+\alpha R(\boldsymbol{m}) \tag{8.38}$$

式中,$\varphi_{\mathrm{d}}(\boldsymbol{m})$ 为失配函数;$R(\boldsymbol{m})$ 为正则化项;α 为正则化因子。欲得到 $\varphi(\boldsymbol{m})$ 的最小值,对 $\varphi(\boldsymbol{m})$ 用Taylor 展开做局部线性化

$$\varphi(\boldsymbol{m}+\delta\boldsymbol{m})=\varphi(\boldsymbol{m})+\nabla_{\boldsymbol{m}}\varphi(\boldsymbol{m})^{\mathrm{T}}\delta\boldsymbol{m}+\frac{1}{2}\delta\boldsymbol{m}^{\mathrm{T}}\boldsymbol{H}(\boldsymbol{m})\delta\boldsymbol{m}+o\,\|\delta\boldsymbol{m}\|^{3} \tag{8.39}$$

式中,$\boldsymbol{H}(\boldsymbol{m})=\nabla^{2}\varphi(\boldsymbol{m})$ 为 Hessian 矩阵。为获得迭代目标函数的最小值,省略高阶无穷小,对式(8.39)求一次导数,并令导数为零,得

$$\boldsymbol{H}(\boldsymbol{m})\delta\boldsymbol{m}=-\nabla_{\boldsymbol{m}}\varphi(\boldsymbol{m}) \tag{8.40}$$

式(8.40)是求取迭代步长 $\delta\boldsymbol{m}$ 的计算公式。欲求解式(8.40)关键是要求得 Hessian 矩阵,根据 Hessian 矩阵的计算公式 $\boldsymbol{H}(\boldsymbol{m})=\nabla^{2}\varphi(\boldsymbol{m})=\nabla^{2}\varphi_{\mathrm{d}}(\boldsymbol{m})+\alpha\boldsymbol{R}''(\boldsymbol{m})$,要得到 Hessian 矩阵,需求取失配函数 $\varphi_{\mathrm{d}}(\boldsymbol{m})$ 和正则化项 $R(\boldsymbol{m})$ 的二阶导数。正则化项 $R(\boldsymbol{m})$ 是简单的函数,其二次导数可直接求取。而对失配函数 $\varphi_{\mathrm{d}}(\boldsymbol{m})$,有

$$\varphi_{\mathrm{d}}(\boldsymbol{m})=\frac{1}{2}\boldsymbol{r}(\boldsymbol{m})^{\mathrm{T}}\Sigma_{\mathrm{d}}^{-1}\boldsymbol{r}(\boldsymbol{m}) \tag{8.41}$$

式中,$\boldsymbol{r}(\boldsymbol{m})=\boldsymbol{PA}(\boldsymbol{m})-\boldsymbol{d}^{\mathrm{obs}}$ 为模型预测值与观测数据的差,对式(8.41)求关于模型参数 m 的一次导数,可得梯度

$$\nabla_{\boldsymbol{m}}\varphi_{\mathrm{d}}=\boldsymbol{J}(\boldsymbol{m})^{\mathrm{T}}\Sigma_{\mathrm{d}}^{-1}\boldsymbol{r}(\boldsymbol{m}) \tag{8.42}$$

对 $\nabla_{\boldsymbol{m}}\varphi_{\mathrm{d}}$ 再求一次关于模型参数 $\boldsymbol{m}$ 的导数而可得 φ_{d} 的 Hessian 矩阵

$$\nabla_{\boldsymbol{m}}^{2}\varphi_{\mathrm{d}}=\boldsymbol{J}(\boldsymbol{m})^{\mathrm{T}}\Sigma_{\mathrm{d}}^{-1}\boldsymbol{J}(\boldsymbol{m})+\frac{\partial(\boldsymbol{J}(\boldsymbol{m})^{\mathrm{T}})\Sigma_{\mathrm{d}}^{-1}\boldsymbol{r}(\boldsymbol{m})}{\partial\boldsymbol{m}}=\boldsymbol{J}(\boldsymbol{m})^{\mathrm{T}}\Sigma_{\mathrm{d}}^{-1}\boldsymbol{J}(\boldsymbol{m})+\boldsymbol{S}(\boldsymbol{m}) \tag{8.43}$$

由式(8.43)可知,φ_{d} 的 Hessian 矩阵分为 $\boldsymbol{J}(\boldsymbol{m})^{\mathrm{T}}\Sigma_{\mathrm{d}}^{-1}\boldsymbol{J}(\boldsymbol{m})$ 和 $\boldsymbol{S}(\boldsymbol{m})$ 两个部分,通常对于残差非常小的问题或者非线性问题,第二部分 $\boldsymbol{S}(\boldsymbol{m})$ 值很小,对 Hessian 矩阵的计算贡献不大,因此高斯牛顿法通过舍去第二部分,得到近似的 Hessian 矩阵计算公式,即

$$\boldsymbol{H}=\nabla_{\boldsymbol{m}}^{2}\varphi_{\mathrm{d}}+\alpha R''(\boldsymbol{m})=\boldsymbol{J}(\boldsymbol{m})^{\mathrm{T}}\Sigma_{\mathrm{d}}^{-1}\boldsymbol{J}(\boldsymbol{m})+\alpha R''(\boldsymbol{m}) \tag{8.44}$$

将式(8.44)代入式(8.40)可得到高斯牛顿法的步长求取公式:

$$(\boldsymbol{J}(\boldsymbol{m})^{\mathrm{T}}\Sigma_{\mathrm{d}}^{-1}\boldsymbol{J}(\boldsymbol{m})+\alpha R''(\boldsymbol{m}))\delta\boldsymbol{m}=-\nabla_{\boldsymbol{m}}\varphi(\boldsymbol{m}) \tag{8.45}$$

在高斯牛顿法中,每一步均需求解式(8.45)得到每步的模型更新量 $\delta\boldsymbol{m}$,这是整个高斯牛顿法的计算瓶颈。由式(8.44)可知,直接求解式(8.45)需要显示计算和存储灵敏度矩阵和 Hessian 矩阵,这对 MTEM 反演来说,消耗的内存和计算时间是巨大的。采用预条件共轭梯度法(PCG)进行迭代求解式(8.45),能够避免显式计算和存储灵敏度矩阵和 Hessian 矩

阵。表 8.1 给出了预条件共轭梯度法求解式(8.45)的算法步骤。由表 8.1 知,预条件共轭梯度法将式(8.45)中关于灵敏度和 Hessian 矩阵的计算转换为灵敏度与模型向量的乘积和灵敏度的转置与数据向量的乘积的计算,因此预条件共轭梯度法的每一次迭代需要求解两次“拟正演”,由此预条件共轭梯度法的迭代效率决定了高斯牛顿法反演的计算效率。为提高反演的计算效率,可采用非精确高斯牛顿法,即通过降低式(8.45)的求解精度来减少高斯牛顿法中预条件共轭梯度法的迭代次数。只要式(8.45)的残差能够随迭代不断降低,则能保证高斯牛顿反演法的收敛性。非精确高斯牛顿法不仅减小了计算量,而且预条件共轭梯度法具有正则化效应,使反演搜索过程中有机会跳出局部极小值。

预条件共轭梯度法的预条件矩阵 $\boldsymbol{M}$ 的选择有多种方式,最简单的方式是使用正则化矩阵 $\boldsymbol{M}=\nabla_{m}^{2}\boldsymbol{R}(\boldsymbol{m})$;另一种方式是利用拟牛顿法近似得到 Hessian 矩阵的逆作为每次高斯牛顿迭代中预条件矩阵;或者通过求解如下的线性方程组:

$$\beta \boldsymbol{W}_{\mathbf{m}}^{\mathrm{T}}\boldsymbol{W}_{\mathrm{m}}\cdot \boldsymbol{M}=-\nabla_{\mathrm{m}}\varphi \tag{8.46}$$

将式(8.46)的解作为预条件共轭梯度法的预条件矩阵。

表 8.1　预条件共轭梯度法求解 $Ax=b$

步骤	算法
第一步	确定预条件矩阵 $\boldsymbol{M}$
第二步	初始化:$\boldsymbol{x}=0,\boldsymbol{r}=\boldsymbol{b},\boldsymbol{z}=\boldsymbol{M}^{-1}\boldsymbol{r},\boldsymbol{p}=\boldsymbol{z}$
第三步	判断是否达到收敛条件:是,则结束;否,则进入下一步,进行参量更新
第四步	$\boldsymbol{q}=\boldsymbol{A}\boldsymbol{p}$
	$\alpha=\boldsymbol{r}^{\mathrm{T}}z/(\boldsymbol{p}^{\mathrm{T}}\boldsymbol{q})$
	$\boldsymbol{x}\leftarrow\boldsymbol{x}+\alpha\boldsymbol{p}$
	$\boldsymbol{r}_{\mathrm{new}}\leftarrow\boldsymbol{r}-\alpha\boldsymbol{q}$
	$z_{\mathrm{new}}=\boldsymbol{M}^{-1}\boldsymbol{r}_{\mathrm{new}}$
	$\beta=z_{\mathrm{new}}^{\mathrm{T}}(\boldsymbol{r}_{\mathrm{new}}-\boldsymbol{r})/(z^{\mathrm{T}}\boldsymbol{r})$
	$z=z_{\mathrm{new}},\boldsymbol{r}=\boldsymbol{r}_{\mathrm{new}}$
	$\boldsymbol{p}\leftarrow z+\beta\boldsymbol{p}$
第五步	判断是否收敛:是,则结束;否,则返回第四步继续更新参数

8.2.2.3　正则化参数

电磁反演是典型的不适定问题。通过正则化因子引入先验信息作为约束条件,能够增强解的稳定性。正则化因子平衡了数据拟合泛函和模型泛函,决定了反演的主要拟合对象。正则化因子很大,则反演过程主要拟合先验信息,保证反演的稳定性;反之,正则化因子很小,则主要拟合观测数据。因此,正则化因子的取值对反演结果有重要影响,理论上应根据每个迭代步骤中数据拟合差泛函和模型泛函的差异选取最优值,其典型的选取方法为 L-曲线法(Hanke and Hansen,1993)和广义交叉验证法(Golub and Wahba,1979),但 L-曲线法和广义交叉验证法计算量巨大,在实际中往往是选取不同的正则化因子进行多次反演试算,以确定最满意的正则化因子。但对三维的 MTEM 反演来说,即使多次的试算,其反演的计算量也是成倍增加的。陈小斌等(2005)在大地电磁法的反演中提出了一种自适应的正则化因子选取方案——CMD 方案,正则化因子可由式(8.47)自适应得到

$$\alpha^{(k)}=\frac{\varphi_d^{(k-1)}}{\varphi_d^{(k-1)}+R^{(k-1)}} \tag{8.47}$$

式中,$\alpha^{(k)}$ 为第 k 次反演迭代的正则化因子。该方案不需要输入外部经验值,不会带来明显的额外计算,在大地电磁法的反演中能够带来满意的效果。本书在陈小斌等(2005)的基础上进一步引入衰减因子 λ,构成本书所用正则化因子计算式:

$$\alpha^{(k)}=\frac{\varphi_d^{(k-1)}}{\varphi_d^{(k-1)}+R^{(k-1)}}\frac{1}{\lambda^{k-1}} \tag{8.48}$$

由式(8.48)求得的正则化因子能够在反演迭代的初期,正则化项的权重较大,保证反演对先验模型的拟合,使反演具有稳定性;随着反演迭代次数的增加,正则化因子逐渐减小,正则化项的权重逐渐降低,保证反演对失配函数项的拟合,最终实现反演对目标函数的最优拟合。

8.2.3　MTEM 3D 反演数值算例

为验证反演效果。本节建立了如图 8.10 所示的双异常体模型。在背景为 100Ω · m 的均匀半空间内,分别有两个电阻率为 1000Ω · m 的高阻体和两个电阻率为 10Ω · m 的低阻体。

四个异常体的体积均为 200m×200m×200m,在深度方向 100 ~ 300m。第一个高阻异常体沿 X 方向 895 ~ 1095m,沿 Y 方向 895 ~ 1095m;第二个高阻异常体沿 X 方向 1295 ~ 1495m,沿 Y 方向 1295 ~ 1495m;第一个低阻异常体在 X 方向 895 ~ 1095m,在 Y 方向 1295 ~ 1495m;第二个低阻异常体在 X 方向 1295 ~ 1495m,在 Y 方向 895 ~ 1095m;整个异常体的正视图和侧视图如图 8.11 所示。

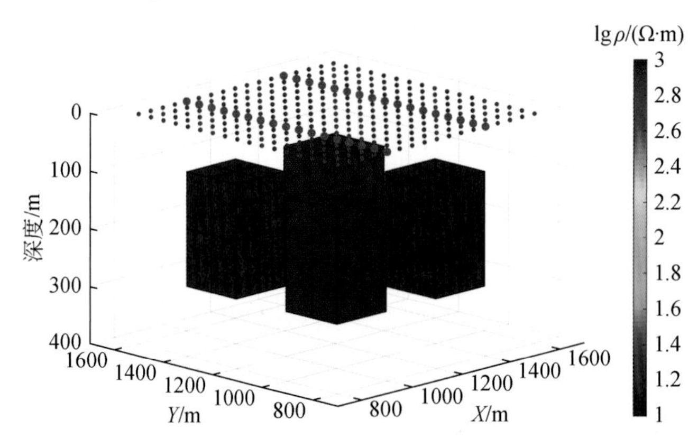

图 8.10　组合异常体的模型

红色为发射源位置,绿色为接收点位置

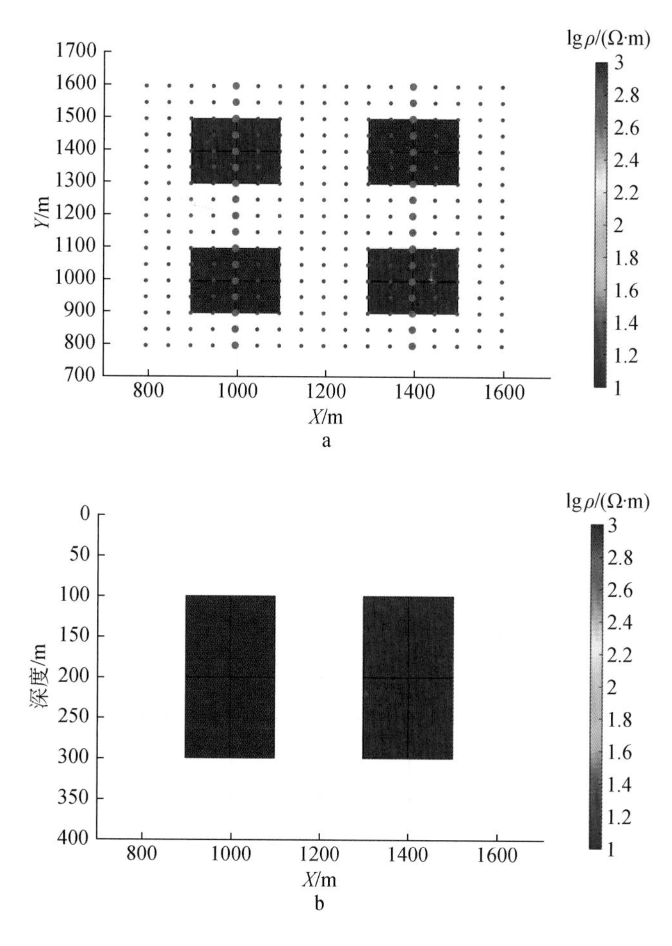

图 8.11　组合异常体的模型平面图

a. XY 平面俯视图，红色为发射源位置，绿色为接收点位置；b. XZ 平面侧视图

在地表布设三维网状观测阵列，观测点在 X、Y 方向的坐标分别为 795 ~ 1595m、795 ~ 1595m，间隔 50m。采用两个线性组合发射源，第一组发射源位于 X 方向 995m 处，第二组发射源位于 X 方向 1395m 处，两组发射源均在 Y 方向从 795m 分布至 1595m，间隔 50m。每个发射源长度 100m，发射源波形采用高斯脉冲源，设置高斯脉冲中心时刻 4×10^{-5}s，脉冲宽度 5×10^{-6}s，发射电流 50A，时间间隔采用对数域等间隔，总时长计算至 0.047s。设置空气层的电阻率为 $10^7\Omega\cdot m$。

采用三维有限体积法计算两组发射源分别激发时的接收点数据作为观测数据。反演初始模型为 $100\Omega\cdot m$ 的均匀半空间。反演过程中仍旧设置最大更新步长不超过 0.1，采用式(8.48)的自适应正则化因子，其中衰减系数为 3。图 8.12 为反演结果与原始模型的空间三维切片对比，其中图 8.12a 为原始模型，图 8.12b 为反演结果，为方便对比，对原始模型和反演结果的三维切片进行插值处理。高斯牛顿法能够准确反演出异常体的空间位置：在深度 100 ~ 300m 的范围，能够明显反演出四个异常体，但反演结果中低阻异常体的深度范围比高阻异常体较准确，低阻异常体中心埋深在 100 ~ 300m 均有反映而高阻异常体中心深度为 150 ~ 260m。

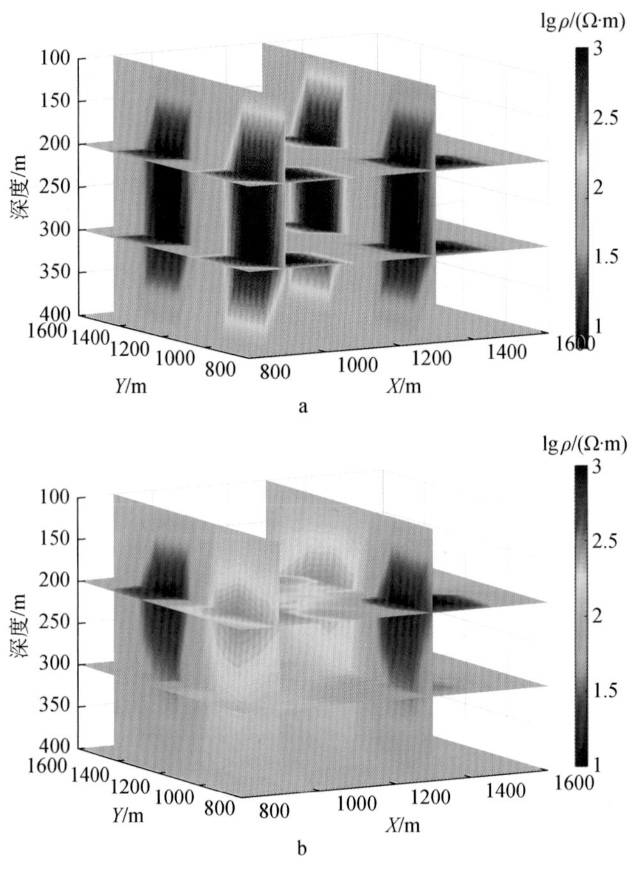

图 8. 12　反演结果与原始模型三维切片对比

a. 原始模型；b. 反演结果

沿深度 200m 做水平切片，得到图 8. 13 所示的水平切片图，从水平切片图上可看出，两个低阻异常体分别位于 X 方向和 Y 方向的 850 ~ 1100m、1250 ~ 1500m，与图 8. 11a 中低阻异常体的水平位置基本一致，反演结果的低阻异常体中心电阻率为 10Ω · m，低阻异常体基本得到有效圈定；而反演的高阻异常体位于 X 方向 800 ~ 1050m、Y 方向 800 ~ 1130m 和 X 方向 1300 ~ 1500m、Y 方向 1200 ~ 1500m 范围，范围相比原始模型较大，而且反演的高阻异常体中心幅值仅为 350Ω · m。

对于埋深较深的组合异常体，本书建立了如图 8. 14 所示的双异常体模型。在背景为 100Ω · m 的均匀半空间内，有一个电阻率为 1000Ω · m 的高阻体和一个电阻率为 10Ω · m 的低阻体，异常体在深度方向从 300m 延伸至 600m。低阻异常体的体积为 535m×500m×300m，沿 X 方向 3735 ~4270m，沿 Y 方向 4070 ~4570m，在深度方向 300 ~600m；高阻异常体的体积为 500m×500m×300m，沿 X 方向 4370 ~ 4870m，沿 Y 方向 4070 ~4570m，整个异常体的俯视图和侧视图如图 8. 15 所示。在地表布设三维网状观测阵列，观测点在 X、Y 方向的坐标分别为 3870 ~4870m、3870 ~4870m，间隔 50m。采用两个线性组合发射源，第一组发射源

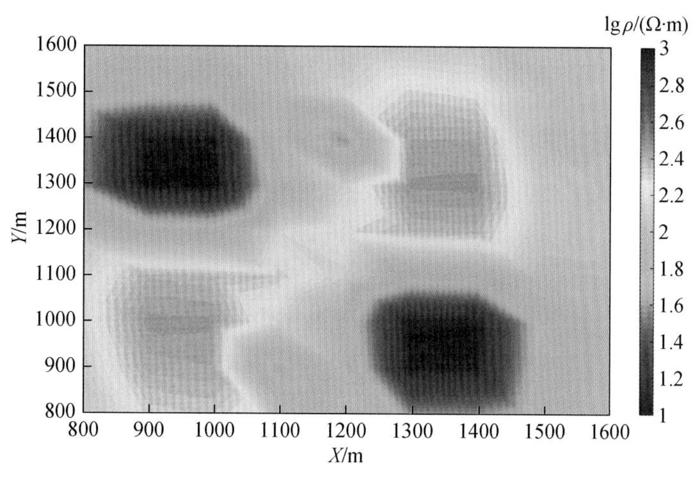

图 8. 13　反演结果 200m 深度水平切片

位于 X 方向 3470m 处，第二组发射源位于 X 方向 5270m 处，两组发射源均在 Y 方向从 4070m 分布至 4570m，间隔 50m。每个发射源长度 100m，发射源波形采用高斯脉冲源，设置高斯脉冲中心时刻 4×10^{-5}s，脉冲宽度 5×10^{-6}s，发射电流 50A，时间间隔采用对数域等间隔，总时长计算至 0. 0471s。设置空气层的电阻率为 $10^7\Omega\cdot m$。

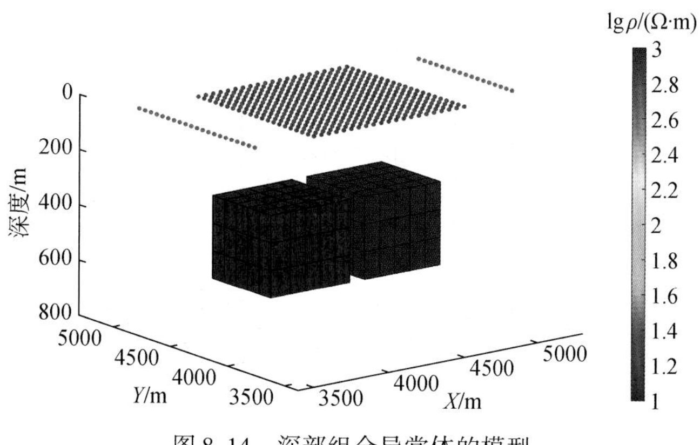

图 8. 14　深部组合异常体的模型

红色为发射源位置，绿色为接收点位置

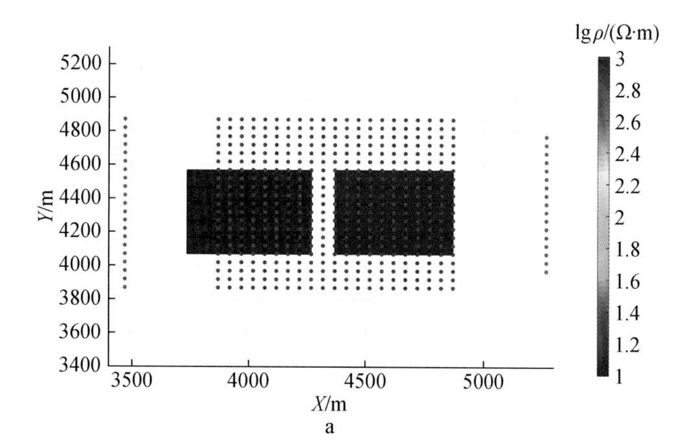

a

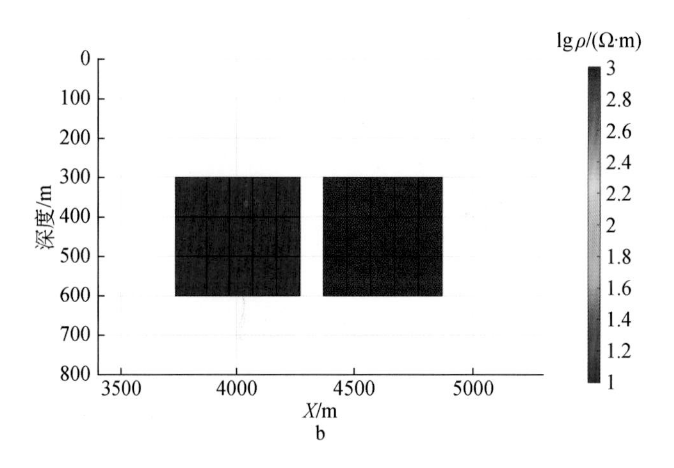

图 8.15　组合异常体的模型平面图

a. XY 平面俯视图,红色为发射源位置,绿色为接收点位置;b. XZ 平面侧视图

同样采用三维有限体积法计算两组发射源分别激发时的接收点数据作为观测数据。反演初始模型为 100Ω · m 的均匀半空间。反演过程中仍旧设置最大更新步长不超过 0.1,采用式(8.48)的自适应正则化因子,其中衰减系数为 3,设置深度权重的因子 $\beta=4$。图 8.16 为反演结果与原始模型的空间三维切片对比,为方便对比,同样对原始模型和反演结果的三维切片均进行插值处理。高斯牛顿法能够准确反演出异常体的空间位置:在深度 300 ~ 600m,能够明显反演出两个异常体,但反演结果中低阻异常体的深度范围比高阻异常体较准确,低阻异常体中心埋深从 300 ~ 600m 均有反映,而高阻异常体中心深度为 350 ~ 600m。沿深度 300m、400m、500m 做水平切片,得到如图 8.17 所示的多层水平切片图,从水平切片图上可看出,两个阻异常体的中心埋深主要分布在 400 ~ 500m 的范围,与原始模型相一致,但无论是低阻异常体还是高阻异常体在 300m 的水平切片上反映不明显,主要原因是反演过程中采用各向平滑作为正则化因子,异常体边界得到极大程度的圆滑。

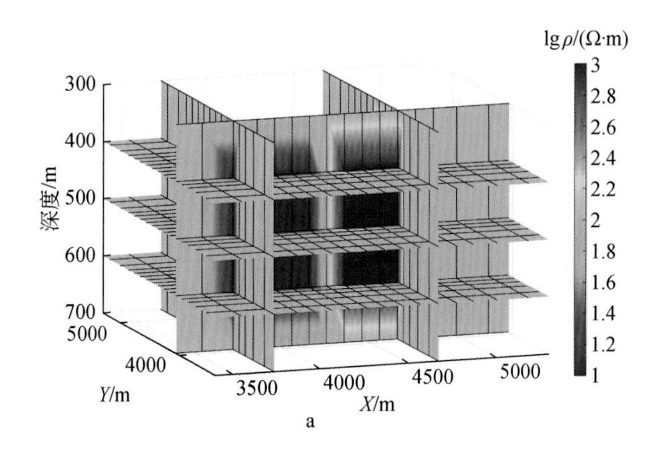

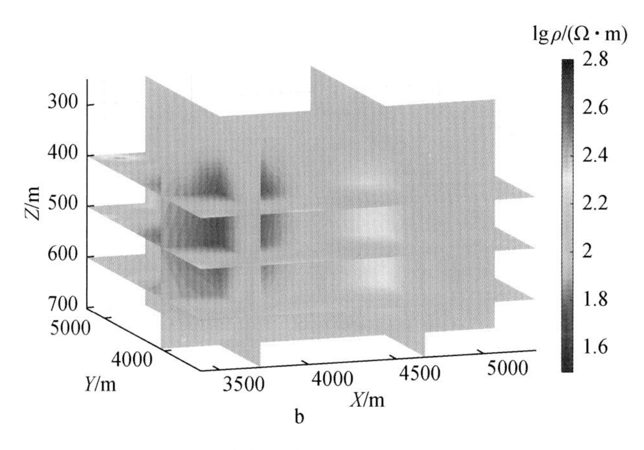

图 8.16　反演结果与原始模型三维切片对比

a. 原始模型;b. 反演结果

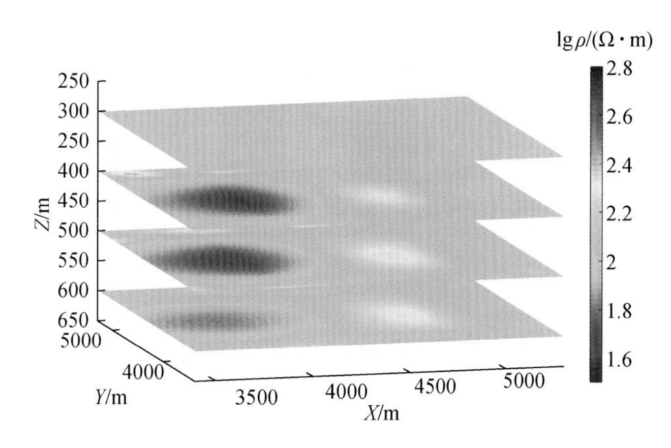

图 8.17　反演结果三维水平切片

对于地垒模型,建立了如图 8.18 所示的地垒地形下的三维组合异常体模型。在 100Ω · m 的地堑地形半空间内,有长、宽、高分别均为 300m×600m ×300m 的两个异常体在深度方向上均从 300m 延伸至 600m,其中高阻体电阻率为 1000Ω · m,低阻体电阻率为 10Ω · m 。高阻异常体位于 X 方向 4070 ~ 4370m,Y 方向 4070 ~ 4670m;低阻体位于 X 方向 4670 ~ 4970m,Y 方向 4070 ~ 4670m。在异常体正上方为地垒地形,地垒高度为 100m。在地垒地形内布设三维网状观测阵列,观测点在 X、Y 方向的坐标分别为 4.07×10^3 ~ 4.87×10^3m、3.97×10^3 ~ 4.77×10^3m,间隔 50m。采用两个线性组合发射源,第一组发射源位于 X 方向 3.57×10^3m 处,第二组发射源位于 X 方向 5.37×10^3m 处,两组发射源均在 Y 方向从 4.0×10^3m 分布至 4.7×10^3m,间隔 50m。每个发射源长度 100m,发射源波形采用高斯脉冲源,设置高斯脉冲中心时刻 4×10^{-5}s,脉冲宽度 5×10^{-6}s,发射电流 50A,时间间隔采用对数域等间隔,总时长计算至 0.047s。设置空气层的电阻率为 10^7Ω · m。

反演初始模型为 100Ω · m 的均匀半空间。反演过程中对地形变化处的电阻率设置为空气层电阻率,并设置其不参与模型更新,设置最大更新步长不超过 0.1,采用式(8.48)的自适应正则化因子,其中衰减系数为 3,设置深度权重的因子 $\beta=4$。反演结果与原始模型的

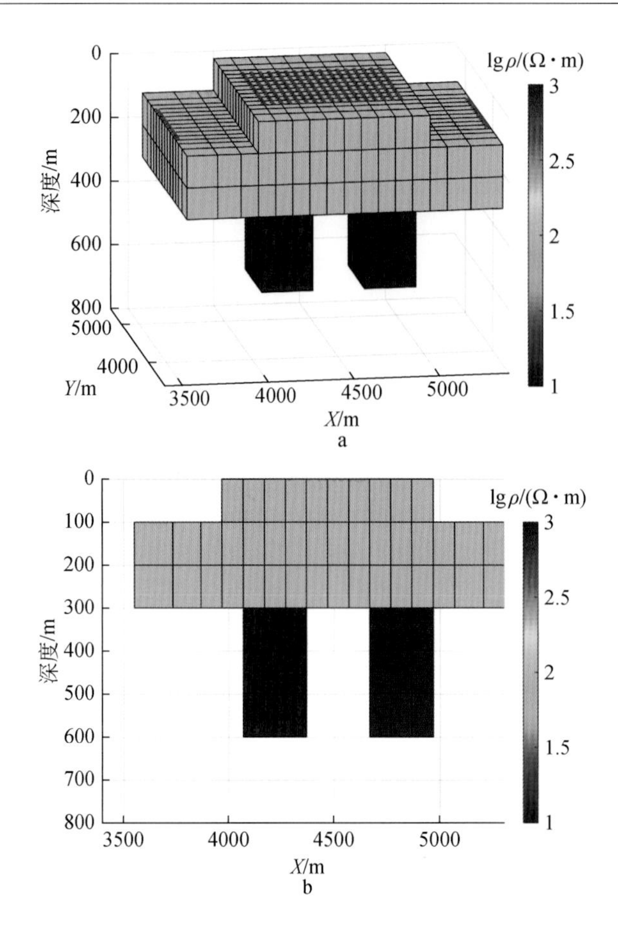

图 8.18　地垒地形组合异常体的模型

a. 异常体三维空间展示，其中红色为发射源，蓝色为接收点；b. XZ 平面侧视图

三维切片对比如图 8.19 所示，反演出的异常体的空间位置在地下 300～600m，与原始模型一致，由于采用了光滑的稳定因子，反演结果的边界较原始模型更光滑。由于异常体的规模较大，反演结果的中心幅值与原始模型较接近。

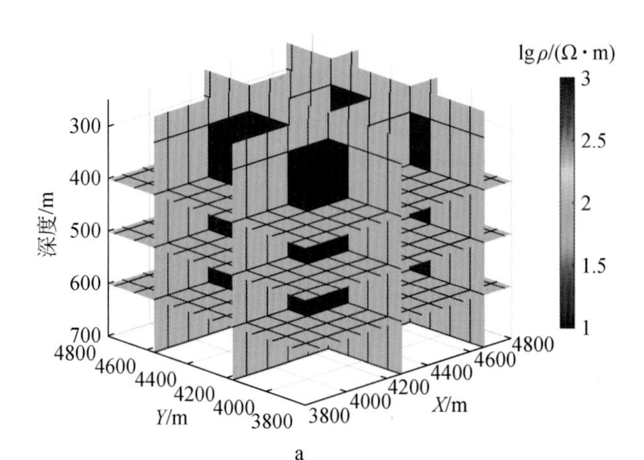

a

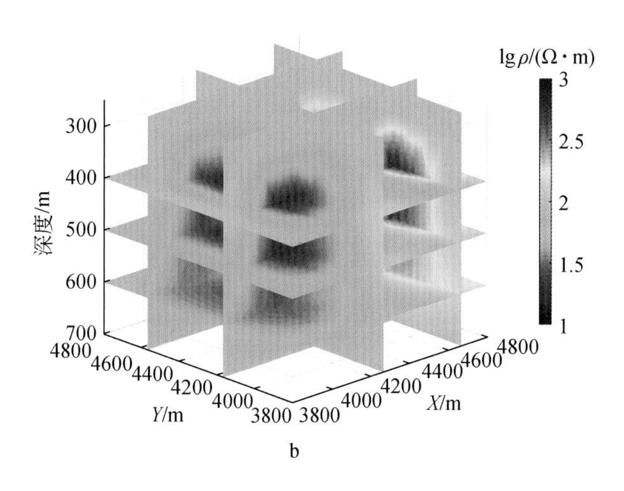

图 8.19　反演结果与原始模型三维切片对比

a. 原始模型;b. 反演结果

8.3　MTEM 2D 及 3D 偏移成像方法

8.3.1　扫时波场变换技术

利用波场转换技术,可以将电磁扩散场转换为虚拟波场,进而对虚拟波场进行偏移成像。已知扩散场与波场之间所存在的积分变换关系:

$$E(t)=\frac{1}{2\sqrt{\pi t^{3}}}\int_{0}^{\infty}q\mathrm{e}^{-q^{2}/4t}\boldsymbol{U}(q)\,\mathrm{d}q \tag{8.49}$$

根据此积分方程,即可完成扩散场数据与波场数据之间的转换。此变换仅依赖于时间域变量 t 和拉普拉斯域变量 q,而与空间变量 r 无关。

波场正变换是一个适定的积分过程,而波场反变换是一个典型的不适定过程。对于利用场值的波场反变换矩阵,其条件数为 8.3547×10^{15};而对于利用场值导数的波场反变换矩阵,其条件数为 6.9302×10^{18}。如此大的条件数,即使是计算机表达实数时的截断误差,也可能在求解时被放大到完全淹没原始信号的量级。鉴于此,显然波场反变换方程不能通过一般的直接解法或迭代解法求解,必须首先考虑降低其条件数的方法,或通过正则化理论限制反变换结果具有一定的特征。

目前,常用的降低矩阵条件数的方法主要有两种,一是通过矩阵的预处理条件来降低条件数,即通过预处理矩阵或预处理变换降低矩阵条件数;二是通过行或列的平衡,使得矩阵各行各列在求解过程中的权重接近的方法来降低矩阵条件数,即平衡法。本书除了进行预条件处理外,还进行平衡法降低矩阵条件数的尝试。

平衡法的实施可以针对矩阵行进行,也可以针对矩阵列进行。考虑到数值积分的截断问题,这里不再讨论矩阵列平衡的情况,仅仅讨论矩阵行平衡。由于核函数中的指数项与时间有负相关关系，随着时间的增加，矩阵每一行元素的值将迅速减小，使得较靠后的矩阵行与靠前的矩阵行有较大的量级差距，这在一定程度上加剧了矩阵的病态程度。我们可以通过将矩阵各行数据归一的方式令各行得到平衡，从而降低条件数。以场值反变换方程为例，其核函数取极大时对应的虚拟时刻为 q_0，则有

$$K'(q_0)=0 \tag{8.50}$$

即

$$\begin{aligned}&\mathrm{e}^{-\frac{q_0^2}{4t}}+q_0*-\frac{2q_0}{4t}*\mathrm{e}^{-\frac{q_0^2}{4t}}\\&=\mathrm{e}^{-\frac{q_0^2}{4t}}-\frac{q_0^2}{2t}*\mathrm{e}^{-\frac{q_0^2}{4t}}\\&=0\end{aligned} \tag{8.51}$$

求解此方程有

$$q_0=\sqrt{2t} \tag{8.52}$$

对应的核函数极大值为

$$\max[K(q)]=q_0\mathrm{e}^{-\frac{q_0^2}{4t}}=\sqrt{2t/\mathrm{e}} \tag{8.53}$$

对每一行的核函数值除以其极大值，即可实现各行的归一化。这种归一化可以通过一个对角矩阵 $\boldsymbol{K}_m$ 实现

$$\boldsymbol{K}_m\boldsymbol{KU}=\boldsymbol{K}_m\boldsymbol{E} \tag{8.54}$$

式中，$\boldsymbol{K}_m=\begin{bmatrix}1/\max[\boldsymbol{K}(1,:)] & & & \\ & 1/\max[\boldsymbol{K}(2,:)] & & \\ & & \ddots & \\ & & & 1/\max[\boldsymbol{K}(m,:)]\end{bmatrix}$，$m$ 为矩阵行数。同样采用 8.2 节给出的解析解进行验证，对于利用场值的波场反变换矩阵，其条件数为 5.0652×10^{14}；而对于利用场值导数的波场反变换矩阵，其条件数为 1.5368×10^{14}。经过平衡后，条件数分别降到了原来的 1/16 和 1/40000，极大地改善了矩阵的形态，但条件数量级仍在 10^{14}，变换矩阵仍然具有极强的病态性。

经过平衡法后，波场变换矩阵的条件数得以大幅降低，但仍然维持在一个较大的量级上。考虑到条件数较大时矩阵对于数据误差的放大效应，使用直接解法求解仍是不可取的。根据条件数可以判断，此时的变换矩阵接近奇异，对于变换结果的约束性较差，较小的已知项波动即可引起解较大的变化。如能引入一个合理的约束，使得数值解在满足波场变换方程的同时也能较好地符合这个约束，就相当于从多个近似解中选取了一个较为“合理”的近似解，这便是正则化的基本思路。正则化方法主要需要解决两个问题：①选取合理的约束；②合理控制约束对近似解的控制程度，即合理选取正则化因子。

前面的波场变换尝试结果表明，变换得到的波场值大体具有原波形的衰减形态，但却出现了大量的快速“跳变”，使得变换波形极为复杂。然而对于绝大多数形式的激励源，除了初至时刻外，波场值均是连续渐变的，具有高阶连续性，且应该仅有有限个反映地下界面的明显反射波。同时，根据奥卡姆剃刀原理，即“如无必要，勿增实体”，在存在多个近似解的情况

下,应该以较为简单的为准。因此,设计约束应当从保证波场渐变性和简单性出发。约束的施加,通过最优化方法实现。目标函数设计为

$$\Phi = \| \boldsymbol{KU}-\boldsymbol{E} \|^2 + \alpha \| \boldsymbol{DU} \|^2 \tag{8.55}$$

式中,$\| \ \|^2$ 表示向量的二范数;α 为正则化因子;$\boldsymbol{D}$ 为 $n(n=0,1,2,\cdots)$ 阶差分矩阵。$\boldsymbol{D}$ 控制了所添加约束的意义:$\boldsymbol{U}$ 的 n 阶导数模值取极小,α 则控制了此约束在求解时所占的权重(图 8.20)。通过目标函数的最小化,即可获得 $\boldsymbol{U}$ 的近似估计。在导数模值取极小的约束下,这种估计可称为平滑估计。在 $\alpha>0$ 时,$\boldsymbol{\Phi}$ 的最小化可通过求解此方程实现:

$$\frac{\partial \boldsymbol{\Phi}}{\partial \boldsymbol{U}} = 0 \tag{8.56}$$

根据向量求导规则,式(8.56)等价为

$$(\boldsymbol{K}^{\mathrm{T}}\boldsymbol{K} + \alpha \boldsymbol{D}^{\mathrm{T}}\boldsymbol{D})\boldsymbol{U} = \boldsymbol{K}^{\mathrm{T}}\boldsymbol{E} \tag{8.57}$$

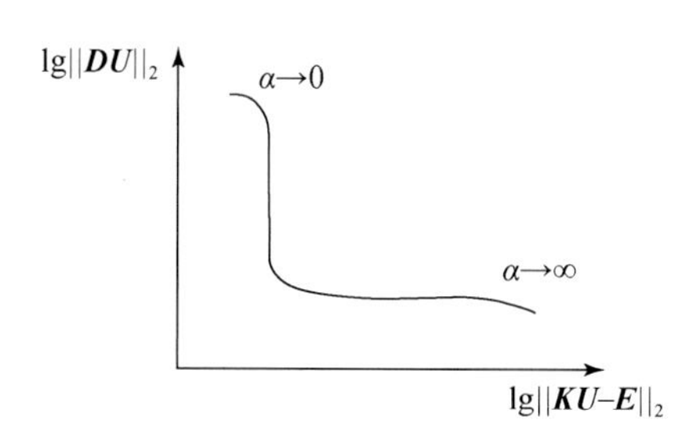

图 8.20　α 对解的影响

数学上已经证明,对任意 $\alpha>0$,式(8.57)是适定的。

在 α 较大时,平滑约束将对于求解结果具有控制作用,而使得估计解偏离真实值;在 α 较小时,平滑约束不再起到约束作用。为使得平滑约束和变换误差之间取得均衡,本书使用残差校正法求解式(8.57),其中的 α 取为

$$\alpha = \frac{\| \boldsymbol{KU}-\boldsymbol{E} \|^2}{\| \boldsymbol{DU} \|^2}$$

容易看出,上式左端使用了矩阵 $\boldsymbol{K}$ 的转置相乘,这将直接导致方程的条件数近乎增大为原本条件数的平方。此时使用直接解法将带来极大的数值误差,而迭代方法也难以获得可信的下降方向,这使得利用一般方法求解此方程变得不可行。因此,本书中单次迭代方程采用收敛速度较快的稳定双共轭梯度法(BICGSTAB)求解,以保证迭代过程稳定下降。

李貅等(2005)提出了在时间域分段的方法降低反变换矩阵的条件数,然后进行分段波场变换,取得了较好的效果。但变换后各段的波场值在其端点附近并不连续,这导致变换后各段波场值的衔接较难处理。针对此问题,我们采用按窗口扫时的方法加以改进。即不再直接将时间域场值分段,而是设定一个时间窗口,使其在时间序列上滑动,如图 8.21 所示。每个窗口内的数据分别进行波场变换获得波场值,然后判断各窗口变换所得波场值与全时段波场值之间的相关性。若相关性大于一个阈值,则将此波场值和全时段的变换结果进行叠加。这里相关系数定义为

$$c = \frac{|\boldsymbol{a} \cdot \boldsymbol{b}|}{|\boldsymbol{a}| \cdot |\boldsymbol{b}|} \tag{8.58}$$

式中，$\boldsymbol{a}$、$\boldsymbol{b}$ 分别为不同窗口之间的波场值向量；c 为相关系数。容易看出，两种波形的相关系数越大，其相似性就越高。

使用奇异值分解法求解各窗口波场变换方程；使用正则化方法求解全时段的波场变换方程。为减小由时间项引起的变换矩阵奇异性，采用较小的时间窗口；同时为削弱奇异值分解法所得变换结果的跳跃性，相关性阈值取一个较小的值。这种波场变换方式，我们称为"扫时"波场变换。

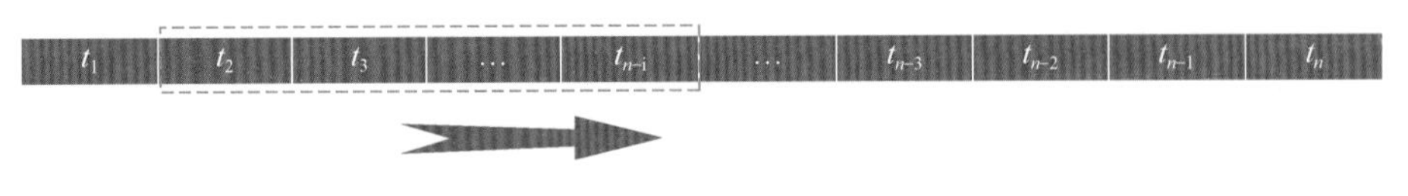

图 8.21　时间窗口滑动示意图

8.3.2　2D 及 3D 偏移成像基本理论

将扩散场变换到波场后，就可以利用地震波场的资料处理方法进行数据处理。由扩散场变换得到的波场数据，其产生机理类似于在地面上以一定方式进行弹性波激发，并在地面的一定范围(孔径)内记录得到的反射地震数据。通过对波场数据的处理分析，即可获得地下介质分界面的特征，进而借以研究地下地质岩层结构及其物性特征。地下介质分界面的求取问题，可以看作一种反散射问题，而地震偏移技术就是求解反散射问题、获取散射界面分布的一种技术。克希霍夫积分法是在地震资料偏移处理中应用较为广泛的一种方法，本书利用此方法进行波场数据的偏移成像。

在地下无源区，波场所满足的标量波动方程为

$$\nabla^2 U-\frac{1}{v^2}\frac{\partial^2}{\partial t^2}U=0 \tag{8.59}$$

其克希霍夫积分解为

$$U(x,y,z,t)=\frac{1}{4\pi}\iint_s\left\{[U]\frac{\partial}{\partial n}\frac{1}{r}+\frac{1}{r}\left[\frac{\partial U}{\partial n}\right]-\frac{1}{vr}\frac{\partial r}{\partial n}\left[\frac{\partial U}{\partial t}\right]\right\}\mathrm{d}s \tag{8.60}$$

式中，$[U]=U(x,y,z,t-r/v)$ 为波场的延迟值；r 为计算点到积分扫描点的距离；v 为速度；n 为边界的法向，如图 8.22 所示。忽略外边界的积分，当地表与 xy 平面重合时，可简化为

$$U(x,y,z,t)=\frac{1}{4\pi}\iint_{xy}\left\{[U]\frac{\partial}{\partial n}\frac{1}{r}-\frac{1}{vr}\frac{\partial r}{\partial n}\left[\frac{\partial U}{\partial t}\right]\right\}\mathrm{d}s \tag{8.61}$$

此式即为标量波动方程的克希霍夫积分解。若已知 xy 平面上波场值和波场导数值，即可利用此式计算空间中任一点处任意时刻的波场值(图 8.22)。

偏移方法实际上是求解一个逆散射问题。在自激自收情况下，发射波场以速度 v 向地下传播，遇到反射界面时，波被反射回地面并被接收装置接收。根据惠更斯原理，可以把反射界面上的每一个点作为新的波源，地面接收到的波场，就是这些波源产生二次波场相叠加的结果。利用克希霍夫积分计算出二次波场产生时刻的地下波场分布，即相当于实现了波场的逆散射"归位"，此时波场值的极大值位置对应着反射界面位置，据此就能描绘出地下反

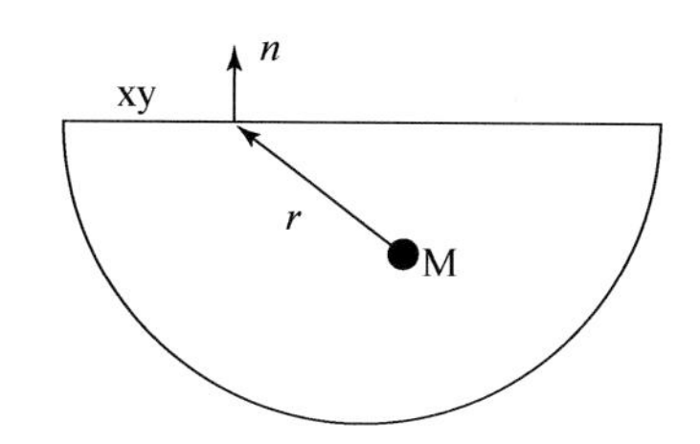

图 8.22　克希霍夫积分平面示意图

射界面的形态。

为积分的简便起见，在进行偏移时，测量数据定义在 $z=0$ 平面上。对于自激自收剖面的情况，二次波场的产生时刻为地面接收到反射波时刻的一半，若取偏移速度为真实速度的一半，则二次场产生的对应时刻均为 $t=0$。将式(8.61)中的延迟值替代为超前值，即令

$$[U]=U(x,y,z,t+r/v) \tag{8.62}$$

由测得数据逆时前推，于是有偏移场

$$U(x_p,y_p,z_p,0)=\frac{1}{4\pi}\iint_{xy}\left(\frac{\partial}{\partial n}\frac{1}{r}-\frac{2}{vr}\frac{\partial r}{\partial n}\frac{\partial}{\partial t}\right)U\left(x,y,0,\frac{2r}{v}\right)\mathrm{d}s \tag{8.63}$$

式中，下标 p 代表偏移点的坐标，$r=\sqrt{(x-x_p)^2+(y-y_p)^2+z_p^2}$。

实际处理数据时，经常遇到来自一条测线上的阵列数据，因此，这里同时给出二维偏移场的公式

$$U(x_p,z_p,0)=\frac{z_p}{2\pi}\int_x\left(\frac{1}{r^2}+\frac{\pi}{vr}\frac{\partial}{\partial t}\right)U(x,t_0)\,\mathrm{d}x \tag{8.64}$$

式中，$t_0=\dfrac{2r}{v}$，$r=\sqrt{(x-x_p)^2+z_p^2}$。

从前面的讨论可以看出，本书所给出的克希霍夫偏移成像方法是建立在自激自收观测方式的基础上的。根据第 2 章的叙述，MTEM 数据的观测可能非采用自激自收装置以降低野外工作强度，这意味着接收装置和发射装置必然有一定的偏移距。因此，在进行偏移之前，需要对波场数据进行动校正处理，将非零源距的数据化为零源距数据。同时，为避免直达波对成像结果的干扰，应先进行初至切除处理。

一般来说，动校正的实现分两步：一是计算动校正量；二是实现动校正。如图 8.23 所示，在界面水平时，对于在 O 点激发，S 点接收的情况，记录下来的反射波并不是来自 O 点正下方，也不是来自 S 点正下方，该反射来自 $OS/2$ 处 M 点的正下方，此时射线的旅行时为

$$t_{ORS}=\frac{1}{V}\sqrt{x^2+4h^2} \tag{8.65}$$

而在 M 点自激自收，R 点的反射时间为

$$t_{OM}=\frac{2h}{V} \tag{8.66}$$

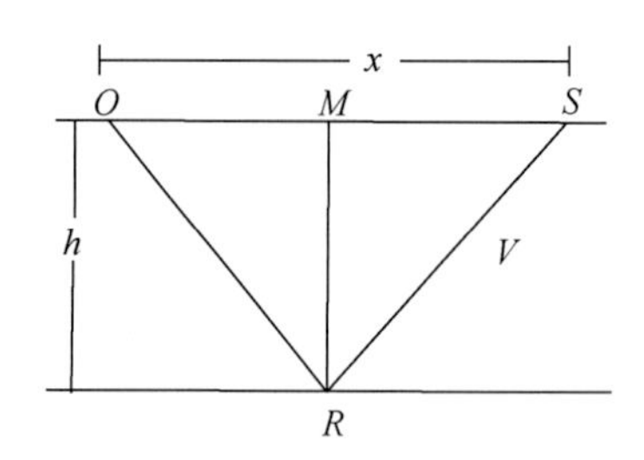

图 8.23　动校正示意图

t_{OM}即为自激自收旅行时 t_0，根据式(8.65)和式(8.66)即可计算动校正量

$$\Delta t = t_{ORS} - t_{OM} = \frac{1}{V}\sqrt{x^2 + 4h^2} - \frac{2h}{V} \tag{8.67}$$

校正后的自激自收旅行时可表达为

$$t_0 = \sqrt{\frac{4h^2}{V^2}} = \sqrt{\frac{x^2 + 4h^2}{V^2} - \frac{x^2}{V^2}} = \sqrt{t_{OMS}^2 - \frac{x^2}{V^2}} \tag{8.68}$$

动校正使用的速度为均方根速度。

偏移处理是对反射波进行逆时归位的过程，直达波对于偏移而言是一种无用信号，且由于其较强的能量，还可能对偏移处理结果造成较大的干扰。因此，进行偏移处理之前，有必要进行初至切除。考虑到动校正对于波形的拉伸效应，初至切除应该在动校正处理之前进行。一般，初至切除是利用切除函数与记录相乘来实现，即

$$\boldsymbol{U}_{\mathrm{r}} = \boldsymbol{R}\boldsymbol{U} \tag{8.69}$$

式中，$\boldsymbol{U}$ 为原始波场信号；$\boldsymbol{R}$ 为切除函数；$\boldsymbol{U}_{\mathrm{r}}$ 为初至切除后的波场信号。本书中，切除函数选为

$$R(t) = \begin{cases} 0.1, & t \leqslant \dfrac{x}{V} \\ 1, & t > \dfrac{x}{V} \end{cases} \tag{8.70}$$

综合前面章节的叙述，即可形成一套完整的 MTEM 数据的波场变换和偏移成像处理方法，一般的 MTEM 数据拟地震偏移成像流程为：

(1)将采集的 MTEM 数据通过扫时波场变换方法变换到波场；

(2)对波场变换后得到的波场数据进行初至切除，以消除直达波对偏移结果的干扰；

(3)对波场数据进行动校正处理，将非零源距数据化为零源距数据，即自激自收数据；

(4)通过数值积分和数值微分实现克希霍夫积分的数值计算，从而进行自激自收数据的克希霍夫偏移，获得深度偏移剖面。

8.4 MTEM 偏移成像软件系统介绍

8.4.1 MTEM 偏移成像软件系统开发原理

MTEM 偏移成像软件系统集成了 MTEM 一维正演、一维反演、数据可视化和拟地震成像等功能模块。系统基于 MFC 类库,使用 VC 6.0 开发工具开发,采用简洁、友善的 Windows 风格设计用户界面,界面友好、操作简洁,其主界面如图 8.24 所示。

图 8.24 多道瞬变电磁法正反演偏移成像系统主界面

系统将一维正演、一维反演等功能以子菜单的方式集成到主界面,具备对成像结果进行可视化的基本功能。下面介绍该软件系统提供的主要功能模块。

1)数据读入功能

提供外部数据读入功能。可选择 SEG-Y 格式文件和 ASC-II 格式文件的数据文件读入系统,系统所读取的 SEG-Y 格式的数据为非标准格式。非标准 SEG-Y 格式无卷头。其他文件格式根据用户实际需要定制(图 8.25)。

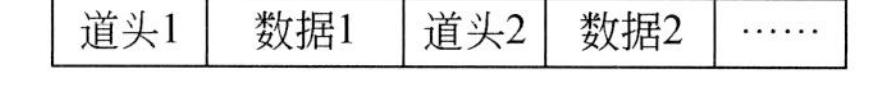

道头1	数据1	道头2	数据2	……

图 8.25 SEG-Y 格式的数据

道头是二进制数据,长度 240 字节,数据类型为 32 位或 16 位的整型,记录采样点数、采样间隔、共深度采集点(common depth pointm,CDP)号、XLine 号、YLine 号以及坐标信息等。地震道的数据长度为采样点数×4 个字节。地震数据的正确读取是数据处理的前提,任何一位参数的偏差都可能导致 SEG-Y 格式数据文件出现内部参数矛盾而无法进行数据解读。了解 SEG-Y 格式地震数据的文件结构为读取位置定位、读取完成存储以及后面的处理作准备。

读取道头参数信息：首先读取 58 字号中本道的采样点数和 59 字号中本道的采样间隔，然后获得文件总长度，计算出一个数据道所占文件长度，根据得到的采样点数和采样间隔等具体数值可计算出数据道个数，其值为文件总长度/(240+采样点数 * 4)。

读取并存储每道的所有采样值：为防止由于文件过大而出现设备内存不足的情况，系统采用读取一道数据绘制一条波形的方式绘制图形，而非将数据全部读取出来然后统一绘制的方法。因此，每当读取一道数据时就应立刻绘制一道波形图，然后再将下一道的数据存储到同一个数组之中。

2）图形显示

双缓冲模式绘图。系统采用双缓冲模式绘图，即利用先在内存绘制，然后拷贝到屏幕的办法进行绘图，可有效避免闪屏现象。

设备无关性。由于图形在屏幕上的显示要严格符合工业标准要求，能够适应不同分辨率的显示器及打印设备，即要实现设备无关性，因此须获得设备屏幕 X 轴和 Y 轴方向上每英寸包含多少个像素点。由于大部分人都不习惯用英寸这个单位，所以要将其转化为每厘米包含多少个像素点。1 英寸约等于 2.54 厘米，故将其除以 2.54 即可。根据每厘米包含的像素点数及显示比例可计算出道与道的间距。

数据预处理。由于每道的偏移量不能超过 2 倍的道距，故必须对数据进行预处理。首先获取数据文件中采样值的最大值，然后处理采样值。

图形绘制。首先将数据转化为相应点的坐标，然后在内存中绘制出波形，最后对波形进行填充。当所有需要绘制的波形都绘制完毕以后，再统一复制到屏幕上。其图形绘制包括了大地脉冲响应、拟地震成像虚拟子波、正演响应和反演结果等基本图形的绘制。

3）打印输出

由于本系统要用于工程制图，故还需实现将屏幕上绘制的图形以 1∶1 的比例打印出来的功能，即所见即所得的功能。

通过重载 Cview 类的 OnDraw(CDC * pDC)函数，实现各种图形和数据在屏幕上的显示。Cview 类的打印利用 OnPrint(CDC * pDC,CPrintInfo * pInfo)函数实现，Cview 类对输出到屏幕和输出到打印机的处理都是一样的，只是换了一个设备上下文而已，输出到打印机的图像之所以特别小，与 VC 采用的缺省的坐标映射方式 MM_TEXT 有关，将缺省的坐标映射模式设为 MM_TEXT 的好处是用户图形坐标和设备的像素完全一致。但是在屏幕的像素大小为 800 * 600 时，每逻辑英寸包含的屏幕像素为 96，而打印机的点数却要多好几倍，如当打印机为 HPLaserJet6L 时，每逻辑英寸包含的打印机点数为 600，也就是说打印机的清晰度比屏幕要高得多。这样的后果就是在屏幕上显示出来的满屏图像在打印出来的纸上却只有一点点大。为解决这个问题，系统采用转换坐标映射的模式，使打印时采用的坐标比例比显示时采用的坐标比例相应地大若干倍，从而解决这个问题。

4）出错处理设计

系统出现的错误主要是由于输入的信息与需要读取的二进制数据文件所存储的信息不匹配，如文件总共有 5 道的数据，而用户却要绘制第 6 道的波形，在这种情况下程序就会报错，提示用户终止道号应小于或等于 5；同理，如果文件中共有 10ms 的数据，输入的结束时间大于 10ms 的话同样会报错。

8.4.2　MTEM 偏移成像软件系统成像检验

利用实际的多通道大功率电法勘探仪 MTEM 电磁数据来检验系统,实现了对 MTEM 电磁数据的图形可视化,有效地验证了系统的可靠性和实用性。具体实现如下。

(1) XScale 参数用于设置距离轴方向每厘米显示的波形道数。如图 8.26 和图 8.27 所示,分别为每厘米显示 1 道波形和 5 道波形。

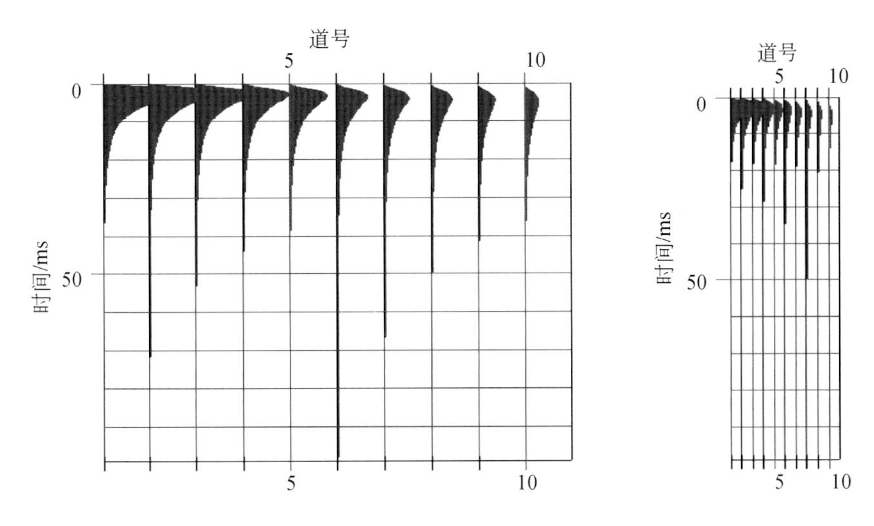

图 8.26　每厘米显示 1 道波形　　　图 8.27　每厘米显示 5 道波形

(2) YScale 参数用于设置时间轴方向每厘米显示多少 ms 的数据。如图 8.28 和图 8.29 所示,分别为每厘米显示 10ms 的数据和 20ms 的数据。

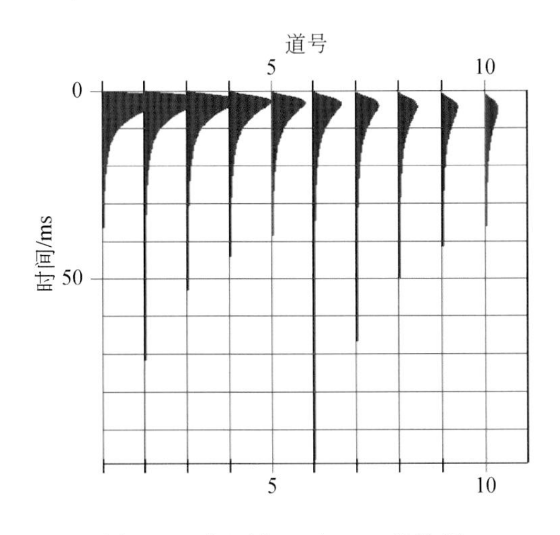

图 8.28　每厘米显示 10ms 的数据

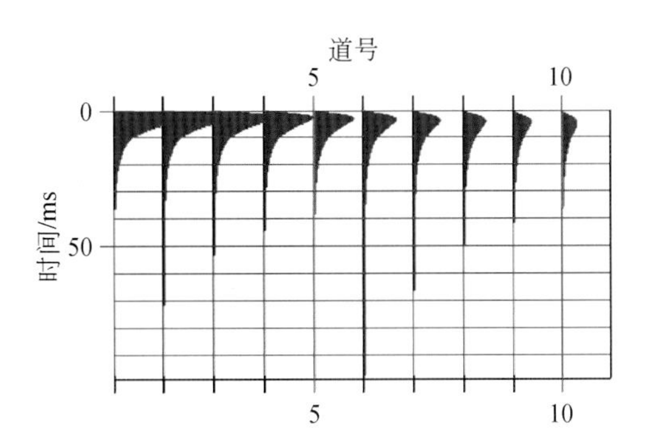

图 8.29　每厘米显示 20ms 的数据

(3) Wavestyle 包括四种波形显示风格，具体如图 8.30 ~ 图 8.33 所示。

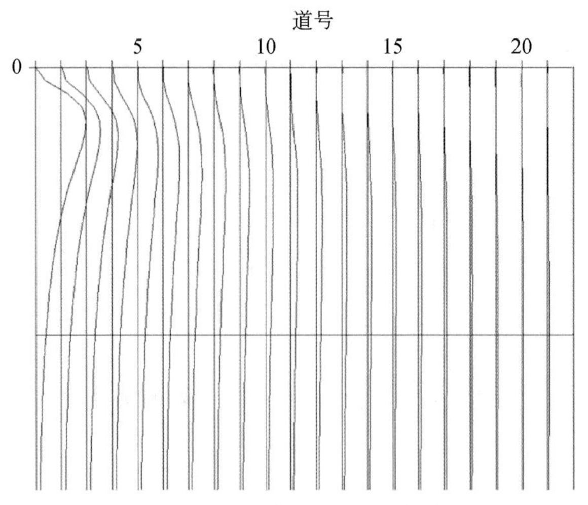

图 8.30　风格 1：只显示波形

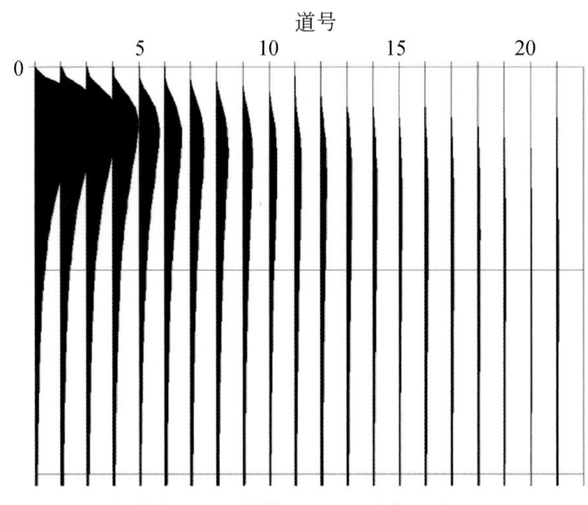

图 8.31　风格 2：只显示变面积

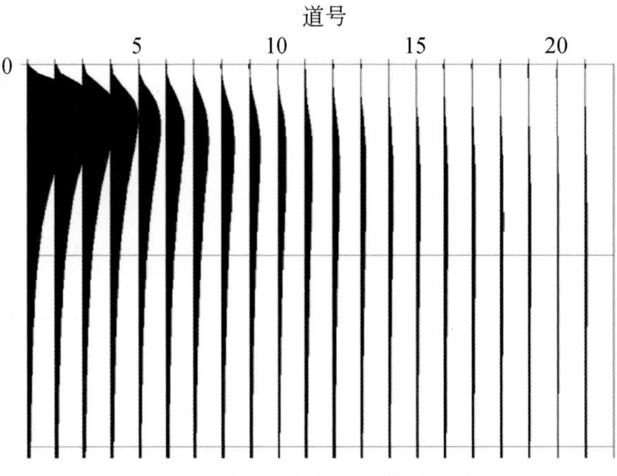

图 8.32　风格 3：同时显示波形和变面积

正值区以黑色填充，负值区不填充

(4)起始道号与终止道号的选择:起始道号应小于或等于终止道号,终止道号应小于或等于文件中的数据道个数;绘制第 3 ~ 第 15 道的图形如图 8.34 所示。

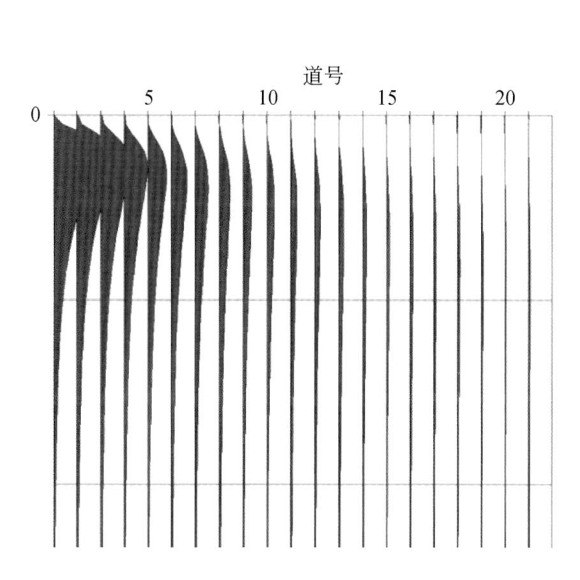

图 8.33　风格 4:同时显示波形和变面积
正值区以蓝色填充,负值区以黑色填充

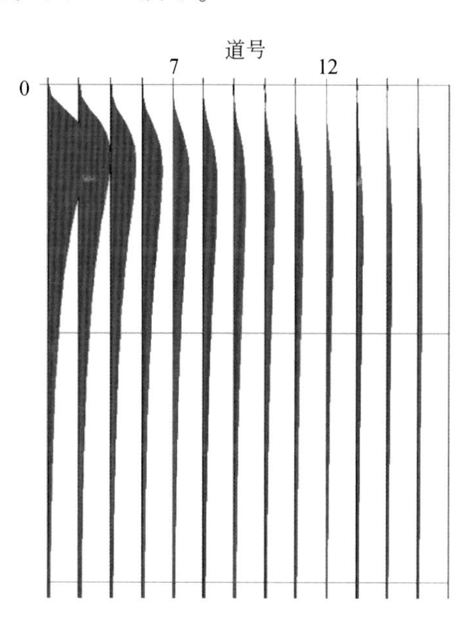

图 8.34　第 3 ~ 第 15 道绘图显示

(5)文件中道号的排列顺序选择,以绘制第 1 ~ 第 10 道波形图为例。

正序如图 8.35 所示。

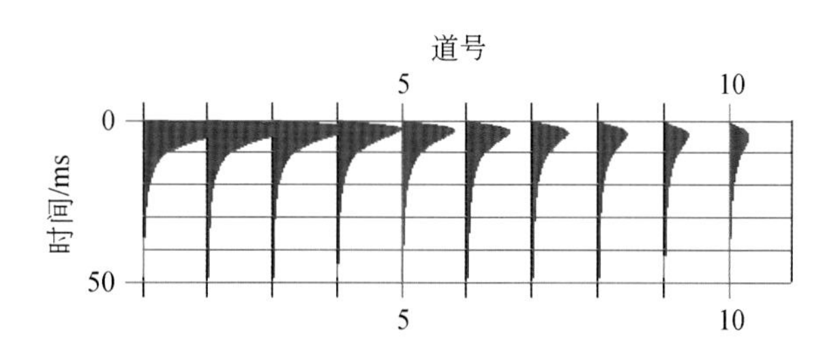

图 8.35　正序

倒序如图 8.36 所示。

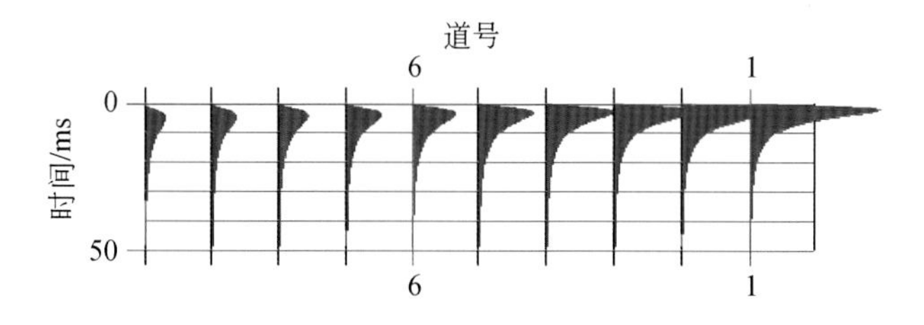

图 8.36　倒序

8.4.3　MTEM 数据成像效果

8.4.3.1　2D 模型偏移成像算例

本书依据冬瓜山铜矿矿体模型进行了模型设计和正演计算,然后进行波场变换和偏移成像处理。在布置观测系统时,将长剖面分为四段进行观测。发射源为长 100m 的 x 方向电性源,电流为 10A,在四个剖面中分别位于 $x=100$m、400m、800m、1200m 位置;对 4 个发射源位置,接收点分别布置于 100 ~ 800m、500 ~ 1200m、900 ~ 1600m、1300 ~ 2000m 范围,点距为 100m;观测时窗为 10^{-5} ~ 10^{-1}s,时间道按照对数间隔分布。

深度偏移剖面基本上反映出了电性界面和两层矿体的起伏形态。根据波场的反射规律和反射波同相轴的相位特征可以推断,第一条和第二条同相轴分别对应着第一层矿体的顶面、底面和第一个围岩层面,第三条同相轴对应着第二层矿体的顶面(图 8.37)。

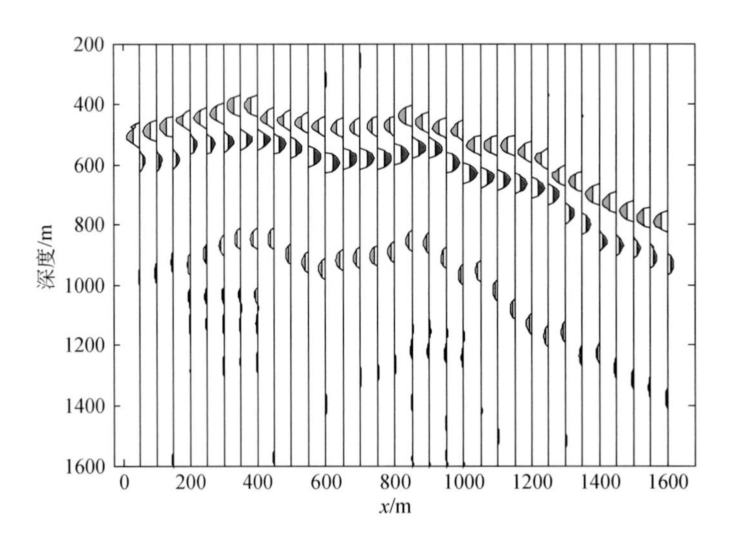

图 8.37　冬瓜山矿体模型深度偏移剖面

8.4.3.2　3D 模型偏移成像算例

真实模型参数为:电阻率为 100Ω · m 的均匀半空间中存在两个异常体,其几何和电性参数如图 8.38 所示。发射及接收参数为:x 方向导线源长度为 10m,中心点位于 0m 位置,发射电流为 10A;主剖面接收点位于范围 100 ~ 200m,150 ~ 250m,间距为 25m,观测值为分量随时间的变化率;观测时窗为 10^{-5} ~ 10^{-1}s,观测时间按对数等间隔分布。

图 8.39 为上述模型的波场变换后的偏移成像处理结果。可见,在进行初至切除与动校正处理后,时间剖面已基本上能反映出层面的起伏特征。经过偏移处理之后的深度剖面很好地给出了模型的形态和深度等参数。由于上层介质物性单一,并未出现动校正后界面几何特征仍存在畸变的情况。

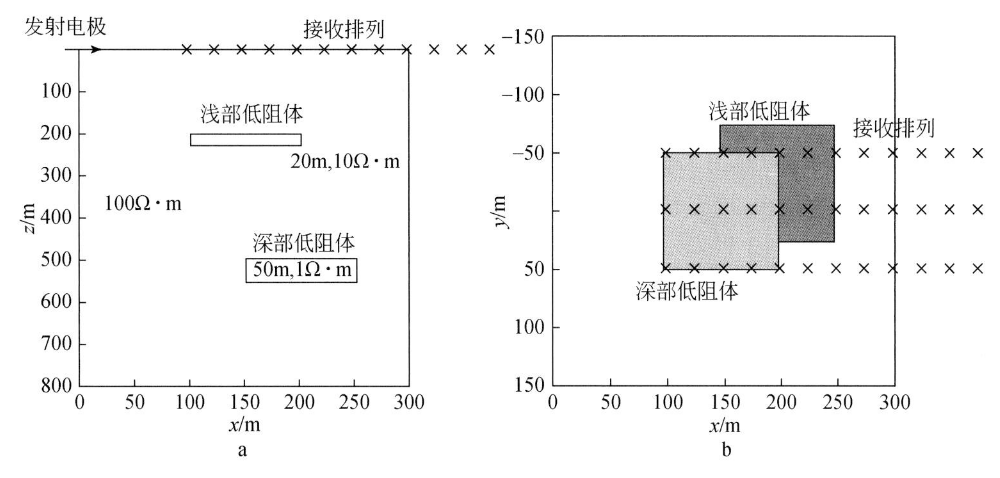

图 8.38　均匀半空间中的两个异常体模型(a)侧视图(b)俯视图

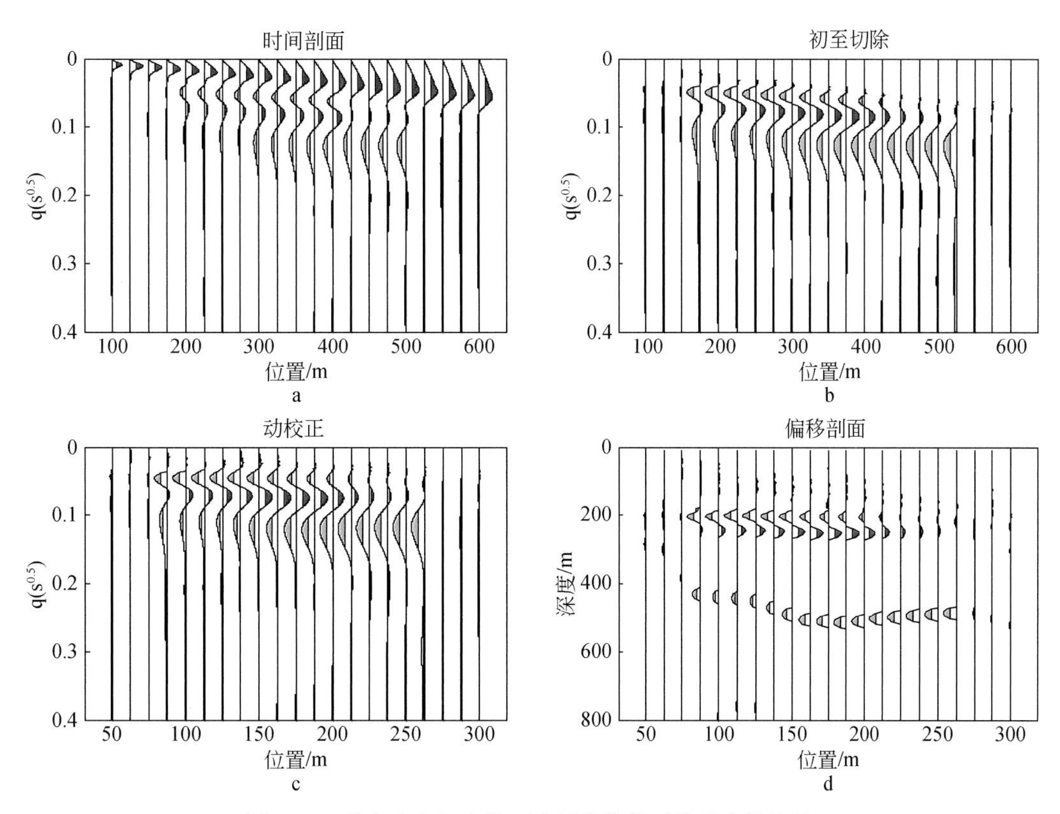

图 8.39　均匀半空间中的两个异常体模型偏移成像结果

8.5　MTEM 数据管理及结果可视化

在 MTEM 电磁数据处理、正演与偏移研究的基础上，开发数据管理及结果可视化软件，通过对各模块进行集成，形成完整的 MTEM 资料处理及偏移成像软件。系统平台可实现对

MTEM 数据的专业化管理,实现数据处理和数据结果图形友好展示,提高数据解译的可靠性和易用性,可以为整套多通道大功率电法勘探系统提供软件支撑。

8.5.1　软件简介

软件功能包括:①开发出常用数据采集设备的数据接口,建立多种数据的数据库管理接口,实现不同类型数据的数据库管理,建立 MTEM 电磁数据仓库;②研究出包括各种复杂地质体、地质构造和工程结构体在内的三维实体可视化建模及实体并、差、交、联合等算法,开发集成多维可视化建模平台;③集成数据处理、结果可视化及数据解释系统软件。

MTEM 数据管理及结果可视化软件平台包括两大部分,其组成如图 8.40 所示。

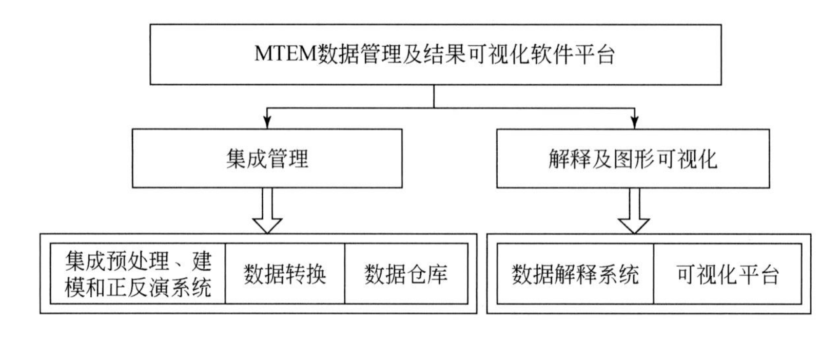

图 8.40　MTEM 数据管理及结果可视化软件设计组成

MTEM 数据结果可视化软件的开发环境为微软编译平台 Visual Studio,数据库管理模块及可视化模块采用 C#语言编写,预处理软件采用 C#和 MATLAB 语言编写,一维正演模块采用了 FORTRAN 和 MATLAB 语言混合编程技术,2D/3D 正演计算模块采用 FORTRAN 语言编写,反演与偏移成像模块采用了 FORTRAN 和 MATLAB 语言编写。MTEM 数据结果可视化软件主界面如图 8.41 所示。

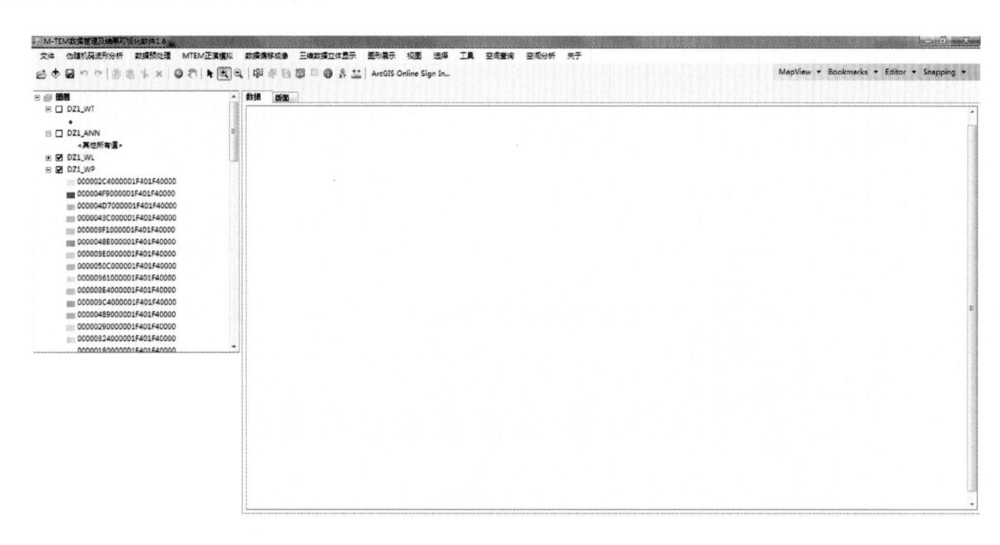

图 8.41　MTEM 数据结果可视化软件主界面

软件平台包括数据库管理、预处理(原始数据提取、地表一致性校正、脉冲响应计算)、正演模拟(伪随机波形一维正演、时间域二维大地脉冲响应模拟、具有仪器带限影响的二维模拟、加白噪声的二维模拟、三维正演、二维/三维正演模拟结果显示)、反演与偏移成像(一维反演、波场转换、波场压缩、二维偏移成像、三维偏移成像)、数据可视化及解释等功能。

8.5.2　应用结果

8.5.2.1　数据库管理模块

为保证数据库的可升级性及可移植性,在数据库设计过程中摒弃了存储过程、视图等不常用的数据类型,MTEM 数据使用了 Varchar2、Clob、Blob、Number、Date 等基础标准类型进行实现。

针对 MTEM 数据的特点,研究了有效的数据组织和管理机制与方式,研发了高效的数据管理系统。软件采用了专业的三层架构,同时支持 Oracle、SQL server 和 Access 等多种类型的数据库,可以实现 C/S 及 B/S 架构的数据库管理。整套软件可以实现 MTEM 数据的海量管理,可以对数据库进行增删改查等操作,可轻松解决多表关联等复杂问题。

软件界面分为两大部分,左侧为功能选择区,右侧为数据展示区。左侧界面给出了系统设计的数据表,包括项目信息表、测区信息表、测线信息表、测点信息表和中间数据表。数据展示区可以详细显示数据库中的各项数据,包括项目各项信息、数据的唯一标示符 UID、测点标示、数据采集时间、处理时间、信号类型、场值等。同时,为了满足 MTEM 大批量数据管理的需求,软件也实现了批量数据的管理工作。MTEM 数据管理系统修改测点信息界面如图 8.42 所示。

图 8.42　MTEM 数据管理系统修改测点信息界面

8.5.2.2　数据预处理模块

多通道瞬变电磁法在采集伪随机二进制序列所激发的全波形响应后,需要通过接收波形和发射波形的反卷积方法计算大地脉冲响应以进行进一步求取视电阻率和反演解释工作。本模块负责调取单个或多个通道的接收波形及发射波形数据文件,可同时显示多通道的接收波形和发射波形曲线,如图 8.43 所示。同时本模块还具有以下功能。

(1)频谱分析:在频率域识别干扰信号。

(2)时频谱分析:在时-频域内分析有效信号特征。

(3)滤波器设计:根据不同干扰信号,设计不同滤波器,包含带通滤波器、带阻滤波器、中值滤波、50Hz 滤波。

(4)单个接收通道循环求取多个点的大地脉冲响应曲线。

(5)多个接收通道同时计算多个点的大地脉冲响应曲线。

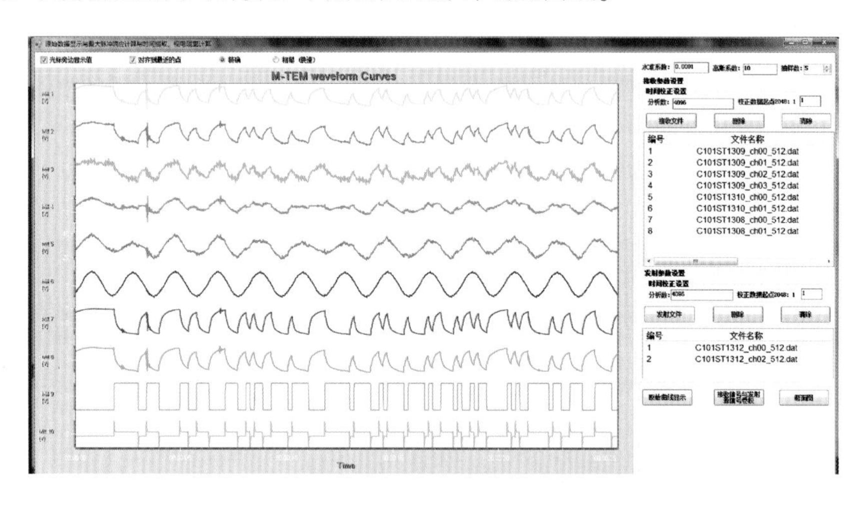

图 8.43　MTEM 接收和发射波形多道显示

8.5.2.3　MTEM 正演模拟及反演偏移成像模块

通过集成正演、反演及偏移算法的 FORTRAN 或 MATLAB 程序,本模块功能为实现人机交互界面化的 MTEM 正演模拟以及反演、偏移计算。用户在友好界面中可方便地输入地电模型、发射系统、接收系统、正演模拟及反演计算、偏移等各参数,可高效生成理论和野外仿真模拟数据,可计算得到反演结果及偏移结果。本模块的 1D 正演界面如图 8.44 所示,1D 反演界面如图 8.45 所示。

8.5.2.4　数据结果可视化模块

该模块可对多种处理结果进行数据可视化,主要实现了反演电阻率三维立体、横向、纵向、水平切片显示。结合地形、钻孔等资料,可方便地进行电性资料解释,同时能够突出异常体的空间分布情况,数据三维显示和数据的切片显示分别如图 8.46 和图 8.47 所示。

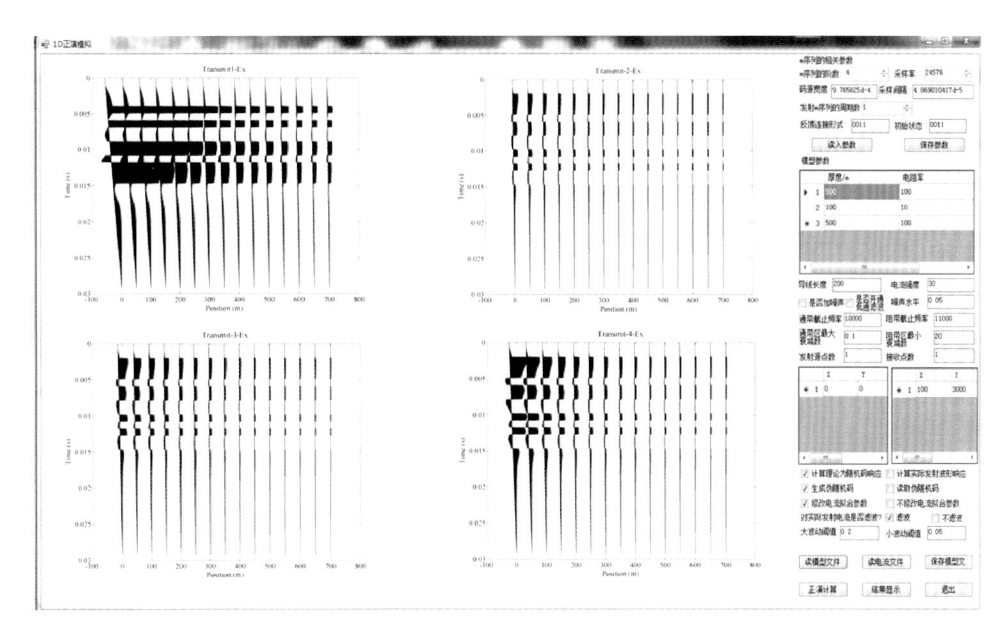

图 8.44　一维正演界面

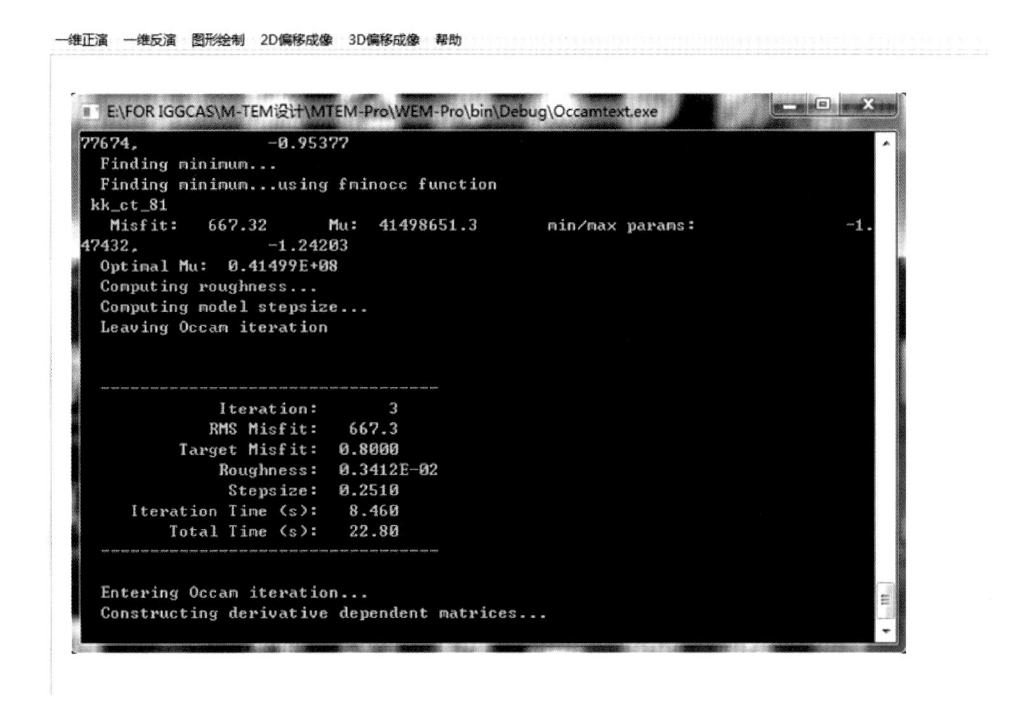

图 8.45　一维反演界面

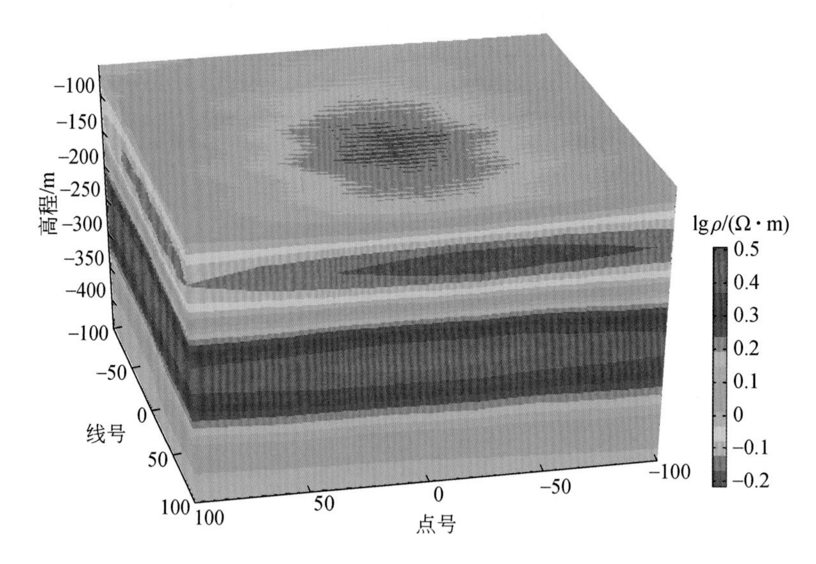

图 8.46　数据三维显示

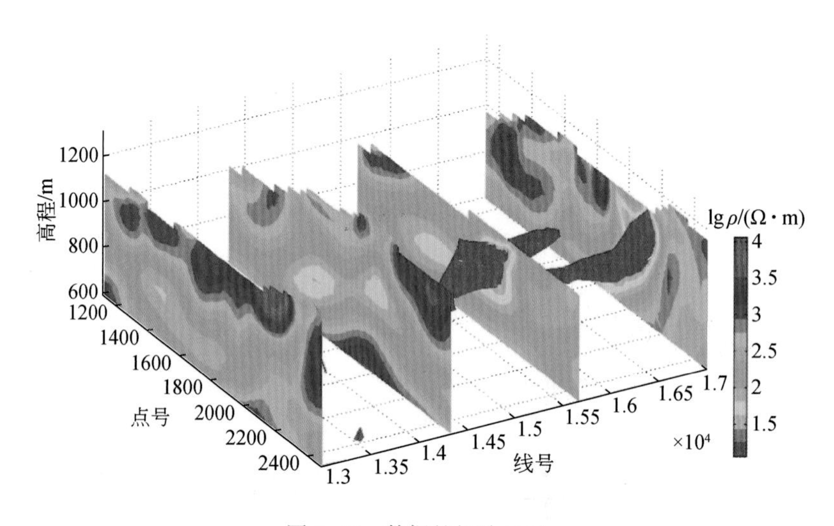

图 8.47　数据的切片显示

参 考 文 献

陈本池,李金铭,周凤桐 . 1999. 瞬变电磁场的波长变换算法 . 石油地球物理勘探,34(5):539-545.

陈海龙,李宏 . 2005. 基于 MATLAB 的伪随机序列的产生和分析 . 计算机仿真,22:98-100.

陈小斌,赵国泽,汤吉,等 . 2005. 大地电磁自适应正则化反演算法 . 地球物理学报,48(4):937-946.

程佩青 . 2007. 数字信号处理教程(第三版). 北京:清华大学出版社 .

底青云,许诚,付长民,等 . 2015. 地面电磁探测(SEP)系统对比试验——内蒙曹四夭钼矿 . 地球物理学报,58(8): 2654-2663.

董敏煜 . 1989. 地震勘探信号分析 . 东营:石油大学出版社 .

方文藻,李予国,李貅 . 1993. 瞬变电磁测深法原理 . 西安:西北工业大学出版社 .

傅君眉,冯恩信 . 2000. 高等电磁理论 . 西安:西安交通大学出版社 .

葛德彪,闫玉波 . 2005. 电磁波有限差分法(第二版). 西安:西安电子科技大学出版社 .

李锋平,杨海燕,刘旭华,等 . 2017. 瞬变电磁反演中的非线性规划遗传算法 . 物探与化探,41(2):347-353.

李貅,薛国强 . 2013. 瞬变电磁法拟地震偏移成像研究 . 北京:科学出版社 .

李貅,薛国强,宋建平,等 . 2005. 从瞬变电磁场到波场的优化算法 . 地球物理学报,48(5):1185-1190.

李展辉,黄清华 . 2014. 复频率参数完全匹配层吸收边界在瞬变电磁法正演中的应用 . 地球物理学报,57(4):1292-1299.

林可祥,汪一飞 . 1977. 伪随机码的原理与应用 . 北京:人民邮电出版社 .

米萨克 N 纳比吉安 . 1992. 勘查地球物理电磁法(第一卷 理论). 赵经详等译 . 北京:地质出版社 .

朴化荣 . 1990. 电磁测深法原理 . 北京:地质出版社 .

戚志鹏,李貅,吴琼等 . 2013. 从瞬变电磁扩散场到拟地震波场的全时域反变换算法 . 地球物理学报,56(10):3581-3595.

齐彦福,殷长春,王若,等 . 2015. 多通道瞬变电磁 m 序列全时正演模拟与反演 . 地球物理学报,58(7):2566-2577.

孙怀风,李貅,李术才 . 等 . 2013. 考虑关断时间的回线源激发 TEM 三维时域有限差分正演 . 地球物理学报,56(3):1049-1064.

滕吉文 . 2010. 强化第二深度空间金属矿产资源探查,加速发展地球物理勘探新技术与仪器设备的研制及产业化 . 地球物理学进展,25(3):729-748.

涂小磊 . 2015. 多通道瞬变电磁法时域正演模拟 . 中国科学院地质与地球物理研究所硕士学位论文 .

王华忠,蔡杰雄,孔祥宁,等 . 2010. 适于大规模数据的三维 Kirchhoff 积分法体偏移实现方案 . 地球物理学报,53(7):1699-1709.

王若 . 2005. 人工源频率域大地电磁法正反演研究 . 中国科学院地质与地球物理研究所博士学位论文 .

王若 . 2016. 2D M-TEM 电性源有限元法正演模拟软件成果报告 . 中国科学院地质与地球物理研究所 .

王若,王妙月,底青云 . 2006. 频率域线源大地电磁法有限元正演模拟 . 地球物理学报,49(6):1856-1866.

王若,王妙月,底青云,等. 2016. 伪随机编码源激发下的时域电磁信号合成. 地球物理学报,59(12):4414-4423.

王若,王妙月,底青云,等 . 2018. 多通道瞬变电磁法 2D 有限元模拟 . 地球物理学报,61(12):5084-5095.

王长清,祝西里 . 2014. 电磁场计算中的时域有限差分法(第二版). 北京:北京大学出版社 .

薛国强,李貅,底青云 . 2007. 瞬变电磁法理论与应用研究进展 . 地球物理学进展,22(4):1195-1200.

薛国强,陈卫营,周楠楠,等 . 2013. 接地源瞬变电磁短偏移深部探测技术 . 地球物理学报,56(1):255-261.

薛国强,闫述,底青云,等 . 2015. 多道瞬变电磁法(M-TEM)技术分析 . 地球科学与环境学报,37(1):94-101.

闫述 . 2016. 3D M-TEM 正演模拟软件开发成果报告 . 江苏大学 .

殷长春,齐彦福 . 2016. 1D M-TEM 电偶极源正演模拟软件成果报告 . 吉林大学 .

殷长春,黄威,贲放 . 2013. 时间域航空电磁系统瞬变全时响应正演模拟,地球物理学报,56(9):3153-3162.

Aleardi M, Mazzotti A. 2017. 1D elastic full-waveform inversion and uncertainty estimation by means of a hybrid genetic algorithm-Gibbs sampler approach. Geophysical Prospecting, 65(1):64-85.

Anderson W L. 1982. Calculation of transient soundings for a coincident loop system. U. S. Geol. Surv. Open-File Report:82-378.

Chave A D, Cox C S. 1982. Controlled electromagnetic sources for measuring electrical conductivity beneath the oceans:1. Forward problem and model study. Journal of Geophysical Research: Solid Earth (1978–2012), 87:5327-5338.

Commer M, Newman G. 2004. A parallel finite-difference approach for 3D transient electromagnetic modeling with galvanic sources. Geophysics, 69(5): 1192-1202.

Edwards R, Chave A. 1986. A transient electric dipole-dipole method for mapping the conductivity of the sea floor. Geophysics, 51: 984-987.

Everett M E. 2009. Transient electromagnetic response of a loop source over a rough geological medium. Geophysical Journal International, 177(2): 421-429.

Fisher E, Mcmechan G A, Annan A P. 1992. Acquisition and processing of wide-aperture ground-penetrating radar data. Geophysics, 57: 495-504.

Golomb S W, Welch L R, Goldstein R M, et al. 1982. Shift Register Sequences. Aegean Park Press Laguna Hills, CA.

Golub G H, Wahba H G. 1979. Generalized Cross-Validation as a Method for Choosing a Good Ridge Parameter. Technometrics, 21(2): 215-223.

Hanke K M, Hansen L P C. 1993. Regularization Methods for Large-Scale Problem. Surv. Math. Ind 3(4)253-315.

Hobbs B, Ziolkowski A, Wright D. 2006. Multi-Transient Electromagnetics(MTEM)-controlled source equipment for subsurface resistivity investigation. 18th IAGA WG, 1: 17-23.

Johnson O L, Aizebeokhai A P. 2017. Application of artificial neural network for the inversion of electrical resistivity data. Journal of Informatics and Mathematical Sciences, 9(2): 297-316.

Lee S, Memechan G A. 1987. Phase-field imaging: The electromagnetic equivalent of seismic migration. Geophysics, 52(5): 678-693.

Li J, Farquharson C G. 2015. Two effective inverse Laplace transform algorithms for computing time-domain electromagnetic responses. SEG Technical Program Expanded Abstracts: 957-962.

Li J H, Zhu Z Q, Liu S C, et al. 2011. 3D numerical simulation for the transient electromagnetic field excited by the central loop based on the vector finite-element method. Journal of Geophysics and Engineering, 8(4): 560-567.

Li S C, Sun H, Lu X S, et al. 2014. Three-dimensional modeling of transient electromagnetic responses of water-bearing structures in front of a tunnel face. Journal of Environmental & Engineering Geophysics, 19(1): 13-32.

Li Y G, Constable S. 2010. Transient electromagnetic in shallow water: Insights from 1D modeling. Chinese Journal of Geophysics, 53(3): 737-742.

Løseth L, Ursin B. 2007. Electromagnetic fields in planarly layered anisotropic media. Geophysical Journal International, 170: 44-80.

Munkholm M S, Auken E. 1996. Electromagnetic noise contamination on transient electromagnetic soundings in culturally disturbed environments. Journal of Environmental and Engineering Geophysics, 1: 119-127.

Mutagi R. 1996. Pseudo noise sequences for engineers. Electronics & Communication Engineering Journal, 8: 79-87.

Newman G A, Hohmann G W, Anderson W L. 1986. Transient electromagnetic response of a three-dimensional body in a layered earth. Geophysics, 51(8): 1608-1627.

Nguyen L T, Nestorovic T. 2016. Unscented hybrid simulated annealing for fast inversion of tunnel seismic waves. Computer Methods in Applied Mechanics and Engineering, 301: 281-299.

Oristagiio M L, Hohmann G W. 1984. Diffusion of electromagnetic fields into a two-dimensional earth: A finite-difference approach. Geophysics, 49(7): 870-894.

RichardL B, Faires J D. 2001. Numerical Analysis(the 7th edition). Thomson Learning, Inc. Stamford, Connecticut.

Rudin L I, Osher S, Fatemi E. 1992. Nonlinear total variation based noise removal algorithms//Eleventh International Conference of the Center for Nonlinear Studies on Experimental Mathematics: Computational Issues in Nonlinear Science: Computational Issues in Nonlinear Science. Elsevier North-Holland, Inc: 259-268.

Strack K M. 1992. Exploration with deep transient electromagnetics. Netherlands: Elsevier Science Publishers.

Um E S, Harris J M, Alumbaugh D L. 2010. 3D time-domain simulation of electromagnetic diffusion phenomena: A finite-element electric-field approach. Geophysics, 75(4): F115-F126.

Vogel C R, Oman M E. 1998. Fast, robust total variation-based reconstruction of noisy, blurred images. IEEE Transactions on Image Processing A Publication of the IEEE Signal Processing Society, 7(6): 813-824.

Wait J. 2012. Geo-Electromagnetism. Netherlands: Elsevier Science Publishers.

Wang T, Hohmann G W. 1993. A finite-difference, time-domain solution for three-dimensional electromagnetic modeling. Geophysics, 58(6): 797-809.

Wannamaker P E, Hohmann G W, Sanfilipo W A. 1984. Electromagnetic modeling of three-dimensional bodies in layered earths using integral equations. Geophysics, 49: 60-74.

Weir G. 1980. Transient electromagnetic fields about an infinitesimally long grounded horizontal electric dipole on the surface of a uniform half-space. Geophysical Journal International, 61: 41-56.

Wright D A. 2003. Detection of hydrocarbons and their movement in a reservoir using time-lapse multi-transient electromagnetic (M-TEM) data. Edinburgh: University of Edinburgh.

Wright D A, Ziolkowski A, Hobbs B A. 2001. Hydrocarbon detection with a multi-channel transient electromagnetic survey//SEG. SEG Technical Program Expanded Abstracts 2001. Tulsa: SEG: 1435-1438.

Wright D A, Ziolkowski A, Hobbs B. 2002. Hydrocarbon detection and monitoring with a multicomponent transient electromagnetic (M-TEM) survey. The Leading Edge, 21: 852-864.

Wright D A, Ziolkowski A, Hobbs B A. 2005. Detection of subsurface resistivity contrasts with application to location of fluids. USA, US6914433 B2. 2005-07-07.

Xue G Q, Yan Y J, Li X. 2007. Pseudo-seismic wavelet transformation of transient electromagnetic response in geophysical exploration. Geophysical Research Letters, 200734: L16405.

Yee K S. 1996. Numerical solution of initial boundary problems involving Maxwell's equations in isotropic media. IEEE Trans. Ant. Prop., AP-14, 302-309.

Zhdanov M S. 2010. Electromagnetic geophysics: Notes from the past and the road ahead. Geophysics, 75: 75A49-75A66.

Zhdanov M S. 2015. Inverse theory and applications in geophysics. Netherlands: Elsevier Science Publishers.

Ziolkowski A, Hobbs B A, Wright D. 2007. Multi-transient electromagnetic demonstration survey in France. Geophysics, 72(4): F197-F209.

Ziolkowski A, Parr R, Wright D, et al. 2010. Multi-transient electromagnetic repeatability experiment over the North Sea Harding field. Geophysical prospecting, 58: 1159-1176.

第 9 章　MTEM 系统整体设计及集成优化与方法试验

9.1　系 统 集 成

MTEM 新型多通道大功率电法勘探系统是由发射源、分布式数据采集站、电场传感器、数据传输与控制、数据处理与解释分系统组成的，一套能完整地探测地下 4000m 以浅的复杂电性结构的地球物理探测系统。其中，系统野外资料采集如图 9.1 所示。

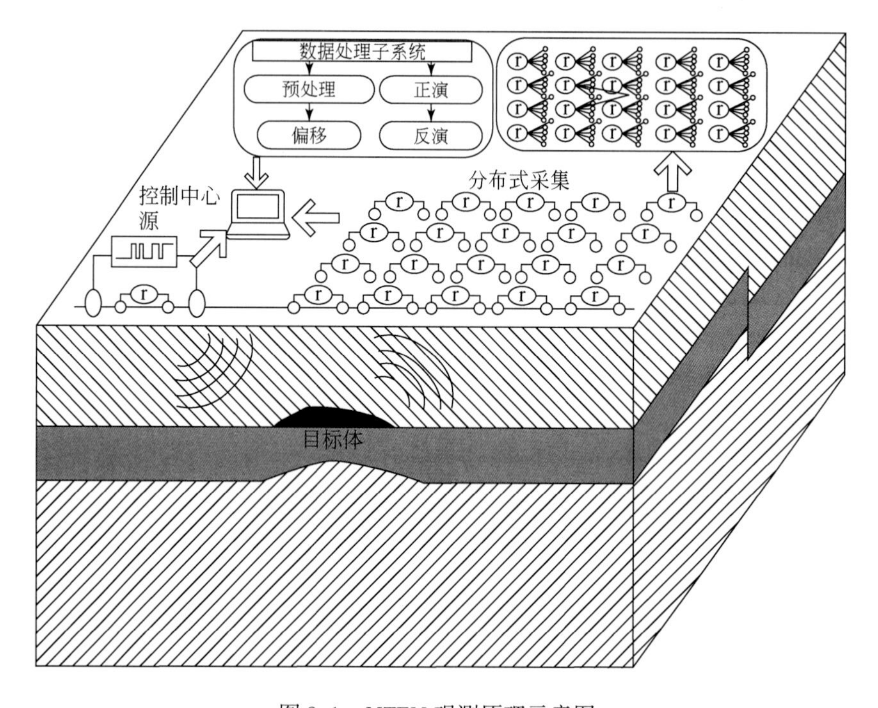

图 9.1　MTEM 观测原理示意图

MTEM 系统通过接地导线向地下发射 PRBS 电流，同时在离发射源一定距离的接收端测量电压和发射电流。如果把大地看作一个线性时不变系统，接收端电压可以认为是输入电流与大地脉冲响应的卷积，满足如下关系式：

$$v(t)=i(t)\times g(t)\times r(t)+n(t) \tag{9.1}$$

式中，$v(t)$ 为接收电压；$i(t)$ 为发射电流；$g(t)$ 为大地脉冲响应；$r(t)$ 为接收机的脉冲响应；$n(t)$ 为记录接收电压时记录下来的噪声。

实际发射过程中，由于发射电极的接地阻抗并不是固定的，AB 电极间的导线具有感抗，处于不断变化中，因此实际输入大地的电流与理论发射电流存在一定差异，需要实时记录输入大地的发射电流全部波形。野外采集过程中，在记录接收电压的同时，会专门使用一台接收机（即 MTEM 系统中的编码记录单元）记录输入大地的发射电流，因此实际记录的发射电流还包括接收电极、长导线和仪器自身脉冲响应：

$$s(t)=i(t)\times r(t) \tag{9.2}$$

式中，$s(t)$ 为实际记录的发射电流，也称发射系统响应。若仪器一致性良好，可以不考虑仪器间的差异，则有

$$v(t)=s(t)\times g(t)+n(t) \tag{9.3}$$

从式(9.3)知道，根据输入与输出的关系，可估计出大地脉冲响应，再进一步处理，可获得地下电阻率信息。

9.1.1　分系统功能设计

1）发射机子系统

如图 9.2 所示，发射机子系统主要包括 PRBS 电流的产生和测量、PRBS 大功率发射机两个部分。PRBS 生成单元用于产生指定参数的 PRBS 编码电流，经过大功率发射机，通过接地导线 *AB* 向大地发射信号。PRBS 电流具有一个平坦的频谱（图 9.3），可以提高大地脉冲响应辨识的精度，从而提高纵向分辨率。如前所述，为了恢复大地脉冲响应，需要实时记录 MTEM 的发射电流，称为系统函数。系统函数的测量方式主要有两种，一种是用感应元件（如霍尔元件）直接测量发射导线电流。另一种是在发射极 *AB* 的中心布置一对与发射导线 *AB* 方向相同但是极距很小的偶极子 *MN*（如几十厘米）记录电压。尽管离发射极 *AB* 很近，第二种方式还是不可避免地引入大地响应，因此并不是纯粹的系统响应。

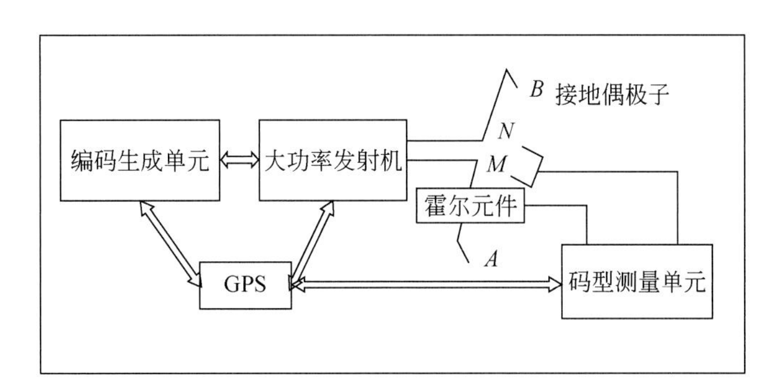

图 9.2　MTEM 发射机子系统框图

2）数据采集子系统

如图 9.4 所示，MTEM 同时在 inline（沿侧线）方向布设多台采集站，实现阵列式数据采集，大大提高了数据空间覆盖率。类似反射地震勘探方法，定义接收机与发射机之间的距离为偏移距。根据电磁场传播规律，电磁场强度随着偏移距的增大迅速衰减（与偏移距的 3 次方成反比）。因此在阵列式采集时，当采集排列中最小偏移距与最大偏移距之间距离较大时，这两台接收机采集到的信号强度相差很大。为了使小偏移距处信号不会太强甚至饱和，同时保证大偏移距处接收信号尽可能大，MTEM 接收机应具有大动态范围。由于大偏移距

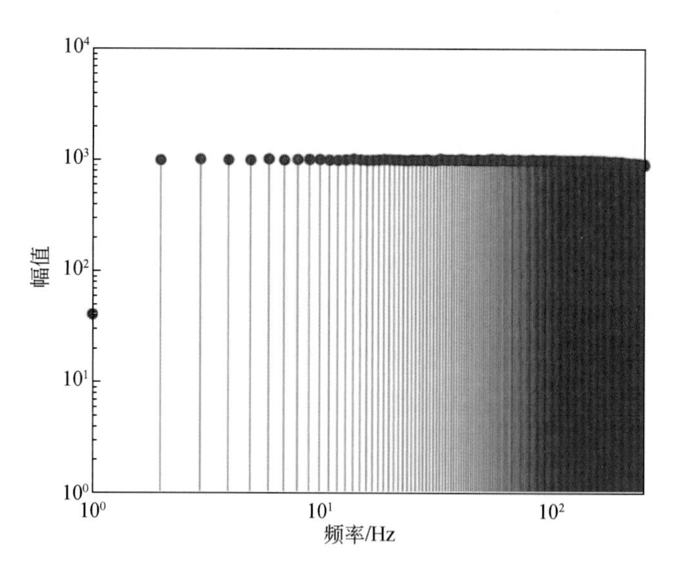

图 9.3　PRBS(512Hz)频谱图

处信号弱,因此也要求接收机具有高灵敏度,能够检测非常微弱的信号。同发射机子系统类似,GPS 保证了数据采集阵列所有接收机与发射信号及编码电流记录单元之间保持时间同步。此外,为野外施工方便,接收机还应具有功耗低、体积小、重量轻、存储空间大等特点。

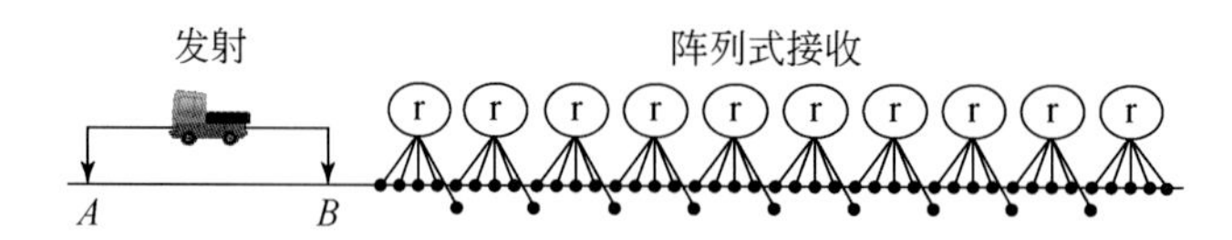

图 9.4　MTEM 阵列式数据采集模式

3)数据传输子系统

为了对采集的数据进行实时监控,通过传输子系统将数据采集阵列与主控单元之间建立有线连接(图 9.5),以实现数据采集站的集中控制与数据质量监控。数据传输系统是一大范围多节点的系统,具有高性能时钟同步、低功耗、大容量数据存储及对系统实时控制的特点。

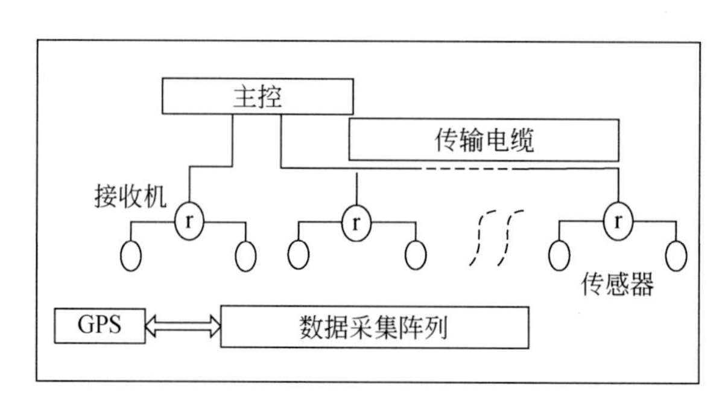

图 9.5　MTEM 数据传输子系统

4)传感器子系统

MTEM 系统的电传感器子系统采用的基于石墨烯的不极化电极,具有极差小、稳定时间长等优良特性,并通过设计极间低频噪声抑制与调理模块,获取低噪声、高精度的电场信号。

极间低频噪声抑制与调理模块的研制:电场传感器是 MTEM 测量弱信号拾取的关键,传统电场传感器将电极直接连接至采集站,在 MTEM 测量系统中,电场传感器间距在 20 ~ 200m,因此电场传感器到采集站的距离较远,易受环境电磁干扰,无法识别极微弱的信号。为此,在不极化电极间加入极间低频噪声抑制与调理模块(平衡器),将不极化电极与该模块统称为电场传感器,极间低频噪声抑制与调理模块对不极化电极所获取的信号进行噪声压制与放大,进而传送给采集站进行信号采集,获取更高信噪比的信号,提高测量精度。图 9.6 给出了基于上述思路进行电场测量的方法示意图。

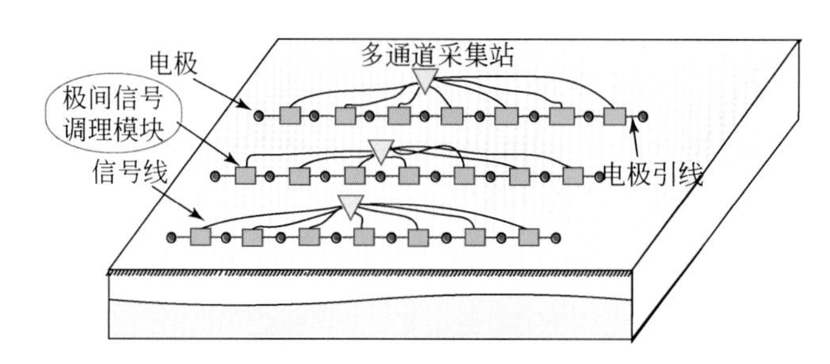

图 9.6　MTEM 系统电场信号测量的示意图

5)数据处理子系统

MTEM 系统同时记录发射电流和测量电压,通过反褶积得到大地脉冲响应,再采用类反射地震方法进行数据处理和解释。MTEM 数据空间覆盖率高,为了有效提高勘探分辨率,MTEM 数据采用成像处理技术,为此,需要研究 MTEM 资料处理及偏移成像软件平台。该软件平台应该具备以下功能:①针对 MTEM 的特点,对理论模型进行正演模拟,探求该方法对地下异常体响应的特征,帮助优化系统设计、观测方式和参数,在一定程度上指导野外工作;②对采集数据做一系列的预处理,预处理包括噪声去除、提取多次迭加数据、地形校正、计算大地脉冲响应时间剖面及峰值时刻、电阻率的计算等,从而可以对原始资料所反映的地下介质有初步认识,同时为偏移反演成像提供基础资料;③通过数据偏移、反演成像可以获得地下介质的真实几何结构分布与物性分布,最后对所得的资料进行入库管理,对结果进行解释与展示。

9.1.2　硬件接口和数据传输协议

硬件接口规范规定了各分系统输入输出接口的机械特性和电气特性。优先选择现有的标准接口,同时考虑兼容国际主流同类仪器的相应配件以便于对比试验研究。对于电气特性,重点关注系统功耗,遵循“最小能量原理”,实现整个系统能量消耗最小。

发射机输入电压为三相交流 220 ~ 380V,频率为 50Hz,宽范围输入方便发射机和市场上现有发电机进行配套使用。发射机最大输出功率为 50kW,最高输出电压为 1000V,最大输出电流为50A,PRBS最高阶数为12阶。由于发射机功率较大,考虑到电气绝缘的要求,输入输出接口采用耐高压大电流的接线端子。

采集站为电池供电的低功耗仪器,输入电压确定为直流9～18V,符合现有常规锂电池或铅酸电池的电压标准。采集通道信号输入范围为-10～10V,电场和磁场传感器输入接口采用符合MIL-C-26482标准的航空插头,WiFi天线输入采用SMC接口。

数传单元与采集站之间的大线传输通信接口使用9芯接头,连接线缆最长0.5m。通信接口为SPI接口,SCK频率4.096MHz。数据宽度为8bit,从MSB开始发送。SPI的极性CPOL(clock polarity)为0,即时钟空闲时为低。SPI的相位CPHA(clock phase)为1,即在SCK的第二个沿捕获数据。

Power和GND为采集链数传单元对电磁采集站的供电,电压范围为44.8～58.8V。SPI_SCK、SPI_MOSI、SPI_MISO和SPI_CS为采集链数传单元和电磁采集站的通信接口,SPI_SCK频率为4.096MHz。AD_CLK为采集链数传单元提供的4.096MHz的采集时钟,SYNC_AD为采集链数传单元提供的数据有效信号。电磁采集站在检测到SYNC_AD的上升沿后,进行一次采样同步,在SYNC_AD上升沿之后的数据为有效数据。电磁采集站在采样时间结束或者收到停止采集命令后,停止数据采集和传输(表9.1)。

表9.1　MTEM电磁数据采集站与数传之间的接口定义

9芯插头定义	名称	Type	Default	说明	物理定义	颜色	U77
1	SCK	O	LOW	SPI时钟	LVTTL1.8V,4.096MHz	蓝白色	J
2	VCC	Power		供电正极	44.8～58.8V	绿色	C
3	MOSI	O	LOW	SPI发送	LVTTL1.8V	蓝色	F
4	GND	Power		供电负极	GND	屏蔽层	B
5	CLK_AD	O	LOW	AD采样时钟	LVTTL1.8V,4.096MHz	绿白色	H
6	SYNC_AD	O	LOW	AD采样同步信号	LVTTL1.8V	橙色	A
7	DREADY	I	LOW	AD数据有效信号	LVTTL1.8V	橙白色	D
8	CS	O	HIGH	SPI片选	LVTTL1.8V	棕色	E
9	MISO	I	LOW	SPI接收	LVTTL1.8V	棕白色	L

采集链数传单元通过SPI接口对电磁采集站进行参数配置和读取,以及采集数据的传输。对于所有命令帧,电磁采集站都应该进行回应,回应可以是命令回应帧,也可以是数据帧。采集链数传单元的SPI工作于主模式,SPI传输数据时,采集链数传单元将CS信号拉低,通信结束后,将CS信号拉高,命令帧和命令回应交替传输。在一次“命令-命令回应”的传输过程中,电磁采集站在第一次检测到CS信号的下降沿后,可以将上次未传输完的数据清空,并准备接收命令帧。电磁采集站收到命令帧并准备好回应帧后,在DREADY线上产生脉冲信号,开始检测第二次CS信号下降沿,CS有效并且检测到SPI时钟则开始传输数据。采集链数传单元检测到DREADY信号的上升沿后,将CS信号拉低,发起SPI读操作,按照期望读取的长度读出回应帧,读操作完成后拉高CS信号。如果返回帧长度和采集链数传单元要求的长度不符,采集链数传单元会接收超时或者接收到数据后校验出错。

在参数配置后,采集链数传单元对电磁采集站发送开始采集命令,电磁采集站采集数据,但并不进行传输,采集数据缓存在缓冲区中。开始采集后,电磁采集站等待 SYNC 上升沿,在 SYNC 上升沿后的数据为有效数据。采集链数传单元在收到数据传输命令后,向电磁采集站发送传输数据命令。电磁采集站收到传输数据命令后,回传一次数据。数据传输命令中带有通道号和帧序号。

MTEM 系统数据格式统一采用二进制存储。采集数据按通道分开存储,二进制文件预留 2K 的数据头用于记录必要的辅助信息,实际记录的时序序列采用连续方式存储。

9.1.3　系统集成与室内测试

在进行系统集成前,首先进行各分系统的指标参数测试,反复检测单个设备单元、协调设备间的接口参数,如信号电平、接口标准、时序标准等测试,检验各分系统是否达到设计要求;在各分系统各项性能指标通过测试的基础上,然后在实验室利用标准或自行研制的信号源产生模拟不同方法的被测信号,以检验仪器进行不同方法测量的功能是否正常。图 9.7 为 MTEM 系统各部件实物图。

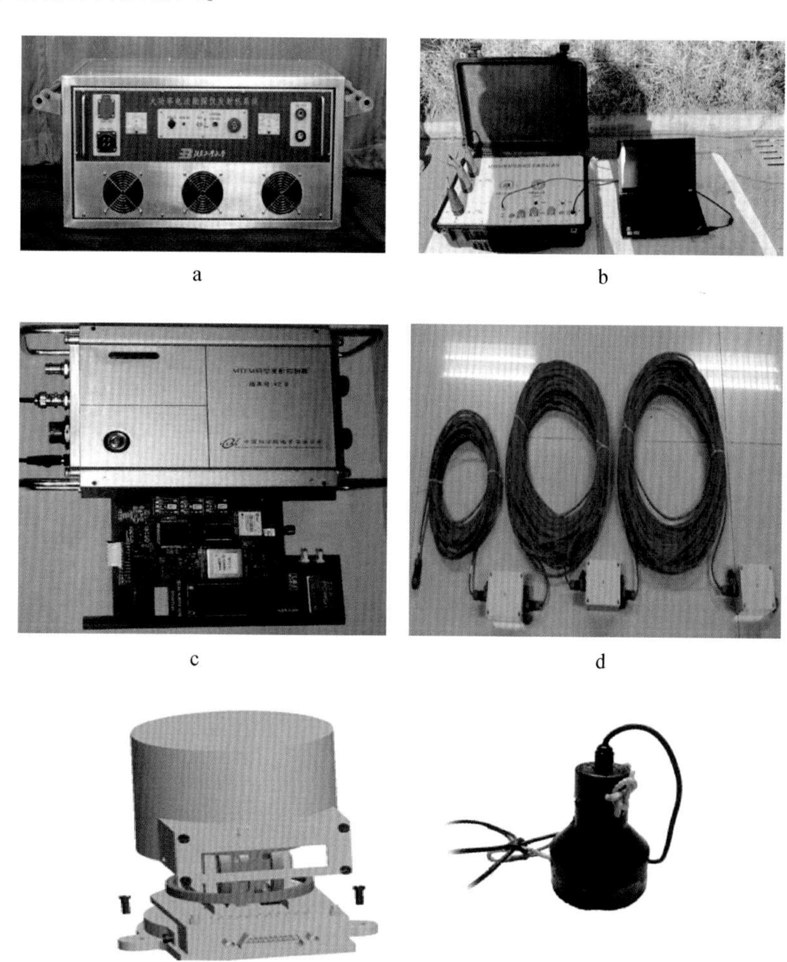

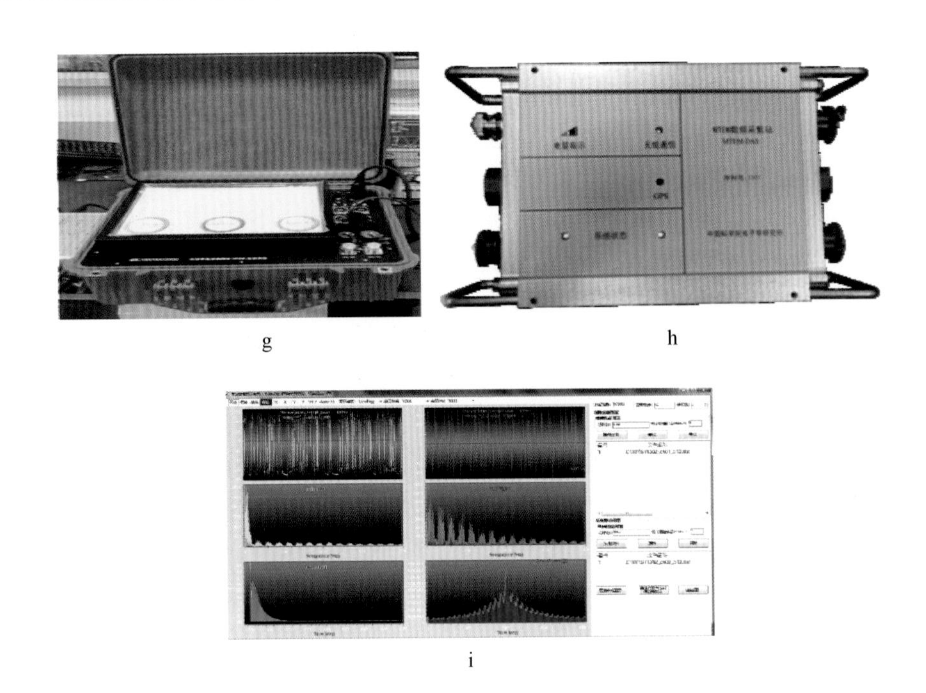

图 9.7　MTEM 系统

a. 发射机；b. 码型记录仪；c. 码型生成单元；d. 数据传输链路；e. 磁通门传感器；f. 石墨烯电极；g. 主控中心；h. 采集站；i. MTEM 数据预处理软件

在进行系统集成前，首先进行各分系统的指标参数测试，反复检测单个设备单元、协调设备间的接口参数，如信号电平、接口标准、时序标准等测试，检验各分系统是否达到设计要求；在各分系统各项性能指标通过测试的基础上，在实验室利用标准或自行研制的信号源产生模拟不同方法的被测信号，以检验仪器进行不同方法测量的功能是否正常。

1）环境适应能力测试

MTEM 系统应用的野外工作环境比较复杂恶劣，仪器在不同野外环境下的适应性尤其重要，因此对课题研制的各分系统首先进行了环境适应能力测试，主要包括抗冲击能力测试、电磁兼容水平测试、高低温（-20～50℃）环境测试、防护（防水、放沙尘）等级测试、湿度环境测试等。通过测试发现设计中存在的薄弱环节并进行不断改进，最终使各部件满足设计要求。

2）发射机参数测试

发射机是具有大功率输出能力的电气设备，输出电流较大，电压较高，因此首先对其安全性和稳定性进行了评估测试，包括输入和输出之间的绝缘特性、输入输出对大地的绝缘特性、中低功率长时间连续工作的稳定性等。在确定发射机安全可靠运行的前提下，利用实验室的大功率可调负载电阻箱，对发射机最大输出功率、额定输出电压、额定输出电流等指标参数按专业实验室的测定技术规范标准进行了详细测试。

3）采集站参数测试

采集站是对电磁场传感器拾取的微弱电信号进行采集并记录的设备，仪器本底噪声水平直接决定可检测最小信号的能力。采集站参数测试包括短路噪声测试、动态范围测试、最小分辨率测试、输入阻抗测试、采集通道的频率(幅频和相频)特性测试等,同时还对手持平板设备与采集站之间的数据传输速率和稳定性进行了测试。上述测试均按规定技术规范标准进行。

4)磁场传感器参数测试

磁场传感器是基于物理原理将磁感应强度转换为电压信号的装置。由于磁场传感器对环境中的电磁干扰噪声极为敏感,磁场传感器参数测试在专业的磁屏蔽室进行,参数测试内容包括频段范围、噪声水平、灵敏度和幅频相频特性等。

5)电场传感器参数测试

室内条件下获取石墨烯电极主要技术参数,包括噪声水平、极差稳定性、内阻等。并在实验室环境下进行石墨烯电极与 $PbCl_2$ 不极化电极的平行对比测试。为验证石墨烯电极性能,在河北省固安县、张北县、康保县,河南省泌阳县,与传统 $PbCl_2$ 电极同时进行了多种方法的野外试验。

6)软件的实验室测试

用2~3个理论模型资料对软件所有模块的可靠性、有效性进行了检验,并检验模块与模块之间的衔接,检查各软件的整体性能是否达到预期目标。通过反复测试并不断进行改进,直至达到设计预期。

9.2　方 法 试 验

通过大量搜集地质资料和实地勘查,最终选取了河北省张北县、内蒙古兴和县曹四夭钼矿区、河北省任丘油田和内蒙古兴安盟地区四个试验区进行野外方法试验。张北试验主要目的是进行系统集成,在野外环境测试各个分系统功能。曹四夭和兴安盟试验区是已知金属矿床区,任丘油田试验区为低阻油气区,在曹四夭、任丘油田、兴安盟试验区开展MTEM试验的目的是在已知地质资料的金属矿体和油气田上对系统进行集成与优化和野外对比试验,验证系统的实用效果。下面介绍曹四夭、任丘油田、兴安盟的野外测试结果。

9.2.1　内蒙古兴和县曹四夭钼矿区MTEM系统集成试验

MTEM系统对高阻体敏感,内蒙古兴和县曹四夭钼矿区是新发现的超大型钼矿床,相对围岩呈现高阻特性,埋深较浅,适合开展试验。而且,课题组及国内多家勘探单位在该地区开展了大量的地质和地球物理工作,资料比较丰富,便于对比。与张北县试验不同的是,这次试验按照野外生产试验步骤进行剖面测量,测试MTEM实际勘探能力。试验采用40道MTEM数据采集系统进行阵列式数据采集,测线长度为4.8km,接收偶极距为40m,数据接收阵列使用数据采集站10个,一次采集30个电场,一个排列长度为1200m,共4个排列。采用单边观测系统,排列一对应5个发射,排列二对应10个发射,排列三对应15个发射,排列四对应20个发射。发射偶极距为240m,共50个发射极。并且,对原始场时间序列进行预处理,求得每个测深点的大地脉冲响应曲线和视电阻率。在得到大地脉冲响应的基础上,绘制了视电阻率拟断面图和共偏移距断面图,并且进一步进行了一维OCCAM反演和二维偏移处理,与已有地质与地球物理资料对比,取得了较好效果。

如图 9.8 所示,试验测线北距兴和县约 4km,测线南端,即 4800 号点,纬度和经度分别为 40°48′13.83″N、113°53′57.66″E;测线北端,即 0 号点,纬度和经度分别为 40°50′17.55″N、113°51′50.76″E。

图 9.8　试验地点和测线布置

试验使用接地导线源作为发射源,使用接地电极观测电场响应,发射电极与接收电极以 inline(即沿测线方向)方式布设。试验共有 20 个发射极位置,发射极距为 240m,发射极中心(表 9.2)分别位于 120m、360m、600m、840m、1080m、1320m、1560m、1800m、2040m、2280m、2520m、2760m、3000m、3240m、3480m、3720m、3960m、4200m、4440m、4680m。

表 9.2　发射区发射设备布设位置

序号	发射点/m	发射机位置/m	电流采集站位置/m
1	0 ~ 240	240	120
2	240 ~ 480	240	360
3	480 ~ 720	720	600
4	720 ~ 960	720	840
5	960 ~ 1200	1200	1080
6	1200 ~ 1440	1200	1320
7	1440 ~ 1680	1680	1560
8	1680 ~ 1920	1680	1800
9	1920 ~ 2160	2160	2040
10	2160 ~ 2400	2160	2280
11	2400 ~ 2640	2640	2520
12	2640 ~ 2880	2640	2640

续表

序号	发射点/m	发射机位置/m	电流采集站位置/m
13	2880 ~ 3120	3120	3000
14	3120 ~ 3360	3120	3240
15	3360 ~ 3600	3600	3480
16	3600 ~ 3840	3600	3720
17	3840 ~ 4080	4080	3960
18	4080 ~ 4320	4080	4200
19	4320 ~ 4560	4560	4440
20	4560 ~ 4800	4560	4680

数据采集阵列共使用 10 台数据采集站，每台数据采集站为 4 个通道，通道不区分电场和磁场，但是一个磁场传感器占用两个通道，每两台接收机布设一个磁道，试验共用 5 个磁场传感器，因此，接收阵列共 40 个通道，30 个通道采集电场信号，10 个通道采集磁场信号。接收点偶极距为 40m，一次阵列式数据采集可完成 1200m 测线的测量，整条剖面共 4 个采集排列，表 9.3 列出了接收排列的位置。为了提高工作效率，试验采用单边发射，发射与接收对应关系如图 9.9 所示。当接收点在图中排列一位置，即在 0 ~ 1200m 时，在 0 ~ 1200m 范围发射，发射编号为 1 ~ 5（发射依据发射先后顺序编号，下同）；接收排列在排列二所在位置，即 1200 ~ 2400m，在 0 ~ 2400m 范围发射，发射编号依次为 6 ~ 15；接收排列在排列三所在位置，即 2400 ~ 3600m，在 0 ~ 3600m 范围发射，发射编号依次为 16 ~ 30；接收排列在排列四所在位置，即 3600 ~ 4800m，在 0 ~ 4800m 范围发射，发射编号依次为 31 ~ 50。

表 9.3 接收区接收设备布设位置 （单位：m）

排列号		G1	G2	G3	G4	G5
排列一	采集站 1	80	200	560	800	1040
	采集站 2	200	440	680	920	1160
	磁场传感器	200	440	680	920	1160
排列二	采集站 1	1280	1520	1760	2000	2240
	采集站 2	1400	1640	1880	2120	2360
	磁场传感器	1400	1640	1880	2120	2360
排列三	采集站 1	2480	2720	2960	3200	3440
	采集站 2	2600	2840	3080	3320	3560
	磁场传感器	2600	2840	3080	3320	3560
排列四	采集站 1	3680	3920	4160	4400	4640
	采集站 2	3800	4040	4280	4520	4760
	磁场传感器	3800	4040	4280	4520	4760

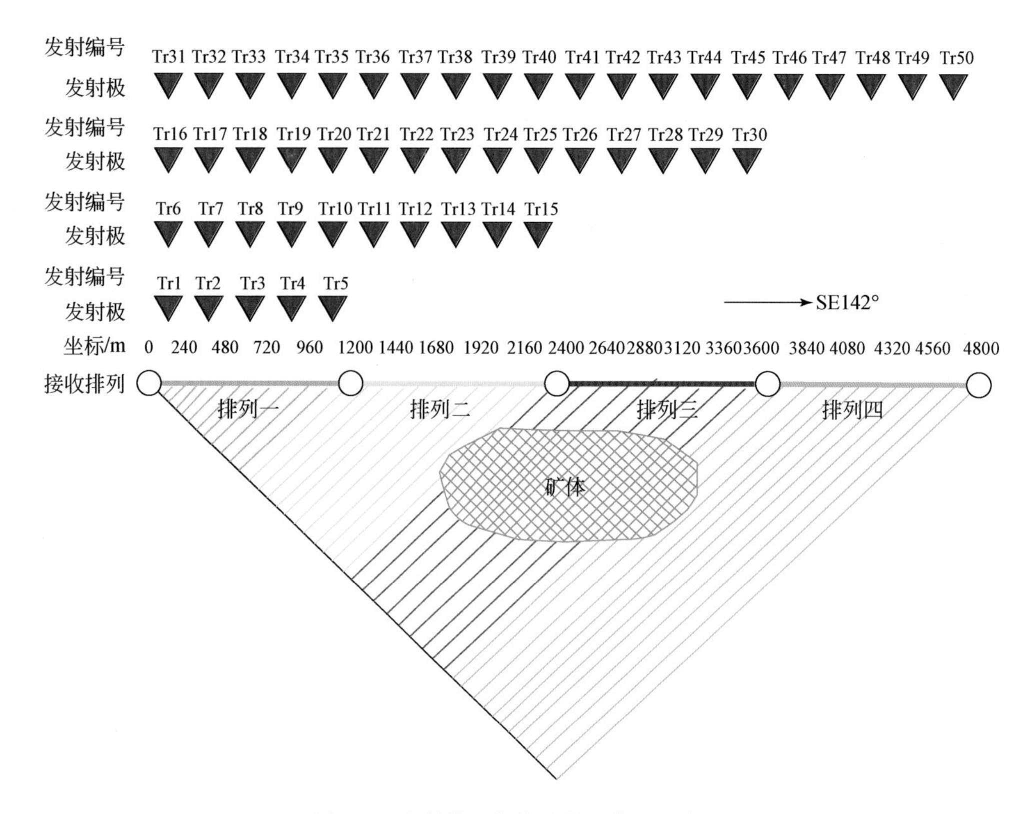

图 9.9　发射位置与接收排列位置示意图

试验根据实际地质情况和野外试验,最终确定的 m 序列参数见表 9.4。

表 9.4　发射码型参数表

编号	码元频率/Hz	阶数	循环次数	发射时长/s
1	512	12	30	240
2	1024	12	60	240
3	2048	12	120	240
4	4096	12	240	240
5	32	7	60	240
6	64	9	30	240
7	128	9	60	240
8	256	10	60	240
9	512	9	240	240
10	1024	9	480	240

由于测线穿过村庄和高压线,工频干扰严重,原始数据部分质量较差,图 9.10 是部分原始数据曲线。

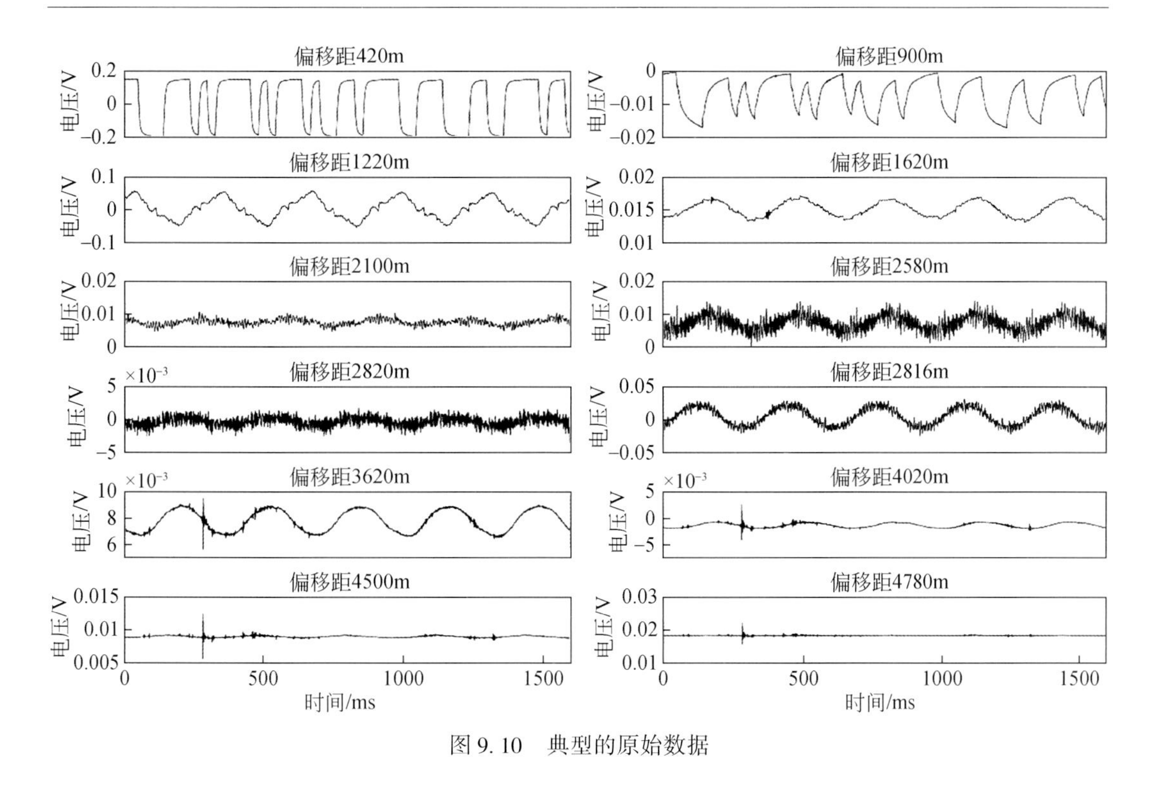

图 9.10　典型的原始数据

图 9.10 中 420m 点处由于距离发射电极近,信号太强,饱和;900m 点是典型的接收信号,呈现与发射电流一致的充电曲线(由于极性反转快,表现不出放电效果);2100m、2820m、4020m、4500m、4780m 处接收信号变弱,干扰信号开始突出,伴有信号强度极大的随机干扰;2816m、3620m 处工频干扰信号比较严重。

为了满足偶极子假设,直接剔除偏移距特别近的饱和值。另外,直接剔除在变压器和高压线附近的干扰特别严重以致信号无法恢复的数据。由于原始数据包含噪声较大,所以去噪是数据处理首要任务。噪声主要分为随机性的过冲和固定频率的工频干扰。图 9.11 是脉冲响应的部分提取结果。

由峰值时刻可以定义视电阻率,从而得到共中心点-偏移距坐标系的视电阻率剖面(图 9.12),图 9.13 为已知地质资料。

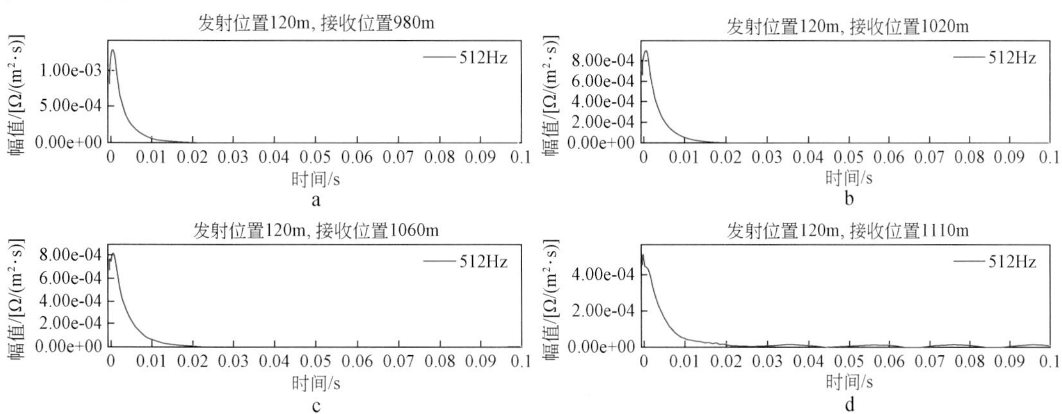

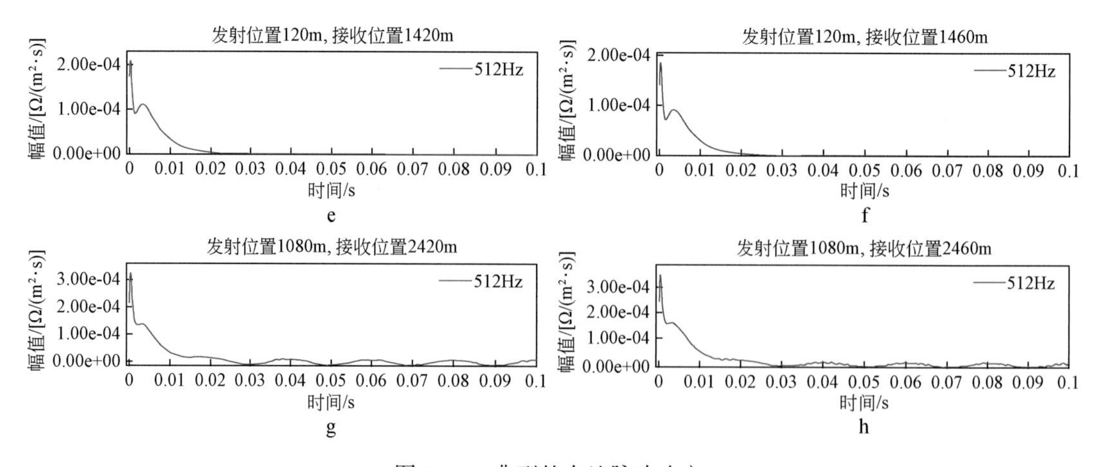

图 9.11　典型的大地脉冲响应

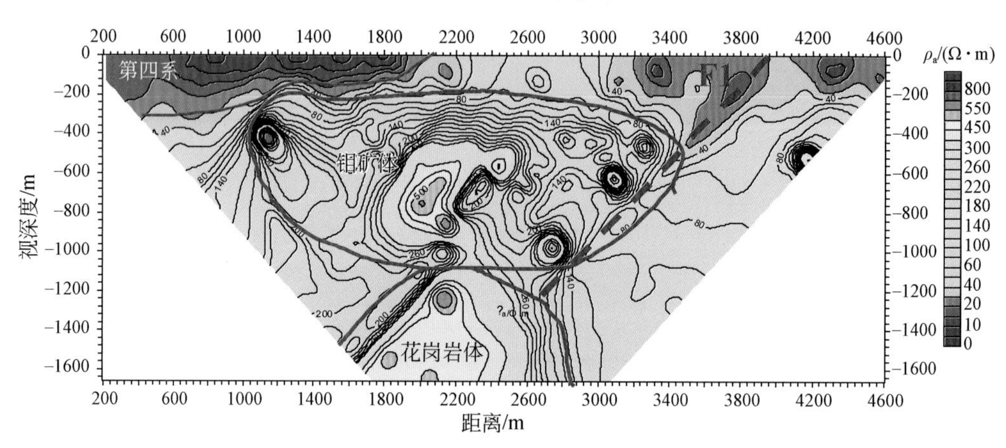

图 9.12　视电阻率拟断面图

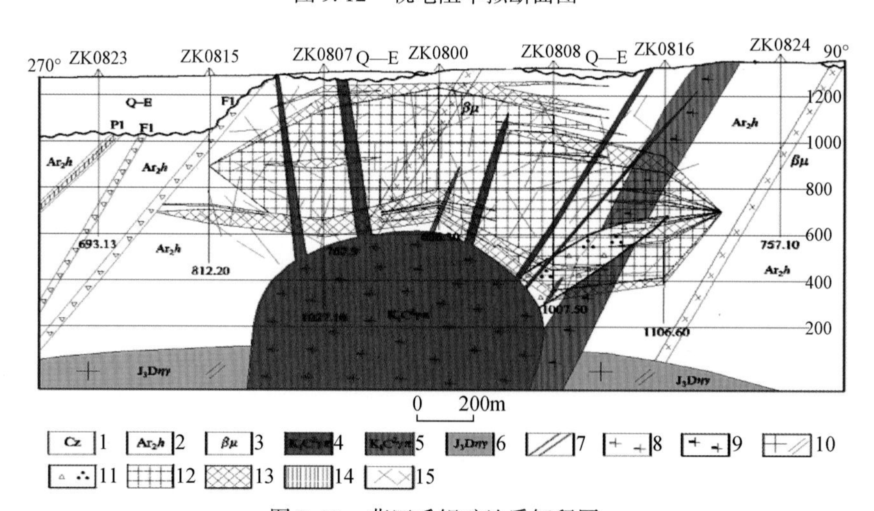

图 9.13　曹四夭钼矿地质解释图

1. 新生界;2 中太古界黄土窑岩组;3. 辉绿岩脉;4. 早白垩世少斑花岗斑岩;5. 早白垩世多斑花岗斑岩;6. 晚侏罗世大青山二长花岗岩;7. 断层;8. 少斑花岗斑岩;9. 多斑花岗斑岩;10. 粗中粒二长花岗岩;11. 隐爆角砾岩;12. 工业钼矿体;13. 低品位钼矿体;14. 铅锌矿体;15. 围岩裂隙

经过反卷积得到大地脉冲响应后,分别采用一维 OCCAM 反演及二维拟地震偏移成像技术进行数据解释,所得结果如图 9.14 和图 9.15 所示。由一维 OCCAM 反演结果(图 9.14)可知,在沿测线 2000～3500m、深度 300～800m 范围,存在较明显的高阻异常区域,该结果与已知地质情况吻合。偏移成像深度剖面(图 9.15)中第一层同相轴为高阻异常体上界面,第二层同相轴为高阻异常体下表面。

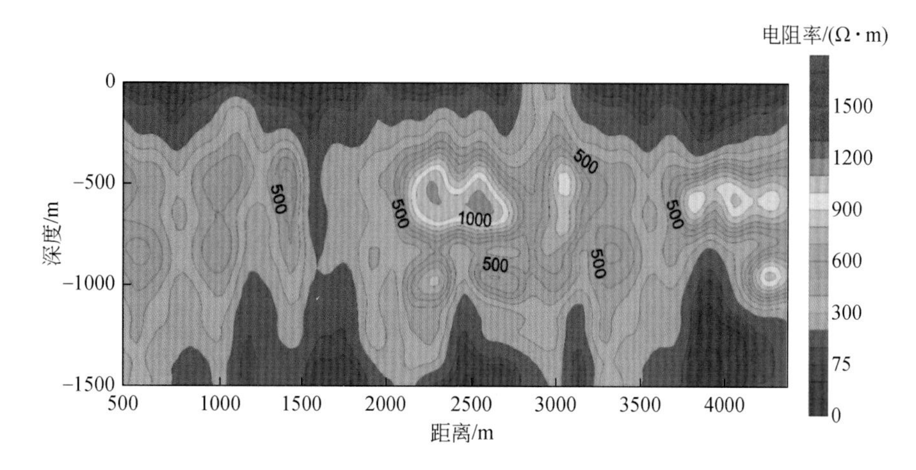

图 9.14　一维 OCCAM 反演结果

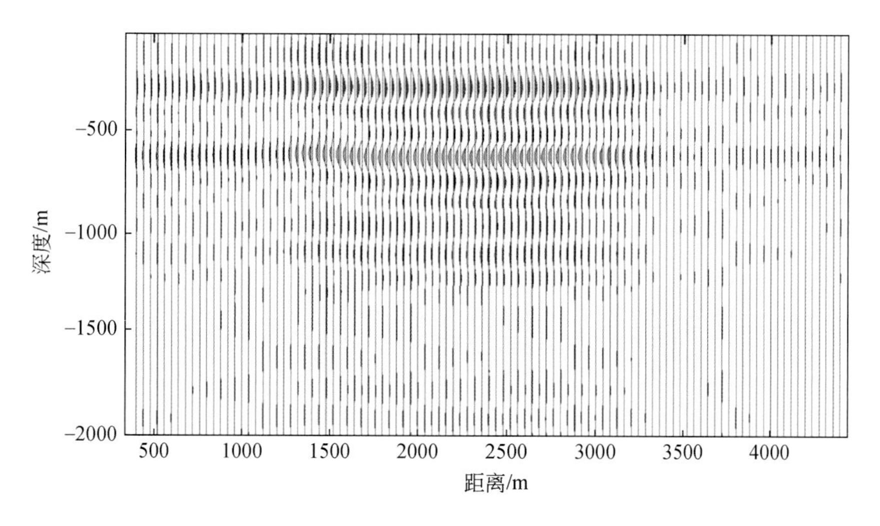

图 9.15　二维偏移成像结果

9.2.2　河北省任丘油田 MTEM 系统集成试验

任丘油田是含油气构造已知区,且目标层埋藏深度较深、工区干扰较大,以期试验充分验证 MTEM 的有效性和系统的抗干扰能力。所选试验剖面在任丘油田外围潜在油气田勘探区内,该区做过详细的地质、地球物理勘探,尤其是试验的剖面做过地震勘探和时-频电磁法勘探,能为验证试验的效果提供比对的参照。试验采用 80 道 MTEM 数据采集系统测量了一条 6km 的剖面。当最大收发距小于 3000m 时,发射偶极距为 300m;当最大收发距大于 3000m 时,发射偶极距为 600m,共 29 个发射极;接收偶极距为 50m,试验数据接收阵列使用数据采集站 20 个,一次采集 60 个通道,一个排列长度为 3000m,共两个排列。这次试验,利用自主研制的系统采集原始时间序列,对原始时间序列进行预处理,求得每个测深点的大地脉冲响应曲线和视电阻率。在得到大地脉冲响应的基础上,绘制了视电阻率拟断面图和共偏移距断面图,并且进一步进行了 OCCAM 反演处理。但是,由于试验区电阻较低,电磁信号衰减快,大偏移距的时候数据采集站没有采集到足够高信噪比的有效信号,而且目标油气层深度埋深大,为 3000 ~ 3500m,因此,没有达到预期的探测油气层的目标。但是,对于浅部结构的反映效果明显。

试验区位于 G45 大广高速和廊沧高速之间(图 9.16),省道 S334 北东侧,为文安县城赵各庄镇。赵各庄镇地处环京津环渤海腹地,106 国道南侧,北距北京 120km,东邻天津 80km,省级干线静王公路纵贯全境,京九铁路南北贯通,世纪大道穿域而过,构筑起便捷的交通网络。测线南端距离文安县城约 4km,测线南端纬度和经度分别为 38°52′27.15″N,116°24′50.86″E;测线北端纬度和经度分别为 38°54′13.02″N,116°21′22.65″E,如图 9.16 和图 9.17 所示。

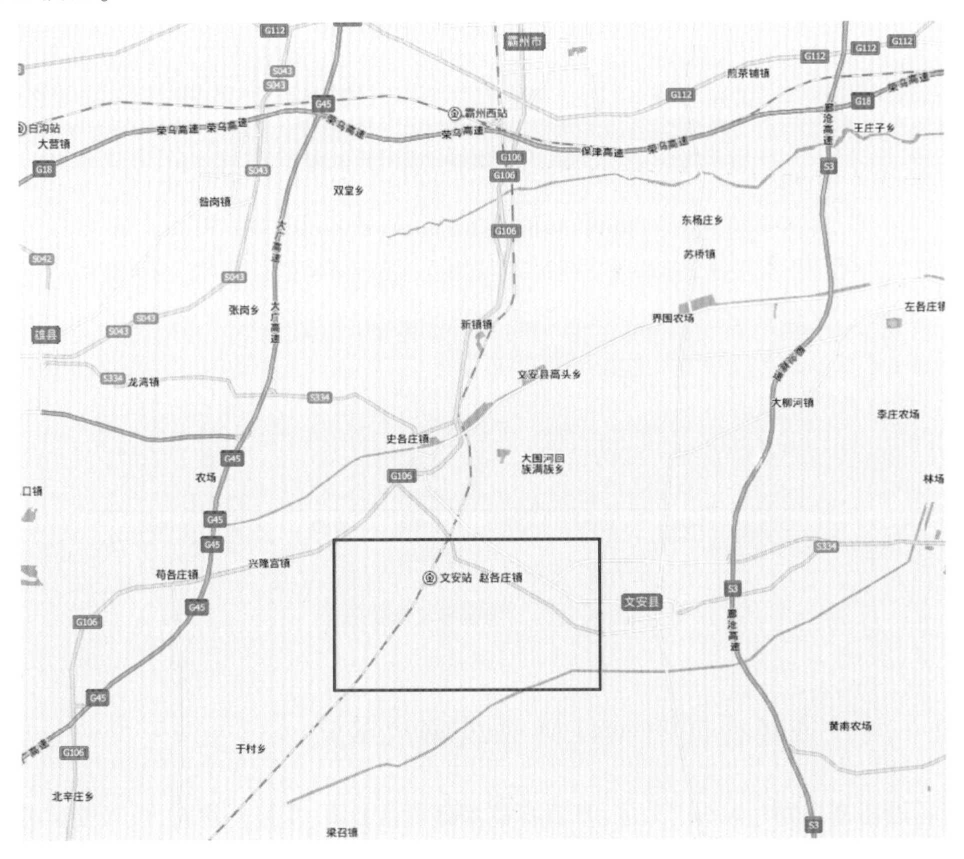

图 9.16　试验区地理位置

图 9. 17　试验地点示意图(文安县城西北,图中红色线条为试验剖面位置)

试验使用接地偶极子发射,使用接地偶极观测电场响应,发射电极与接收电极均沿测线布设。发射电极极距为 300m 或者 600m,共有 29 个发射极,发射极中心分别位于 150m、300m、450m、600m、750m、900m、1050m、1200m、1350m、1500m、1650m、1800m、1950m、2100m、2250m、2400m、2550m、2700m、2850m、3150m、3450m、3750m、4050m、4350m、4650m、4950m、5250m、5550m、5850m 处。接收排列 2 个,0 ~ 3000m 为排列一,3000 ~ 6000m 为排列二。实际测量时,首先布好排列二,发射 1 ~ 19 号;然后布好排列一,发射 20 ~ 29 号,如图 9. 18 所示。11 ~ 19 号由于发射极距为 600m,其他均为 300m,发射极按照发射时间先后进行编号。试验共投入 20 台接收机,2 台一组,分为 10 组(编号 1 ~ 10)。每组包含 6 个电道,每两组测量一道磁场;奇数组(1,3,5,7,9)第一个接收机接收 4 道电道,第二个接收机接收 2 道电道和 1 道磁道,偶数组(2,4,6,8,10)只接收电道。电道极距为 50m。测线长度 6km,故分为两个排列进行测量,每个排列 3km,数据采集站布置如图 9. 19 所示。接收仪器和磁场传感器与实际距离完整对应关系见表 9. 5。最后形成收发中心-收发距坐标系下的数据覆盖,如图 9. 20 所示。

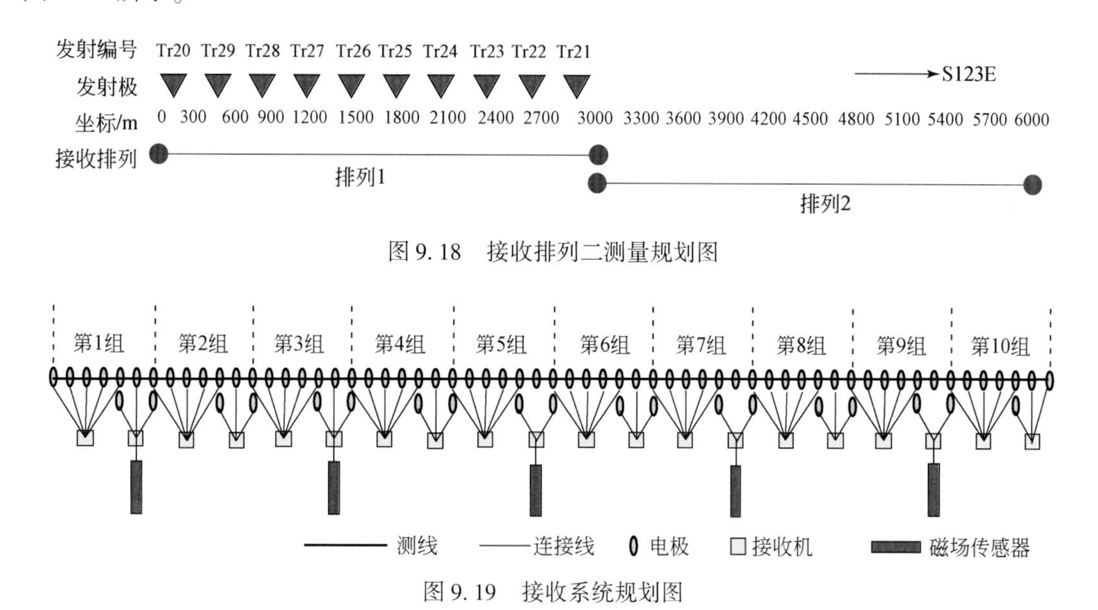

图 9. 18　接收排列二测量规划图

图 9. 19　接收系统规划图

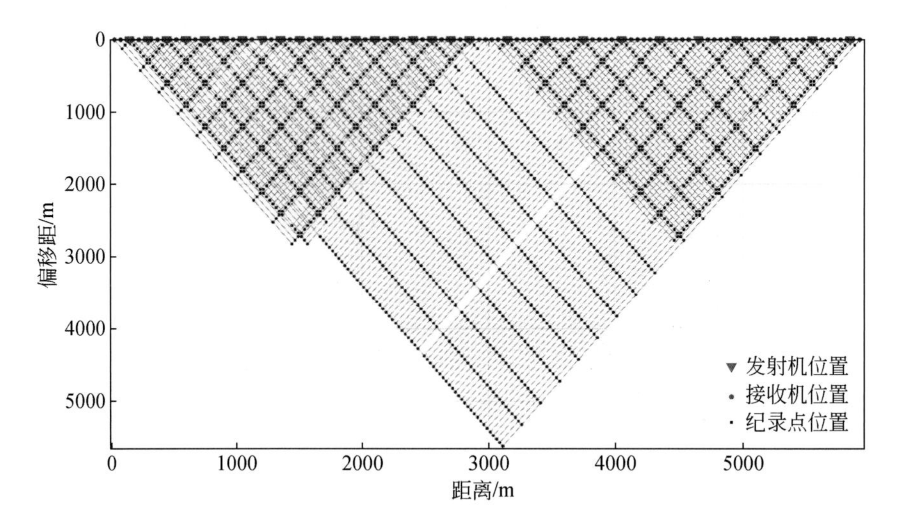

图 9.20　数据覆盖示意图

表 9.5　接收区接收设备布设位置　　（单位：m）

组号	排列一			排列二		
	采集站 1	采集站 2	磁场传感器	采集站 1	采集站 2	磁场传感器
G1	100	250	250	3100	3250	3250
G2	400	550	/	3400	3550	/
G3	700	850	850	3700	3850	3850
G4	1000	1150	/	4000	4150	/
G5	1300	1450	1450	4300	4450	4450
G6	1600	1750	/	4600	4750	/
G7	1900	2050	2050	4900	5050	5050
G8	2200	2350	/	5200	5350	/
G9	2500	2650	2650	5500	5650	5650
G10	2800	2950	/	5800	5950	/

注：“/”表示没有磁场传感器

试验根据实际地质情况和野外试验，最终确定的 m 序列参数列在表 9.6 中。

表 9.6　发射码型参数表

编号	码元频率	阶数	循环次数	周期长度	频谱分辨率/Hz
1	1	4	36	15.000	0.0625
2	8	4	135	1.875	0.5
3	16	5	120	1.938	0.5
4	32	6	105	1.969	0.5
5	128	8	90	1.992	0.5

续表

编号	码元频率	阶数	循环次数	周期长度	频谱分辨率/Hz
6	512	10	75	1.998	0.5
7	2048	12	60	2.000	0.5

这次试验测线穿过村庄和高压线,工区内广泛分布有电线(图9.21),工频干扰严重,原始数据部分质量很差。发射偶极子在0～300m或0～600m(0～300m对应收发距小于3000m,0～600m对应收发距大于3000m)的原始数据如图9.22～图9.25所示。

图9.21　工区干扰情况

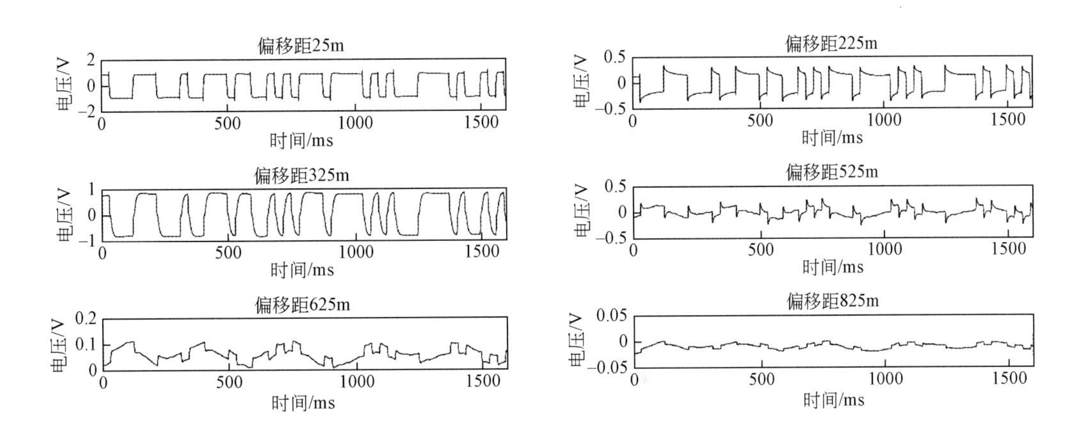

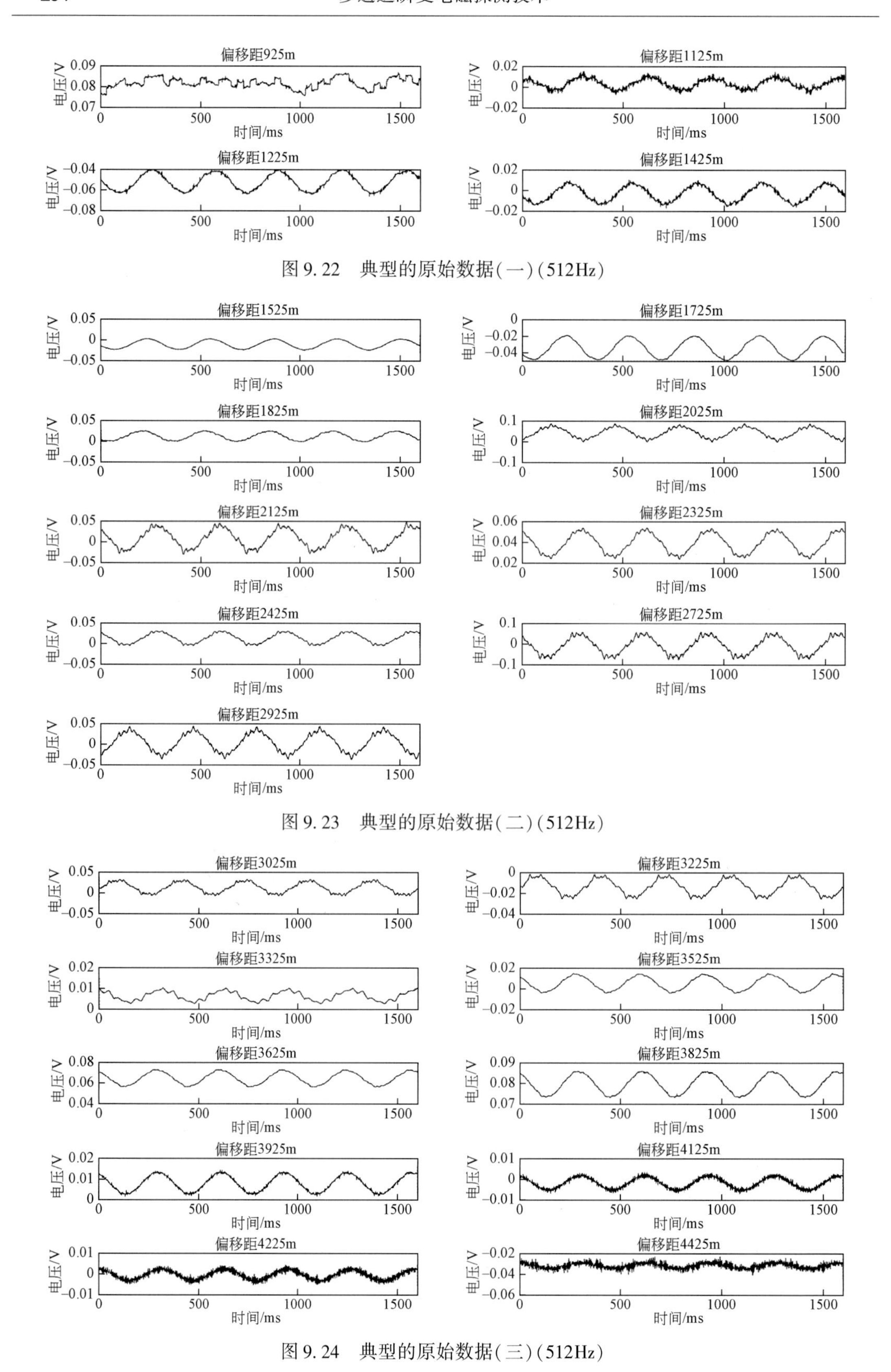

图 9.22　典型的原始数据(一)(512Hz)

图 9.23　典型的原始数据(二)(512Hz)

图 9.24　典型的原始数据(三)(512Hz)

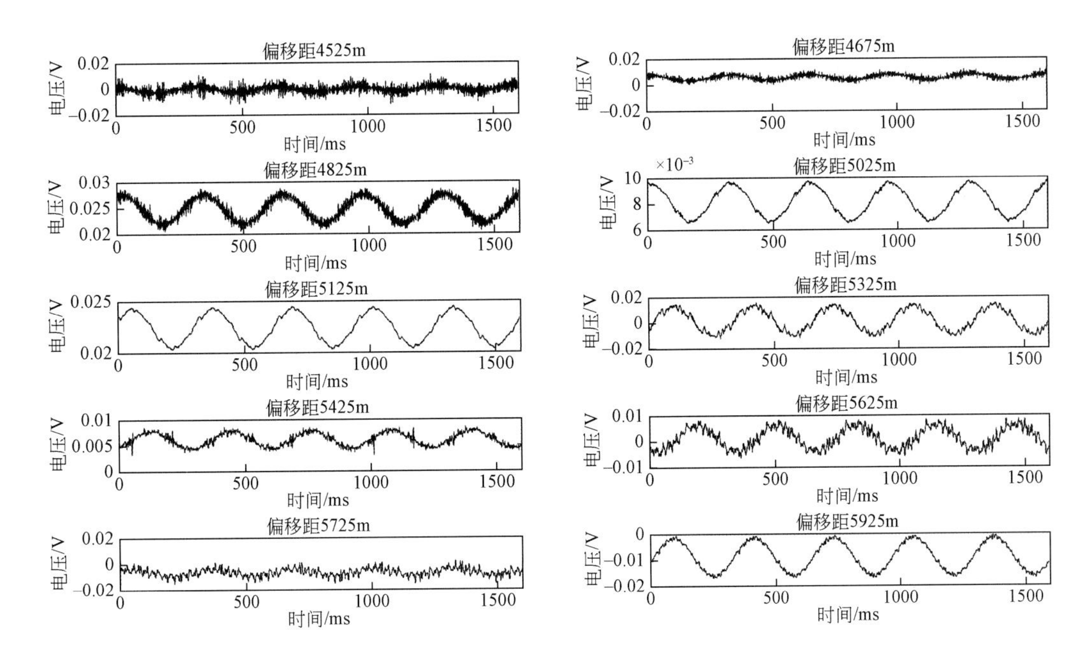

图 9.25　典型的原始数据(四)(512Hz)

为了满足偶极子假设,直接剔除偏移距特别近的饱和值。另外,直接剔除在变压器和高压线附近的干扰特别严重以致信号无法恢复的数据。由于原始数据包含噪声较大,噪声消除是数据处理的重要步骤。噪声主要分为随机性的过冲干扰和固定频率的工频干扰。大地脉冲响应提取采用相关估计,可以有效压制工业非相关干扰。但是,工业干扰的频率差不固定,随着偏移距的增大,信号越来越弱,使得恢复大地脉冲响应变得困难。

以发射偶极在 5700 ~ 6000m、接收偶极在 4850 ~ 4900m 为例,说明大地脉冲响应的相关估计。首先,加载原始数据,包括记录的实际发射电流和接收的响应电压,如图 9.26 所示,接收的响应电压尽管被 50Hz 工频干扰严重,且随机干扰严重,但是上升沿和下降沿清晰可辨,通过相关分析可以有效压制噪声。可以看出自相关谱为一个尖脉冲,由 Wiener 滤波理论可知,当自相关为一个 Delta 脉冲时,互相关函数可以有效地估计大地脉冲响应。给出了发射电流和响应电压的自功率谱和互功率谱(图 9.27),可以看出自功率谱基本是一个等幅值的宽带谱,即为 Delta 脉冲函数,互功率谱是一个低通滤波器,50Hz 干扰已经基本消除。由自相关函数和互相关函数估计的大地脉冲响应如图 9.28 所示。

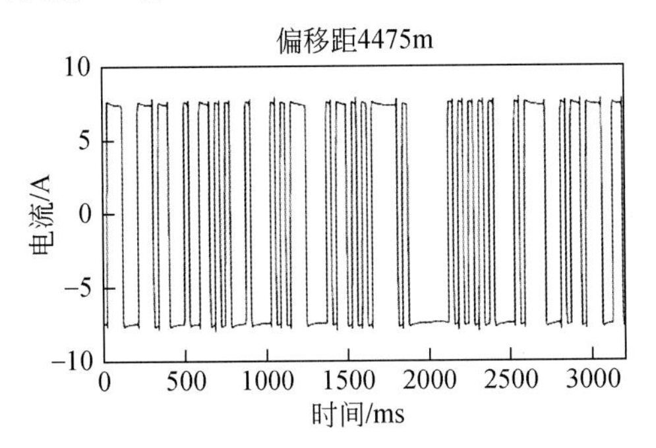

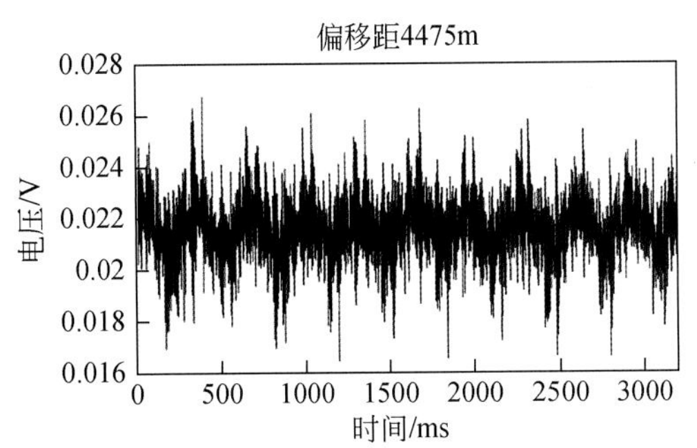

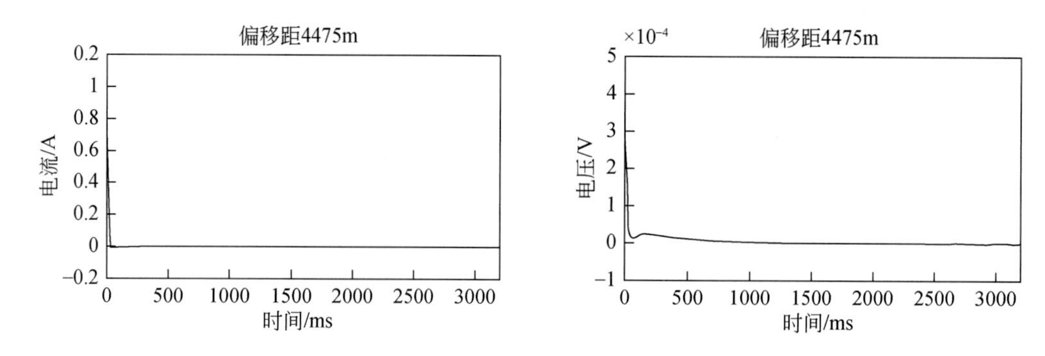

图 9.26　大地脉冲响应提取示例

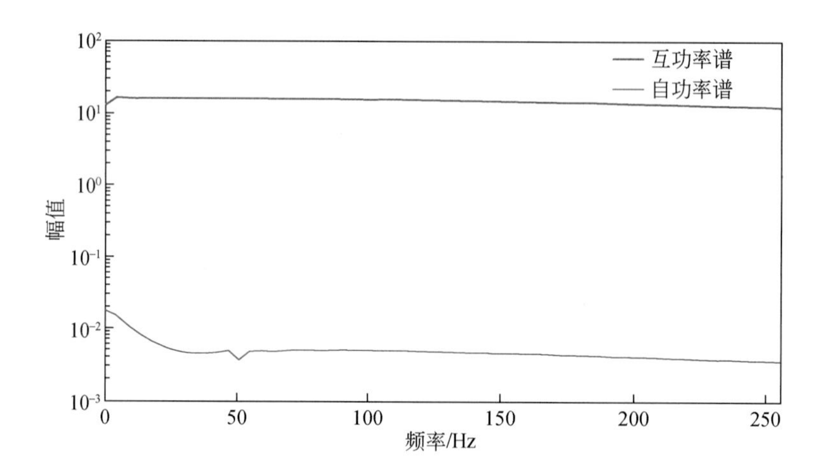

图 9.27　发射电流和响应电压的自功率谱和互功率谱

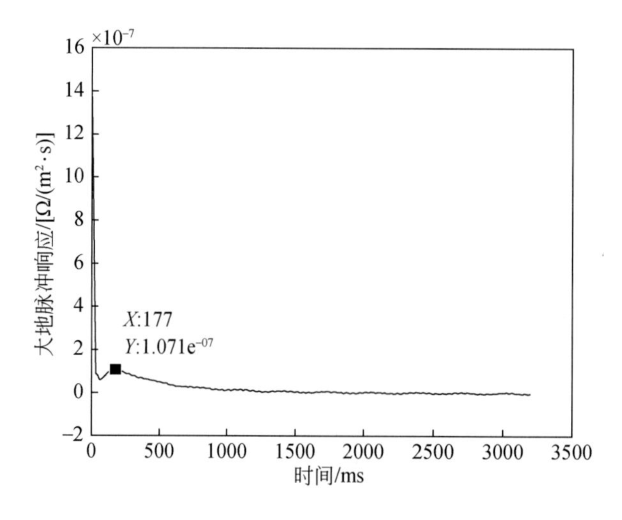

图 9.28　大地脉冲响应

求得大地脉冲响应后，可以根据下式，求得峰值时刻对应电阻率：

$$\rho_{\mathrm{H}}=\frac{\mu r^2}{10t_{\mathrm{peak},r}} \tag{9.4}$$

当发射在 5850m，接收在 4475m 时，对应的大地脉冲响应峰值时刻为第 177 个采集点，采样率为 16000Hz，代入上式，则可以计算得到视电阻率值为 21.5Ω · m。每一对发射和接收对应一个记录点，每个记录点都可以估计得到一个脉冲响应，并按照峰值时刻与电阻率的对应关系，把这些视电阻信息放在收发中心-收发距坐标下，形成视电阻率拟断面图（图 9.29）。

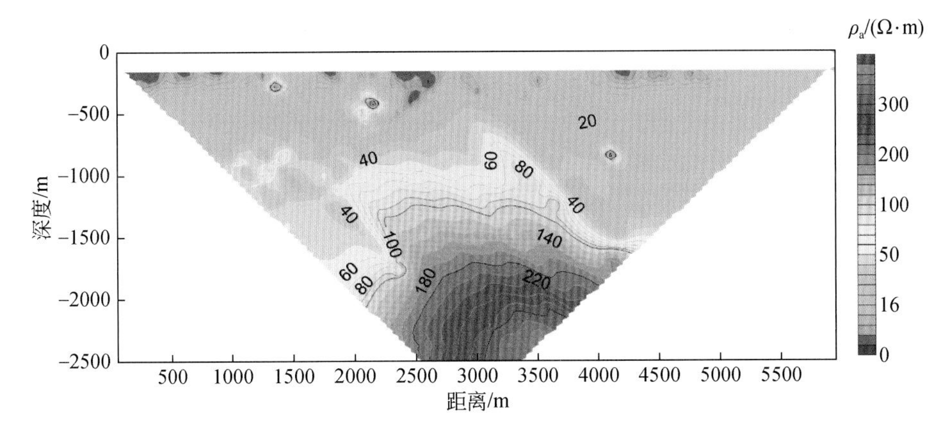

图 9.29　视电阻率拟断面图

反卷积得到大地脉冲响应后，分别采用一维 OCCAM 反演及二维拟地震偏移成像技术进行数据解释，所得结果如图 9.30 和图 9.31 所示。由结果可知，在一维反演电阻率剖面（图 9.30）中出现了多个虚假断层，这是由于测区干扰较大、数据信噪比较低。但电阻率由低到高的基本变化趋势未变，据此推断在深度 500m 左右存在一处明显的电阻率分界面。由二维偏移成像结果（图 9.31）可知，在深度 800m 左右仍然存在一处电阻率分界层，其电阻率变化趋势为由高到低。

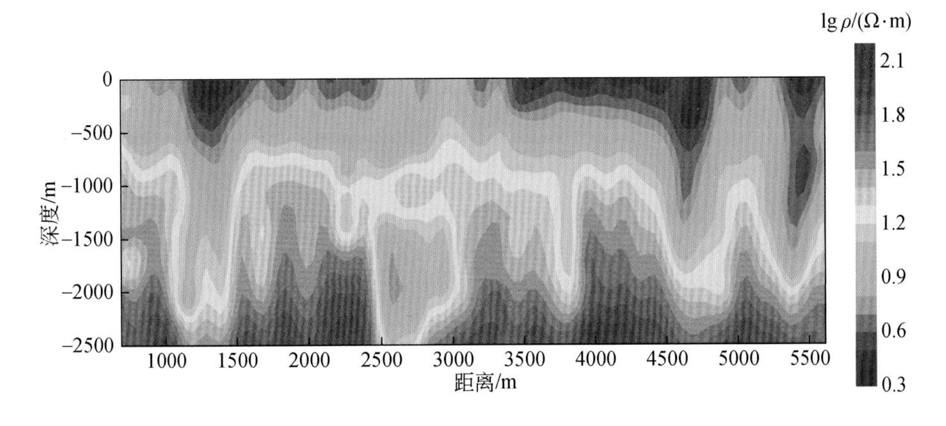

图 9.30　一维 OCCAM 反演结果

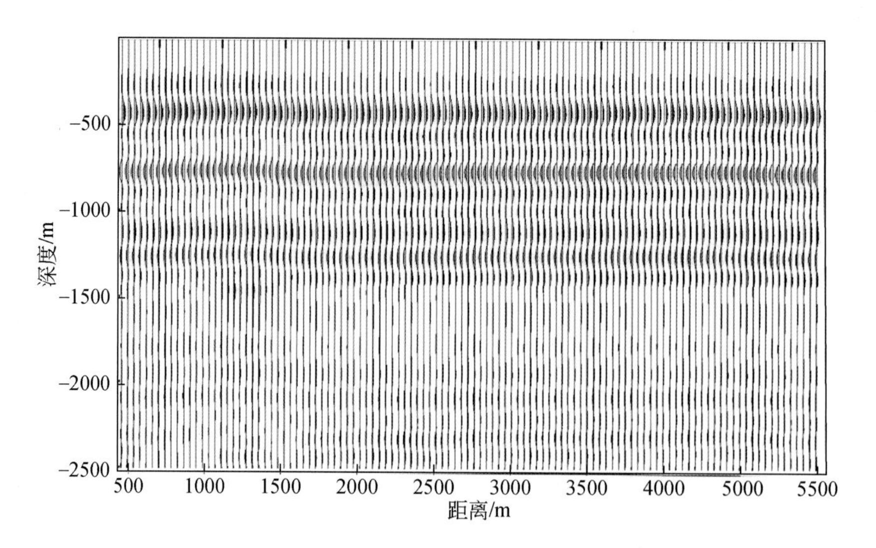

图 9.31　二维偏移成像结果

9.2.3　内蒙古兴安盟 MTEM 系统集成试验

桃合木苏木巴尔陶勒盖区-复兴屯区银铅锌多金属矿普查区初步推断为火山盆地控制的火山沉积型银铅锌矿,找矿前景良好,有望探测到大型矿床。因此,试验为了充分验证 MTEM 的有效性和系统的抗干扰能力,在所选试验区进行约 16km 的剖面测试,预期实现从地表浅部(500m)向地下深部(4000m)资源勘查目标。试验采用 200 道批量作业,测量了一条约 16km(接收发中心位置计算)的剖面。接收偶极距为 60m,试验数据接收阵列使用数据采集站 50 个,一次采集 200 个通道,接收排列长度为 10800m;发射极在-5520m 到 16320m 范围内发射,当接地电阻较大时,发射偶极距为 480m;当发射极接地良好时,发射偶极距为 240m,共完成有效发射极 63 个。这次试验,对原始场时间序列进行预处理,求得每个测深点的大地脉冲响应曲线和视电阻率。在得到大地脉冲响的基础上,绘制了视电阻率拟断面图和共偏移距断面图,并且进一步进行了反演处理,效果较好。完成了剖面测量工作,并且一致通过了专家野外现场验收。

试验地点:巴尔陶勒盖-复兴屯银铅锌多金属矿普查区位于位于内蒙古兴安盟科尔沁右翼前旗桃合木苏木,处于大兴安岭中生代宝石火山沉积盆地内。此次试验测线依据已有钻孔位置设计,测线为东西方向。接收剖面西端点,即 0 号点,纬度和经度分别为 46°1′35.927″N, 120°16′5.3547″E;接收剖面东端点,即 10800 号点,纬度和经度分别为 46°1′35.925″N, 120°24′27.511″E,如图 9.32 所示。

试验使用接地偶极子发射,使用接地偶极观测电场响应,发射电极与接收电极均沿测线布设。发射极在-5520m 到 16320m 范围内发射信号,发射电极距为 240m 或者 480m(根据接地电阻大小和实际地形决定),共有 63 个发射极,发射极中心分别位于-5520m、-5040m、-4560m、-4080m、-3600m、-3120m、-2640m、-2160m、-1680m、-1200m、-720m、-240m、120m、360m、840m、1080m、1320m、1560m、1800m、2040m、2280m、2520m、2760m、

图9.32　试验地点示意图(桃合木苏木,图中红色线条为试验剖面位置)

3000m、3240m、3480m、3840m、4320m、4680m、4920m、5160m、5400m、5640m、5880m、6120m、6360m、6600m、6840m、7200m、7560m、7920m、8160m、8400m、8880m、8620m、9240m、9480m、9720m、9960m、10200m、10560m、11040m、11520m、12000m、12480m、12960m、13440m、13920m、14400m、14880m、15360m、15840m、16320m处。接收排列在0～10800m。试验共投入50台接收机,5台一组,分为10组(编号1～10)。每组包含18个电道,2个磁道(一个磁场传感器占用两个通道),电道极距为60m,每组接收覆盖1080m,10组共覆盖10800m的剖面长度。最终形成的观测布置如图9.33所示,为了便于显示,部分接收仪器和发射位置用省略号代替,布置方式与图中显示部分一致。接收仪器和磁场传感器与实际距离完整对应关系见表9.7。最终,形成的数据覆盖如图9.34所示。

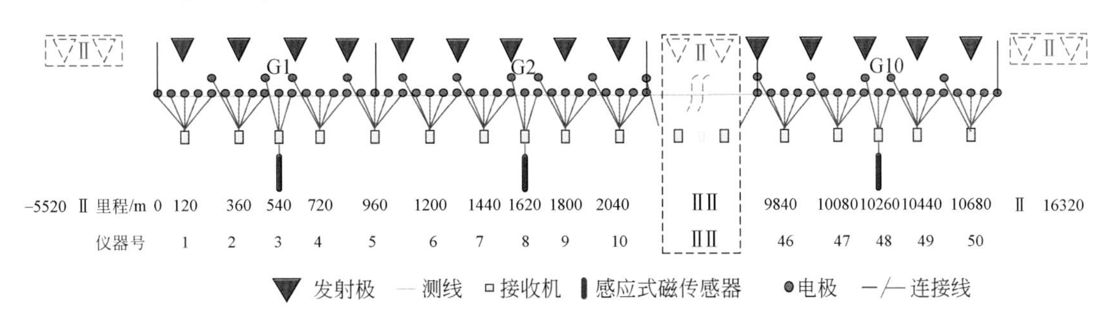

图9.33　观测系统布置示意图

表9.7　接收区接收设备布设位置　(单位:m)

组号	采集站1	采集站2	采集站3	采集站4	采集站5	磁场传感器
G1	120	360	540	720	960	540
G2	1200	1440	1620	1500	2040	1620
G3	2280	2520	2700	2880	3120	2700
G4	3360	3540	3720	3960	4200	3720

续表

组号	采集站 1	采集站 2	采集站 3	采集站 4	采集站 5	磁场传感器
G5	4440	4680	4860	5040	5280	4860
G6	5520	5760	5940	6120	6360	5940
G7	6600	6840	7020	7200	7440	7020
G8	7680	7920	8100	8280	8520	8100
G9	8760	9000	9180	9360	9600	9180
G10	9840	1080	10260	10440	10680	10260

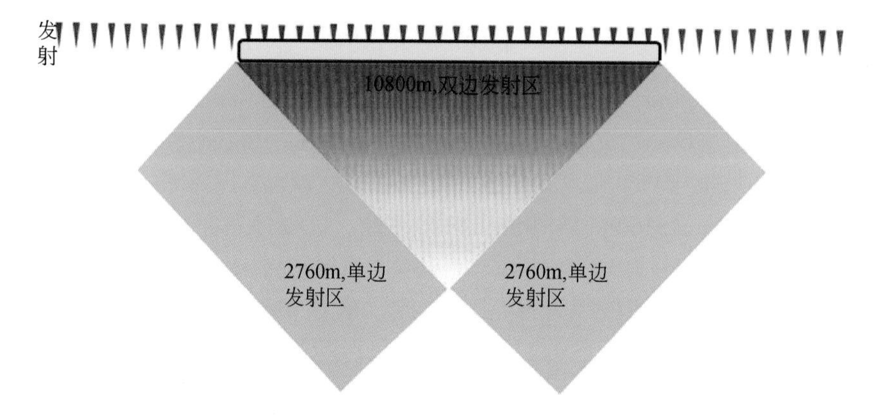

图 9.34　数据覆盖示意图

红色的小倒三角表示发射极,从 -5520m 到 16320m;黄色区域表示接收剖面,从 0m 到 10800m;红色从上到下逐渐变淡的大倒三角区域为双边发射的数据覆盖区域,两侧两个青色的长方形区域为单边发射的数据覆盖区域,均以收发中心作为数据的记录点位置

试验根据实际地质情况和野外试验,确定的 m 序列参数列在表 9.8 中。

表 9.8　发射码型参数表

编号	码元频率	阶数	周期长度	循环次数	频谱分辨率/Hz
1	32	6	1.96875	105	0.5
2	128	8	1.99219	180	0.5
3	512	10	1.99805	150	0.5
4	1024	10	0.999023	150	1.0
5	2048	11	0.999511	150	1.0
6	4096	12	0.999756	120	1.0

试验区电磁干扰严重,从原始时间序列很难辨认出码元信号,当发射为 0 ~ 240m(中心位置为 120m)时,部分道的接收原始时间序列如图 9.35 ~ 图 9.39 所示。可以看出,当收发距超过 5000m 时,发射信号开始被噪场淹没。

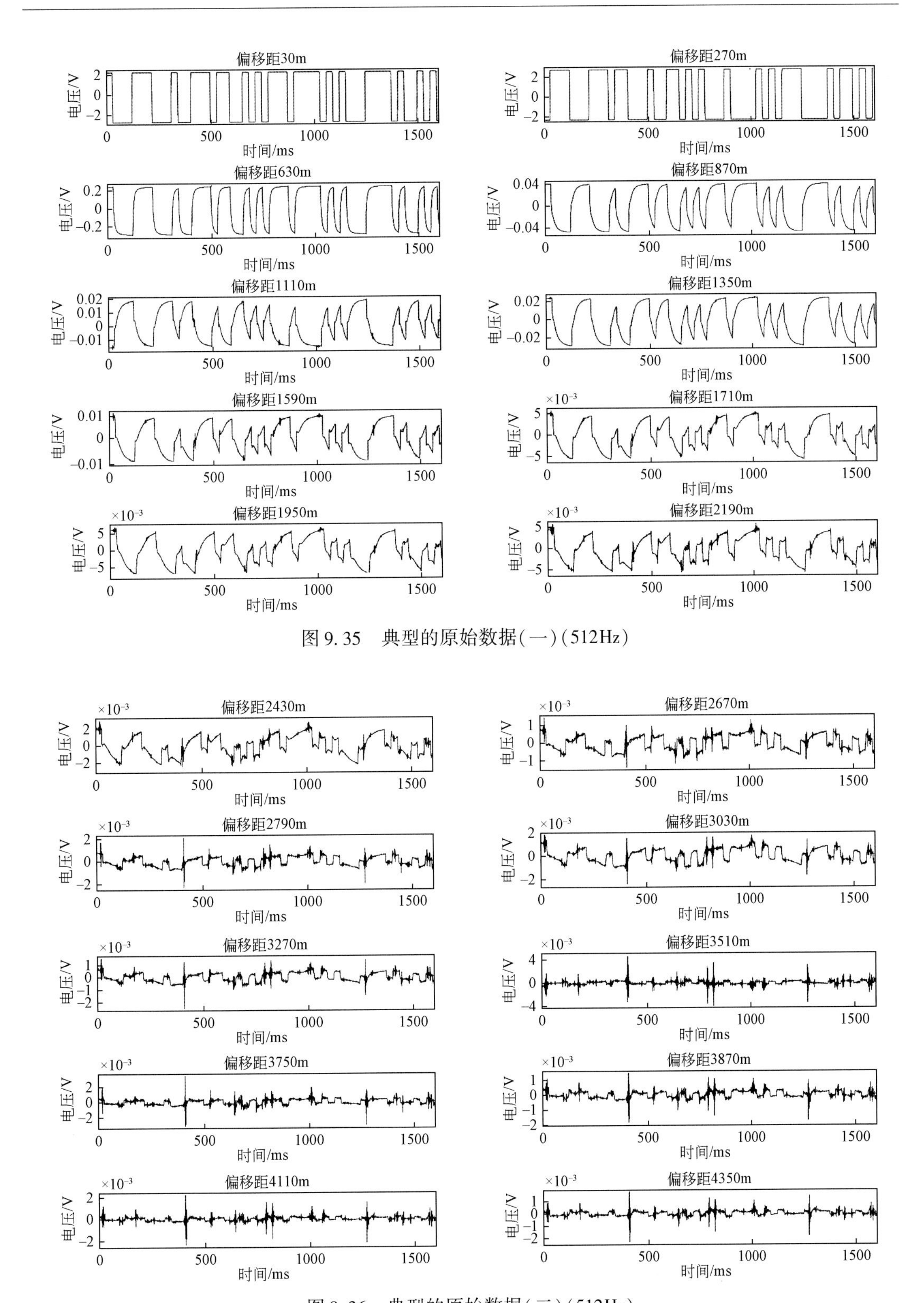

图9.35　典型的原始数据(一)(512Hz)

图9.36　典型的原始数据(二)(512Hz)

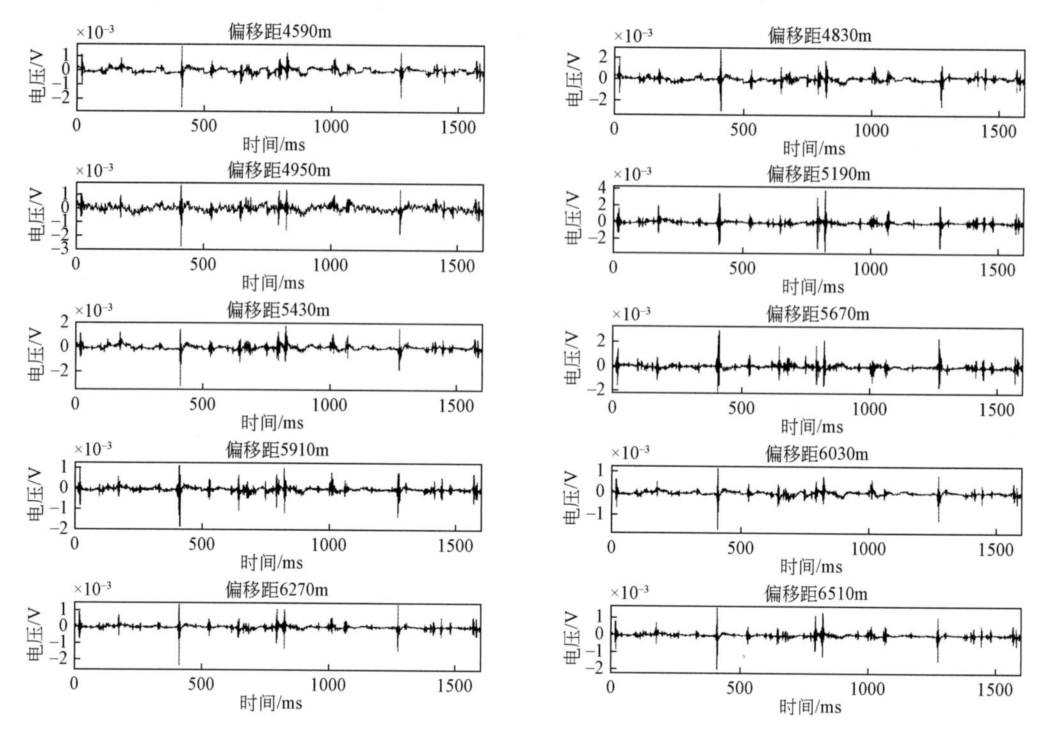

图 9.37　典型的原始数据(三)(512Hz)

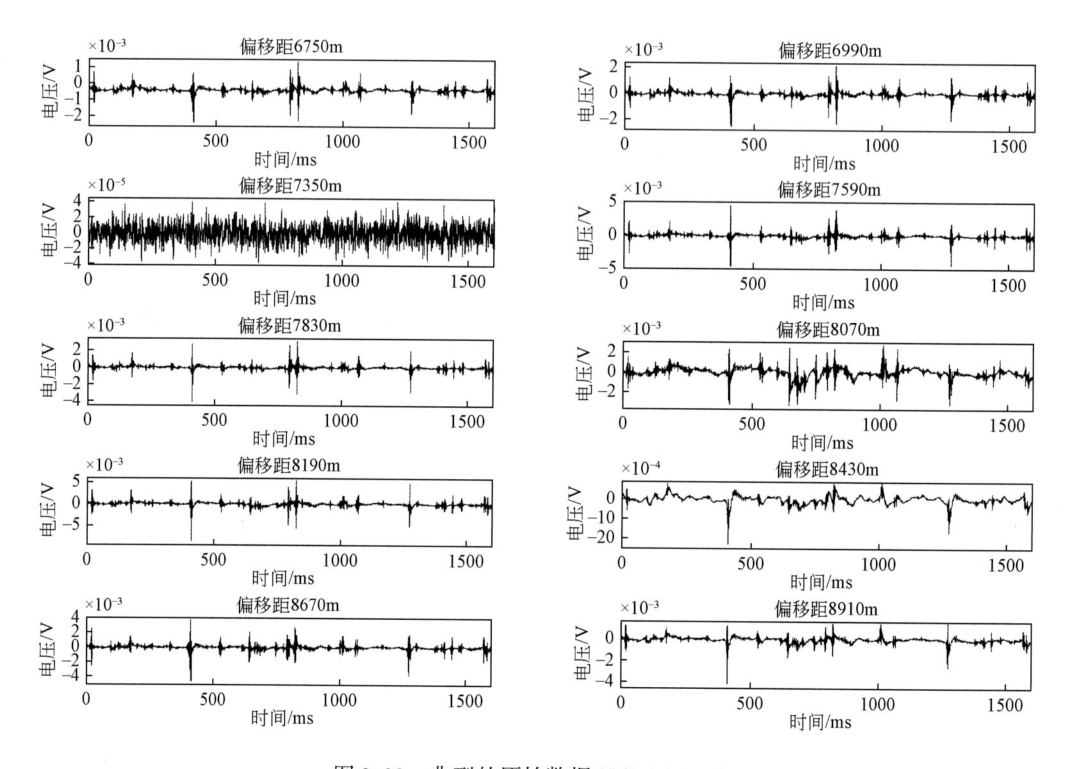

图 9.38　典型的原始数据(四)(512Hz)

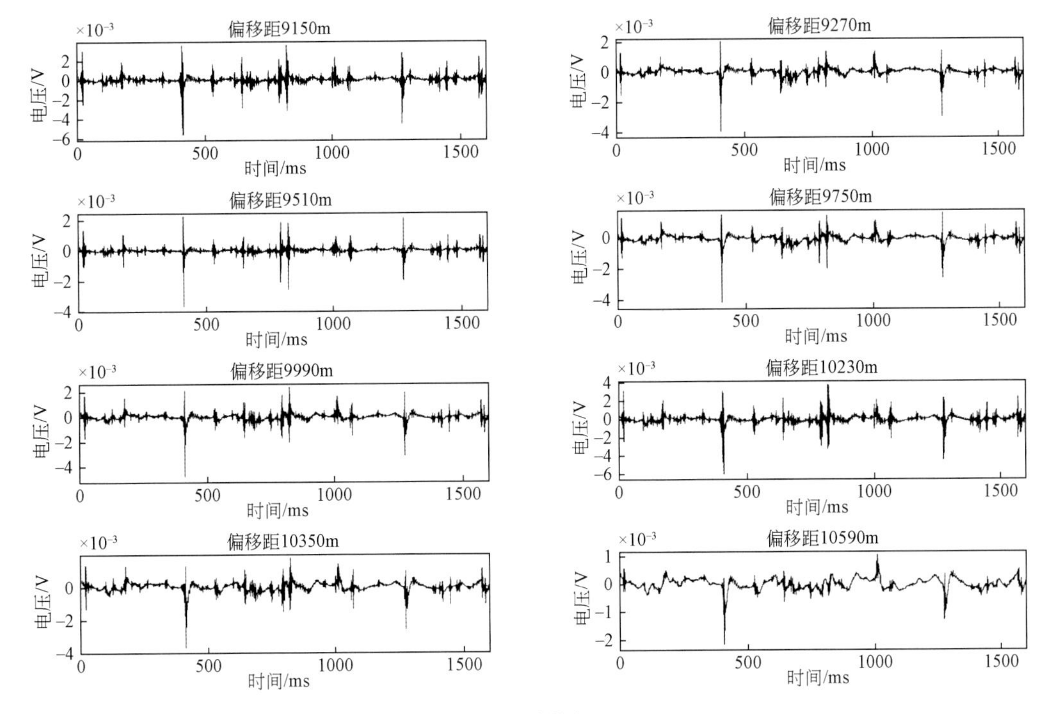

图 9.39　典型的原始数据(五)(512Hz)

数据处理时,直接剔除偏移距特别近的饱和值,以及变压器和高压线附近干扰特别严重的数据。原始数据噪声较大,噪声主要分为随机性的过冲和固定频率的工频干扰。大地脉冲响应提取采用相关估计,可以有效压制工业非相关干扰。

以发射偶极在 0 ~ 240m,接收偶极在 4850 ~ 4900m 为例说明大地脉冲响应的相关估计。首先,加载原始数据,包括记录的实际发射电流和接收的响应电压,如图 9.40 所示,接收的响应电压尽管被 50Hz 工频干扰严重,且随机干扰严重,通过相关分析可以有效压制噪声。可以看出自相关谱为一个尖脉冲,由于 Wiener 滤波理论知道,当自相关为一个 Delta 脉冲时,互相关函数可以有效地估计大地脉冲响应。图 9.41 给出了发射电流和响应电压的自功率谱和互功率谱,可以看出自功率谱基本是一个等幅值的宽带谱,即为 Delta 脉冲函数,互功率谱是一个低通滤波器,50Hz 干扰已经基本消除。由自相关函数和互相关函数估计的大地脉冲响应如图 9.42 所示。求得大地脉冲响应后,可以根据式(9.4)求得峰值时刻对应的电阻率。

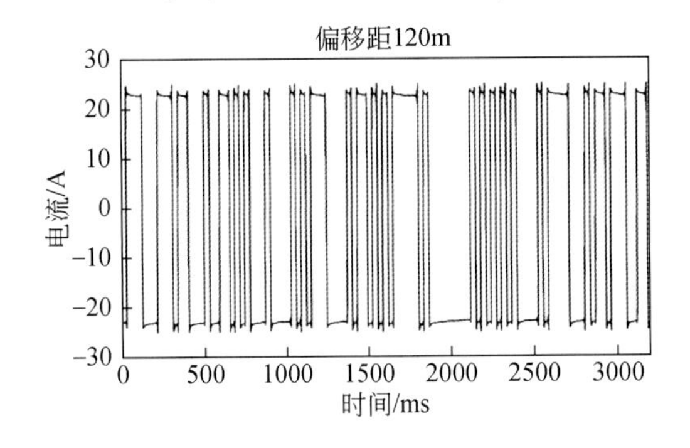

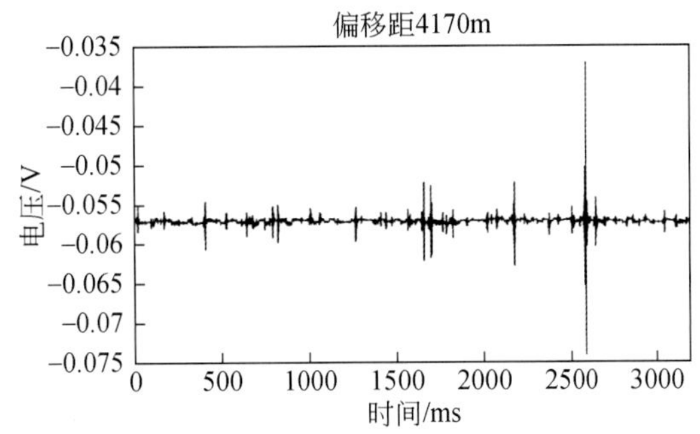

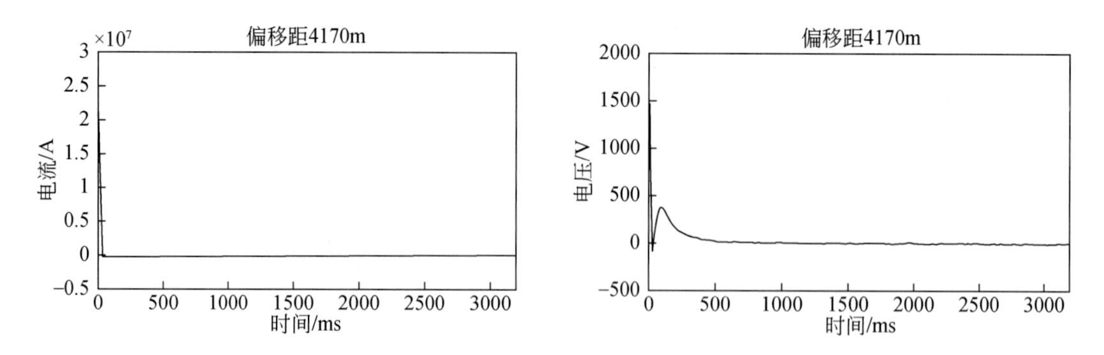

图 9.40　大地脉冲响应提取示例

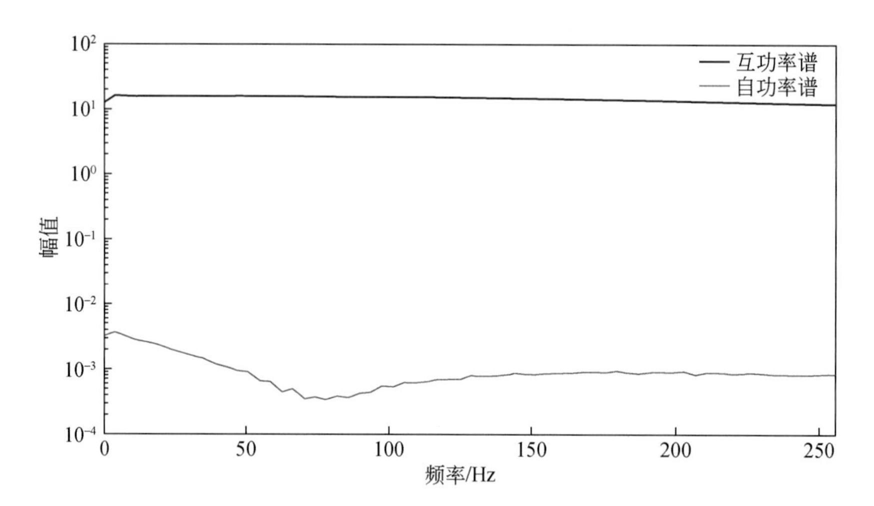

图 9.41　发射电流和响应电压的自功率谱和互功率谱

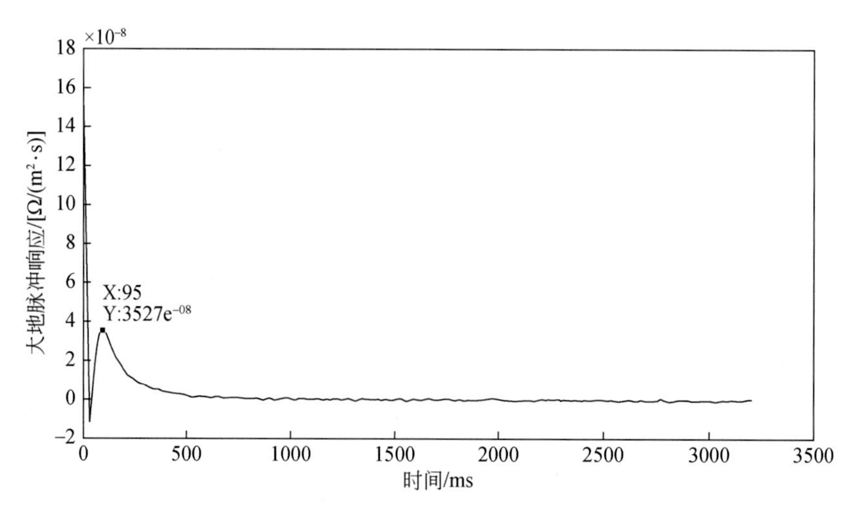

图 9.42　大地脉冲响应

例如，当发射在 120m（中心位置），接收在 4170m 时，对应的大地脉冲响应峰值时刻为第 94 个采集点，采样率为 16000Hz，则可以计算得到视电阻率值为 171Ω · m。每一对发射和接收对应一个记录点，每个记录点都可以估计得到一个脉冲响应，并按照峰值时刻与电阻率的对应关系，把这些视电阻信息放在收发中心-收发距坐标下，形成视电阻率拟断面解释（图 9.43）。

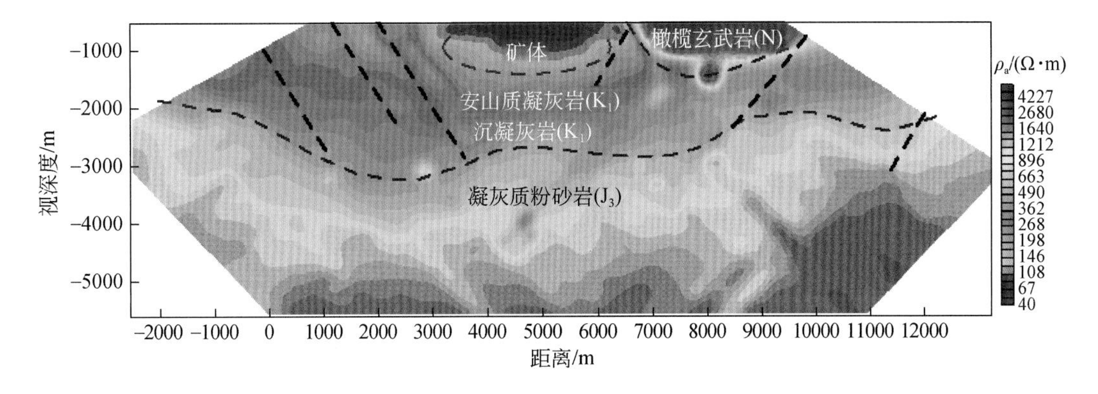

图 9.43　MTEM 视电阻率拟断面解释

从 MTEM 视电阻率拟断面图等值线曲线形态推断出有 6 条断裂，剖面 4000m 西侧的 3 处断裂倾向东，东侧 3 处断裂向西倾斜；在剖面中段 1000m 深度以浅存在的低阻异常形态与地质剖面上的含矿凝灰岩相吻合。

第 10 章　MTEM 系统总述

10.1　MTEM 系统仪器硬件和实测剖面成果

大功率开关器件技术与伪随机编码方法紧密地结合，实现了高电压（1010 V）、强电流（50.9 A）、大功率（50 kW）、高阶数（12 阶）的地面编码电磁发射机的研制，通过发射电压电流的全波形记录为后期资料处理提供参考波形。研制实物成果为：原理样机 3 套、工程样机 2 套。

解决了多通道弱信号分布式同步接收技术，研制出重量轻、体积小的 MTEM 电磁数据采集站（200 道采集能力），开发了 MTEM 中大地脉冲响应提取方法并用于数据质量监控，研制出 MTEM 主控单元子系统 1 套，并开发出配套的 MTEM 数据预处理软件。

完成了 200 道数据传输系统的研制工作，包括电源站 50 个（4 道/站），电源中继站 100 个，采集站接口 50 个，交叉站 3 个，主机接口 2 个，供电电池 60 个，传输电缆 16km，充电器 5 个，主控软件 1 套。

研制出基于石墨烯纳米材料的新型电极 20 道，室内测试结果显示 80 小时极差小于 ±1mV。研制出电极配套的调理电路 200 道，电场增益 80dB。研制出磁通门磁传感器工程样机。

研发了 MTEM 电磁数据处理软件系统、大地响应正演模拟软件系统、数据偏移成像软件、数据管理与可视化件系统等。整装系统在多个测区获得较好的试验效果。

10.2　MTEM 系统性能指标

首先，系统总体集成不只是停留在室内样机的水平，而是强调了在野外集成，野外检验。河北省张北县、内蒙古兴和县曹四夭钼矿区、河北任丘油田和内蒙古兴安盟地区四个试验区先后进行了野外系统集成测试和方法试验，对系统的整体先进性、可靠性与稳定性进行检验，并证明研制的 MTEM 系统具备了进行野外实际勘探的能力。

其次，为下一步 MTEM 系统更高指标的创新研制做了长远设计。例如，由高速数据传输系统初期提供 200 道带道能力的工程样机，但是设计了具有 1000 道带道能力的系统结构，以备将来系统升级；又比如，磁场传感器直接设计具体三分量探测能力，将来升级改进时可以直接采用三分量采集，而不必重新研制；此外，新型电场传感器采用石墨烯材料，石墨烯电极具有很大的应用潜力，将来有望用于海洋电磁勘探。发射机系统的设计也是如此，将码型生成单元与大功率发射机模块化，这样可以使发射机支持多种码型发射，对于以后方法原理的突破预留很大空间。

再次，MTEM 资料处理与偏移成像软件成功地将拟地震数据处理技术应用到电磁法勘探的实际资料处理中。

MTEM 整机仪器系统的具体技术指标如表 10.1 所示。

表 10.1　仪器系统技术指标

子系统	指标名称	设计指标	实测指标	测试结论
发射机子系统	最高发射电压	1000V	1010V	优于
	最大发射电流	50A	50.9A	优于
	发射电流的恒稳精度	±0.2% ~ ±0.5%	±0.492%	达到
	PRBS 最大可编码位数	1 ~ 4095	1 ~ 16383(12 阶)	优于
	最高 PRBS 基准频率	10kHz	10kHz	达到
	时间同步精度	5μs	195ns	优于
	码型测量采样率	16kHz	16kHz	达到
接收机子系统	通道数	200 道	200 道	达到
	动态范围	160dB	163dB	优于
	同步精度	5μs	200ns	优于
	最高采样率	16kHz	16kHz	达到
	A/D 转化位数	24 位	24 位	达到
	灵敏度	50nV	50nV	达到
	数据存储带宽	1Gbps	1.332Gbps	优于
	工作环境温度	-20 ~ +50℃	-20 ~ +50℃	达到
	功耗	采集站≤10W、主控≤50W	采集站≤8W、主控:19.3W	优于
数据传输及传感器子系统	总数据传输速率	0.8Gb/s	0.96Gb/s	优于
	大线数据传输速率	>100Mb/s	100Mb/s	达到
	平均单道传输功耗	<600mW	282mW	优于
	系统同步采集精度	优于 5μs	<1 μs	优于
	磁场传感器频率范围	DC-30Hz	DC-30Hz	满足
	磁场传感器噪声水平	0.1nT/√Hz@1Hz	3pT/√Hz@1Hz	优于
	磁场传感器测量范围	±64000nT	±65000nT	优于
	电场传感器极化电位差	<±1mV	<±1mV	达到
	电场传感器增益范围	$1 \sim 10^4$ 倍	1 ~ 12000 倍	优于

10.2.1　发射机子系统

室内试验与野外试验考核结果表明,发射机子系统具备 1000V、50A 的发射能力,实测发射功率高达 51.4kW;具备最高 12 阶的编码发射能力,时间同步精度优于 5μs,达到了发射功率大、电流强以及精确同步的设计要求。野外试验,发射机系统能够连续 10 小时以上进行大功率信号的发射工作,整体上发射的信号稳定可靠,其安全性和稳定性与国外先进发射机相当。

除此之外，发射机工程样机的输出功率以及功率密度远远超过了 Pheonix V8、Zonge GGT-30 等国外产品。在操作模式方面，发射机系统通过无线控制的方式，增加了控制半径，提高了操作效率以及野外施工的灵活性。在功能扩展方面，预留的外部码型输入接口增加了发射机的功能拓展性，为码型升级以及新方法的验证提供了可能性和空间。

所研制的电压电流全波形记录单元在电压全波形记录方面与国际上现有的录波仪（如日本 YOKOGAWA 的 DL850）的技术指标相当，在 32kHz 采样率连续采样的同时，具有 40MHz 采样率捕获信号边沿的能力。在电流全波形记录方面，相对于现有的霍尔元件记录方式的明显优势是：能够采用高速通道（40MHz 采样率）记录下大电流边沿跳变的实际全过程，有效克服了霍尔元件对大电流边沿跳变的低通滤波效应问题。

10.2.2　接收机子系统

经过 4 年的努力，攻克了多通道弱信号分布式同步接收技术，并将其应用于建设 MTEM 电磁数据采集站。采用反馈低通滤波技术、差分调理技术，通过优化电磁数据采集站内部的各组成模块之间的电磁兼容性，压制模块之间的串扰信号，从而降低系统的噪声水平，并配合外置的低噪声放大器和软件滤波技术实现动态范围 160dB，电压检测灵敏度 50nV 的信号接收能力。采用恒温晶振、GPS 授时技术以及校正算法，解决了恒温晶振长期稳定性差，GPS 授时短期稳定差的问题，实现了多站之间的同步接收。采集站通过结构优化设计，重量轻、体积小，方便野外操作。并且支持无线中短距离实时数据质量监控，系统智能化及自动化程度高，适合我国不同地质地貌条件下的资源勘探。分布式电磁数据采集站的成功研制有效支撑了整个 MTEM 系统集成。

通过多次野外试验，接收机系统共测量近 15948 个测深点、约 34.3km 的野外剖面，累计实测数据达到约 1337GB。在试验中接收机的稳定性、一致性都得到了证实。而且，无线数据传输模式可以使接收机全封闭，对野外天气地形的适用性大大增强。

10.2.3　数据传输及传感器子系统

共计完成了 200 道工程样机的设计，包括 200 道数据传输系统：电源站 50 个（4 道/站），电源中继站 100 个，采集站接口 50 个，交叉站 3 个，主机接口 2 个，供电电池 60 个，传输电缆 16km，充电器 5 个，主控软件 1 套。进行了有关的性能指标测试，同时完成了相关的野外试验。

制作了基于石墨烯纳米材料的新型电极 200 道；研制了传感器配套信号调理电路 200 道；研制了磁通门磁传感器。为了验证传感器的可靠性，除 MTEM 系统野外测试，还使用传感器在河北固安、张北、怀来，河南泌阳进行了 MT/AMT、CSAMT、WEM 等电磁法野外试验与工程应用。

10.2.4　资料处理与偏移成像软件

针对 MTEM 电磁数据处理软件,大地响应正演模拟软件,数据 2D、3D 偏移成像软件,数据管理与可视化软件等软件模块,具体工作如下。

(1)研发了噪声去除软件、地表一致性校正软件、大地脉冲响应时间剖面软件、峰值时刻电阻率计算软件。

(2)研发了 1D、2D 和 3D MTEM 大地响应正演模拟资料软件。

(3)发展了多道瞬变电磁法数据一维反演、二维和三维拟地震偏移成像方法,研发了相应的软件。

(4)实现了基于数据库系统的海量电磁数据管理和研发的软件模块的集成和结果可视化。

10.3　MTEM 系统总体设计及集成优化与方法试验

系统集成前对 MTEM 系统的发射机、分布式采集站、电场传感器、磁场传感器、数据传输的指标参数测试,反复检测单个设备单元、协调设备间的接口参数,检查结果表明各分系统均达到设计要求。

在室内对 MTEM 系统硬件和软件系统进行了反复测试,集成优化的 MTEM 系统在多次野外探测试验中通过了不同地质背景、不同季节、不同干扰条件的考验,表明系统总体设计架构是正确的、可靠的、稳定的。

在河北固安、河北张家口北部、内蒙古兴和县曹四夭钼矿测区、河北任丘油田、内蒙古兴安盟多金属矿区等测区对系统进行集成与优化和野外对比试验,完成了近 15948 个测点、34.3 km 的剖面测试,实测数据存储量共 1337 GB,仪器的各项指标均达到了设计要求,并经过了满负荷长时间运行的考验。野外试验表明,MTEM 能以更高的分辨率探测目标体,实现了最大偏移距 11000m、深度大于 4000m 的地质探测。形成一套完整的能在陆上开展 4000m 深度范围电性精细结构探测的新型多通道大功率电法勘探仪器系统。

附录：部分专有名词

英文缩写	对应英文	对应中文
CAN	controller area network	控制器局域网络
LVDS	low-voltage differential signaling	低电压差分信号
ASIC	application-specific integrated circuit	专用集成电路
jitter	jitter	时钟晃动
CDR	clock data recovery	数据时钟恢复
CML	current mode logic	电流模式逻辑电路
MOSFET	metal-oxide-semiconductor field-effect transistor	金氧半场效晶体管
PRBS	pseudo-random binary sequence	伪随机二进制序列
DAC	digital to analog converter	数字模拟转换器
MCU	microcontroller unit	微控制器
FPGA	field-programmable gate array	现场可编程门阵列
UTC	coordinated universal time	协调世界时
ADC	analog to digital converter	模拟数字转换器
CRC	cyclic redundancy check	循环冗余检验
DCDR	digital clock data recovery	数字时钟数据恢复
PoE	power over ethernet	有源以太网
CMOS	complementary metal oxide semiconductor	互补金属氧化物半导体
PLL	phase-locked loops	锁相环
VCXO	voltage controlled crystal oscillator	压控振荡器
SPI	serial peripheral interface	串行外设接口
CS	chip select	片选信号
FIFO	first input first output	先入先出队列
DMA	direct memory access	直接内存访问
GPS	global positioning system	全球定位系统
CPU	central processing unit	中央处理器
RMII	reduced media independent interface	简化媒体独立接口

续表

英文缩写	对应英文	对应中文
RAM	random access memory	随机存取存储器
PHY	port physical layer	端口物理层
MII	media independent interface	媒体独立接口
SMI	serial management interface	串行管理接口
TCP	transmission control protocol	传输控制协议
RUDP	reliable user datagram protocol	可靠用户数据报协议
FLASH	flash	闪存
TF	trans-flash card	快闪存储器卡